环境工程实验

（第二版）

主　编　王　琼　尹奇德

副主编　胡将军　周康群　李　燕　杨宗政

参　编　依成武　卢俊平　周广柱　牛晓霞

　　　　黄忠臣　尹令实　朱　健　李桂菊

华中科技大学出版社

中国·武汉

内容提要

本书对环境工程实验技术进行了全面介绍，内容包括环境工程实验的教学目的与要求、实验设计、误差分析与实验数据处理、实验样本的采集与保存、水处理实验、大气污染控制实验、固体废物处理与处置实验、环境噪声控制实验和污染土壤修复实验，以及相关指标分析等方面。

本书可作为高等院校专业实验教材供环境类专业学生使用，也可供环境工程领域科研和工程技术人员参考。

图书在版编目(CIP)数据

环境工程实验/王琼，尹奇德主编．—2版．—武汉：华中科技大学出版社，2018.1(2024.8重印)
全国高等院校环境科学与工程统编教材
ISBN 978-7-5680-3657-3

Ⅰ.①环…　Ⅱ.①王…　②尹…　Ⅲ.①环境工程-实验-高等学校-教材　Ⅳ.①X5-33

中国版本图书馆CIP数据核字(2018)第014302号

环境工程实验(第二版)　　　　王　琼　尹奇德　主编
Huanjing Gongcheng Shiyan

策划编辑：王新华
责任编辑：王新华
封面设计：潘　群
责任校对：李　琴
责任监印：周治超
出版发行：华中科技大学出版社(中国·武汉)　　电话：(027)81321913
　　　　　武汉市东湖新技术开发区华工科技园　　邮编：430223
录　　排：华中科技大学惠友文印中心
印　　刷：武汉邮科印务有限公司
开　　本：787 mm×1092 mm　1/16
印　　张：19.75
字　　数：513千字
版　　次：2024年8月第2版第2次印刷
定　　价：42.00元

全国高等院校环境科学与工程统编教材

作者所在院校

南开大学
湖南大学
武汉大学
厦门大学
北京理工大学
北京科技大学
北京建筑大学
天津工业大学
天津科技大学
天津理工大学
西北工业大学
西北大学
西安理工大学
西安工程大学
西安科技大学
长安大学
中国石油大学(华东)
山东科技大学
青岛农业大学
山东农业大学
聊城大学
泰山医学院

中山大学
重庆大学
中国矿业大学
华中科技大学
大连民族学院
东北大学
江苏大学
常州大学
扬州大学
中南大学
长沙理工大学
南华大学
华中师范大学
华中农业大学
武汉理工大学
中南民族大学
湖北大学
长江大学
江汉大学
福建师范大学
西南交通大学
成都理工大学

中国地质大学
四川大学
华东理工大学
中国海洋大学
成都信息工程大学
华东交通大学
南昌大学
景德镇陶瓷大学
长春工业大学
东北农业大学
哈尔滨理工大学
河南大学
河南工业大学
河南理工大学
河南农业大学
湖南科技大学
洛阳理工学院
河南城建学院
韶关学院
郑州大学
郑州轻工业学院
河北大学

东南大学
东华大学
中国人民大学
北京交通大学
河北理工大学
华北电力大学
广西师范大学
桂林电子科技大学
桂林理工大学
仲恺农业工程学院
华南师范大学
嘉应学院
茂名学院
浙江工商大学
浙江农林大学
太原理工大学
兰州理工大学
石河子大学
内蒙古大学
内蒙古科技大学
内蒙古农业大学
中南林业科技大学

第二版前言

环境工程实验是环境工程学科的重要组成部分，是科研和工程技术人员解决环境污染治理中各种问题的重要手段。许多污染现象的解释，污染治理技术、处理设备的设计参数和操作运行方式的确定，都需要通过实验解决。例如，污水处理中混凝沉淀所用药剂种类的选择和生产运行条件的确定、热解焚烧技术处理固体废物时工艺参数的确定等，都需要通过实验测定，然后才能较合理地进行工程设计。

本书按照教育部高等学校环境科学与工程教学指导委员会提出的环境工程本科教学规范的建议编写，内容包括实验设计与数据处理、实验样本的采集与保存、水处理实验、大气污染控制实验、固体废物处理与处置实验、环境噪声控制实验和污染土壤修复实验，以及相关指标分析等方面。为加强学生科研创新能力的培养，在一般的检测性、验证性实验的基础上，增加了一些设计性、研究性实验，如实验标题中标注有“*”的实验。

本书由王琼、尹奇德主编。参加编写工作的有：长沙理工大学王琼、尹奇德、尹令实，武汉大学胡将军，仲恺农业工程学院周康群，中国矿业大学李燕，天津科技大学杨宗政、李桂菊，江苏大学依成武，内蒙古农业大学卢俊平，山东科技大学周广柱，郑州轻工业学院牛晓霞，北京建筑大学黄忠臣，中南林业科技大学朱健。编写过程中，周聪、赵文玉、蒋朝晖、刘志华、宋剑飞、杨晓焱、晏永祥、黄灵芝、刘春华、曾经、杨敏等参与了录入、绘图、校对等工作。衷心感谢湖南大学曾光明教授、中南林业科技大学王平教授的审阅和悉心指导。本书的编写参考了一些专家、学者的相关文献资料，在此表示诚挚的感谢。

本书可作为高等院校专业实验教材供环境类专业学生使用，也可供环境工程领域科研和工程技术人员参考。选用本书作教材的教师如欲获得与本书配套的教学资源，包括多媒体教学课件、教案、讲稿、习题答案、授课计划以及全套实验室装备设计安装调试服务等，请与作者联系（电子信箱：7570534@qq.com；电话 0731-85258733）。

编　者

目　录

第1章　环境工程实验的教学目的与要求

环境工程是建立在实验基础上的学科。许多污染现象的解释，污染治理技术、处理设备的设计参数和操作运行方式的确定，都需要通过实验解决。例如，污水处理中混凝沉淀所用药剂种类的选择和生产运行条件的确定，以及采用热解焚烧技术处理固体废物时工艺参数的确定等，都需要通过实验测定，然后才能较合理地进行工程设计。

环境工程实验是环境工程学科的重要组成部分，是科研和工程技术人员解决环境污染治理中各种问题的重要手段。通过实验研究，可以解决下述问题。

(1) 掌握污染物在自然界的迁移转化规律，为环境保护提供依据。

(2) 掌握污染治理过程中污染物去除的基本规律，以改进和提高现有的处理技术及设备。

(3) 开发新的污染治理技术和设备。

(4) 实现污染治理设备的优化设计和优化控制。

(5) 解决污染治理技术开发中的放大问题。

1.1　实验的教学目的

实验教学的宗旨是使学生理论联系实际，实验教学是培养学生观察问题、分析问题和解决问题能力的一个重要方面。本课程的教学目的有以下几方面。

(1) 加深学生对基本概念的理解，巩固新的知识。

(2) 使学生了解如何进行实验方案的设计，并初步掌握环境工程实验研究方法和基本测试技术。

(3) 通过实验数据的整理使学生初步掌握数据分析处理技术，包括如何收集实验数据、如何正确地分析和归纳实验数据、如何运用实验结果验证已有的概念和理论等。

1.2　实验的基本程序

为了更好地实现教学目标，使学生学好本门课程，下面简单介绍实验工作的一般程序。

(1) 提出问题。

根据已经掌握的知识，提出打算验证的基本概念或探索研究的问题。

(2) 设计实验方案。

确定实验目标后要根据人力、设备、药品和技术能力等方面的具体情况进行实验方案的设计。实验方案应包括实验目的、实验装置、实验步骤、测试项目和测试方法等内容。

(3) 实验研究。

① 根据设计好的实验方案进行实验，按时进行测试。

② 收集实验数据。

③ 定期整理分析实验数据。

实验数据的可靠性验证和定期整理分析是实验工作的重要环节，实验者必须经常用已掌握的基本概念分析实验数据。通过数据分析加深对基本概念的理解,并发现实验设备、操作运行、测试方法和实验方向等方面的问题,及时解决,使实验工作能较顺利地进行。

(4) 实验小结。

通过系统分析实验数据,对实验结果进行评价。实验小结的内容包括以下几个方面:①通过实验掌握了哪些新的知识;②是否解决了提出研究的问题;③是否证明了文献中的某些论点;④实验结果是否可用于改进已有的工艺设备和操作运行条件或设计新的处理设备;⑤当实验数据不合理时,应分析原因,提出新的实验方案。

1.3 实验的教学要求

实验的教学要求一般有以下几个方面。

(1) 课前预习。

为完成好每个实验,学生在课前必须认真阅读实验教材,清楚地了解实验项目的目的要求、实验原理和实验内容,写出简明的预习提纲。预习提纲包括:①实验目的和主要内容;②需测试项目的测试方法;③实验注意事项;④实验记录表格。

(2) 实验设计。

实验设计是实验研究的重要环节,是获得满足要求的实验结果的基本保障。在实验教学中,宜将此环节的训练放在部分实验项目完成后进行,以达到使学生掌握实验设计方法的目的。

(3) 实验操作。

学生实验前应仔细检查实验设备、仪器仪表是否完整齐全。实验时要严格按照操作规程认真操作,仔细观察实验现象,精心测定实验数据,并详细填写实验记录表。实验结束后,要将实验设备和仪器仪表恢复原状,将周围环境整理干净。学生应注意培养自己严谨的科学态度,养成良好的学习、工作习惯。

(4) 实验数据处理。

通过实验取得大量数据以后,必须对数据进行科学的整理分析,去伪存真,去粗取精,以得到正确、可靠的结论。

(5) 编写实验报告。

编写实验报告是实验教学必不可少的环节,这一环节的训练可为学生今后写好科学论文或科研报告打下基础。实验报告包括:①实验目的;②实验原理;③实验装置和方法;④实验数据及其整理结果;⑤实验结果讨论。

1.4 设计性、研究性实验

环境类学科是综合性很强的学科,然而长期以来,环境工程实验的教材形成了一种传统的模式,它仅指出实验的目的要求、阐明实验的基本原理、描述实验的仪器设备并介绍实验的方法和步骤。学生阅读了这样的教材后,只要按部就班地在实验室已安排好的仪器设备上进行调试、测量、记录,并进行适当的数据处理,就可以得出结果,完成实验。这样的实验教材,对于让学生初步学习如何进行实验、学会基本仪器的使用、加深对理论的了解,都是有益的,也是必要的。但仅有这样的实验教材是不够的。它在一定程度上限制了学生的主动性与积极性,难以激发学生独立思考的兴趣和激情,因而不利于创新人才的培养。

本教程在一般的检测性、验证性实验的基础上，增加了大量设计性、研究性实验。对于设计性、研究性实验，要求学生通过查阅有关书籍、文献资料，了解和掌握与课题有关的国内外技术状况、发展动态，并在此基础上，根据实验课题要求和实验室条件，提出具体的实验方案设计，包括实验工艺技术路线、实验条件要求、实验计划进度等。这种实验一般要花费较多的时间，而且往往不是一帆风顺的，却是培养学生独立从事科学研究工作能力，特别是创新能力所必需的。通过这样的实验，学生能深入理解环境科学与工程原理，提高自学能力、动手能力和设计能力，激发创新精神。

设计性、研究性实验的研究报告应包括：①课题的调研；②实验方案的设计；③实验过程的描述；④实验结果的分析讨论；⑤实验结论；⑥参考文献。

设计性、研究性实验使学生经历“三个全面”的过程，即全面分析研究问题的过程、实验技能得到全面锻炼的过程、综合能力得到全面提升的过程。具体的培养方式和要求有以下几方面。

（1）实验题目和内容。

实验题目的设计是设计性、研究性实验的关键。实验题目要体现内容新、难度适中和可操作性强的原则。内容要结合学科的发展，使学生能体会到学科发展的最新动态；难度适中体现在适合本科生的实际水平，使学生有信心、有能力完成，并得到相应的锻炼；可操作性是要求实验题目与实验室的条件、指导教师的研究方向相一致，避免出现实验过程失控的现象。

实验内容要以环境科技的发展方向、承担的研究项目和现有基础为依托，并结合本科生创新人才的培养要求而确定。开设设计性、研究性实验，每个实验课题宜在一个大题目下，设若干个分题，当参加实验的学生较多时，可以避免出现题目重复的现象，确保实验质量，同时也有利于实验难度和可操作性的控制。

（2）实验方案的讨论与确定。

与学生进行实验方案的讨论是设计性、研究性实验的另一关键点。本科生不同于研究生，提出的实验方案会出现很多方面不合理的问题，需要指导老师予以具体分析，积极引导，协助确定一个切实可行的实验方案。同时，实验方案的讨论也是对学生发现问题、分析问题和创新能力的重要培养锻炼过程。

（3）实验目标与要求。

① 独立查阅与检索文献。学生应在了解实验背景、目的及基本内容后，学习和掌握文献资料的查阅、检索和应用，独立进行文献查阅与检索工作，完成实验方案的设计。

② 自主进行实验研究。在巩固实验操作技能的基础上，学习实验研究技术。在指导教师的辅助与引导下，自主完成实验装置的装配、分析测定试剂的配制与仪器准备；自主运行实验装置，掌握实验数据记录表格的设计、数据整理与分析方法；在指导教师的督导下，学习并实施相关大型分析仪器的分析操作。

③ 科学分析与推导。要求学生学习和初步掌握对实验数据的科学分析与推演方式。掌握依据实验结果推演到结论的思维过程，巩固所学的基础知识和相关专业知识，培养和提高科学研究能力。

④ 创新思维和能力的提高。通过整个实验研究过程，培养和锻炼发现问题、分析问题和解决问题的综合能力，使学生的主观能动性、创新思维和能力得到激发和提高。

（4）教学过程。

① 查阅资料、提出实验方案。这一过程要求学生通过查阅有关书籍、文献资料，了解和掌握与课题有关的国内外技术状况、发展动态，并在此基础上，根据实验课题要求和实验室条件，

提出具体的书面实验方案设计,包括实验工艺技术路线与实验装置、实验条件要求、测试项目和测试方法、实验计划进度等。

② 方案的讨论与确定。指导教师在对实验方案审议的基础上,与学生开展讨论。由学生介绍实验方案,指导教师根据可行性、实验室条件等因素对方案进行修正,使之具有可操作性,在尊重学生思路和实验要求的前提下,确定实验方案。

③ 开展实验。按确定的实验方案,在实验室由学生自己动手准备必要的实验材料、搭建实验装置,开展具体的实验和测试工作。指导教师负责现场指导,解答学生实验中遇到的难题,启发学生深入思考,创造必要的实验条件,如分析条件、必要的设备材料等。

④ 实验总结。由学生自主对实验数据进行分析、总结,指导教师负责指导和答疑,使学生分析问题的能力得到锻炼和提高,最终按要求编写出实验研究报告。

(5) 注意事项。

① 实验时数、人数。与验证性、演示性等传统实验不同,设计性、研究性实验要经过资料查阅、方案讨论、实验操作和总结等阶段。因此,需要足够的实验时间来保证开放性实验教学的质量。实验时间宜大于 36 学时。为确保在实验过程中学生得到独立的锻炼,一个子课题的实验人数以 3～5 为宜。

② 实验条件。设计性、研究性实验课题方向较多、内容较新,实验过程中所需要的实验装备种类较多,先进性要求也较高,创造较好的实验条件是综合、开放性实验开设成功的重要方面。同时,在学生设计实验方案之前,指导教师应将实验条件告知学生,避免出现实验方案与实验条件脱节,挫伤学生实验积极性的现象。

对于工艺性实验,为避免学生在分析测试上耗费过多的时间,在有限的时间内达到实验目的,在实验条件上需要创造较好的实验分析条件,包括提供部分已配制好的分析试剂等。

第 2 章　实 验 设 计

2.1　实验设计简介

2.1.1　实验设计的目的

实验设计的目的是选择一种对所研究的特定问题最有效的实验安排，以便用最少的人力、物力和时间获得满足要求的实验结果。广义地说，它包括明确实验目的、确定测定参数、确定需要控制或改变的条件、选择实验方法和测试仪器、确定测量精度要求、设计实验方案和数据处理步骤等。

实验设计是实验研究过程的重要环节，通过实验设计，可以将实验安排在最有效的范围内，以保证通过较少的实验步骤得到预期的实验结果。例如，在进行生化需氧量(BOD)的测定时，为了能全面地描述废水有机污染的情况，往往需要估计最终生化需氧量(BOD_u或 L_u)和生化反应速率常数 k_1，完成这一实验需对 BOD 进行大量的、较长时间(约 20 d)的测定，既费时又费钱，此时若有较合理的实验设计，就可能以较少的时间得到较正确的结果。表 2-1 是三种不同的实验设计得到的结果。图 2-1 和图 2-2 所示为实验得到的 BOD 曲线。从上述图、表中可以看出，30 个测试点的一组实验设计是不合适的，它不能给出满意的参数估算值，原因在于 BOD 变化为一级反应模型。因此，如果要使实验曲线与实测数据拟合得好些，就要同时调整 k_1 和 L_u。由图 2-2 可以看到，如果只调整 k_1，会使 L_u 值变化很大，但模型对前 30 个数据的拟合情况无显著差异，也就是说，两组截然不同的参数，前 30 个点的拟合情况差别不大。可见在这种实验设计条件下，在一定的实验误差范围内，虽然两个实验者所得的结果都是对的，但结论可能相差很大。20 d、59 次观测的结果虽然好，但需要大量人力与物力。而 20 d、12 次观测的实验安排(表 2-1 中第 4 天 6 次，第 20 天 6 次)测试次数最少，且其参数估算值结果与 59 次观测所得结果接近。这个例子说明，只要实验设计合理，不必进行大量观测便可得到精确的参数估算值，使实验的工作量显著减少。如果实验点安排不好(如全部安排在早期)，虽然得到的参数估算值高度相关，但实验不能达到预期目的。此外，即使实验观测的次数完全相同，如果实验点的安排不同，所得结果也可能截然不同。因此，正确的实验设计不仅可以节省人力、物力和时间，并且是得到可信的实验结果的重要保证。

表 2-1　三种 BOD 实验设计所得结果

实验安排	参数估算值		参数的协方差
	k_1/d^{-1}	L_u/(mg/L)	
20 d、59 次观测	0.22	10 100	−0.85
0～5 d、30 次观测	0.19	11 440	−0.998 9
第 4 天 6 次，第 20 天 6 次	0.22	10 190	−0.63

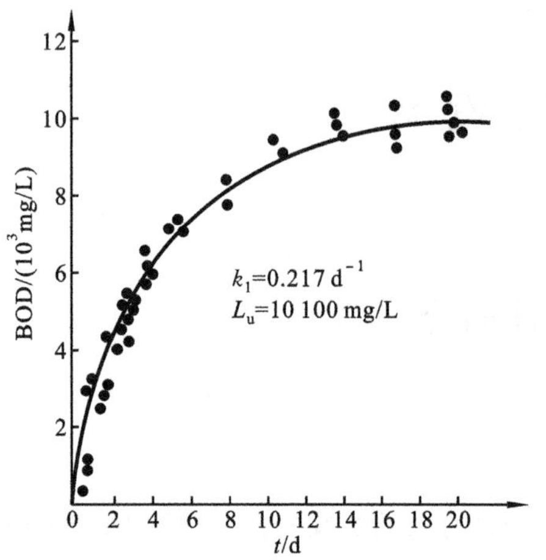

图 2-1　20 d、59 次观测的 BOD 曲线

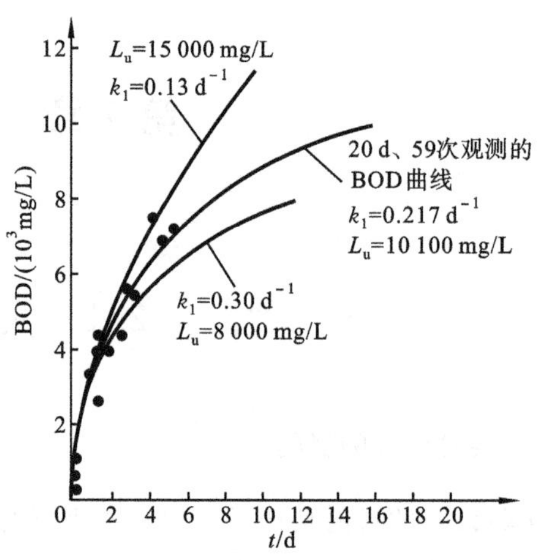

图 2-2　5 d、30 次观测的 BOD 曲线

2.1.2　实验设计的几个基本概念

实验设计常涉及以下几个基本概念。

(1) 实验方法。

通过做实验获得大量的自变量与因变量一一对应的数据，并以此为基础来分析、整理并得到客观规律的方法，称为实验方法。

(2) 实验设计。

在实验之前，明确实验目的，找出需要解决的主要问题，并根据实验中的不同问题，利用数学原理，科学安排实验，以迅速找到最佳的实验方法。

(3) 指标。

在实验设计中用来衡量实验效果好坏所采用的标准称为实验指标，简称指标。例如，在进行地面水的混凝实验时，为了确定最佳投药量和最佳 pH 值，以更好地降低水中的浊度，选定水样中的浊度作为评定、比较各次实验效果好坏的标准，即浊度是混凝实验的指标。

(4) 因素。

对指标有影响的条件称为因素。有一类因素，在实验中可以人为地加以调节和控制，称为可控因素。例如，在用碱液吸收法净化气体中的 SO_2 的实验中，吸收液的流量和气体的流量可以通过控制阀调节，属于可控因素。另一类因素，由于自然条件和设备等条件的限制，暂时还不能人为地加以调节和控制，称为不可控因素。例如，气温、风对沉淀效率的影响都属于不可控因素。在实验设计中，一般只考虑可控因素。因此，凡没有特别说明的，提到的因素均是指可控因素。在实验中，影响因素通常不止一个，但往往不是对所有的因素都加以考察。固定在某一状态上，只考察一个因素，这种实验称为单因素实验；考察两个因素的实验称为双因素实验；考察两个以上因素的实验称为多因素实验。

(5) 水平。

因素的各种变化状态称为因素的水平。某个因素在实验中需要考察它的几种状态，就称为它是几个水平的因素。例如，在污泥厌氧消化实验时要考察的温度因素，可选择为 25 ℃、30 ℃、35 ℃，这里的 25 ℃、30 ℃、35 ℃就是温度因素的 3 个水平。根据因素是否可以用数量表示，可分为两种：凡因素的各个水平能用数量来表示的，称为定量因素(如温度)；不能用数量来表示的，称为定性因素。例如，有几种消毒剂可以降低水中的细菌含量，现要研究哪种消毒剂较好，各种消毒剂就表示消毒剂这个因素的各个水平，不能用数量表示，即是定性因素。定性因素在多因素实验中会经常出现，对于定性因素，只要对每个水平规定具体含义，就可与定量因素一样对待。

2.1.3　实验设计的应用

在生产和科学研究中，实验设计方法已得到广泛应用。概括地说，包括以下三方面的应用。

（1）在生产过程中，人们为了达到优质、高产、低耗等目的，常需要对有关因素的最佳点进行选择，一般是通过实验来寻找这个最佳点。实验的方法很多，这就需要通过实验设计，合理安排实验点，才能迅速找到最佳点。例如，混凝剂是水污染控制常用的化学药剂，其投加量因具体情况不同而异，因此，常需要多次实验确定最佳投药量，此时便可以通过实验设计来减少实验的工作量。

（2）估算数学模型中的参数时，在实验前，若通过实验设计合理安排实验点、确定变量及其变化范围等，可以较少的时间获得较精确的参数。例如，已知 BOD 一级反应模型 $y=L_u(1-10^{-k_1/t})$，要估计 k_1 和 L_u。由于 $\left(\frac{\mathrm{d}y}{\mathrm{d}t}\right)_{t=0}=k_1L_u$，说明在反应的前期，参数 k_1 和 L_u 相关性很好，所以，如果在 t 靠近 0 的小范围内进行实验，就难以得到正确的 k_1 和 L_u，因为在此范围内，k_1 的任何偏差都会由 L_u 的变化而得到补偿，故只有通过正确的实验设计，将实验安排在较大的时间范围内进行，才能较精确地获得 k_1 和 L_u 的值。

（3）当可以用几种形式描述某一过程的数学模型时，常需要通过实验来确定哪一种是较恰当的模型（即竞争模型的筛选），此时也需要通过实验设计来保证实验能提供可靠的信息，以便正确地进行模型筛选。例如，判断某化学反应是按 A ⟶B ⟶C 进行，还是按 A ⟶B ⇌C 进行时，要做许多实验。根据这两种反应的动力学特征，B 的浓度与时间 t 的关系分别为图 2-3 所示的两条曲线。从图中可以看出，要区分表示这两种不同反应机理的数学模型，应该观测反应后期 B 的浓度变化，在均匀的时间间隔内进行实验是没有必要的。如果把实验安排在前期，用所得到的数据进行鉴别，则无法达到筛选模型的目的。这个例子说明，实验设计对于模型筛选是十分重要的，如果实验点位置选取得不好，即使实验数据很多，数据很精确，也得不到预期的实验目的。相反，选择适当的实验点位置后，即使测试精度稍差些，或者数据少一些，也能达到预期的实验目的。

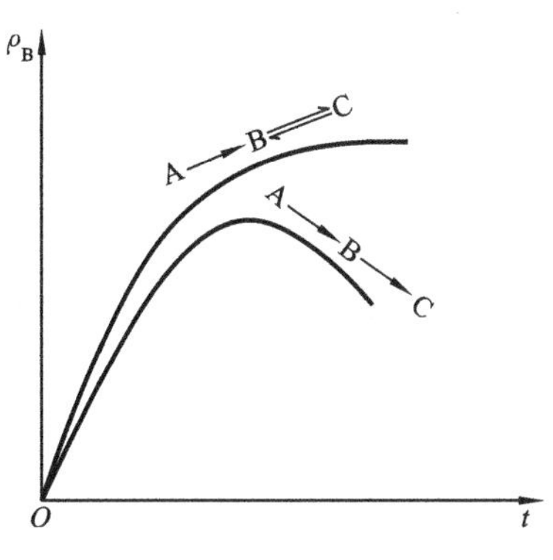

图 2-3　ρ_B 与 t 的关系

2.1.4　实验设计的步骤

实验方案设计包括以下几个步骤。

（1）明确实验目的，确定指标。

研究对象需要解决的问题，一般不止一个。例如，在进行混凝效果的研究时，要解决的问题有最佳投药量、最佳 pH 值和水流速度梯度。不可能通过一次实验把这些问题都解决，因此，实验前应首先确定这次实验的目的究竟是解决哪一个或者哪几个主要问题，然后确定相应的指标。

(2) 挑选因素。

在明确实验目的和确定指标后，要分析研究影响指标的因素，从所有的影响因素中排除那些影响不大或者已经掌握的因素，让它们固定在某一状态上，挑选那些对指标可能有较大影响的因素来进行考察。例如，在进行 BOD 模型的参数估计时，影响因素有温度、菌种数、硝化作用及时间等，通常是把温度和菌种数控制在一定状态上，并排除硝化作用的干扰，只通过考察 BOD 随时间的变化来估计参数。又如，气体中 SO_2 的吸收净化实验中，不同的吸收剂、吸收剂浓度、气体流速、吸收液流量等因素均会影响吸收效果，可在以往实验的基础上，控制吸收剂浓度和吸收剂流量在一定的水平，考察不同种类吸收剂和气体流速对吸收效果的影响。

(3) 选定实验设计方法。

因素选定后，可根据研究对象的具体情况决定选用哪一种实验设计方法。例如，对于单因素问题，应选用单因素实验设计法；对于三个以上因素的问题，可以用正交实验设计法；若要进行模型筛选或确定已知模型的参数，可采用序贯实验设计法。

(4) 实验安排。

上述问题都解决后，便可以进行实验点位置的安排，开展具体的实验工作。

下面仅介绍单因素实验设计、双因素实验设计及正交实验设计的部分基本方法，原理部分可根据需要参阅有关书籍。

2.2 单因素实验设计

单因素实验是指只有一个影响因素的实验，或影响因素虽多，但在安排实验时只考虑一个对指标影响最大的因素，其他因素尽量保持不变的实验。在单因素实验设计中，主要任务是如何选择实验方案，从而安排实验，找出最优实验点，使实验的结果(指标)最好。

下面主要介绍单因素优化实验设计的主要方法：均分法、对分法、0.618 法、分数法和分批实验法。

2.2.1 均分法和对分法

1. 均分法

均分法的做法如下：如果要做 n 次实验，就把实验范围等分成 $n+1$ 份，在各个分点上做实验，如图 2-4 所示。

$a \quad x_1 \quad x_2 \quad x_3 \quad \cdots \quad x_{n-1} \quad x_n \quad b$

图 2-4　均分法实验点

$$x_i = a + \frac{b-a}{n+1}i \quad (i = 1,2,\cdots,n) \tag{2-1}$$

把 n 次实验结果进行比较，选出所需要的最好结果，相对应的实验点即为 n 次实验中的最优点。

均分法是一种比较传统的实验方法。其优点是只需把实验放在等分点上，实验可以同时安排，也可以一个接一个地安排；其缺点是实验次数较多，代价较大。

2. 对分法

采用对分法时,每次实验点均取在实验范围的中点。设实验范围为 $[a,b]$,中点公式为

$$x = \frac{a+b}{2} \tag{2-2}$$

第一个实验点安排在 $[a,b]$ 的中点 $x_1\left(x_1 = \frac{a+b}{2}\right)$,若实验结果表明 x_1 取大了,则丢去大于 x_1 的一半,第二个实验点安排在 $[a,x_1]$ 的中点 $x_2\left(x_2 = \frac{a+x_1}{2}\right)$。如果第一次实验结果表明 x_1 取小了,则丢去小于 x_1 的一半,第二个实验点安排在 $[x_1,b]$ 的中点 $x_2\left(x_2 = \frac{x_1+b}{2}\right)$。

用这种方法,每次可去掉实验范围的一半,直到取得满意的实验结果为止。但是用对分法是有条件的,它只适用于每做一次实验,根据结果就可确定下次实验方向的情况。

例如,某种酸性废水,要求投加碱,调整至 pH=7~8,加碱量范围为 $[a,b]$,试确定最佳投碱量。若采用对分法,第一次加碱量 $x_1 = \frac{a+b}{2}$,加碱后水样的 pH<7(或 pH>8),则加碱范围中小于 x_1(或大于 x_1)的可舍弃,而取另一半重复实验,直到加碱后水样 pH=7~8 为止。

单因素优化法中,对分法的优点是每次实验都可以将实验范围缩小一半,缺点是要求每次实验要能确定下次实验的方向。有些实验不能满足这个要求,因此,对分法的应用受到一定的限制。

2.2.2 0.618 法

科学实验中,有相当普遍的一类实验,目标函数只有一个峰值,在峰值的两侧实验效果较差,将这样的目标函数称为单峰函数。图 2-5 所示为一个单峰函数。

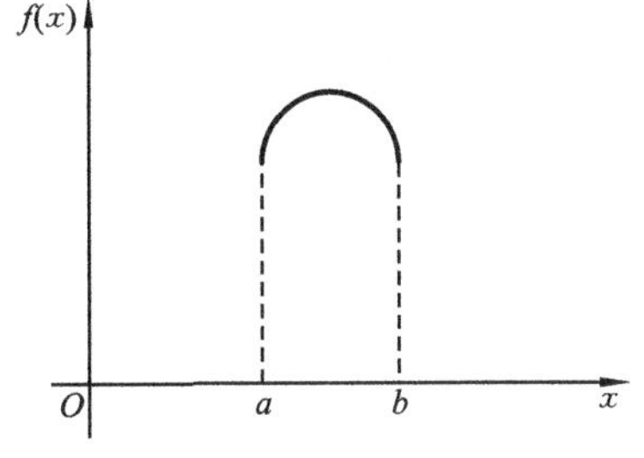

图 2-5 单峰函数

0.618 法适用于目标函数为单峰函数的情形。其做法如下:设实验范围为 $[a,b]$,第一个实验点 x_1 选在实验范围的 0.618 位置上,即

$$x_1 = a + 0.618(b-a) \tag{2-3}$$

第二个实验点选在第一点 x_1 的对称点 x_2 处,即实验范围的 0.382 位置上,即

$$x_2 = a + 0.382(b-a) \tag{2-4}$$

实验点 x_1 和 x_2 如图 2-6 所示。

a　x_2　x_1　b

图 2-6 0.618 法中实验点 x_1 和 x_2

设 $f(x_1)$ 和 $f(x_2)$ 分别表示 x_1 与 x_2 两点的实验结果,且 $f(x)$ 值越大,效果越好,则存在以下三种情况。

(1) 如果 $f(x_1)$ 比 $f(x_2)$ 好,根据“留好去坏”的原则,去掉实验范围 $[a,x_2)$ 部分,在剩余范围 $[x_2,b]$ 内继续做实验。

(2) 如果 $f(x_1)$ 比 $f(x_2)$ 差,根据“留好去坏”的原则,去掉实验范围 $(x_1,b]$ 部分,在剩余范围 $[a,x_1]$ 内继续做实验。

(3) 如果 $f(x_1)$ 与 $f(x_2)$ 实验效果一样,去掉两端,在剩余范围 $[x_1,x_2]$ 内继续做实验。

根据单峰函数性质,上述三种做法都可使好点留下,去掉部分坏点,不会发生最优点丢掉的情况。

对于上述三种情况,继续做实验,取 x_3 时,则具体分析如下。

(1) 在第一种情况下,在剩余实验范围 $[x_2,b]$ 上用式(2-3)计算新的实验点 x_3 。

$$x_3 = x_2 + 0.618(b - x_2)$$

如图 2-7 所示,在实验点 x_3 安排一次新的实验。

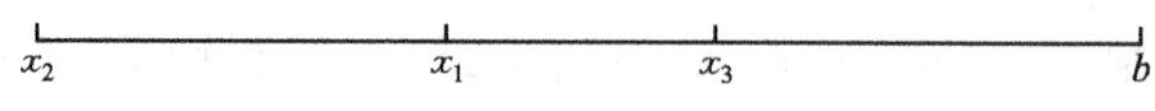

图 2-7　第一种情况时实验点 x_3

(2) 在第二种情况下,剩余实验范围 $[a,x_1]$,用式(2-4)计算新的实验点 x_3 。

$$x_3 = a + 0.382(x_1 - a)$$

如图 2-8 所示,在实验点 x_3 安排一次新的实验。

a　x3　x2　x1

图 2-8　第二种情况时实验点 x_3

(3) 在第三种情况下,剩余实验范围为 $[x_1,x_2]$,用式(2-3)和式(2-4)计算两个新的实验点 x_3 和 x_4 。

$$x_3 = x_2 + 0.618(x_1 - x_2)$$

$$x_4 = x_2 + 0.382(x_1 - x_2)$$

在实验点 x_3 和 x_4 安排两次新的实验。

无论上述三种情况出现哪一种,在新的实验范围内都有两个实验点的实验结果,可以进行比较。仍然按照“留好去坏”的原则,再去掉实验范围的一段或两段,这样反复做下去,直至找到满意的实验点,得到比较好的实验结果为止,或实验范围已很小,再做下去,实验结果差别不大,就可停止实验。

例如,为降低水中的浊度,需要加入一种药剂,已知其最佳加入量在 1 000～2 000 g 的某一点,现在要通过做实验找到它,按照 0.618 法选点,先在实验范围的 0.618 处做第一次实验,这一点的加入量可由式(2-3)计算出来。

$$x_1 = [1\ 000 + 0.618 \times (2\ 000 - 1\ 000)]\ \text{g} = 1\ 618\ \text{g}$$

再在实验范围的 0.382 处做第二次实验,这一点的加入量可由式(2-4)算出,如图 2-9 所示。

1 000　1 382 (x_2)　1 618 (x_1)　2 000

图 2-9　降低水中浊度第一、二次实验加药量

比较两次实验结果,如果点 x_1 较点 x_2 好,则去掉 1 382 g 以下的部分,然后在留下部分再用式(2-3)找出第三个实验点 x_3 ,在点 x_3 处做第三次实验,这一点的加入量为 1 764 g,如图 2-10所示。

如果仍然是点 x_1 好,则去掉 1 764 g 以上的一段,留下部分按式(2-4)计算得出第四个实验点 x_4 ,在点 x_4 处做第四次实验,这一点的加入量为 1 528 g,如图 2-11 所示。

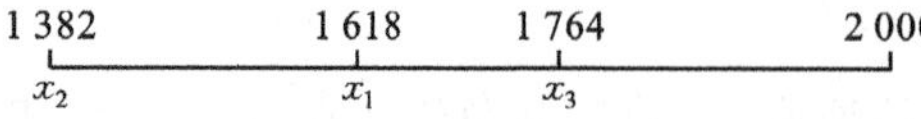

1 382 (x_2)　1 618 (x_1)　1 764 (x_3)　2 000

图 2-10　降低水中浊度第三次实验加药量

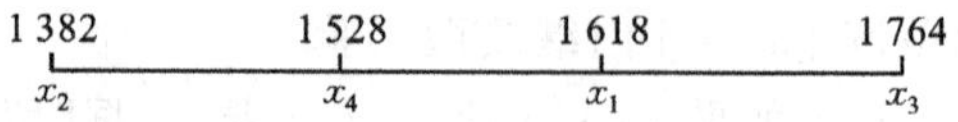

1 382 (x_2)　1 528 (x_4)　1 618 (x_1)　1 764 (x_3)

图 2-11　降低水中浊度第四次实验加药量

如果这一点比点 x_1 好，则去掉 1 618 g 到 1 764 g 这一段，留下部分按同样方法继续做下去，如此重复，最终即能找到最佳点。

总之，0.618 法简便易行，对每个实验范围都可计算出两个实验点进行比较，好点留下，从坏点处把实验范围切开，丢掉短而不包括好点的一段，实验范围就缩小了。在新的实验范围内，再用式(2-3)、式(2-4)算出两个实验点，其中一个就是刚才留下的好点，另一个是新的实验点。应用此法每次可以去掉实验范围的 0.382，因此可以用较少的实验次数迅速找到最佳点。

2.2.3　分数法和分批实验法

1. 分数法

分数法又称为斐波那契数列法，它是利用斐波那契数列进行单因素优化实验设计的一种方法。当实验点只能取整数或者限制实验次数的情况下，采用分数法较好。例如，如果只能做 1 次实验，就在 $\frac{1}{2}$ 处做，其精度为 $\frac{1}{2}$，即这一点与实际最佳点的最大可能距离为 $\frac{1}{2}$，如果只能做 2 次实验，第一次在 $\frac{2}{3}$ 处做，第二次在 $\frac{1}{3}$ 处做，其精度为 $\frac{1}{3}$。如果能做 3 次实验，则第一次在 $\frac{3}{5}$ 处做，第二次在 $\frac{2}{5}$ 处做，第三次在 $\frac{1}{5}$ 或 $\frac{4}{5}$ 处做，其精度为 $\frac{1}{5}$。以此类推，做几次实验就在实验范围内 $\frac{F_n}{F_{n+1}}$ 处做，其精度为 $\frac{1}{F_{n+1}}$，如表 2-2 所示。

表 2-2　分数法实验点位置与精度

实验次数	2	3	4	5	6	7	…	n
等分实验范围的份数	3	5	8	13	21	34	…	F_{n+1}
第一个实验点的位置	$\frac{2}{3}$	$\frac{3}{5}$	$\frac{5}{8}$	$\frac{8}{13}$	$\frac{13}{21}$	$\frac{21}{34}$	…	$\frac{F_n}{F_{n+1}}$
精度	$\frac{1}{3}$	$\frac{1}{5}$	$\frac{1}{8}$	$\frac{1}{13}$	$\frac{1}{21}$	$\frac{1}{34}$	…	$\frac{1}{F_{n+1}}$

表中的 F_n 及 F_{n+1} 称为“斐波那契数”，它们可由下列递推式确定：

$$F_0 = F_1 = 1$$

$$F_k = F_{k-1} + F_{k-2} \quad (k = 2,3,4,\cdots)$$

由此可得

$$F_2 = F_1 + F_0 = 2$$

$$F_3 = F_2 + F_1 = 3$$

$$F_4 = F_3 + F_2 = 5$$

$$\vdots$$

$$F_{n+1} = F_n + F_{n-1}$$

因此，表 2-2 的第三行从分数 $\frac{2}{3}$ 开始，之后的每一分数，其分子都是前一分数的分母，而其分母都等于前一分数的分子与分母之和。照此方法不难写出所需要的第一个实验点的位置。

分数法确定各实验点的位置，可用下列公式求得：

$$\text{第一个实验点} = (\text{大数} - \text{小数})\frac{F_n}{F_{n+1}} + \text{小数} \tag{2-5}$$

$$\text{新实验点} = (\text{大数} - \text{中数}) + \text{小数} \tag{2-6}$$

式中：中数为已实验点数值。

上述两式推导如下：首先由于第一个实验点 x_1 取在实验范围内的 $\frac{F_n}{F_{n+1}}$ 处，所以点 x_1 与实验范围左端点(小数)的距离等于实验范围总长度的 $\frac{F_n}{F_{n+1}}$ 倍，即

$$第一个实验点-小数=[大数(右端点)-小数]\frac{F_n}{F_{n+1}}$$

移项后即得式(2-5)。

又由于新实验点(x_2，x_3，…)安排在余下范围内与已实验点相对称的点上，因此，不仅新实验点到余下范围的中点的距离等于已实验点到中点的距离，而且新实验点到左端点的距离也等于已实验点到右端点的距离(见图 2-12)，即

$$新实验点-左端点=右端点-已实验点$$

移项后即得式(2-6)。

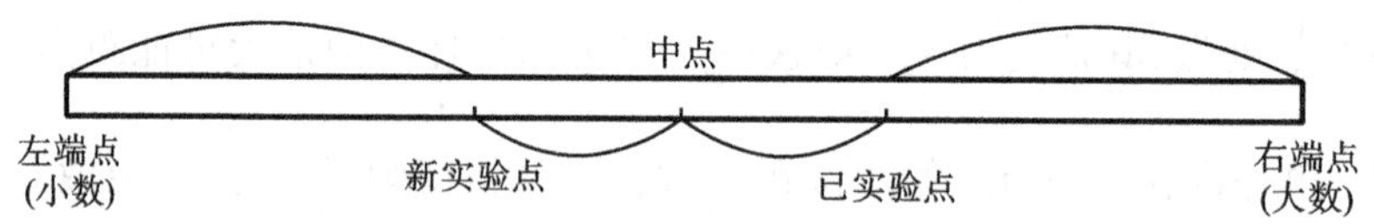

图 2-12　分数法确定实验点位置示意图

下面以一具体例子说明分数法的应用。

【例 2-1】 某污水处理厂准备投加三氯化铁来改善污泥的脱水性能，根据初步调查，投药量在 160 mg/L 以下，要求通过 4 次实验确定最佳投药量。

解　具体计算方法如下。

(1) 根据式(2-5)可得到第一个实验点位置。

$$[(160-0)\times5\div8+0]\ \text{mg/L}=100\ \text{mg/L}$$

(2) 根据式(2-6)可得到第二个实验点位置。

$$[(160-100)+0]\ \text{mg/L}=60\ \text{mg/L}$$

(3) 假定第一点比第二点好，所以在(60,160)之间找第三点，丢去(0,60)的一段，即

$$[(160-100)+60]\ \text{mg/L}=120\ \text{mg/L}$$

(4) 第三点与第一点结果一样，此时可用对分法进行第四次实验，即在 110 mg/L $\left(\frac{100+120}{2}\ \text{mg/L}\right)$处进行实验，得到的效果最好。

2. 分批实验法

当完成实验需要较长的时间或者测试一次要花很大代价，而每次同时测试几个样本和测试一个样本所花的时间、人力或费用相近时，采用分批实验法较好。分批实验法又可分为均匀分批实验法和比例分割实验法。这里仅介绍均匀分批实验法。这种方法是每批实验均匀地安排在实验范围内。例如，每批要做 4 个实验。可以先将实验范围 (a,b) 均分为 5 份，在其 4 个分点 x_1 、x_2 、x_3 、x_4 处做 4 个实验，将 4 个实验样本同时进行测试分析，如果 x_3 好，则去掉小于 x_2 和大于 x_4 的部分，留下 (x_2,x_4) 范围。然后将留下部分分成 6 份，在未做过实验的 4 个分点实验，这样一直做下去，就能找到最佳点。对于每批要做 4 个实验的情况，用这种方法，第一批实验后范围缩小 $\frac{2}{5}$，以后每批实验后都能缩小为前次余下的 $\frac{1}{3}$（见图 2-13）。例如，在测定某种有毒物质进入生化处理构筑物的最大允许浓度时，可以用这种方法。

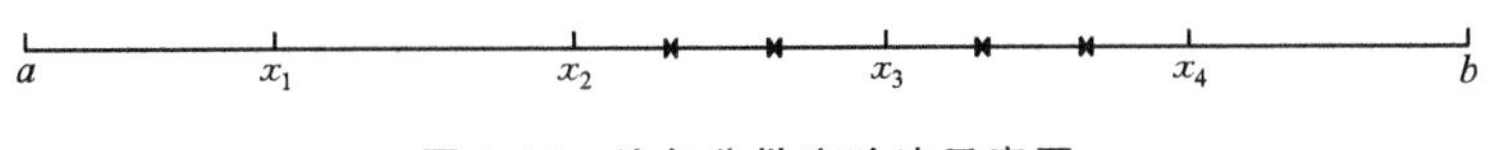

图 2-13 均匀分批实验法示意图

2.3 双因素实验设计

对于双因素问题，往往采取把两个因素变成一个因素的办法(即降维法)来解决，也就是先固定第一个因素，做第二个因素的实验，再固定第二个因素做第一个因素的实验。这里介绍两种双因素实验设计方法。

2.3.1 从好点出发法

从好点出发法是先把一个因素(如 x)固定在实验范围内的某一点 x_1(0.618 点处或其他点处)，然后用单因素实验设计对另一个因素 y 进行实验，得到最佳实验点 $A_1(x_1, y_1)$；再把因素 y 固定在好点 y_1 处，用单因素方法对因素 x 进行实验，得到最佳点 $A_2(x_2, y_1)$。若$x_2 < x_1$，因为点 A_2 比点 A_1 好，可以去掉大于 x_1 的部分，如果 $x_2 > x_1$，则去掉小于 x_1 的部分。然后，在剩下的实验范围内，再从好点 A_2 出发，把因素 x 固定在 x_2 处，对因素 y 进行实验，得到最佳实验点 $A_3(x_2, y_2)$，于是再沿直线 $y = y_1$ 把不包含 A_2 的部分去掉，这样继续下去，能较好地找到需要的最佳点(见图 2-14)。

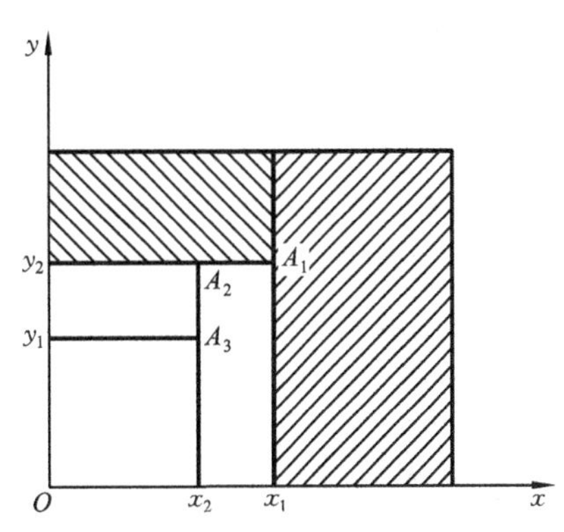

图 2-14 从好点出发法示意图

这个方法的特点是对某一因素进行实验选择最佳点时，另一个因素都是固定在上次实验结果的好点上(第一次除外)的。

2.3.2 平行线法

如果双因素问题的两个因素中有一个因素不易改变，宜采用平行线法。具体方法如下。

设因素 y 不易调整，把 y 先固定在其实验范围的 0.5(或 0.618)处，过该点作平行于 x 轴的直线，并用单因素方法找出另一个因素 x 的最佳点 A_1。再把因素 y 固定在 0.25 处，用单因素法找出因素 x 的最佳点 A_2。比较 A_1 和 A_2，若 A_1 比 A_2 好，则沿直线 $y = 0.25$ 将下面的部分去掉，然后在剩下的范围内再用对分法找出因素 y 的第三点 0.625。第三次实验将因素 y 固定在 0.625 处，用单因素法找出因素 x 的最佳点 A_3。若 A_1 比 A_3 好，则又可将直线 $y = 0.625$ 以上的部分去掉。这样一直做下去，就可以找到满意的结果(见图 2-15)。

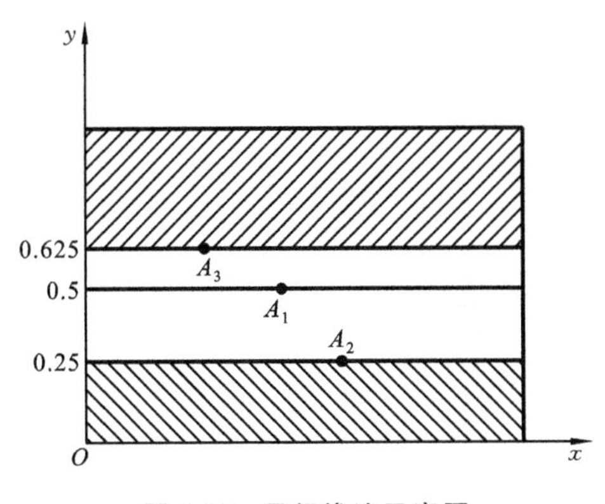

图 2-15 平行线法示意图

例如，混凝效果与混凝剂的投加量、pH 值、水流速度梯度三个因素有关。根据经验分析，主要的影响因素是投药量和 pH 值，因此可以根据经验把水流速度梯度固定在某一水平上，然后用双因素实验设计法选择实验点进行实验。

2.4 多因素正交实验设计

在生产和科学研究中遇到的问题一般是比较复杂的，受多种因素影响，且各个因素具有不同的状态，它们往往互相交织、错综复杂。要解决这类问题，常常需要做大量实验。例如，对某工业废水欲采用厌氧生物处理，经过分析研究，决定考察 3 个因素(如温度、时间和负荷率)，而每个因素又可能有 3 种不同的状态(如温度因素有 25 ℃、30 ℃、35 ℃ 3 个水平)，它们之间可能有$3^3=27$种不同的组合，也就是说，要经过 27 次实验才能知道哪一种组合最好。显然，这种全面进行实验的方法，不但费时费钱，有时甚至是不可能的。对于这样的一个问题，如果采用正交设计法安排实验，只要经过 9 次实验便能得到满意的结果。对于多因素问题，采用正交实验设计可以达到事半功倍的效果，这是因为通过正交设计可以合理地挑选和安排实验点，较好地解决多因素实验中的如下两个突出的矛盾：

(1) 全面实验的次数与实际可行的实验次数之间的矛盾；

(2) 实际所做的少数实验与要求掌握的事物的内在规律之间的矛盾。

正交实验设计法是一种研究多因素实验问题的数学方法。它主要是使用正交表这一工具从所有可能的实验搭配中挑选出若干必需的实验，然后用统计分析方法对实验结果进行综合处理，得出结果。它不仅简单易行、计算表格化，而且科学地解决了上述两个矛盾。

2.4.1 正交表与正交实验方案设计

1. 正交表

正交表是正交实验设计法中合理安排实验，并对数据进行统计分析的工具。正交表都以统一形式的记号来表示。常用的正交表有 $L_4(2^3)$、$L_8(2^7)$、$L_9(3^4)$、$L_8(4\times2^4)$、$L_{18}(2\times3^7)$等等。

(1) 正交表符号的含义。如 $L_4(2^3)$(见图 2-16)，字母 L 代表正交表，L 右下角的数字“4”表示正交表有 4 行，即要安排 4 次实验，括号内的指数“3”表示表中有 3 列，即最多可以考察 3 个因素，括号内的底数“2”表示表中每列有 1、2 两种数据，即安排实验时，被考察的因素有 2 个水平，称为水平 1 与水平 2，如表 2-3 所示。

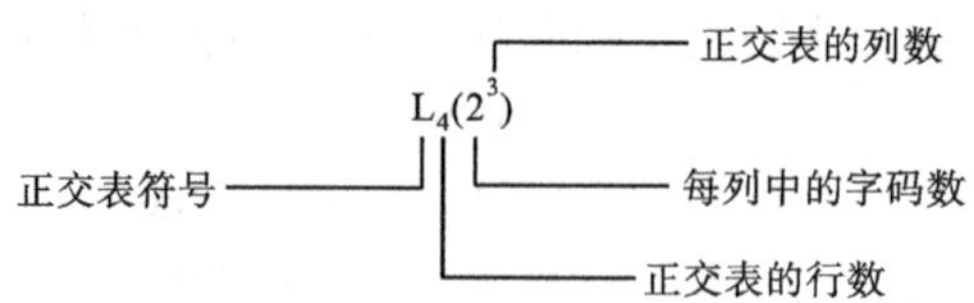

图 2-16 正交表记号示意图

表 2-3 $L_4(2^3)$正交表

实验号	列号		
	1	2	3
1	1	1	1
2	1	2	2
3	2	1	2
4	2	2	1

当被考察的各因素的水平不同时，应采用混合型正交表，其表示方式略有不同。如 $L_8(4\times2^4)$，它表示有 8 行（即要做 8 次实验）5 列（即有 5 个因素），而括号内的第一项“4”表示被考察的第一个因素有 4 个水平，在正交表中位于第一列，这一列由 1、2、3、4 四种数据组成。括号内第二项的指数“4”表示另外还有 4 个考察因素，底数“2”表示后 4 个因素有 2 个水平，即后 4 列由 1、2 两种数据组成。用 $L_8(4\times2^4)$ 安排实验时，最多可以考察一个具有 5 个因素的问题，其中 1 个因素有 4 个水平，另外 4 个因素有 2 个水平，共要做 8 次实验。

（2）正交表的两个特点。

① 每一列中，不同的数字出现的次数相等。如表 2-3 中不同的数字只有两个，即 1 和 2，它们各出现两次。

② 任意两列中，将同一横行的两个数字看成有序数对（即左边的数放在前，右边的数放在后），每种数对出现的次数相等。表 2-3 中有序数对共有四种，即(1,1)、(1,2)、(2,1)、(2,2)，它们各出现一次。

凡满足上述两个性质的表就称为正交表，常用的正交表见附录 A。

2. 正交设计法安排多因素实验的步骤

（1）明确实验目的，确定指标。

明确实验目的即根据工程实践明确本次实验要解决的问题，同时，要结合工程实际选用能定量、定性表达的突出指标作为实验分析的评价指标。指标可能有一个，也可能有几个。

（2）挑因素、选水平，列出因素水平表。

影响实验结果的因素很多，但是，不是对每个因素都进行考察。例如，对于不可控因素，由于无法测出因素的数值，因而看不出不同水平的差别，难以判断该因素的作用，所以不能列为被考察的因素。对于可控因素，则应挑选那些对指标可能影响较大，但又没有把握的因素来进行考察，特别注意不能把重要因素固定（即固定在某一状态上不进行考察）。

对于选出的因素，可以根据经验定出它们的实验范围，在此范围内选出每个因素的水平，即确定水平的个数和各个水平的数值。因素水平选定后，便可列成因素水平表。例如，某污水处理厂进行污泥厌氧消化实验，经分析后决定对温度、泥龄、污泥投配率这三个因素进行考察，并确定了各因素均有 2 个水平和每个水平的数值。此时可以列出因素水平表（见表 2-4）。

表 2-4　污泥厌氧消化实验因素水平表

水　平	因　素		
	温度/℃	泥龄/d	污泥投配率/(%)
1	25	5	5
2	35	10	8

（3）选用正交表。

常用的正交表有几十个，究竟选用哪个正交表，需要综合分析后决定，一般是根据因素和水平的多少、实验工作量的大小和允许条件而定。实际安排实验时，挑选因素、水平和选用正交表等步骤有时是结合进行的。例如，根据实验目的，选好 4 个因素，如果每个因素取 4 个水平，则需用 $L_{16}(4^4)$ 正交表，要做 16 次实验。但是由于时间和经费上的原因，希望减少实验次数，因此，改为每个因素 3 个水平，则改用 $L_9(3^4)$ 正交表，做 9 次实验就够了。

（4）表头设计。

表头设计就是根据实验要求，确定各因素在正交表中的位置，如表 2-5 所示。

表 2-5　污泥厌氧消化实验的表头

因素	温度/℃	泥龄/d	污泥投配率/(%)
列号	1	2	3

(5) 列出实验方案。

根据表头设计,从 $L_4(2^3)$ 正交表(见表 2-3)中把 1、2、3 列的 1 和 2 换成表 2-4 所给的相应的水平,即得实验方案表(见表 2-6)。

表 2-6　污泥厌氧消化实验方案表

实验号	因素(列号)			
	A 温度/℃ (1)	B 泥龄/d (2)	C 污泥投配率/(%) (3)	D 指标:产气量/[L/kg(COD)]
1	25(1)	5(1)	5(1)	
2	25(1)	10(2)	8(2)	
3	35(2)	5(1)	8(2)	
4	35(2)	10(2)	5(1)	

3. 实验结果的分析——直观分析法

通过实验获得大量实验数据后,科学地分析这些数据,从中得到正确的结论,是实验设计法不可分割的组成部分。正交实验设计法的数据分析是要解决以下两个方面的问题,从而找到最佳的管理运行条件。

(1) 挑选的因素中,哪些因素影响大些? 哪些影响小些? 各因素对实验目的影响的主次关系如何?

(2) 各影响因素中,哪个水平能得到满意的结果?

要解决这些问题,需要对数据进行分析整理。分析、比较各个因素对实验结果的影响及每个因素的各个水平对实验结果的影响,从而得出正确的结论。

直观分析法是一种常用的分析实验结果的方法,其具体步骤如下。

以正交表 $L_4(2^3)$ 为例,其中各数字以符号 $L_n(f^m)$ 表示(见表 2-7)。

表 2-7　$L_4(2^3)$ 正交表直观分析

水平		列号			实验结果(评价指标) y_i
		1	2	3	
实验号	1	1	1	1	y_1
	2	1	2	2	y_2
	3	2	1	2	y_3
	4	2	2	1	y_4
K_1					
K_2					
$\overline{K}_1$					$\sum_{i=1}^{n} y_i$
$\overline{K}_2$					n 为实验组数
$R=\overline{K}_1-\overline{K}_2$ 极差					

(1) 填写实验评价指标。

将每组实验的数据分析处理后，求出相应的评价指标值 y_i，并填入正交表的实验结果栏内。

(2) 计算各列的各水平效应值 K_{mf}、均值 $\overline{K}_{mf}$ 及极差 R_m 值。

$$\overline{K}_{mf} = \frac{K_{mf}}{m\text{ 列的 } f \text{ 号水平的重复次数}}$$

式中：K_{mf} 为 m 列中 f 号的水平相应指标值之和；R_m 为 m 列中 K_f 的极大值与极小值之差。

(3) 比较各因素的极差 R 的值，根据其大小，即可排出因素的主次关系。这从直观上很易理解，对实验结果影响大的因素一定是主要因素。所谓影响大，就是这一因素的不同水平所对应的指标间的差异大。相反，则是次要因素。

(4) 比较同一因素下各水平的效应值 K_{mf}，能使指标达到满意的值（最大或最小）为较理想的水平值。如此，可以确定最佳生产运行条件。

(5) 作因素和指标关系图，即以各因素的水平值为横坐标、各因素水平相应的均值 K_{mf} 为纵坐标，在直角坐标纸上绘图，可以更直观地反映出诸因素及水平对实验结果的影响。

2.4.2　正交实验分析举例

【例 2-2】 自吸式射流曝气设备是一种污水生物处理所用的新型曝气设备，为了研制设备的结构尺寸、运行条件与充氧性能的关系，拟用正交实验法进行清水充氧实验。

实验在 1.6 m×1.6 m×7.0 m 的钢板池内进行，喷嘴直径 d=20 mm(整个实验中的一部分)。

解　(1) 确定实验方案并实验。

① 明确实验目的。找出影响曝气装置充氧性能的主要因素并确定理想的设备结构尺寸和运行条件。

② 挑选因素。影响充氧性能的因素较多，根据有关文献资料及经验，对射流器本身结构主要考察两个：一个是射流器的长径比，即混合阶段的长度 L 与其直径 D 之比 L/D；另一个是射流器的面积比，即混合阶段的断面面积与喷嘴面积之比。

$$m = \frac{F_2}{F_1} = \frac{D^2}{d^2}$$

对射流器的运行条件，主要考察喷嘴的工作压力 p 和曝气水深 H。

③ 确定各因素的水平。为了能减少实验的次数，又能说明问题，每个因素选用 3 个水平。根据有关资料选用，结果见表 2-8。

表 2-8　自吸式射流曝气实验因素水平表

因　素	1	2	3	4
内容	水深 H/m	压力 p/MPa	面积比 m	长径比 L/D
水平	1、2、3	1、2、3	1、2、3	1、2、3
数值	4.5、5.5、6.5	0.1、0.2、0.25	9.0、4.0、6.3	60、90、120

④ 确定实验评价指标。本实验以充氧动力效率 E_p 为评价指标。充氧动力效率是指曝气设备所消耗的理论功率为 1 kW 时，单位时间内向水中充入的氧的质量，以 kg/(kW · h)计。该值将曝气供氧与所消耗的动力联系在一起，是一个具有经济价值的指标，它的大小将影响到

活性污泥处理厂(站)的运行费用。

⑤ 选择合适的正交表。根据以上所选择的因素和水平,确定选用 $L_9(3^4)$ 正交表。

⑥ 确定实验方案。根据已定的因素、水平及所选用的正交表,将实验因素和水平按顺序填入,则得出正交实验方案表(见表 2-9)。

表 2-9　自吸式射流曝气正交实验方案表 $L_9(3^4)$

实验号	因子			
	H/m	p/MPa	m	L/D
1	4.5	0.10	9.0	60
2	4.5	0.20	4.0	90
3	4.5	0.25	6.3	120
4	5.5	0.10	4.0	120
5	5.5	0.20	6.3	60
6	5.5	0.25	9.0	90
7	6.5	0.10	6.3	90
8	6.5	0.20	9.0	120
9	6.5	0.25	4.0	60

根据表 2-9,可知共需安排 9 次实验,每组具体实验条件见表 2-9 中 1,2,…,9 对应的各行,各次实验在相应的实验条件下进行。如第一次实验在水深为 4.5 m,喷嘴工作压力为 0.1 MPa,面积比为 $m=9$,长径比采用 60 的条件下进行测试。

(2) 实验结果直观分析。

实验结果与分析见表 2-10,具体分析方法如下所述。

表 2-10　自吸式射流曝气正交实验结果分析

实验号	因子				E_p/[kg/(kW·h)]
	H/m	p/MPa	m	L/D	
1	4.5	0.10	9.0	60	1.03
2	4.5	0.20	4.0	90	0.89
3	4.5	0.25	6.3	120	0.88
4	5.5	0.10	4.0	120	1.30
5	5.5	0.20	6.3	60	1.07
6	5.5	0.25	9.0	90	0.77
7	6.5	0.10	6.3	90	0.83
8	6.5	0.20	9.0	120	1.11
9	6.5	0.25	4.0	60	1.01
K_1	2.80	3.16	2.91	3.11	
K_2	3.14	3.07	3.20	2.49	$\sum E_p=8.89$
K_3	2.95	2.66	2.78	3.29	
$\overline{K}_1$	0.93	1.05	0.97	1.04	
$\overline{K}_2$	1.05	1.02	1.07	0.83	$\mu=\frac{\sum E_p}{9}=0.99$
$\overline{K}_3$	0.98	0.89	0.93	1.10	
R	0.12	0.16	0.14	0.27	

① 填写实验评价指标。将每一个实验条件下的原始数据，通过数据处理后求出动力效率，并计算算术平均值，填入相应栏内。

② 计算各列的 K 、$\overline{K}$ 和极差 R 。如计算 H 这一列的因素时，各水平的 K 值如下。

第一个水平

$$K_{11}=1.03+0.89+0.88=2.80$$

第二个水平

$$K_{12}=1.30+1.07+0.77=3.14$$

第三个水平

$$K_{13}=0.83+1.11+1.01=2.95$$

其均值 $\overline{K}$ 分别为

$$\overline{K}_{11}=\frac{2.80}{3}=0.93$$

$$\overline{K}_{12}=\frac{3.14}{3}=1.05$$

$$\overline{K}_{13}=\frac{2.95}{3}=0.98$$

极差 $$R_1=1.05-0.93=0.12$$

以此分别计算 p、m 和 L/D，结果如表 2-10 所示。

③ 结果分析。

由表中的极差大小可知，影响射流曝气设备充氧效率的因素主次顺序为：$L/D>p>m>H$。由表中各因素水平值的均值可见各因素中较佳的水平条件为：$L/D=120$，$p=0.1$ MPa，$m=4.0$，$H=5.5$ m。

第3章 误差分析与实验数据处理

环境科学与工程实验中常需要进行一系列测定，并取得大量的数据。实践表明，每项实验都有误差，同一项目的多次重复测量，结果总会有差异，即实验值与真实值之间存在差异。这是由实验环境不理想、实验人员技术水平不高、实验设备或实验方法不完善等因素引起的。随着研究人员对研究课题认识的提高和仪器设备的不断完善，实验中的误差可以逐渐减小，但是不可能做到没有误差。因此，绝不能认为取得了实验数据就已经万事大吉。一方面，必须对所测对象进行分析研究，估计测试结果的可靠程度，并对取得的数据给予合理的解释；另一方面，还必须将所得数据加以整理归纳，用一定的方式表示出各数据之间的相互关系。前者即为误差分析，后者为数据处理。

对实验结果进行误差分析与数据处理的目的有以下几个方面。

(1) 可以根据科学实验的目的，合理地选择实验装置、仪器、条件和方法。

(2) 能正确处理实验数据，以便在一定条件下得到接近真实值的最佳结果。

(3) 合理选定实验结果的误差，避免由于误差选取不当而造成人力、物力的浪费。

(4) 总结测定结果，得出正确的实验结论，并通过必要的整理归纳(如绘成实验曲线或得出经验公式)，为验证理论提供条件。

误差与数据处理的内容很多，在此，仅介绍一些基本知识，读者需要更深入了解时，可参阅有关书籍。

3.1 误差分析

3.1.1 真值与平均值

实验过程中要做各种测试工作，由于仪器、测试方法、环境、人的观察力、实验方法等都不可能做到完美无缺，因此无法测得真值(真实值)。如果对同一考察项目进行无限多次的测试，然后根据误差分布中正、负误差出现的概率相等的规律，可以求得各测试值的平均值，在无系统误差(系统误差的含义请参阅“误差与误差的分类”)的情况下，此值为接近真值的数值。一般来说，测试的次数总是有限的，用有限测试次数求得的平均值，只能是真值的近似值。

常用的平均值有下列几种：①算术平均值；②均方根平均值；③加权平均值；④中位值(或中位数)；⑤几何平均值。计算平均值方法的选择，主要取决于一组观测值的分布类型。

1. 算术平均值

算术平均值是最常用的一种平均值，当观测值呈正态分布时，算术平均值最接近真值。设$x_1, x_2, \cdots, x_n$为各次观测值，n代表观测次数，则算术平均值定义为

$$\bar{x} = \frac{x_1 + x_2 + \cdots + x_n}{n} = \frac{1}{n}\sum_{i=1}^{n} x_i \tag{3-1}$$

2. 均方根平均值

均方根平均值应用较少，其定义为

$$\bar{x} = \sqrt{\frac{x_1^2 + x_2^2 + \cdots + x_n^2}{n}} = \sqrt{\frac{\sum_{i=1}^{n} x_i^2}{n}} \tag{3-2}$$

式中:各符号意义同前。

3. 加权平均值

若对同一事物用不同方法测定,或者由不同的人测定,计算平均值时,常用加权平均值。计算公式为

$$\bar{x} = \frac{\omega_1 x_1 + \omega_2 x_2 + \cdots + \omega_n x_n}{\omega_1 + \omega_2 + \cdots + \omega_n} = \frac{\sum_{i=1}^{n} \omega_i x_i}{\sum_{i=1}^{n} \omega_i} \tag{3-3}$$

式中:ω_i 为与各观测值相应的权,其余符号意义同前。

各观测值的权 ω_i,可以是观测值的重复次数,也可以是观测者在总数中所占的比例,还可根据经验确定。

【例 3-1】 某工厂测定含铬废水浓度的结果如表 3-1 所示,试计算其平均浓度。

表 3-1　例 3-1 表

铬浓度/(mg/L)	0.3	0.4	0.5	0.6	0.7
出现次数	3	5	7	7	5

解　$\bar{x} = \frac{0.3\times3+0.4\times5+0.5\times7+0.6\times7+0.7\times5}{3+5+7+7+5}\ \text{mg/L} = 0.52\ \text{mg/L}$

4. 中位值

中位值是指一组观测值按大小次序排列的中间值。若观测次数是偶数,则中位值为正中间两个值的平均值。中位值的最大优点是求法简单。只有当观测值的分布呈正态分布时,中位值才能代表一组观测值的中心趋向,近似于真值。

5. 几何平均值

如果一组观测值是非正态分布,对这组数据取对数后,所得图形的分布曲线更对称时,常用几何平均值。几何平均值是一组 n 个观测值连乘并开 n 次方求得的值,计算公式如下:

$$\bar{x} = \sqrt[n]{x_1 x_2 \cdots x_n} \tag{3-4}$$

也可用对数表示:

$$\lg\bar{x} = \frac{1}{n}\sum_{i=1}^{n} \lg x_i \tag{3-5}$$

【例 3-2】 某工厂测得污水的 BOD_5 数据分别为 100 mg/L、110 mg/L、120 mg/L、115 mg/L、190 mg/L、170 mg/L。求其平均浓度。

解　该厂所得数据大部分在 100～120 mg/L,少数数据的数值较大,此几何平均值才能较好地代表这组数据的中心趋向,即

$$\bar{x} = \sqrt[6]{100\times110\times120\times115\times190\times170}\ \text{mg/L} = 130.3\ \text{mg/L}$$

3.1.2　误差与误差的分类

环境科学与工程实验过程中,各项指标的监测常需通过各种测试方法来完成。由于被测

量的数值形式通常不能以有限位数表示，且因认识能力不足和科技水平的限制，测量值与其真值并不完全一致，这种差异表现在数值上称为误差。任何监测结果均具有误差，误差存在于一切实验中。

1. 绝对误差与相对误差

观测值的准确度一般用误差来量度。个别观测值 x_i 与真实值 μ 之差称为个别观测值的误差，即绝对误差 E_i，用公式表示为

$$E_i = x_i - \mu \tag{3-6}$$

绝对误差 E_i 的数值愈大，说明观测值 x_i 偏离真实值 μ 愈远。若观测值大于真实值，说明存在正误差；反之，存在负误差。

实际上，对于一组观测值的准确度，通常用各个观测值 x_i 的平均值 $\overline{x} = \frac{1}{n}\sum_{i=1}^{n} x_i$ 来表示。因此，绝对误差又可表示为

$$E_i = \overline{x} - \mu \tag{3-7}$$

在实际应用中由于真实值不易测得，所以常用观测值与平均值之差表示绝对误差。严格地说，观测值与平均值之差应称为偏差，但在工程实践中多称为误差。

显然，只有绝对误差的概念是不够的，因为它没有同真实值联系起来。相对误差是绝对误差与真实值的比值，即

$$E_r = E_i / \mu \tag{3-8}$$

实际应用中由于真实值 μ 不易测得，常用观测值的平均值 $\overline{x} = \frac{1}{n}\sum_{i=1}^{n} x_i$ 代替真实值 μ。

相对误差用于不同观测结果的可靠性对比，常用百分数表示。

2. 系统误差与随机误差

根据误差的性质及发生的原因，误差可分为系统误差、随机误差和过失误差三种。

(1) 系统误差。

系统误差也称为可测误差，是指在测定中未发现或未确认的因素所引起的误差。其特征是：单向性，即误差的符号与大小恒定，或按照一定的规律变化；系统性，即在相同的条件下进行同样的测定时会重复出现。在一般情况下，如果能找到产生的原因，可对其进行校正或设法加以消除。产生系统误差的原因有以下几个方面。

① 方法误差：这是由于分析方法不当造成的，是比较严重的误差，一般能找到物理或化学的原因。

② 仪器或试剂误差：这是由于装置不良或试剂不纯引起的误差。

③ 操作误差：主要是指操作者不遵守操作规程而造成的误差，有时也称为手法误差。

④ 环境改变引起的误差：主要是指外界的温度、压力和湿度等的变化引起的误差。

(2) 随机误差。

随机误差也称为偶然误差，它是由难以控制的因素引起的，通常并不能确切地知道这些因素，也无法说明误差何时发生或者不发生，它的出现纯粹是偶然的、独立的和随机的。但是随机误差服从统计规律，可以通过增加实验的测定次数来减小，并用统计的方法对测定结果作出正确的表述。实验数据的精确度主要取决于随机误差，随机误差是由研究方案和研究条件总体所固有的一切因素引起的。

（3）过失误差。

过失误差又称错误，是由于操作人员粗枝大叶、过度疲劳或操作不正确等因素引起的，是一种与事实明显不符的误差。只要操作者加强责任心，提高操作水平，过失误差是可以避免的。

3.1.3　准确度与精密度

1. 准确度与精密度的关系

准确度是指测定值与真实值的偏差的程度，它反映了系统误差和随机误差的大小，一般用相对误差表示。

精密度是指在控制条件下用一个均匀试样反复测量，所得数值之间的重复程度。它反映了随机误差的大小，与系统误差无关。因此，评定观测数据的好坏，首先要考察精密度，然后再考察准确度。

一般来说，实验结果的精密度很高，并不等于准确度也很高，这是因为即使有系统误差的存在，也不妨碍结果的精密度。两者的关系可以由图3-1所示的打靶图来说明。

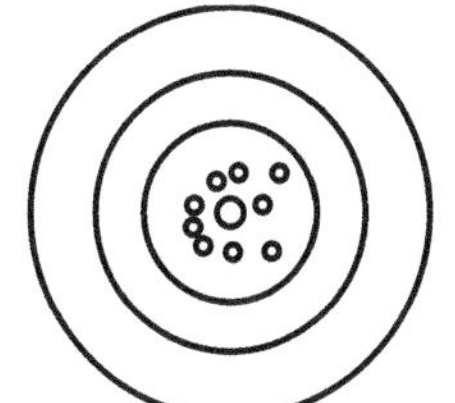

(a) 准确度高，精密度也高

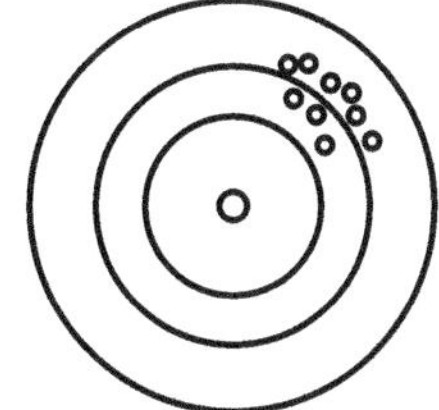

(b) 精密度高但准确度低

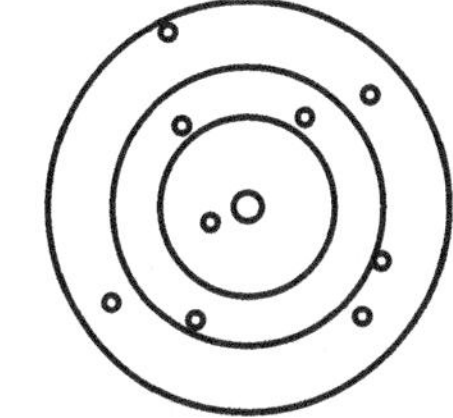

(c) 准确度低，精密度也低

图3-1　以打靶为例说明准确度和精密度的关系

2. 提高准确度和精密度的方法

为了提高实验方法的准确度和精密度，必须减少和消除系统误差和随机误差，主要应做到：①减少系统误差；②增加测定的次数；③选择合适的实验方法。

3. 精密度的表示方法

若在某一条件下进行多次测试，其误差分别为 $\sigma_1, \sigma_2, \cdots, \sigma_n$，这样得到的单个误差可大可小、可正可负，无法表示该条件下的测定精密度，因此常采用极差、算术平均误差、标准误差等表示精密度的高低。

（1）极差。

极差也称为范围误差，是指一组观测值中的最大值与最小值之差，是用来描述实验数据分散程度的一种特征参数。在本章的正交实验设计中也稍有阐述，其计算公式为

$$R = x_{\max} - x_{\min} \tag{3-9}$$

极差的缺点是只与两极值有关，而与观测次数无关。用极差反映精密度的高低比较粗糙，但计算方便。在快速检验中可以度量数据波动的大小。

（2）算术平均误差。

算术平均误差是观测值与平均值之差的绝对值的算术平均值。其表达式为

$$\delta = \frac{\sum_{i=1}^{n} |x_i - \overline{x}|}{n} = \frac{\sum_{i=1}^{n} |d_i|}{n} \tag{3-10}$$

【例 3-3】 有一组观测值与平均值的偏差(即单个误差)为+4、+3、−3、−2、+2、+4,试求其算术平均误差。

解 由算术平均误差的公式得

$$\delta = \frac{|+4|+|+3|+|-3|+|-2|+|+2|+|+4|}{6} = 3$$

算术平均误差的缺点是无法表示出各次测试间彼此符合的情况。彼此接近的情况下,与另一组测试中偏差有大、中、小三种的情况下可能完全相等(参阅例 3-4)。

(3) 标准误差。

标准误差也称为均方根误差或均方误差,是指各观测值与平均值之差的平方和的算术平均值的平方根。其计算式为

$$\sigma = \sqrt{\frac{1}{n}\sum_{i=1}^{n}(x_i - \overline{x})^2} = \sqrt{\frac{\sum_{i=1}^{n} d_i^2}{n}} \tag{3-11}$$

在有限的观测次数中,标准误差常表示为

$$\sigma_{n-1} = \sqrt{\frac{1}{n-1}\sum_{i=1}^{n}(x_i - \overline{x})^2} \tag{3-12}$$

由式(3-11)可以看到,观测值越接近于平均值,标准误差越小;观测值与平均值偏差越大,标准误差也越大。即标准误差对测试中的较大误差或较小误差比较灵敏,所以它是表示精密度的较好方法,是表明实验数据分散程度的一个特征参数。

【例 3-4】 已知两组测试的偏差分别为+4、+3、−2、+2、+4 和+1、+5、0、−3、−6,试计算其误差。

解 由式(3-10)计算算术平均误差。

$$\delta_1 = \frac{|+4|+|+3|+|-2|+|+2|+|+4|}{5} = 3$$

$$\delta_2 = \frac{|+1|+|+5|+|0|+|-3|+|-6|}{5} = 3$$

由式(3-11)计算标准误差。

$$\sigma_1 = \sqrt{\frac{(-4)^2 + 3^2 + (-2)^2 + 2^2 + 4^2}{5}} = 3.1$$

$$\sigma_2 = \sqrt{\frac{1^2 + 5^2 + 0^2 + (-3)^2 + (-6)^2}{5}} = 3.8$$

上述计算结果表明,虽然第一组测试所得的偏差彼此比较接近,第二组测试所得的偏差较离散,但用算术平均误差表示时,两者所得结果相同,而标准误差则能较好地反映出测试结果与真实值的离散程度,从这个意义上讲,采用标准误差更有效些。

3.1.4 误差分析

1. 单次测量值误差分析

环境科学与工程实验的影响因素多且测试量大,有时由于条件限制或准确度要求不高,特别是在动态实验中不容许对被测值进行重复测量,故实验中往往对某些指标只能进行一次测量。这些测量值的误差应根据具体情况进行具体分析。例如,对偶然误差较小的测量值,可按仪器上注明的误差范围进行分析计算;无注明时,可按仪器最小刻度的 1/2 作为单次测量的误

差。如某溶解氧测定仪,仪器精度为0.5级。当测得溶解氧浓度为3.2 mg/L时,其误差值为3.2×0.005 mg/L=0.016 mg/L;若仪器未给出精度,由于仪器最小刻度为0.2 mg/L,每次测量的误差可按0.1 mg/L考虑。

2. 重复多次测量值误差分析

在条件允许的情况下,进行多次测量可以得到比较准确可靠的测量值,并用测量结果的算术平均值近似替代真值。误差的大小可用算术平均误差和标准误差来表示。工程中多用标准偏差来表示。

3. 间接测量值误差分析

实验过程中,经常需要对实测值经过公式计算后获得另外一些测得值用于表达实验结果或用于进一步分析,后者称为间接测量值。由于实测值均存在误差,间接测量值也存在误差,称为误差的传递。表达各实测值误差与间接测量值间关系的公式称为误差传递公式。

(1) 间接测量值算术平均误差计算。

采用算术平均误差时,需考虑各项误差同时出现最不利的情况,将算术平均误差或算术平均相对误差的绝对值相加。

① 加、减法运算中间接测量值误差分析。

设 $N = A + B$ 或 $N = A - B$,则有

$$\delta_N = \delta_A + \delta_B \tag{3-13}$$

式中:δ_N 为间接测量值 N 的算术平均误差;δ_A 、δ_B 分别为直接测量值 A、B 的算术平均误差。即和、差运算的绝对误差等于各直接测量值的绝对误差之和。

② 乘、除法运算中间接测量值误差分析。

设 $N = AB$ 或 $N = \frac{A}{B}$,则有

$$\frac{\delta_N}{N} = \frac{\delta_A}{A} + \frac{\delta_B}{B} \tag{3-14}$$

即乘、除运算的相对误差等于各直接测量值的相对误差之和。

(2) 间接测量值标准误差计算。

若 $N = f(x_1, x_2, \cdots, x_n)$,采用标准误差时,间接测量值 N 的标准误差传递公式为

$$\sigma_N = \sqrt{\left(\frac{\partial f}{\partial x_1}\right)^2 \sigma_{x_1}^2 + \left(\frac{\partial f}{\partial x_2}\right)^2 \sigma_{x_2}^2 + \cdots + \left(\frac{\partial f}{\partial x_n}\right)^2 \sigma_{x_n}^2} \tag{3-15}$$

式中:σ_N 为间接测量值 N 的标准误差;$\sigma_{x_1}, \sigma_{x_2}, \cdots, \sigma_{x_n}$ 分别为直接测量值 $x_1, x_2, \cdots, x_n$ 的标准误差;$\frac{\partial f}{\partial x_1}, \frac{\partial f}{\partial x_2}, \cdots, \frac{\partial f}{\partial x_n}$分别为函数 $f(x_1, x_2, \cdots, x_n)$对变量 $x_1, x_2, \cdots, x_n$ 的偏导数,并以$\overline{x_1}$,$\overline{x_2}$,…,$\overline{x_n}$代入求其值。

3.2 实验数据整理

3.2.1 有效数字及其运算

每一个实验都要记录大量原始数据,并对它们进行分析运算。但是这些直接测量数据都是近似数,存在一定的误差。因此,这就存在一个实验时记录应取几位数,运算后又应保留几

位数字的问题。

1. 有效数字

准确测定的数字加上最后一位估读数字(又称存疑数字)所得的数字称为有效数字。如用 20 mL 刻度为 0.1 mL 的滴定管测定水中溶解氧的含量,其消耗一定浓度的硫代硫酸钠溶液的体积为 3.63 mL 时,有效数字为 3 位,其中 3.6 为确切读数,而 0.03 则为估读数字。实验报告的每一位数字,除最后一位数可能有疑问外,都不希望带来误差。如果可疑数不止一位,其他一位或几位就应剔除。剔除没有意义的位数时,应采用四舍五入的方法。但"五入"时要把前一位数凑成偶数,如果前一位数已是偶数,则"5"应舍去。例如,把 5.45 变成 5.4,5.35 变成 5.4。

因此,实验中直接测量值的有效数字与仪表刻度有关,根据实际情况,一般应尽可能估计到最小分度的 1/10 或是 1/5、1/2。

2. 有效数字的运算规则

由于间接测量值是由直接测量值计算出来的,因而也存在有效数字的问题,通常的运算规则有以下几点。

(1) 记录观测值时,只保留一位可疑数,其余一律弃去。

(2) 在加、减运算中,运算后得到的数所保留的小数点后的位数,应与所给各数中小数点后位数最少的相同。

(3) 在乘、除运算中,运算后所得的商或积的有效数字应与参加运算各有效数中位数最少的相同。

(4) 在乘方、开方运算中,运算后所得的有效数字的位数与其底的有效数字位数相同。

(5) 计算平均值时,若为 4 个数或超过 4 个数相平均,则平均值的有效数字位数可增加一位。

(6) 在对数运算中,对数位数的有效位数应与真数的有效位数相同。

(7) 计算有效数字位数时,若首位有效数字是 8 或 9,则有效数字要多计一位。例如,9.35 虽然实际上只有 3 位,但在计算有效数字时,可按 4 位计算。

(8) 计算有效数字位数时,若公式中某些系数不是由实验测得的,计算中不考虑其位数。

3.2.2 可疑观测值的取舍

在整理分析实验数据时,有时会发现个别观测值与其他观测值相差很大,通常称它为可疑值。可疑值可能是由于偶然误差造成的,也可能是由于系统误差引起的。如果保留这样的数据,可能影响平均值的可靠性。如果把属于偶然误差范围内的数据任意弃去,可能暂时可以得到精密度较高的结果,但这是不科学的。以后在同样条件下再做实验时,超出该精度的数据还会再次出现。因此,在整理数据时,如何正确地判断并对可疑值进行取舍是很重要的。

可疑值的取舍,实质上是区别离群较远的数据究竟是由偶然误差还是系统误差造成的。因此,应该按照统计检验的步骤进行处理。

1. 一组观测值中离群数据的检验

常用的方法有如下两个。

(1) 3σ 法则。

实验数据的总体是正态分布 (一般实验数据为此分布)时,先计算出数列的标准误差,求其极限误差 $K_\sigma=3\sigma$,此时测量数据落于 $\bar{x}\pm3\sigma$ 范围内的概率为 99.7%。也就是说,落于此区间外的数据只有 0.3%的可能性,这在一般测量次数不多的实验中是不易出现的,若出现了这种情况，则可认为是由于某种错误造成的。因此，这些特殊点的误差超过极限误差后，可以舍弃。一般把依次进行可疑数据取舍的方法称为 3σ 法则。

(2) 肖维涅准则。

实验工程中常根据肖维涅准则利用表 3-2 决定可疑数据的取舍。表中 n 为测量次数，K 为系数，$K_\sigma = K\sigma$ 为极限误差，当可疑数据的误差大于极限误差 K_σ 时，即可舍弃。

表 3-2　肖维涅准则系数 K

n	K	n	K	n	K
4	1.53	10	1.96	16	2.16
5	1.65	11	2.00	17	2.18
6	1.73	12	2.04	18	2.20
7	1.79	13	2.07	19	2.22
8	1.86	14	2.10	20	2.24
9	1.92	15	2.13		

2. 多组测量值均值的离群数据检验

常用的是格鲁布斯(Crubbs)检验法，一般有如下几个检验步骤。

(1) 计算各组观测值的平均值 $\overline{x}_1, \overline{x}_2, \cdots, \overline{x}_m$（其中 m 为组数）。

(2) 计算上列均值的平均值 $\overline{\overline{x}}$（$\overline{\overline{x}}$ 称为总平均值）和标准误差 $\sigma_{\overline{x}}$。

(3) 计算 T 值。设 $\overline{x}_i$ 为可疑均值，则

$$T_i = \frac{\overline{x}_i - \overline{\overline{x}}}{\sigma_{\overline{x}}} \tag{3-16}$$

(4) 查出临界值 T。用组数 m 查得 T 的值，若 T_i 大于临界值 T，则 $\overline{x}_i$ 应弃去，反之则保留。

3.3　实验数据处理

3.3.1　方差分析

方差分析是分析实验数据的一种方法，它所要解决的基本问题是通过数据分析，弄清与实验研究有关的各个因素(可定量或定性表示的因素)对实验结果的影响及影响的程度、性质。

方差分析的基本思想是通过数据的分析，将因素变化所引起的实验结果间的差异与实验误差的波动所引起的实验结果的差异区分开来，从而弄清因素对实验结果的影响，如果因素变化所引起实验结果的变动落在误差范围以内，或者与误差相关不大，就可以判断因素对实验结果无显著影响；相反，如果因素变化所引起实验结果的变动超过误差范围，就可以判断因素变化对实验结果有显著的影响。从以上方差分析的基本思想中可以了解，用方差分析法来分析实验结果，关键是寻找误差范围，利用数理统计中 F 检验法可以帮助解决这个问题。下面简要介绍应用 F 检验法进行方差分析的方法。

1. 单因素的方差分析

这是研究一个因素对实验结果是否有影响及影响程度如何的问题。

1）问题的提出

为研究某因素不同水平对实验结果有无显著的影响，设有 $A_1, A_2, \cdots, A_b$ 个水平，在每一水平下进行 a 次实验，实验结果是 x_{ij}，x_{ij} 表示在 A_i 水平下进行的第 j 个实验。现在要通过对实验数据的分析，研究水平的变化对实验结果有无显著影响。

2）几个常用统计名词

(1) 水平平均值：该因素下某个水平实验数据的算术平均值。

$$\bar{x}_i = \frac{1}{a}\sum_{j=1}^{a} x_{ij} \tag{3-17}$$

(2) 因素总平均值：该因素下各水平实验数据的算术平均值。

$$\bar{x} = \frac{1}{n}\sum_{i=1}^{b}\sum_{j=1}^{a} x_{ij} \tag{3-18}$$

其中，$n = ab$。

(3) 总偏差平方和与组内、组间偏差平方和。总偏差平方和是各个实验数据与它们总平均值之差的平方和。

$$S_T = \sum_{i=1}^{b}\sum_{j=1}^{a}(x_{ij} - \bar{x})^2 \tag{3-19}$$

总偏差平方和反映了 n 个数据分散和集中的程度。S_T 大，说明这组数据分散；S_T 小，说明这组数据集中。

造成总偏差的原因有两个：一个是由于测试中误差的影响所造成，表现为同一水平内实验数据的差异，以组内偏差平方和 S_E 表示；另一个是由于实验过程中，同一因素所处的不同水平的影响，表现为不同实验数据均值之间的差异，以因素的组间偏差平方和 S_A 表示。

因此，有 $S_T = S_E + S_A$。

工程技术上，为了便于应用和计算，常用下式进行计算，将总偏差平方和分解成组间偏差平方和与组内偏差平方和，通过比较，从而判断因素影响的显著性。

组间偏差平方和　$$S_A = Q - P \tag{3-20}$$

组内偏差平方和　$$S_E = R - Q \tag{3-21}$$

总偏差平方和　$$S_T = S_E + S_A \tag{3-22}$$

式中

$$P = \frac{1}{ab}\left(\sum_{i=1}^{b}\sum_{j=1}^{a} x_{ij}\right)^2 \tag{3-23}$$

$$Q = \frac{1}{a}\sum_{i=1}^{b}\left(\sum_{j=1}^{a} x_{ij}\right)^2 \tag{3-24}$$

$$R = \sum_{i=1}^{b}\sum_{j=1}^{a} x_{ij}^2 \tag{3-25}$$

(4) 自由度。方差分析中，由于 S_A、S_E 的计算是若干项的平方和，其大小与参加求和的项数有关，为了在分析中去掉项数的影响，故引入了自由度的概念。自由度是数理统计中的一个概念，主要反映一组数据中真正独立数据的个数。

S_T 的自由度为实验次数减 1，即

$$f_T = ab - 1 \tag{3-26}$$

S_A 的自由度为水平数减 1，即

$$f_A = b - 1 \tag{3-27}$$

S_E 的自由度为水平数与实验次数减 1 之积，即

$$f_E = b(a-1) \tag{3-28}$$

3）单因素方差分析步骤

对于具有 b 个水平的单因素，每个水平下进行 a 次重复实验得到一组数据，方差分析的步骤、计算如下。

（1）列成表 3-3。

表 3-3　单因素方差分析计算表

	A_1	A_2	…	A_i	…	A_b	
1	x_{11}	x_{21}	…	x_{i1}	…	x_{b1}	
2	x_{12}	x_{22}	…	x_{i2}	…	x_{b2}	
⋮	⋮	⋮		⋮		⋮	
j	x_{1j}	x_{2j}	…	x_{ij}	…	x_{bj}	
⋮	⋮	⋮		⋮		⋮	
a	x_{1a}	x_{2a}	…	x_{ia}	…	x_{ba}	
$\sum$	$\sum_{j=1}^{a} x_{1j}$	$\sum_{j=1}^{a} x_{2j}$	…	$\sum_{j=1}^{a} x_{ij}$	…	$\sum_{j=1}^{a} x_{bj}$	$\sum_{i=1}^{b}\sum_{j=1}^{a} x_{ij}$
$(\sum)^2$	$\left(\sum_{j=1}^{a} x_{1j}\right)^2$	$\left(\sum_{j=1}^{a} x_{2j}\right)^2$	…	$\left(\sum_{j=1}^{a} x_{ij}\right)^2$	…	$\left(\sum_{j=1}^{a} x_{bj}\right)^2$	$\sum_{i=1}^{b}\left(\sum_{j=1}^{a} x_{ij}\right)^2$
$\sum^2$	$\sum_{j=1}^{a} x_{1j}^2$	$\sum_{j=1}^{a} x_{2j}^2$	…	$\sum_{j=1}^{a} x_{ij}^2$	…	$\sum_{j=1}^{a} x_{bj}^2$	$\sum_{i=1}^{b}\sum_{j=1}^{a} x_{ij}^2$

（2）计算有关的统计量 S_T、S_A、S_E 及相应的自由度。

（3）列成表 3-4 并计算 F 值。

表 3-4　方差分析表

方差来源	偏差平方和	自由度	均方和	F
组间误差(因素 A)	S_A	$b-1$	$\overline{S}_A = \frac{S_A}{b-1}$	$F = \frac{\overline{S}_A}{\overline{S}_E}$
组内误差	S_E	$b(a-1)$	$\overline{S}_E = \frac{S_E}{b(a-1)}$	
总和	$S_T = S_E + S_A$	$ab-1$		

F 值是因素的不同水平对实验结果所造成的影响和由于误差所造成的影响的比值。F 值越大，说明因素变化对结果影响越显著；F 值越小，说明因素影响越小，判断影响显著与否的界限由 F 表给出。

（4）由附录 B F 分布表，根据组间与组内自由度 $n_1 = f_A = b-1$，$n_2 = f_E = b(a-1)$ 与显著性水平 α，查出临界值 λ_α。

（5）分析判断。

若 $F > \lambda_\alpha$，则反映因素对实验结果（在显著性水平 α 下）有显著的影响，是一个重要因素。反之，若 $F < \lambda_\alpha$，则因素对实验结果无显著影响，是一个次要因素。

在各种显著性检验中，常用 $\alpha=0.05$，$\alpha=0.01$ 两个显著水平，选取哪一个水平，取决于问题的要求。通常称在水平 $\alpha=0.05$ 下，当 $F<\lambda_{0.05}$ 时，认为因素对实验结果影响不显著；当 $\lambda_{0.05}<F<\lambda_{0.01}$ 时，认为因素对实验结果影响显著，记为 *；当 $F>\lambda_{0.01}$ 时，认为因素对实验结果影响特别显著，记为 **。

对于单因素各水平不等重复实验，或者虽然是等重复实验，但由于数据整理中剔除了离群数据或其他原因造成各水平的实验数据不等时，此时单因素方差分析，只要对公式作适当修改即可，其他步骤不变。如某因素水平为 $A_1, A_2, \cdots, A_b$ 相应的实验次数为 $a_1, a_2, \cdots, a_b$，则有

$$P = \frac{1}{\sum_{i=1}^{b} a_i} \left(\sum_{i=1}^{b} \sum_{j=1}^{a_i} x_{ij} \right)^2 \tag{3-29}$$

$$Q = \sum_{i=1}^{b} \frac{1}{a_i} \left(\sum_{j=1}^{a_i} x_{ij} \right)^2 \tag{3-30}$$

$$R = \sum_{i=1}^{b} \sum_{j=1}^{a_i} x_{ij}^2 \tag{3-31}$$

4）单因素方差分析计算举例

同一曝气设备在清水与污水中充氧性能不同，为了能根据污水生化需氧量正确地算出曝气设备在清水中所应提供的氧量，引入了曝气设备充氧修正系数 α、β：

$$\alpha = \frac{K_{\mathrm{L}}a_{(污水)}(20\ ^\circ\mathrm{C})}{K_{\mathrm{L}}a_{(清水)}(20\ ^\circ\mathrm{C})}, \quad \beta = \frac{\rho_{\mathrm{s}(污水)}}{\rho_{\mathrm{s}(清水)}}$$

式中：$K_{\mathrm{L}}a_{(污水)}(20\ ^\circ\mathrm{C})$、$K_{\mathrm{L}}a_{(清水)}(20\ ^\circ\mathrm{C})$ 为同条件下，20 ℃ 同一曝气设备在污水与清水中氧总转移系数，min^{-1}；$\rho_{\mathrm{s}(污水)}$、$\rho_{\mathrm{s}(清水)}$ 分别为同温度、同压力下污水与清水中氧饱和溶解浓度，mg/L。

影响 α 值的因素很多，如水质、水中有机物含量、风量、搅拌强度、曝气池内混合液污泥浓度等。现欲对混合液污泥浓度这一因素对 α 值的影响进行单因素方差分析，从而判定这一因素的显著性。

【例 3-5】 实验在其他因素固定，只改变混合液污泥浓度的条件下进行。实验数据如表 3-5 所示，试进行方差分析，判断因素的显著性。

表 3-5　不同污泥浓度对 α 值的影响

污泥浓度 x/(g/L)	$K_{\mathrm{L}}a_{(污水)}(20\ ^\circ\mathrm{C})/\mathrm{min}^{-1}$			$\overline{K}_{\mathrm{L}}a_{(污水)}/\mathrm{min}^{-1}$	α
1.45	0.219 9	0.237 7	0.220 8	0.226 1	0.958
2.52	0.216 5	0.232 5	0.215 3	0.221 4	0.938
3.80	0.225 9	0.209 7	0.216 5	0.217 4	0.921
4.50	0.210 0	0.213 4	0.216 4	0.213 3	0.904

解　(1) 按照表 3-3 的形式，列表 3-6。

表 3-6　污泥影响显著性方差分析

x / α / n	1.45	2.52	3.80	4.50	
1	0.932	0.917	0.957	0.890	
2	1.007	0.985	0.889	0.904	
3	0.936	0.912	0.917	0.917	
$\sum$	2.875	2.814	2.763	2.711	11.163
$(\sum)^2$	8.266	7.919	7.634	7.350	31.169
$\sum^2$	2.759	2.643	2.547	2.450	10.399

(2) 计算统计量与自由度。

$$P=\frac{1}{ab}\left(\sum_{i=1}^{b}\sum_{j=1}^{a}x_{ij}\right)^2=\frac{1}{3\times 4}\times 11.163^2=10.384$$

$$Q=\frac{1}{a}\sum_{i=1}^{b}\left(\sum_{j=1}^{a}x_{ij}\right)^2=\frac{1}{3}\times 31.169=10.390$$

$$R=\sum_{i=1}^{b}\sum_{j=1}^{a}x_{ij}^2=10.399$$

$$S_A=Q-P=10.390-10.384=0.006$$

$$S_E=R-Q=10.399-10.390=0.009$$

$$S_T=S_E+S_A=0.006+0.009=0.015$$

$$f_T=ab-1=3\times 4-1=11$$

$$f_A=b-1=4-1=3$$

$$f_E=b(a-1)=4\times(3-1)=8$$

(3) 列表计算 F 值，见表 3-7。

表 3-7　污泥影响显著性分析

方差来源	偏差平方和	自由度	均方和	F
污泥 S_A	0.006	3	0.002	1.82
误差 S_E	0.009	8	0.001 1	
总和 S_T	0.015	11		

(4) 查临界值 λ_α。

由附录 B(表 B-1)F 分布表，根据给出的显著性水平 $\alpha=0.05$，$n_1=f_A=3$，$n_2=f_E=8$，查得 $\lambda_{0.05}=4.07$。

由于 1.82<4.07，故污泥对 α 值有影响，但 95%的置信度说明它不是一个显著影响因素。

2. 正交实验方差分析

1) 概述

对正交实验结果的分析，除了前面介绍过的直观分析法外，还有方差分析法。直观分析法，其优点是简单、直观，分析、计算量小，容易理解，但因缺乏误差分析，所以不能给出误差大小的估计，有时难以得出确切的结论，也不能提供一个标准，用来考察、判断因素影响是否显著。而使用方差分析法，虽然计算量大一些，但可以克服上述缺点，因而科研生产中广泛使用正交实验的方差分析法。

(1) 正交实验方差分析基本思想。

与单因素方差分析一样，正交实验方差分析的关键问题也是把实验数据总的差异(即总偏差平方和)分解成两部分：一部分反映因素水平变化引起的差异，即组间(各因素的)偏差平方和；另一部分反映实验误差引起的差异，即组内偏差平方和(即误差平方和)。然后计算它们的平均偏差平方和(即均方和)，进行各因素组间均方和与误差均方和的比较，应用 F 检验法，判断各因素影响的显著性。

由于正交实验是利用正交表所进行的实验，所以方差分析与单因素方差分析也有所不同。

(2) 正交实验方差分析类型。

利用正交实验法进行多因素实验，由于实验因素、正交表的选择、实验条件、精度要求等不同，正交实验结果的方差分析也有所不同，常遇到以下几类：①正交表各列未饱和情况下的方差分析；②正交表各列饱和情况下的方差分析；③有重复实验的正交实验方差分析。

三种正交实验方差分析的基本思想、计算步骤等均一样，不同之处在于误差平方和 S_E 的求解，下面分别通过实例论述多因素正交实验的因素显著性判断。

2）正交表各列未饱和情况下的方差分析

多因素正交实验设计中，当选择正交表的列数大于实验因素数目时，此时正交实验结果的方差分析即属这类问题。

由于进行正交表的方差分析时，误差平方和 S_E 的处理十分重要，而且又有很大的灵活性，因而在安排实验、进行显著性检验时，正交实验的表头设计，应尽可能不把正交表的列占满，即要留有空白列，此时各空白列的偏差平方和及自由度，就分别代表了误差平方和 S_E 与误差项自由度 f_E。现举例说明正交表各列未饱和情况下方差分析的计算步骤。

【例 3-6】 研究同底坡、同回流比、同水平投影面积下，表面负荷及池形（斜板与矩形沉淀池）对回流污泥浓缩性能的影响。指标以回流污泥浓度 x_R 与曝气池混合液（进入二次沉淀池）的污泥浓度 x 之比表示。x_R/x 大，则说明污泥在二次沉淀池内浓缩性能好，在维持曝气池内污泥浓度不变的前提下，可以减少污泥回流量，从而减少运行费用。

解 实验是一个 2 因素 2 水平的多因素实验，为了进行因素显著性分析，选择了 $L_4(2^3)$ 正交表，留有一空白项，以计算 S_E。实验及结果如表 3-8 所示。

表 3-8 斜板、矩形池回流污泥性能实验(污泥回流比为 100%)

实验号	因素			指标（x_R/x）
	水力负荷 /[$m^3/(m^2 \cdot h)$]	池形	空白	
1	0.45	斜	1	2.06
2	0.45	矩	2	2.20
3	0.60	斜	2	1.49
4	0.60	矩	1	2.04
K_1	4.26	3.55	4.10	$\sum y = 7.79$
K_2	3.53	4.24	3.69	

（1）列表计算各因素不同水平的效应值 K 及指标 y 之和，如表 3-8 所示。

（2）根据表 3-9 中的计算公式，求组间、组内偏差平方和。

表 3-9 正交实验统计量与偏差平方和计算式

内容		计算式
统计量	P	$P=\frac{1}{n}\left(\sum_{z=1}^{n} y_z\right)^2$
	Q	$Q_i=\frac{1}{a}\sum_{j=1}^{b} K_{ij}^2$
	W	$W=\sum_{z=1}^{n} y_z^2$

续表

内　　容		计　算　式
偏差平方和	组间(即某因素的)S_i	$S_i=Q_i-P \quad (i=1,2,\cdots,m)$
	组内(即误差)S_E	$S_E=S_0=Q_0-P$ 或 $S_E=S_T-\sum_{i=1}^{m}S_i$
	总偏差 S_T	$S_T=W-P$ 或 $S_T=\sum_{i=1}^{m}S_i+S_E$

注:n 为实验总次数,即正交表中排列的总实验次数;b 为某因素下水平数;a 为某因素下同水平的实验次数;m 为因素个数;i 为因素代号,1,2,…,m;S_0 为空列项偏差平方和。

由表可见,误差平方和有两种计算方法:一种是由总偏差平方和减去各因素的偏差平方和;另一种是由正交表中空余列的偏差平方和作为误差平方和。两种计算方法实质是一样的,因为根据方差分析理论,$S_T=\sum_{i=1}^{m}S_i+S_E$,自由度 $f_T=\sum_{i=1}^{m}f_i+f_E$ 总是成立的。正交实验中,已排上的因素列的偏差,就是该因素的偏差平方和,而没有排上的因素(或交互作用)列的偏差(即空白列的偏差),就是由误差引起的因素的偏差平方和。

本例中

$$P=\frac{1}{n}\left(\sum_{z=1}^{n}y_z\right)^2=\frac{1}{4}\times 7.79^2=15.17$$

$$Q_A=\frac{1}{a}\sum_{j=1}^{b}K_{Aj}^2=\frac{1}{2}\times(4.26^2+3.53^2)=15.30$$

$$Q_B=\frac{1}{a}\sum_{j=1}^{b}K_{Bj}^2=\frac{1}{2}\times(3.55^2+4.24^2)=15.29$$

$$Q_C=\frac{1}{a}\sum_{j=1}^{b}K_{Cj}^2=\frac{1}{2}\times(4.10^2+3.69^2)=15.21$$

$$W=\sum_{z=1}^{n}y_z^2=2.06^2+2.20^2+1.49^2+2.04^2=15.47$$

则

$$S_A=Q_A-P=15.30-15.17=0.13$$

$$S_B=Q_B-P=15.29-15.17=0.12$$

$$S_E=S_C=Q_C-P=15.21-15.17=0.04$$

(3) 计算自由度。

总和自由度为实验总次数减 1,$f_T=n-1$;

各因素自由度为水平数减 1,$f_i=b-1$;

误差自由度 $f_E=f_T-\sum f_i$ 。

本例中

$$f_T=4-1=3$$

$$f_A=2-1=1$$

$$f_B=2-1=1$$

$$f_E=f_T-f_A-f_B=3-1-1=1$$

(4) 列方差分析检验表(见表 3-10)。

根据因素与误差的自由度 $n_1=1$、$n_2=1$ 和显著性水平 $\alpha=0.05$，查附录 B(表 B-1)F 分布表，得 $\lambda_{0.05}=161.4$，由于 $F<\lambda_{0.05}$，故该两因素均为非显著性因素。(这一结论可能是因本实验中负荷选择偏小，变化范围过窄之故。)

表 3-10 方差分析检验表

方差来源	偏差平方和	自由度	均方和	F	$F_{0.05}$
因素 A(水力负荷)	0.13	1	0.13	2.6	161.4
因素 B(池形)	0.12	1	0.12	2.4	161.4
误差	0.05	1	0.05		
总和	0.30	3			

3) 正交表各列饱和情况下的方差分析

当正交各表各列全被实验因素及要考虑的交互作用占满，即没有空白列时，此时方差分析中 $S_E=S_T-\sum S_i$，$f_E=f_T-\sum f_i$。由于无空白列，$S_T=\sum S_i$，$f_T=\sum f_i$，而出现 $S_E=0, f_E=0$，此时，若一定要对实验数据进行方差分析，则只有用正交表中各因素偏差中几个最小的平方和来代替，同时，这几个因素不再作进一步的分析。或者是进行重复实验后，按有重复实验的方差分析法进行分析。下面举例说明各列饱和时正交实验的方差分析。

【例 3-7】 为探讨制革消化污泥真空过滤脱水性能，确定设备过滤负荷与运行参数，利用 $L_9(3^4)$ 正交表进行了叶片吸滤实验。实验参数及结果如表 3-11 所示。

表 3-11 叶片吸滤实验参数及结果

实验号 \ 因素	吸滤时间 t_i /min	吸干时间 t_d /min	滤布种类	真空度/Pa	过滤负荷 /[kg/(m² · h)]
1	0.5	1.0	a	39 990	15.03
2	0.5	1.5	b	53 320	12.31
3	0.5	2.0	c	66 650	10.87
4	1.0	1.0	b	66 650	18.13
5	1.0	1.5	c	39 990	12.86
6	1.0	2.0	a	53 320	11.79
7	1.5	1.0	c	53 320	17.28
8	1.5	1.5	a	66 650	14.04
9	1.5	2.0	b	39 990	11.34
K_1	38.21	50.44	40.86	39.23	
K_2	42.78	39.21	41.78	41.38	$\sum y=123.65$
K_3	42.66	34.00	41.01	43.04	

注：a 为尼龙 6501—5226；b 为涤纶小帆布；c 为尼龙 6501—5236。

试利用方差分析判断影响因素的显著性。

解　(1) 列表计算各因素不同水平的水平效应值 K 及指标 y 之和，如表 3-11 所示。

(2) 根据表 3-9 中的公式，计算统计量与各项偏差平方和。

$$P=\frac{1}{n}\left(\sum_{z=1}^{n}y_z\right)^2=\frac{1}{9}\times 123.65^2=1\ 698.81$$

$$Q_A=\frac{1}{a}\sum_{j=1}^{b}K_{Aj}^2=\frac{1}{3}\times(38.21^2+42.78^2+42.66^2)=1\ 703.34$$

$$Q_B=\frac{1}{a}\sum_{j=1}^{b}K_{Bj}^2=\frac{1}{3}\times(50.44^2+39.21^2+34.00^2)=1\ 745.87$$

$$Q_C=\frac{1}{a}\sum_{j=1}^{b}K_{Cj}^2=\frac{1}{3}\times(40.86^2+41.78^2+41.01^2)=1\ 698.98$$

$$Q_D=\frac{1}{a}\sum_{j=1}^{b}K_{Dj}^2=\frac{1}{3}\times(39.23^2+41.38^2+43.04^2)=1\ 701.25$$

$$W=\sum_{z=1}^{n}y_z^2=15.03^2+12.31^2+18.13^2+12.86^2+11.79^2+17.28^2+14.04^2+11.34^2=1\ 752.99$$

则有
$$S_A=Q_A-P=1\ 703.34-1\ 698.81=4.53$$
$$S_B=Q_B-P=1\ 745.87-1\ 698.81=47.06$$
$$S_C=Q_C-P=1\ 698.98-1\ 698.81=0.17$$
$$S_D=Q_D-P=1\ 701.25-1\ 698.81=2.44$$

总偏差
$$S_T=W-P=1\ 752.99-1\ 698.81=54.18$$

或
$$S_T=S_A+S_B+S_C+S_D=4.53+47.06+0.17+2.44=54.20$$

由此可见，正交实验各列均排满因素，其误差平方和不能用式 $S_E=S_T-\sum S_i$ 求得，此时只能将正交表中因素偏差中几个小的偏差平方和代替误差平方和。本例中：

$$S_E=S_C+S_D=0.17+2.44=2.61$$

(3) 计算自由度。

$$f_A=f_B=3-1=2$$

(4) 列方差分析检验表，如表 3-12 所示。

$$f_E=f_C+f_D=2+2=4$$

表 3-12　叶片吸滤实验方案分析检验表

方 差 来 源	偏差平方和	自由度	均方和	F	$\lambda_{0.05}$	$\lambda_{0.01}$	显著性
因素 A(吸滤时间)	4.53	2	2.27	3.49	6.94	18.00	不显著
因素 B(吸干时间)	47.06	2	23.53	36.20	6.94	18.00	*
误差	2.61	4	0.65				
总和	54.2	8					

根据因素的自由度 n_1 和误差的自由度 n_2，查附录 B(表 B-1)F 分布表知 $\lambda_{0.05}=6.94$，$\lambda_{0.01}=18.00$。

由于 $F_A<\lambda_{0.05}$，$\lambda_{0.01}>F_B>\lambda_{0.05}$，故只有因素 B 为显著性因素。

4）有重复实验的正交方差分析

除了前面谈到的，在用正交表安排多因素实验时，各列均被各因素和要考察的交互作用所排满，要进行正交实验方差分析，最好进行重复实验外，更多的时候重复实验是为了提高实验的精度，减少实验误差的干扰。所谓重复实验，是真正地将每号实验内容重复做几次，而不是重复测量，也不是重复取样。

重复实验数据的方差分析，一种简单的方法，是把同一实验的重复实验数据取算术平均值，然后和没有重复实验的正交实验方差分析一样进行。这种方法虽简单，但是由于没有充分利用重复实验所提供的信息，因此不太常用。下面介绍一下工程中常用的分析方法。

重复实验方差分析的基本思想、计算步骤与前述方法基本一致，由于它与无重复实验的区别就在于实验结果的数据多少不同，因此，两者在方差分析上也有不同，其区别如下。

（1）在列正交实验结果表与计算各因素不同水平的效应及指标 y 之和时：①将重复实验的结果（指标值）均列入结果栏内；②计算各因素不同水平的效应 K 值时，是将相应的实验结果之和代入，个数为该水平重复数 a 与实验重复数 c 之积；③指标 y 之和为全部实验结果之和，个数为实验次数 n 与重复次数 c 之积。

（2）求统计量与偏差平方和时：①实验总次数 n' 为正交实验次数 n 与重复实验次数 c 之积；②某因素下同水平实验次数 a' 为正交表中该水平出现次数 a 与重复实验次数 c 之积。

统计量 P、Q、W 按下列公式求解：

$$P=\frac{1}{nc}\left(\sum_{z=1}^{n}y_z\right)^2 \tag{3-32}$$

$$Q=\frac{1}{ac}\sum_{j=1}^{b}K_{ij}^2 \tag{3-33}$$

$$W=\frac{1}{c}\sum_{z=1}^{n}y_z^2 \tag{3-34}$$

（3）重复实验时，实验误差 S_E 包括两部分，S_{E1} 和 S_{E2}，且 $S_E=S_{E1}+S_{E2}$。

S_{E1} 为空列偏差平方和，本身包含实验误差和模型误差两部分。由于无重复实验中误差项，故又称为第一类误差变动平方和（记为 S_{E1}）。

S_{E2} 是重复实验造成的整个实验组内的变动平方和，是只反映实验误差大小的，故又称为第二类误差变动平方和（记为 S_{E2}），其计算式为

$$S_{E2}=\sum_{i=1}^{n}\sum_{j=1}^{c}y_{ij}^2-\frac{\sum_{i=1}^{n}\left(\sum_{j=1}^{c}y_{ij}\right)^2}{c} \tag{3-35}$$

【例 3-8】 由于曝气设备在清水与污水中的充氧性能不同，在进行曝气系统设计时，必须引入修正系数 α、β。

根据国内外的实验研究，污水种类、有机物的量、混合液污泥浓度、风量（搅拌强度）、水温和曝气设备类型等均影响 α 值。为了从中找出主要影响因素，从而确定 α 值与主要影响因素间的关系，进行了城市污水的 α 值影响因素实验，每次实验重复进行一次。

（1）正交实验结果见表 3-13。

表 3-13　$L_9(3^4)$实验结果表

因素 水平 实验号	有机物的量(COD)/(mg/L)	风量/(m^3/h)	水温/℃	曝气设备类型	α_1	α_2	$\alpha_1+\alpha_2$
1	293.5	0.1	15	微	0.712	0.785	1.497
2	293.5	0.3	25	大	0.617	0.553	1.170
3	293.5	0.2	35	中	0.576	0.557	1.133
4	66	0.1	25	中	0.879	0.690	1.569
5	66	0.3	35	微	1.016	1.028	2.044
6	66	0.2	15	大	0.769	0.872	1.641
7	136.5	0.1	35	大	0.870	0.891	1.761
8	136.5	0.3	15	中	0.832	0.683	1.515
9	136.5	0.2	25	微	0.738	0.964	1.702
K_1	3.800	4.827	4.653	5.243	$\sum y=14.032$		
K_2	5.254	4.729	4.441	4.572			
K_3	4.978	4.476	4.938	4.217			

注：表中 $K_1=0.712+0.785+0.617+0.553+0.576+0.557=3.800$。

(2) 求统计量与各偏差平方和。

$$P=\frac{1}{nc}\left(\sum_{z=1}^{n}y_z\right)^2=\frac{1}{9\times 2}\times 14.032^2=10.939$$

$$Q_A=\frac{1}{ac}\sum_{z=1}^{n}K_{Aj}^2=\frac{1}{3\times 2}\times(3.800^2+5.254^2+4.978^2)=11.138$$

$$Q_B=\frac{1}{ac}\sum_{z=1}^{n}K_{Bj}^2=\frac{1}{3\times 2}\times(4.827^2+4.729^2+4.476^2)=10.950$$

$$Q_C=\frac{1}{ac}\sum_{z=1}^{n}K_{Cj}^2=\frac{1}{3\times 2}\times(4.653^2+4.441^2+4.938^2)=10.959$$

$$Q_D=\frac{1}{ac}\sum_{z=1}^{n}K_{Dj}^2=\frac{1}{3\times 2}\times(5.243^2+4.572^2+4.217^2)=11.029$$

则

$$S_A=Q_A-P=11.138-10.939=0.199$$

$$S_B=Q_B-P=10.950-10.939=0.011$$

$$S_C=Q_C-P=10.959-10.939=0.020$$

$$S_D=Q_D-P=11.029-10.939=0.09$$

$$S_{E1}=S_B=0.011$$

$$S_{E2}=\sum_{i=1}^{n}\sum_{j=1}^{c}y_{ij}^2-\frac{\sum_{i=1}^{n}\left(\sum_{j=1}^{c}y_{ij}\right)^2}{c}=0.712^2+0.785^2+\cdots+0.738^2+0.964^2$$

$$-\frac{1.497^2+1.17^2+\cdots+1.515^2+1.702^2}{2}=0.065$$

则

$$S_E=S_{E1}+S_{E2}=0.011+0.065=0.076$$

(3) 计算自由度。

各个因素的自由度为水平数减 1，故 f_A、f_B、f_C 均为

$$f_i = b-1=3-1=2$$

总和的自由度　　$f_T = nc - 1 = 9 \times 2 - 1 = 17$

误差 S_{E2} 的自由度　　$f_{E2} = n(c-1) = 9 \times (2-1) = 9$

误差 S_{E1} 的自由度　　$f_{E1} = f_T - \sum f_i - f_{E2} = 17 - 9 - 2 - 2 = 4$

(4) 列方差分析检验表(见表 3-14)。

根据因素与误差的自由度,查附录 B(表 B-1) F 分布表知 $\lambda_{0.05}=3.81$, $\lambda_{0.01}=6.93$,与 F 值相比,有机物的量、曝气设备类型是非常显著性的因素。

表 3-14　方差分析表

方差来源	偏差平方和	自由度	均方和	F	$\lambda_{0.05}$	$\lambda_{0.01}$	显著性
有机物的量 S_A	0.199	2	0.0995	14.4	3.81	6.93	**
曝气设备类型 S_B	0.090	2	0.045	6.51	3.81	6.93	*
水温 S_C	0.020	2	0.010	1.45	3.81	6.93	
S_E	0.076	813	0.0069				
S_T	0.365	17					

3.3.2　实验数据的表示法

在对实验数据进行误差分析、整理并剔除错误数据和分析各个因素对实验结果的影响后,还要将实验所获得的数据进行归纳整理,用图形、表格或经验公式加以表示,以找出影响研究事物的各因素之间的规律,为得到正确的结论提供可靠的信息。

常用的实验数据表示方法有列表表示法、图形表示法和方程表示法三种。表示方法的选择主要是依靠经验,可以用其中的一种方法,也可两种或三种方法同时使用。

1. 列表表示法

列表表示法是将一组实验数据中的自变量、因变量的各个数值依一定的形式和顺序一一对应列出来,借以反映各变量之间的关系。

列表表示法具有简单易作、形式紧凑、数据容易参考比较等优点,但对客观规律的反映不如图形表示法和方程表示法明确,在理论分析方面使用不方便。

完整的表格应包括表的序号、表题、表内项目的名称和单位、说明及数据来源等。

实验测得的数据,其自变量和因变量的变化有时是不规则的,使用起来很不方便。此时,可以通过数据的分度,使表中所列数据有规则地排列,即当自变量作等间距顺序变化时,因变量也随之顺序变化。这样的表格查阅较方便。数据分度的方法有多种,较为简便的方法是先用原始数据(即未分度的数据)画图,作出一条光滑曲线,然后在曲线上一一读出所需的数据(自变量作等间距顺序变化),并列出表格。

2. 图形表示法

图形表示法的优点在于形式简明直观,便于比较,易显出数据中的最高点或最低点、转折点、周期性以及其他特性等。当图形作得足够准确时,可以不必知道变量间的数学关系,对变量求微分或积分后即得到需要的结果。

1) 图形表示法的适用场合

(1) 已知变量间的依赖关系图形,通过实验,将获得的数据作图,然后求出相应的一些参数。

(2) 两个变量之间的关系不清，将实验数据点绘于坐标纸上，用以分析、反映变量之间的关系和规律。

2) 图形表示法的步骤

(1) 坐标纸的选择。

常用的坐标纸有直角坐标纸、半对数坐标纸和双对数坐标纸等。选择坐标纸时，应根据研究的变量间的关系，确定选用哪一种坐标纸。坐标不宜太密或太稀。

(2) 坐标分度和分度值标记。

坐标分度是指沿坐标轴规定各条坐标线所代表的数值的大小。进行坐标分度应注意下列几点。

① 一般以 x 轴代表自变量，y 轴代表因变量。在坐标轴上应注明名称和所用计量单位。分度的选择应使每一点在坐标纸上都能够迅速、方便地找到。例如，图 3-2(b)的横坐标分度不合适，读数时，图 3-2(a)比图 3-2(b)方便得多。

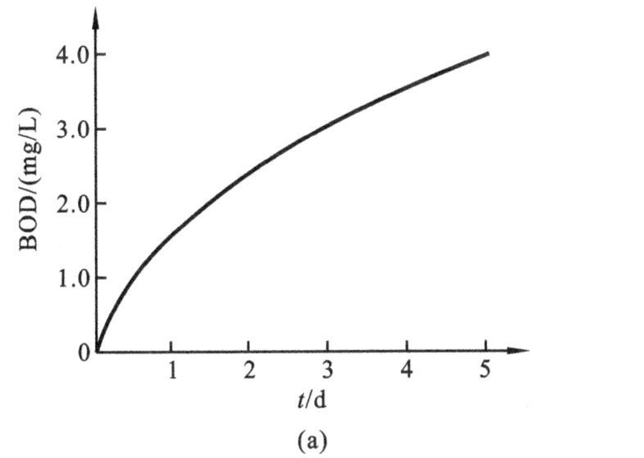

(a)

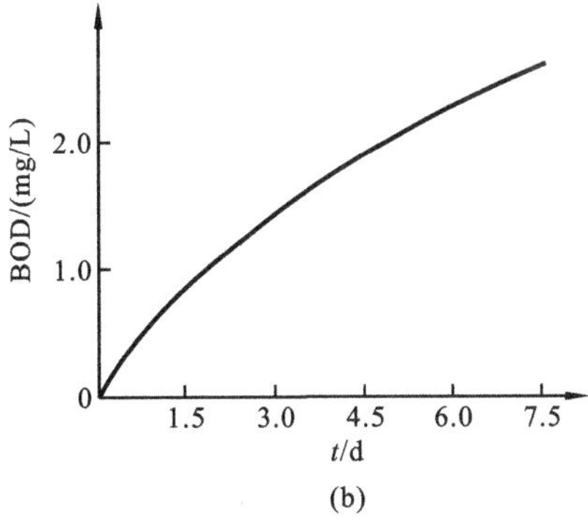

(b)

图 3-2　某种废水的 BOD 与时间 t 的关系

② 坐标原点不一定就是零点，也可用低于实验数据中最低值的某一整数作起点，高于最高值的某一整数作终点。坐标分度应与实验精度一致，不宜过细，也不能过粗。图 3-3 中的(a)和(b)分别代表两种极端情况，(a)图的纵坐标分度过细，超过实验精度，而(b)图分度过粗，低于实验精度，这两种分度都不恰当。

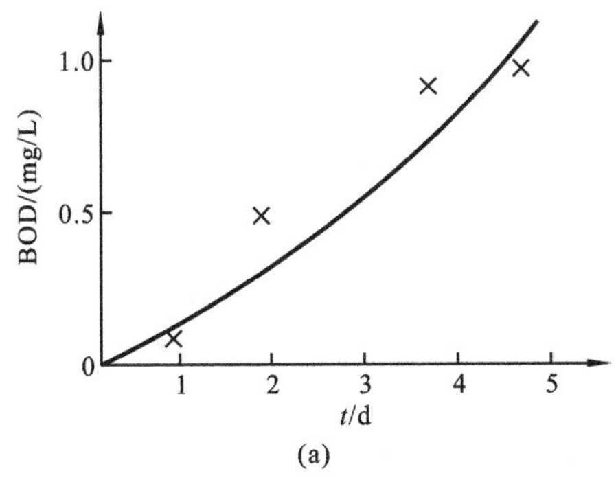

(a)

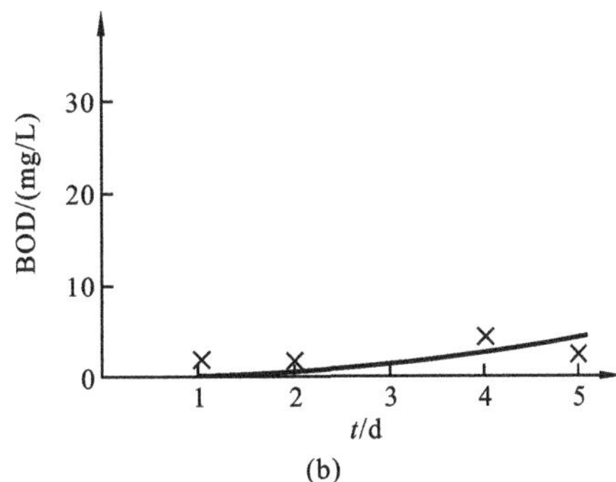

(b)

图 3-3　某污水的 BOD 与时间 t 的关系曲线

③ 为便于阅读，有时除了标记坐标纸上的主坐标线的分度值外，还在一细副线上也标以数值。

(3) 根据实验数据描点和作曲线。

描点方法比较简单，把实验得到的自变量与因变量一一对应的点标在坐标纸上即可。若在同一图上表示不同的实验结果，应采用不同符号加以区别，并注明符号的意义，如图 3-4 所示。

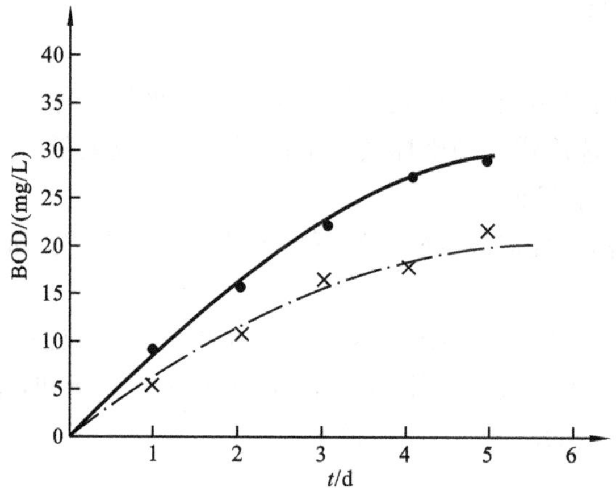

图 3-4　在同一图上表示不同的实验结果

● —甲污水处理厂出水；× —乙污水处理厂出水

作曲线的方法有如下两种。

① 数据不够充分、图上的点数目较少，不易确定自变量与因变量之间的关系，或者自变量与因变量间不一定存在函数关系时，最好是将各点用直线连接，如图 3-5 所示。

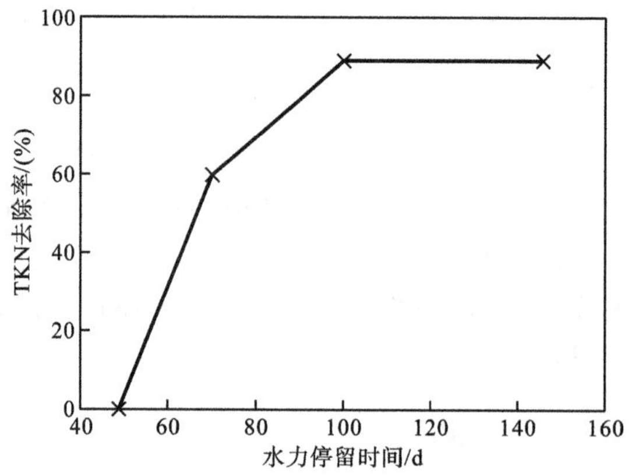

图 3-5　TKN 去除率与水力停留时间的关系

××××年××月××日兼性氧化塘出水测试结果，××研究所

② 实验数据充分，图上点数足够多，自变量与因变量呈函数关系时，则可作出光滑连续的曲线，如图 3-4 所示的 BOD 曲线。

(4) 注解说明。

每一个图形下面应有图名，将图形的意义清楚、准确地表述出来，有时在图名下还需加简要说明。此外，还应注明数据的来源，如作者、实验地点、日期等（见图 3-5）。

3. *方程表示法*

实验数据用列表或图形表示后，使用时虽然较直观、简便，但不便于理论分析研究，故常需要用数学表达式来反映自变量与因变量的关系。

方程表示法通常包括下面两个步骤。

1）选择经验公式

表示一组实验数据的经验公式在形式上应该简单紧凑，式中系数不宜太多。一般没有一个简单方法可以直接获得一个较理想的经验公式，通常是先将实验数据在直角坐标纸上描点，再根据经验和解析几何知识推测经验公式的形式，若经验表明此形式不够理想，则应另立新式，再进行实验，直至得到满意的结果为止。表达式中容易直接用于实验验证的是直线方程，因此，应尽量使所得函数的图形呈直线。若得到的函数的图形不是直线，可以通过变量变换，使所得图形变为直线。

2）确定经验公式的系数

确定经验公式中系数的方法有多种，在此仅介绍直线图解法和回归分析中的一元线性回归、回归线的相关系数与精度以及一元非线性回归。

（1）直线图解法。

凡实验数据可直接绘成一条直线或经过变量变换后能变为直线的，都可以用此法。具体方法如下：将自变量与因变量一一对应的点绘在坐标纸上，作直线，使直线两边的点数差不多相等，并使每一点尽量靠近直线。所得直线的斜率就是直线方程 $y=a+bx$ 中的系数 b，直线在 y 轴上的截距就是直线方程中的 a。直线的斜率可用直角三角形的 $\Delta y/\Delta x$ 值求得。

直线图解法的优点是简便，但由于各人用直尺凭视觉画出的直线可能不同，因此，精度较差。当问题比较简单或者精度要求低于 0.5%时可以用此法。

（2）一元线性回归。

一元线性回归就是工程上和科研中常常遇到的配直线的问题，即两个变量 x 和 y 存在一定的线性相关关系，通过实验取得数据后，用最小二乘法求出系数 a 和 b 并建立回归方程 $y=a+bx$（称为 y 对 x 的回归线）。

用最小二乘法求系数时，应满足以下两个假定：一是所有自变量的各个给定值均无误差，因变量的各值可带有测定误差；二是最佳直线应使各实验点与直线的偏差的平方和为最小。

由于各偏差的平方均为正数，如果平方和为最小，说明这些偏差很小，所得的回归线即为最佳线。计算式如下：

$$a=\overline{y}-b\overline{x} \tag{3-36}$$

$$b=\frac{L_{xy}}{L_{xx}} \tag{3-37}$$

式中

$$\overline{x}=\frac{1}{n}\sum_{i=1}^{n}x_i \tag{3-38}$$

$$\overline{y}=\frac{1}{n}\sum_{i=1}^{n}y_i \tag{3-39}$$

$$L_{xx}=\sum_{i=1}^{n}x_i^2-\frac{1}{n}\left(\sum_{i=1}^{n}x_i\right)^2 \tag{3-40}$$

$$L_{xy}=\sum_{i=1}^{n}x_iy_i-\frac{1}{n}\left(\sum_{i=1}^{n}x_i\right)\left(\sum_{i=1}^{n}y_i\right) \tag{3-41}$$

一元线性回归的计算步骤为：将实验数据列入一元回归计算表（见表 3-15），并计算；根据式(3-36)和式(3-37)计算 a、b 的值，得一元线性回归方程 $\hat{y}=a+bx$。

表 3-15 一元线性回归计算表

序号	x_i	y_i	x_i^2	y_i^2	x_iy_i
$\sum$					

$\sum x =$ $\sum y =$ $n =$

$\bar{x} =$ $\bar{y} =$

$\sum x^2 =$ $\sum y^2 =$ $\sum xy =$

$L_{xx} =$ $L_{yy} =$ $L_{xy} =$

【例 3-9】 已知某污水处理厂测定结果如表 3-16 所示，试求 a、b 的值。

表 3-16 例 3-9 表

污染物浓度 x/(mg/L)	0.05	0.10	0.20	0.30	0.40	0.50
吸光度 y	0.020	0.046	0.100	0.120	0.140	0.180

解 将实验数据列入一元线性回归计算表(见表 3-17)，并计算。

表 3-17 一元线性回归计算表

序号	x_i	y_i	x_i^2	y_i^2	x_iy_i
1	0.05	0.020	0.002 5	0.000 40	0.001 0
2	0.10	0.046	0.010	0.002 12	0.004 6
3	0.20	0.100	0.040	0.010 0	0.020 0
4	0.30	0.120	0.090	0.014 4	0.036 0
5	0.40	0.140	0.160	0.019 5	0.056 0
6	0.50	0.180	0.250	0.032 4	0.090 0
$\sum$	1.55	0.606	0.552 5	0.078 9	0.208

$\sum x = 1.55$ $\sum y = 0.606$ $n = 6$

$\bar{x} = 0.258$ $\bar{y} = 0.101$

$\sum x^2 = 0.552\ 5$ $\sum y^2 = 0.078\ 9$ $\sum xy = 0.208$

$L_{xx} = 0.152$ $L_{yy} = 0.017\ 7$ $L_{xy} = 0.051\ 4$

$$b = \frac{L_{xy}}{L_{xx}} = \frac{0.051\ 4}{0.152} = 0.338$$

$$a = \bar{y} - b\bar{x} = 0.101 - 0.338 \times 0.258 = 0.014$$

(3) 回归线的相关系数与精度。

用上述方法配出的回归线是否有意义？两个变量间是否确实存在线性关系？在数学上引进了相关系数 r 来检验回归线有无意义，用相关系数的大小判断建立的经验公式是否正确。相关系数 r 是判断两个变量之间相关关系的密切程度的指标，它有下述特点。

① 相关系数是介于 -1 与 1 之间的某任意值。

② 当 $r=0$ 时，说明变量 y 的变化可能与 x 无关，这时 x 与 y 没有线性关系，如图 3-6 所示。

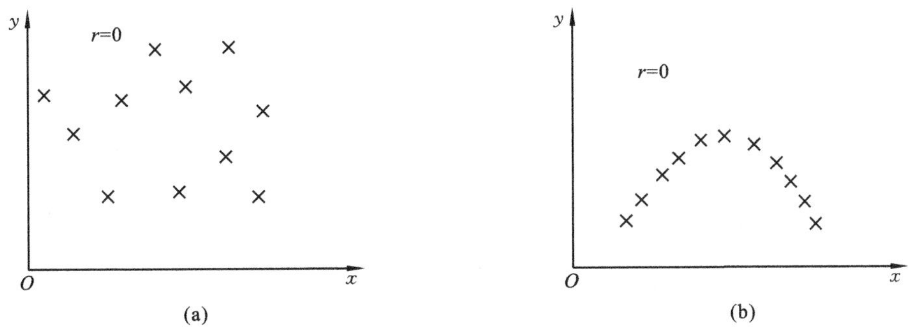

图 3-6　x 与 y 无线性关系

③ 当 $0<|r|<1$ 时，x 与 y 之间存在着一定线性关系。当 $r>0$ 时，直线斜率是正的，y 值随 x 增大而增大，此时称 x 与 y 为正相关（见图 3-7）；当 $r<0$ 时，直线斜率是负的，y 随着 x 的增大而减小，此时称 x 与 y 为负相关（见图 3-8）。

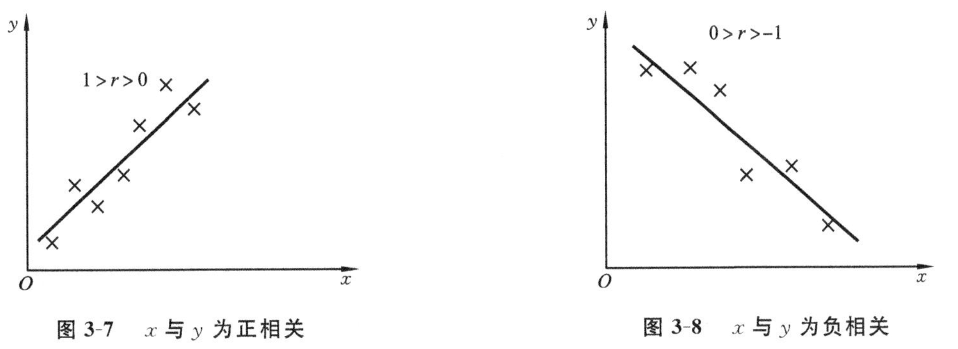

图 3-7　x 与 y 为正相关　　图 3-8　x 与 y 为负相关

④ 当 $|r|=1$ 时，x 与 y 完全线性相关。当 $r=1$ 时，称为完全正相关（见图 3-9）；当 $r=-1$ 时，称为完全负相关（见图 3-10）。

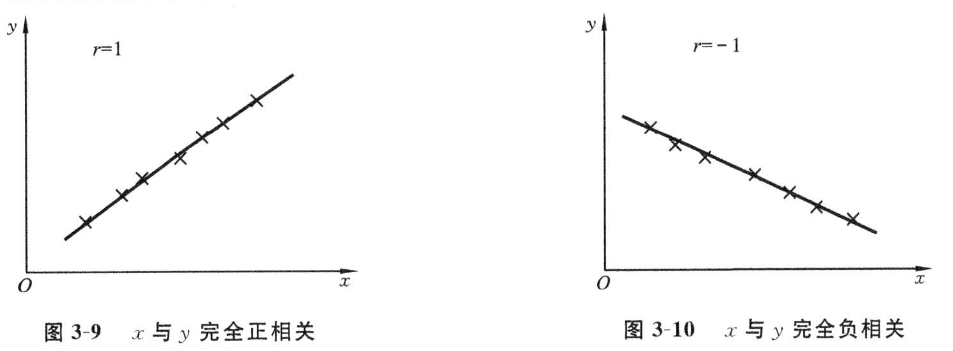

图 3-9　x 与 y 完全正相关　　图 3-10　x 与 y 完全负相关

相关系数只表示 x 与 y 线性相关的密切程度，当 $|r|$ 很小甚至为零时，只表明 x 与 y 之间线性相关不密切，或不存在线性关系，并不表示 x 与 y 之间没有关系，可能两者存在着非线性关系（见图 3-6(b)）。

相关系数计算式如下：

$$r=\frac{L_{xy}}{\sqrt{L_{xx}L_{yy}}} \tag{3-42}$$

相关系数的绝对值越接近于 1，x 与 y 的线性关系越好。

附录 C 给出了相关系数检验表，表中的数称为相关系数的起码值。求出的相关系数大于表中的数时，表明上述用一元线性回归配出的直线是有意义的。

例如，例 3-9 的相关系数为

$$r=\frac{L_{xy}}{\sqrt{L_{xx}L_{yy}}}=\frac{0.0514}{\sqrt{0.152\times 0.0177}}=0.991$$

此例 $n=6$，查附录 C 中 $n-2=4$ 的一行，相应的值为 0.811(5%)。而 $r=0.991>0.811$，所以配得的直线是有意义的。

回归线的精度用于表示实测的 y 值偏离回归线的程度。回归线的精度可以用标准误差(这里的标准误差称为剩余标准差)来估计，其计算式为

$$S=\sqrt{\frac{1}{n-2}\sum_{i=1}^{n}(y_i-\hat{y}_i)^2} \tag{3-43}$$

或

$$S=\sqrt{\frac{(1-r^2)L_{yy}}{n-2}} \tag{3-44}$$

式中：$\hat{y}_i$ 为 x_i 代入 $\hat{y}=a+bx$ 的计算结果。

显然 S 越小，y_i 离回归线越近，则回归方程精度越高。

例 3-9 所求回归方程的剩余标准差为

$$S=\sqrt{\frac{(1-0.991^2)\times 0.0177}{6-2}}=0.009$$

(4) 一元非线性回归。

在环境科学与工程中遇到的问题，有时两个变量之间的关系并不是线性关系，而是某种曲线关系(如生化需氧量曲线)。这时，需要解决选配恰当类型的曲线以及确定相关函数中系数等问题。具体步骤如下。

① 确定变量间函数的类型的方法有两种：根据已有的专业知识确定，例如，生化需氧量曲线可用指数函数 $L_t=L_u(1-e^{-k_1/t})$ 来表示；事先无法确定变量间函数关系的类型时，先根据实验数据作散布图，再从散布图的分布形状选择适当的曲线来配合。

② 确定相关函数中的系数：确定函数类型以后，需要确定函数关系式中的系数。其方法如下：通过坐标变换(即变量变换)把非线性函数关系转化为线性关系，即化曲线为直线；在新坐标系中用线性回归方法配出回归线；还原回原坐标系，即得所求回归方程。

③ 当散布图所反映的变量之间的关系与两种函数类型相似，无法确定选用哪一种曲线形式更好时，可以都作回归线，再计算它们的剩余标准差并进行比较，选择剩余标准差小的函数类型。

下面介绍一些常见的函数图形，它们经过坐标变换后可化成直线。

① 双曲线函数(见图 3-11)。

$$\frac{1}{y}=a+\frac{b}{x}$$

令 $y'=\frac{1}{y}$，$x'=\frac{1}{x}$，则有

$$y'=a+bx'$$

② 幂函数(见图 3-12)。

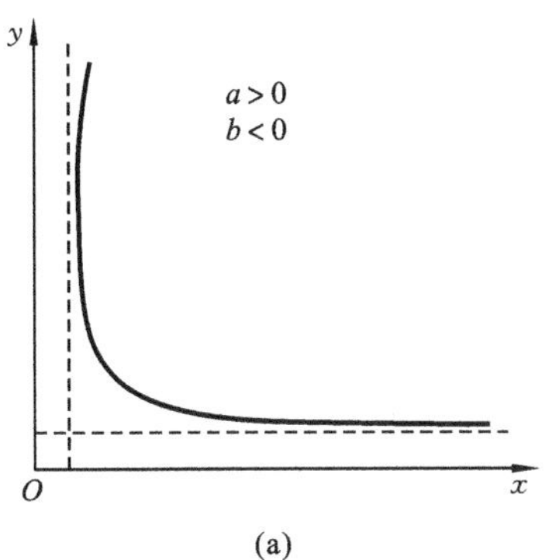

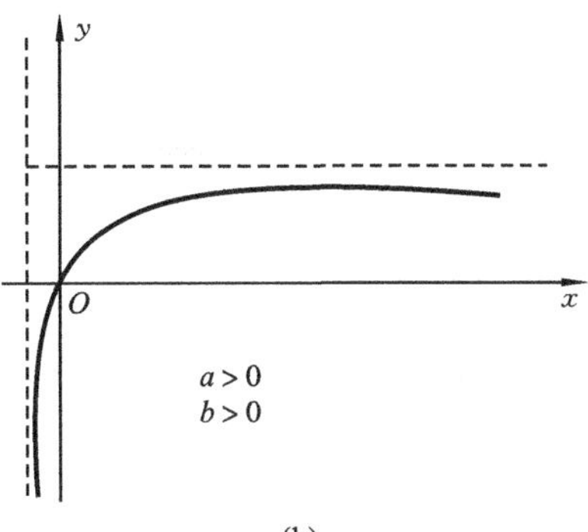

图 3-11　双曲线 $\frac{1}{y}=a+\frac{b}{x}$ 的曲线

$$y=ax^b$$

令 $y'=\lg y$，$x'=\lg x$，$a'=\lg a$，则有

$$y'=a'+bx'$$

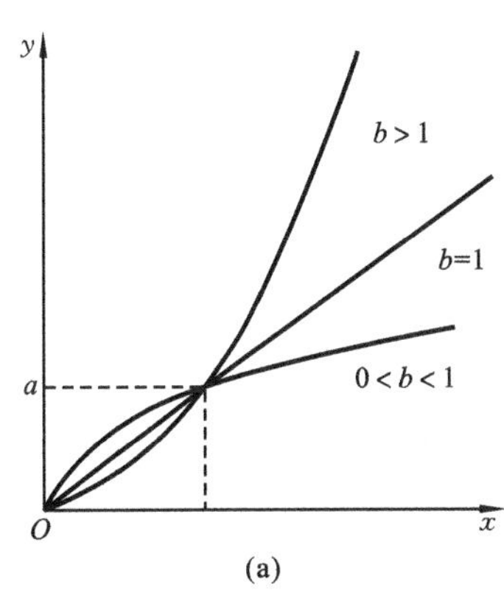

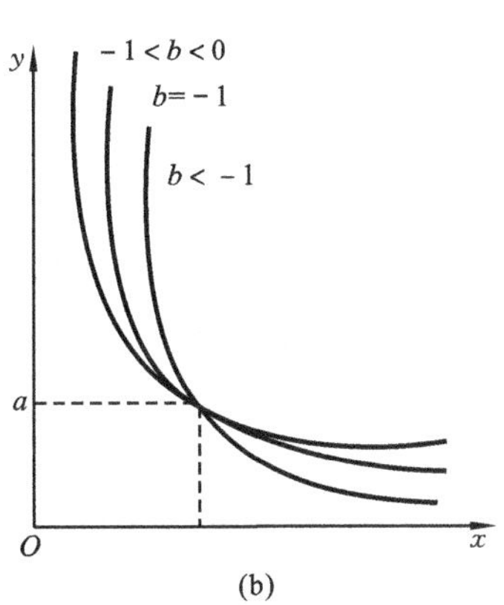

图 3-12　幂函数 $y=ax^b$ 的曲线

③ 指数函数(见图 3-13)。

$$y=ae^{bx}$$

令 $y'=\ln y$，$a'=\ln a$，则有

$$y'=a'+bx$$

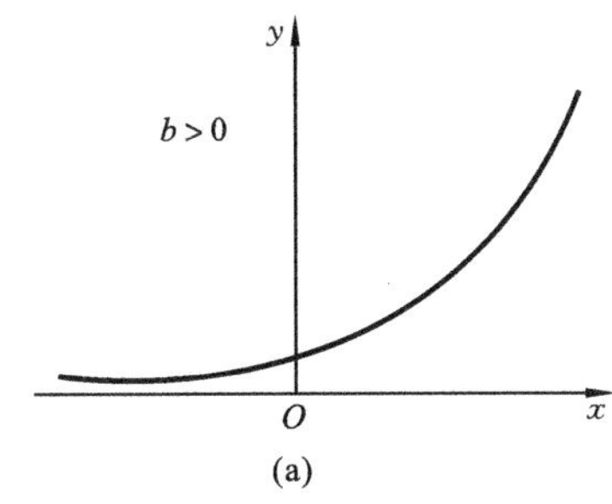

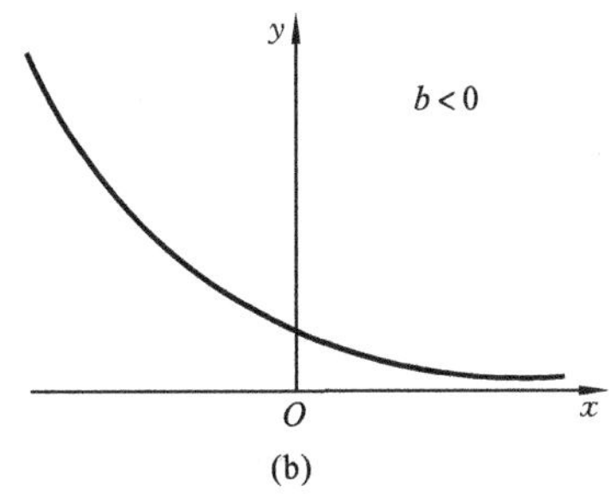

图 3-13　指数函数 $y=ae^{bx}$ 的曲线

④ 指数函数(见图 3-14)。

$$y=ae^{b/x}$$

令 $y' = \ln y$，$x' = \dfrac{1}{x}$，$a' = \ln a$，则有

$$y' = a' + bx'$$

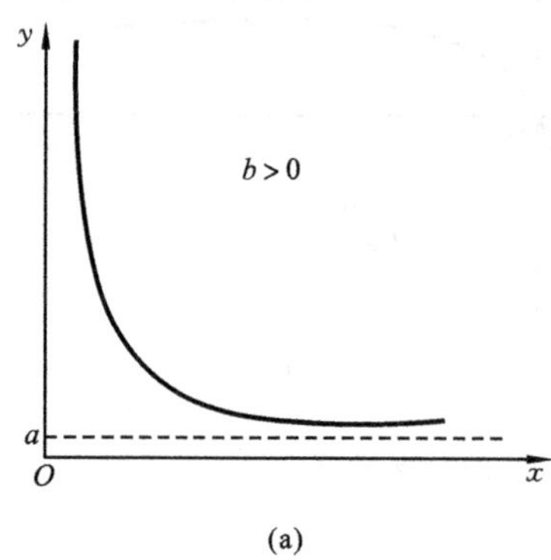

(a)

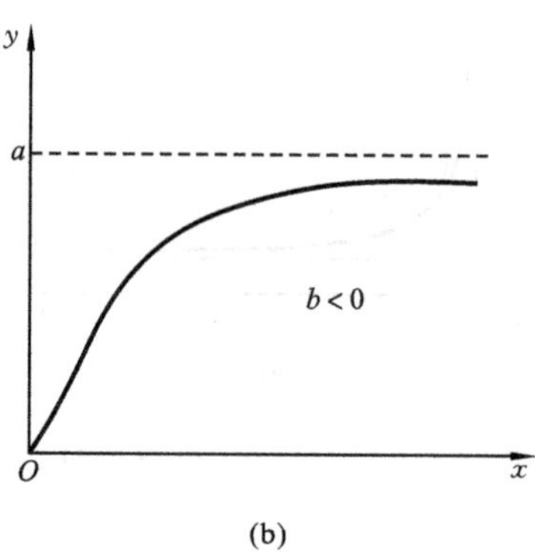

(b)

图 3-14　指数函数 $y = ae^{b/x}$ 的曲线

⑤ 对数函数(见图 3-15)。

$$y = a + b\lg x$$

令 $x' = \lg x$，则有

$$y = a + bx'$$

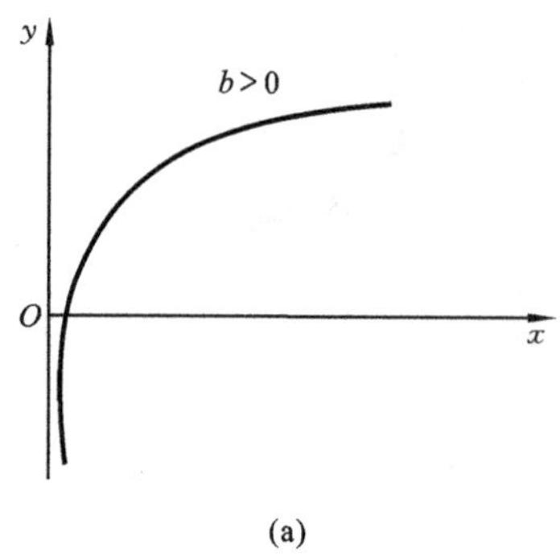

(a)

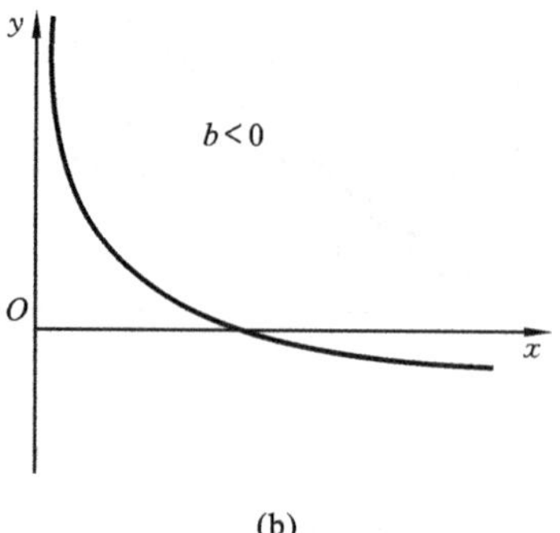

(b)

图 3-15　对数函数 $y = a + b\lg x$ 的曲线

⑥ S 形曲线(见图 3-16)。

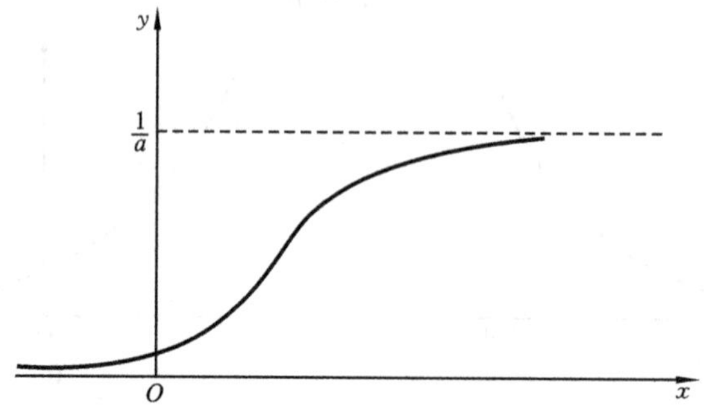

图 3-16　指数函数 $y = \dfrac{1}{a + be^{-x}}$ 的曲线

$$y = \frac{1}{a + b\mathrm{e}^{-x}}$$

令 $y' = \frac{1}{y}$，$x' = \mathrm{e}^{-x}$，则有

$$y' = a + bx'$$

【例 3-10】 某污水处理厂处理出水 BOD 测试结果如表 3-18 所示，试求经验公式。

表 3-18　例 3-10 表(1)

t/d	0	1	2	3	4	5	6	7
BOD/(mg/L)	0.0	9.2	15.9	20.9	24.4	27.2	29.1	30.6

解　① 作散点图，并连成一光滑曲线(见图 3-17)。

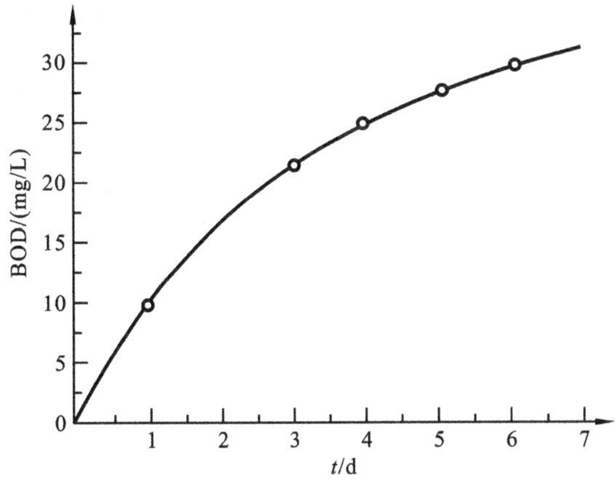

图 3-17　BOD 与 t 的关系曲线

由专业知识可知，BOD 曲线呈指数函数形式：

$$y = \mathrm{BOD_u}(1 - \mathrm{e}^{-k'_1 t})$$

或

$$y = \mathrm{BOD_u}(1 - 10^{-k_1 t})$$

式中：y 为某一天的 BOD，mg/L；$\mathrm{BOD_u}$ 为第一阶段 BOD(即碳生化需氧量)，mg/L；k'_1、k_1 为好氧速率常数，d^{-1}。

② 变换坐标，将曲线改为直线。

根据专业知识对 $y = \mathrm{BOD_u}(1 - 10^{-k_1 t})$ 微分，得

$$\frac{\mathrm{d}y}{\mathrm{d}t} = \mathrm{BOD_u}(-10^{-k_1 t})(-k_1)\ln 10$$

即

$$\frac{\mathrm{d}y}{\mathrm{d}t} = 2.303\mathrm{BOD_u}k_1 \times 10^{-k_1 t}$$

上式等号两边取对数，得

$$\lg\left(\frac{\mathrm{d}y}{\mathrm{d}t}\right) = \lg(2.303\mathrm{BOD_u}k_1) - k_1 t$$

上式表明，当以 $\frac{\Delta y}{\Delta t}$ 与 t 在半对数坐标纸上作图时，便可以化 BOD 曲线为直线。故先变换变量，如表 3-19 所示，然后将数据在半对数纸上描点，即得到 $\frac{\Delta \mathrm{BOD}}{\Delta t}$ 与 t 的关系曲线，如图 3-18 所示。

表 3-19　例 3-10 表(2)

t/d	0	1	2	3	4	5	6	7
y/(mg/L)	0	9.2	15.9	20.9	24.4	27.2	29.1	30.6
$\Delta y/\Delta t(\Delta t=1)$	—	9.2	6.7	5.0	3.5	2.8	1.9	1.5
t_i(两个 t 的中间值)	—	0.5	1.5	2.5	3.5	4.5	5.5	6.5

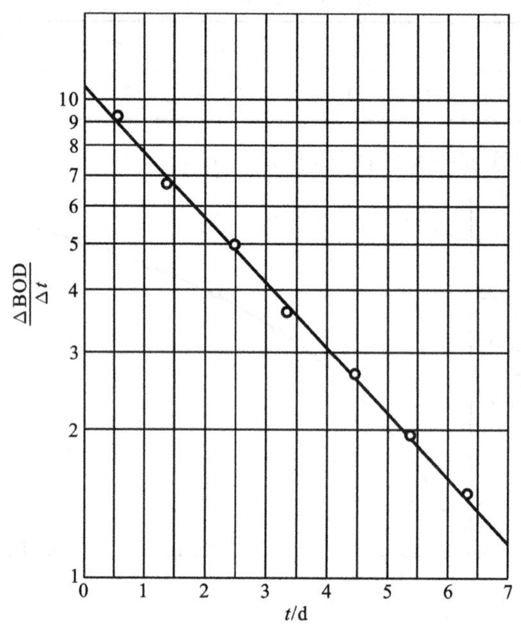

图 3-18　$\frac{\Delta \text{BOD}}{\Delta t}$与 t 的关系曲线

③ 确定相关函数中的系数。

化 BOD 曲线为直线后，便可用线性回归方法配出回归线。鉴于例 3-8 中对于配回归线的方法已作讨论，此例中不再赘述。为了让读者更好地掌握图解法，在此改用图解法求系数。

图 3-18 中直线的斜率为

$$\frac{\lg 10.9-\lg 1.2}{0-7}=-0.137$$

即 $k_1=0.137\ \text{d}^{-1}$，故

$$\text{BOD}_\text{u}=\frac{10.9}{2.303\times 0.137}\ \text{mg/L}=34.5\ \text{mg/L}$$

所以 BOD 曲线为

$$y=34.5\times(1-10^{-0.137t})$$

第4章　实验样本的采集与保存

合理的样本采集和保存方法，是保证检验结果正确地反映被检测对象特性的重要环节。

为了取得具有代表性的样本，在样本采集以前，应根据被检测对象的特征拟定样本采集计划，确定采样地点、采样时间、样本数量和采样方法，并根据检测项目决定样本保存方法。力求做到所采集的样本的成分或浓度与被检测对象一样，并在测试工作开展以前，各成分不发生显著的改变。

4.1　水样的采集与保存

4.1.1　水样的采集

供分析用的水样，应该能够充分代表该水的全面性，并必须不受任何意外的污染。首先必须做好现场调查和资料收集，如气象条件、水文地质、水位水深、河道流量、用水量、污水废水排放量、废水类型、排污去向等。水样的采集方法、次数、深度、位置、时间等均由采样分析目的来决定。

1. 一般要求

采样时要根据采样计划小心采集水样，保证水样在进行分析以前不变质或受到污染。水样灌瓶前要用所需要采集的水样把采样瓶冲洗 2～3 遍，或根据检测项目的具体要求清洗采样瓶。

对采集到的每一个水样要做好记录，记录样本编号、采样日期、地点、具体时间和采样人员姓名，并在每一个水样瓶上贴好标签，标明样本编号。在进行江河、湖泊、水库等天然水体检测时，应同时记录相关的其他资料，如气候条件、水位、流量等，并在地图上标明采样位置。进行工业污染源检测时，应同时记录有关的工业生产情况、污水排放规律等，并在工艺流程方框图上标明采样点位置。

在采集配水管网中的水样前，要充分冲洗管线，以保证水样能代表供水情况。从井中采集水样时，要充分抽吸后进行，以保证水样能代表地下水源。从江河湖海中采样时，分析数据可能随采样深度、流量、与岸边线的距离等的变化情况，因此，要采集从表面到底层不同位置的水样构成的混合水样。

如果水样要供细菌学检验，采样瓶等必须事先灭菌。例如，采集自来水水样时，应先用酒精灯将水龙头烧灼消毒，然后把水龙头完全打开，放水数分钟后再取样。采集含有余氯的水样进行细菌学检验时，应在水样瓶未消毒前加入硫代硫酸钠，以消除水样中的余氯。加药量按 1 L水样加 4 mL 15%的硫代硫酸钠溶液计。

若采用自动取样装置，应每天把取样装置清洗干净，以避免微生物生长或沉淀物的沉积。

由于被检测对象的具体条件各不相同，且变化很大，不可能制定出一个统一的采样步骤和方法，检测人员必须根据具体情况和考察目的确定具体的采样步骤和方法。

2. 采样容器

采样容器的材质对于水样在贮存期间的稳定性影响很大。一般来说,容器材质与水样的相互作用有三个方面。

(1) 容器材质可溶入水样中,如从塑料容器溶解下来的有机质以及从玻璃容器溶解下来的钠、硅和硼等。

(2) 容器材质可吸附水样中某些组分,如玻璃吸附痕量金属,塑料吸附有机质和痕量金属。

(3) 水样与容器直接发生化学反应,如水样中的氟化物与玻璃发生反应等。材质的稳定性顺序为:聚四氟乙烯>聚乙烯>透明石英>铂>硼硅玻璃。其中,高压低密度聚乙烯塑料和硬质玻璃(又称硼硅玻璃)都能基本达到上述要求。通常,塑料容器用作测定金属、放射性元素和其他无机物的水样容器,玻璃容器用作测定有机物和生物等的水样容器。

3. 水样的采集量

水样的采集量与分析方法及水样的性质有关。一般来说,采集量应考虑实际分析用量和复试量(或备用量)。对污染物质浓度较高的水样,可适当少取水样,因为超过一定浓度的水样在分析时要经过稀释方可测定。表 4-1 列出了正常浓度水样的实际用量(不包括平行样)。

表 4-1 水样采集量

监测项目	水样采集量/mL	监测项目	水样采集量/mL
悬浮物	100	硬度	100
色度	50	酸碱度	100
嗅	200	溶解氧	300
浊度	100	氨氮	400
pH 值	50	BOD_5	1000
电导率	100	油	1000
金属	1000	有机氯农药	2000
铬	100	酚	1000
凯氏氮	500	氰化物	500
硝酸盐氮	500	硫酸盐	50
亚硝酸盐氮	50	硫化物	250
磷酸盐	50	COD	100
氟化物	300	苯胺类	200
氯化物	50	硝基苯	100
溴化物	100	砷	100
碘化物	100	显影剂类	100

4. 水样的类型

水样可分为瞬时水样、混合水样和综合水样,与之相应的采样形式也可分为瞬时采样、混合采样和综合采样。

(1) 瞬时水样。瞬时水样是指在某一时间和地点采集的水样。当被检测对象在一个相当长的时间或者在各个方向相当长的距离内水质、水量稳定不变时,瞬时采集的水样具有很好的代表性。当水质、水量随时间变化时,可在预计变化频率的基础上选择采样时间间隔,用瞬时采集水样分别进行分析,以了解其变化程度、频率或周期。当水的组成随空间变化而不随时间变化时，应在各个具有代表性的地点采集水样。

(2) 混合水样。所谓混合水样，是指在同一采集点于不同时间所采集的瞬时样本的混合样本，或者在同一时间于不同采样点采得的瞬时样本的混合样本，前者有时称“时间混合水样”。许多情况下，可以用混合水样代替一大批个别水样的分析。“时间混合水样”对观察平均浓度最有用，例如，在计算一个污水处理厂的负荷和效率时，“时间混合水样”可以减小化验工作量并节约开支。“时间混合水样”可代表一人、一个班或者一个较短周期的平均情况。

由于工业废水的排放量和污染组分的浓度往往随时间起伏较大，为使监测结果具有代表性，需要增大采样和测定频率，但这势必增加工作量，此时比较好的方法是采集平均混合水样或平均比例混合水样。前者是指每隔相同时间采集等量废水样混合而成的水样，适用于废水流量比较稳定的情况；后者是指废水流量不稳定的情况下，在不同时间依照流量大小按比例采集的混合水样。当存在多个排放口时，还需要同时采集几个排污口的废水样，并按流量比例混合，其监测结果代表取样时的综合排放浓度。

当水样中的测试成分或性质在水样贮存中会发生变化时，不能采用混合水样，要采用个别水样。采集后立即进行测定，最好是在采样地点进行。测定所有溶解性气体、可溶性硫化物、剩余氯、温度、pH 值都不宜采用混合水样。

(3) 综合水样。综合水样是不同采样地点同时采集的瞬时样本的混合水样，是代表整个采样断面上各地点和它们的相对流量成比例的混合水样。在进行河流水质模型研究时，常采用这种采集方式。河水的成分沿着江河的宽度和深度是有变化的，而在进行研究时需要的是平均的成分或者总的负荷，因此，应采用一种能代表整个横断面上各点和与它们相对流量成比例的混合水样。

4.1.2　水样的保存

各种水质的水样，从采集到分析这段时间里，由于物理的、化学的和生物的作用会发生不同程度的变化，这些变化使得进行分析时的样本已不再是采样时的样本，为了使这种变化降低到最小的程度，必须在采样时对样本加以保护。

水样发生变化的原因包括以下几个方面。

(1) 生物作用。细菌、藻类及其他生物体的新陈代谢会消耗水样中的某些组分，产生一些新的组分，改变一些组分的性质，生物作用会对样本中待测的一些项目如溶解氧、二氧化碳、含氮化合物、磷及硅等的含量产生影响。

(2) 化学作用。水样各组分间可能发生化学反应，从而改变某些组分的含量与性质。例如，溶解氧或空气中的氧能使二价铁、硫化物等氧化，聚合物可能解聚，单体化合物也有可能聚合。

(3) 物理作用。光照、温度、静置或振动，敞露或密封等保存条件及容器材质都会影响水样的性质。如温度升高或强振动会使得一些物质如氧、氰化物及汞等挥发；长期静置会使 $Al(OH)_3$、$CaCO_3$ 及 $Mg_3(PO_4)_2$ 等沉淀。某些容器的内壁能不可逆地吸附或吸收一些有机物或金属化合物等。水样在贮存期内发生变化的程度主要取决于水的类型及水样的化学性质和生物学性质，也取决于保存条件、容器材质、运输及气候变化等因素。必须强调的是，这些变化往往非常快，常在很短的时间里样本就明显地发生了变化，因此，必须在一定情况下采取必要的保护措施，并尽快进行分析。

无论是生活污水、工业废水还是天然水，实际上都不可能完全不变化地保存。使水样的各成分完全稳定是做不到的，合理的保存技术只能延缓各成分的化学、生物学性质的变化。各种保存方法旨在延缓生物作用、化合物和配合物的水解以及已知各成分的挥发。

一般来说，采集水样和分析之间的时间间隔越短，分析结果越可靠。对于某些成分（如溶解性气体）的物理特性（如温度）应在现场立即测定。水样允许存放的时间，随水样的性质、所要检测的项目和贮存条件而定。采样后立即分析最为理想。水样存放在暗处和低温（4 ℃）环境中可大大延缓生物繁殖所引起的变化。大多数情况下，低温贮存可能是最好的方法。当使用化学保存剂时，应在灌瓶前就将其加到水样瓶中，使刚采集的水样得到保存，但所有保存剂都会对某些试剂产生干扰，影响测试结果。没有一种单一的保存方法能完全令人满意，一定要针对所要检测的项目选择合适的保存方法。

表 4-2 按不同的检测项目列出了水样保存方法（HJ 493—2009）以及保存样本的一般要求。由于天然水和废水的性质复杂，分析前需验证按下述方法处理的每种类型样本的稳定性。

表 4-2　常用样品保存技术

分析类别	待测项目	容器类别	保存方法	可保存时间	最少采样量/mL	备注
A物理、化学及生化分析	pH 值	P 或 G		12 h	250	尽量现场测定
	色度	P 或 G		12 h	250	尽量现场测定
	浊度	P 或 G		12 h	250	尽量现场测定
	气味	G	1～5 ℃冷藏	6 h	500	大量测定可带离现场
	电导率	P 或 BG		12 h	250	尽量现场测定
	悬浮物	P 或 G	1～5 ℃暗处	14 d	500	
	酸度	P 或 G	1～5 ℃暗处	30 d	500	
	碱度	P 或 G	1～5 ℃暗处	12 h	500	
	二氧化碳	P 或 G	水样充满容器，低于取样温度	24 h	500	最好现场测定
	溶解性固体（干残渣）	P 或 G	1～5 ℃冷藏	24 h	100	
	总固体（总残渣，干残渣）	P 或 G	1～5 ℃冷藏	24 h	100	
	化学需氧量	G	用 H_2SO_4 调至 pH≤2	2 d	500	
		P	−20 ℃冷冻	1 m	100	最长 6 m
	高锰酸盐指数	G	1～5 ℃暗处冷藏	2 d	500	尽快分析
		P	−20 ℃冷冻	1 m	500	
	五日生化需氧量	溶解氧瓶	1～5 ℃暗处冷藏	12 h	250	
		P	−20 ℃冷冻	1 m	1000	冷冻最长可保持 6 m（浓度＜50 mg/L 时保存1 m）
	总有机碳	G	用 H_2SO_4 调至 pH≤2，1～5 ℃	7 d	250	
		P	−20 ℃冷冻	1 m	100	

续表

分析类别	待测项目	容器类别	保 存 方 法	可保存时间	最少采样量/mL	备　　注
A物理、化学及生化分析	溶解氧	溶解氧瓶	加入硫酸锰、碱性 KI 叠氮化钠溶液，现场固定	24 h	500	尽量现场测定
	总磷	P 或 G	用 H_2SO_4、HCl 酸化至 pH≤2	24 h	250	
		P	−20 ℃冷冻	1 m	250	
	溶解性正磷酸盐	见“溶解磷酸盐”				
	总正磷酸盐	见“总磷”				
	溶解磷酸盐	P 或 G 或 BG	1～5 ℃冷藏	1 m	250	采样时现场过滤
		P	−20 ℃冷冻	1 m	250	
	氨氮	P 或 G	用 H_2SO_4 调至 pH≤2	24 h	250	
	氨类（易释放、离子化）	P 或 G	用 H_2SO_4 调至 pH 1～2，1～5 ℃	21 d	500	保存前现场离心
		P	−20 ℃冷冻	1 m	500	
	亚硝酸盐氮	P 或 G	1～5 ℃冷藏避光保存	24 h	250	
	硝酸盐氮	P 或 G	1～5 ℃冷藏	24 h	250	
		P 或 G	用 HCl 调至 pH 1～2	7 d	250	
		P	−20 ℃冷冻	1 m	250	
	凯氏氮	P 或 BG	用 H_2SO_4 调至 pH 1～2，1～5 ℃避光	1 m	250	
		P	−20 ℃冷冻	1 m	250	
	总氮	P 或 G	用 H_2SO_4 调至 pH 1～2	7 d	250	
		P	−20 ℃冷冻	1 m	250	
	硫化物	P 或 G	水样充满容器。1 L 水样加 NaOH 至 pH 9，加入 5%抗坏血酸 5 mL，饱和 EDTA 3 mL，滴加饱和 $Zn(Ac)_2$ 至胶体产生，常温避光	24 h	250	
	总氰化物	P	加 NaOH 到 pH≥9，1～5 ℃冷藏	7 d，如果硫化物存在，保存 12 h	250	
	pH=6 时释放的氰化物	P	加 NaOH 到 pH＞12，1～5 ℃暗处冷藏	24 h	500	

续表

分析类别	待测项目	容器类别	保存方法	可保存时间	最少采样量/mL	备　注
A 物理、化学及生化分析	易释放氰化物	P	加 NaOH 到 pH＞12，1～5 ℃暗处冷藏	7 d	500	24 h(存在硫化物时)
	F^-	P	1～5 ℃，避光	14 d	250	
	Cl^-	P 或 G	1～5 ℃，避光	30 d	250	
	Br^-	P 或 G	1～5 ℃，避光	14 h	250	
	I^-	P 或 G	加 NaOH 到 pH 12	14 h	250	
	SO_4^{2-}	P 或 G	1～5 ℃，避光	30 d	250	
	PO_4^{3-}	P 或 G	用 NaOH、H_2SO_4 调至 pH 7，$CHCl_3$ 0.5%	7 d	250	
	NO_2、NO_3	P 或 G	1～5 ℃冷藏	14 h	500	保存前现场过滤
		P	－20 ℃冷冻	1 m	500	
	碘化物	G	1～5 ℃冷藏	1 m	500	
	溶解性硅酸盐	P	1～5 ℃冷藏	1 m	200	现场过滤
	总硅酸盐	P	1～5 ℃冷藏	1 m	100	
	硫酸盐	P 或 G	1～5 ℃冷藏	1 m	200	
	亚硫酸盐	P 或 G	水样充满容器。100 mL 加 1 mL 2.5% EDTA 溶液，现场固定	2 d	500	
	阳离子表面活性剂	G 甲醇清洗	1～5 ℃冷藏	2 d	500	不能用溶剂清洗
	阴离子表面活性剂	P 或 G	1～5 ℃冷藏，用 H_2SO_4 调至 pH 1～2	2 d	500	不能用溶剂清洗
	非离子表面活性剂	G	水样充满容器。1～5 ℃冷藏，加入 37%甲醛，使样品成为含 1%的甲醛溶液	1 m	500	不能用溶剂清洗
	溴酸盐	P 或 G	1～5 ℃	1 m	100	
	溴化物	P 或 G	1～5 ℃	1 m	100	
	残余溴	P 或 G	1～5 ℃避光	24 h	500	最好在采集后 5 min 内现场分析
	氯胺	P 或 G	避光	5 min	500	
	氯酸盐	P 或 G	1～5 ℃冷藏	7 d	500	
	氯化物	P 或 G		1 m	100	

续表

分析类别	待测项目	容器类别	保存方法	可保存时间	最少采样量/mL	备注
A物理、化学及生化分析	氯化溶剂	G,使用聚四氟乙烯瓶盖	水样充满容器。1～5 ℃冷藏;用 HCl 调至 pH 1～2,如果样品加氯,250 mL 水加 20 mg $Na_2S_2O_3 \cdot 5H_2O$	24 h	250	
	二氧化氯	P 或 G	避光	5 min	500	最好在采集后 5 min 内现场分析
	余氯	P 或 G	避光	5 min	500	最好在采集后 5 min 内现场分析
	亚氯酸盐	P 或 G	避光 1～5 ℃冷藏	5 min	500	最好在采集后 5 min 内现场分析
	氟化物	P(聚四氟乙烯除外)		1 m	200	
	铍	P 或 G	1 L 水样中加浓 HNO_3 10 mL	14 d	250	
	硼	P	1 L 水样中加浓 HNO_3 10 mL	14 d	250	
	钠	P	1 L 水样中加浓 HNO_3 10 mL	14 d	250	
	镁	P 或 G	1 L 水样中加浓 HNO_3 10 mL	14 d	250	
	钾	P	1 L 水样中加浓 HNO_3 10 mL	14 d	250	
	钙	P 或 G	1 L 水样中加浓 HNO_3 10 mL	14 d	250	
	六价铬	P 或 G	用 NaOH 调至 pH 8～9	14 d	250	
	铬	P 或 G	1 L 水样中加浓 HNO_3 10 mL	1 m	100	
	锰	P 或 G	1 L 水样中加浓 HNO_3 10 mL	14 d	250	
	铁	P 或 G	1 L 水样中加浓 HNO_3 10 mL	14 d	250	
	镍	P 或 G	1 L 水样中加浓 HNO_3 10 mL	14 d	250	

续表

分析类别	待测项目	容器类别	保存方法	可保存时间	最少采样量/mL	备注
A物理、化学及生化分析	铜	P	1 L水样中加浓HNO_3 10 mL	14 d	250	
	锌	P	1 L水样中加浓HNO_3 10 mL	14 d	250	
	砷	P或G	1 L水样中加浓HNO_3 10 mL。DDTC法,1 L水样中加浓HCl 2 mL	14 d	250	使用氢化物技术分析砷时用盐酸
	硒	P或G	1 L水样中加浓HCl 2 mL	14 d	250	
	银	P或G	1 L水样中加浓HNO_3 10 mL	14 d	250	
	镉	P或G	1 L水样中加浓HNO_3 10 mL	14 d	250	如用溶出伏安法测定,可改用1 L水样中加浓$HClO_4$ 19 mL
	锑	P或G	HCl,0.2%(氢化物法)	14 d	250	
	汞	P或G	HCl,1%;如水样为中性,1 L水样中加浓HCl 10 mL	14 d	250	
	铅	P或G	HNO_3,1%;如水样为中性,1 L水样中加浓HNO_3 10 mL	14 d	250	如用溶出伏安法测定,可改用1 L水样中加浓$HClO_4$ 19 mL
	铝	P或G或BG	用HNO_3调至pH 1～2	1 m	100	
	钒	酸洗P或酸洗BG	用HNO_3调至pH 1～2	1 m	100	
	总硬度	见“钙”				
	二价铁	酸洗P或酸洗BG	用HCl调至pH 1～2,避免接触空气	7 d	100	
	总铁	酸洗P或酸洗BG	用HNO_3调至pH 1～2	1 m	100	
	锂	P	用HNO_3调至pH 1～2	1 m	100	
	钴	P或G	用HNO_3调至pH 1～2	1 m	100	
	重金属化合物	P或BG	用HNO_3调至pH 1～2	1 m	500	最长6 m
	石油及衍生物	见“碳氢化合物”				

续表

分析类别	待测项目	容器类别	保存方法	可保存时间	最少采样量/mL	备注
A物理、化学及生化分析	油类	溶剂洗 G	用 HCl 调至 pH≤2	7 d	250	
	酚类	G	1～5 ℃避光。用磷酸调至 pH≤2，加入抗坏血酸 0.01～0.02 g 除去残余氯	24 h	1000	
	苯酚指数	G	添加硫酸铜，用磷酸酸化至 pH<4	21 d	1000	
	可吸附有机卤化物	P 或 G	水样充满容器。用 HNO_3 调至 pH 1～2，1～5 ℃避光保存	5 d	1000	
		P	－20 ℃冷冻	1 m	1000	
	挥发性有机物	G	用 1＋10 HCl 调至 pH≤2，加入抗坏血酸 0.01～0.02 g 除去残余氯，1～5 ℃避光保存	12 h	1000	
	除草剂类	G	加入抗坏血酸 0.01～0.02 g 除去残余氯，1～5 ℃避光保存	24 h	1000	
	酸性除草剂	G(带聚四氟乙烯瓶塞或膜)	用 HCl 调至 pH 1～2，1～5 ℃冷藏。如果样品加氯，1000 mL 水样加 80 mg $Na_2S_2O_3 \cdot 5H_2O$	14 d	1000	不能用水样冲洗采样容器，水样不能充满容器
	邻苯二甲酸酯类	G	加入抗坏血酸 0.01～0.02 g 除去残余氯，1～5 ℃避光保存	24 h	1000	
	甲醛	G	加入 0.2～0.5 g/L 硫代硫酸钠除去残余氯，1～5 ℃避光保存	24 h	1000	
	杀虫剂(包含有机氯、有机磷、有机氮)	G(溶剂洗，带聚四氟乙烯瓶盖)或 P(适用于草甘膦)	1～5 ℃冷藏	萃取 5 d	1000～3000	不能用水样冲洗采样容器，水样不能充满容器；萃取应在采样后 24 h 内完成
	氨基甲酸酯类杀虫剂	G，溶剂洗	1～5 ℃	14 d	1000	如果样品被加氯，1000 mL 水加 80 mg $Na_2S_2O_3 \cdot 5H_2O$
		P	－20 ℃冷冻	1 m	1000	

续表

分析类别	待测项目	容器类别	保存方法	可保存时间	最少采样量/mL	备注
A物理、化学及生化分析	叶绿素	P或G	1～5 ℃冷藏	24 h	1000	棕色采样瓶
		P	用乙醇过滤萃取后,−20 ℃冷冻	1 m	1000	
		P	过滤后−80 ℃冷冻	1 m	1000	
	清洁剂	见“表面活性剂”				
	肼	G	用HCl酸化到1 mol/L,避光	24 h	500	
	碳氢化合物	G,溶剂(如戊烷)萃取	用HCl或H_2SO_4调至pH 1～2	1 m	1000	现场萃取不能用水样冲洗采样容器,水样不能充满容器
	单环芳香烃	G(带聚四氟乙烯薄膜)	水样充满容器。用H_2SO_4调至pH 1～2。如果样品加氯,采样前1000 mL水加80 mg $Na_2S_2O_3 \cdot 5H_2O$	7 d	500	
	有机氯	见“可吸附有机卤化物”				
	有机金属化合物	G	1～5 ℃冷藏	7 d	500	萃取应带离现场
	多氯联苯	G,溶剂洗,带聚四氟乙烯瓶盖	1～5 ℃冷藏	7 d	1000	尽可能现场萃取。不能用水样冲洗采样容器,如果样品加氯,采样前1000 mL水加80 mg $Na_2S_2O_3 \cdot 5H_2O$
	多环芳烃	G,溶剂洗,带聚四氟乙烯瓶盖	1～5 ℃冷藏	7 d	500	尽可能现场萃取。不能用水样冲洗采样容器,如果样品加氯,采样前1000 mL水加80 mg $Na_2S_2O_3 \cdot 5H_2O$
	三卤甲烷类	G,带聚四氟乙烯薄膜的小瓶	1～5 ℃冷藏,水样充满容器	7 d	100	如果样品加氯,采样前100 mL水加8 mg $Na_2S_2O_3 \cdot 5H_2O$

续表

分析类别		待测项目	容器类别	保存方法	可保存时间	最少采样量/mL	备注
B 微生物分析		细菌总数、大肠菌总数、粪大肠菌、粪链球菌、沙门氏菌、志贺氏菌等	灭菌容器 G	1～5 ℃冷藏	尽快(地表水、污水及饮用水)		取氯化或溴化过的水样时,所用的样本瓶消毒之前,按每 125 mL 加入 0.1 mL 10%(质量分数)的硫代硫酸钠溶液,以消除氯或溴对细菌的抑制作用。对重金属含量高于 0.01 mg/L 的水样,应在容器消毒之前,按每 125 mL 容积加入 0.3 mL 15%(质量分数)的 EDTA 溶液
C 生物学分析	鉴定和计数	底栖无脊椎动物类——大样品	P 或 G	加入 37%甲醛(用硼酸钠调节至中性),稀释到甲醛浓度为 3.7%	1 y	1000	样本中的水应先倒出以达到最大的防腐剂浓度
		底栖无脊椎动物类——小样品(如参考样品)	G	加入防腐溶液,含 70%乙醇、37%甲醛和甘油(比例是 100∶2∶1)	不确定	100	对无脊椎群,如扁形动物,须用特殊方法,以防止被破坏
		藻类	G 或 P,盖紧瓶盖	每 200 份加入 0.5～1 份卢戈氏溶液	6 m	200	碱性卢戈氏溶液适用于新鲜水,酸性卢戈氏溶液适用于带鞭毛虫的海水。如果退色,应加入更多的卢戈氏溶液
		浮游植物	G	见“藻类”	6 m	200	暗处
		浮游动物	P 或 G	加入 37%甲醛(用硼酸钠调节至中性),稀释至甲醛浓度为 3.7%,海藻加卢戈氏溶液	1 y	200	如果退色,应加入更多的卢戈氏溶液
	湿重和干重	底栖大型无脊椎动物、大型植物、藻类、浮游植物、浮游动物、鱼	P 或 G	1～5 ℃冷藏	24 h	1000	
			P 或 G	加入 37%甲醛(用硼酸钠调节至中性),稀释到甲醛浓度为 3.7%	最少 3 m	1000	水生附着生物和浮游植物的干重、湿重测量通常以计数和鉴定环节测量的细胞体积为基础

续表

分析类别	待测项目		容器类别	保存方法	可保存时间	最少采样量/mL	备注
C生物学分析	灰分质量	底栖大型无脊椎动物、大型植物、藻类、浮游植物	P或G	加入37%甲醛(用硼酸钠调节至中性),稀释到甲醛浓度为3.7%	最少3 m	1000	水生附着生物和浮游植物的干重、湿重测量通常以计数和鉴定环节测量的细胞体积为基础
	干重和灰分质量	浮游动物		玻璃纤维滤器过滤并−20 ℃冷冻	6 m	200	
	毒性实验		P或G	1～5 ℃冷藏	24 h	1000	
			P	−20 ℃冷冻	2 w	1000	
D放射学分析	α放射性		P	用HNO_3调至pH 1～2,1～5 ℃暗处冷藏	1 m	2000	如果样品已蒸发,不酸化
	β放射性(放射碘除外)		P	用HNO_3调至pH 1～2	1 m	2000	如果样品已蒸发,不酸化
	γ放射性		P		2 d	5000	
	放射碘		P		2 d	3000	1 L水样加入2～4 mL次氯酸钠溶液(10%),确保过量氯
	氡同位素镭(氡生长测定法)		P		2 d	2000	最少4 w
	镭(其他方法)		P		2 m	2000	最少4 w
	放射性锶		P		1 m	1000	最少2 w
	放射性铯		P		2 d	5000	
	含氚水		P		2 m		样品需分析前蒸馏
	铀		P		1 m	2000	
	钚		P		1 m	2000	

注:①P—聚乙烯瓶(桶),G—硬质玻璃瓶,BG—硼硅酸盐玻璃瓶;②y表示年,m表示月,w表示周,d表示天,h表示小时,min表示分钟。

4.2　气体样本的采集与保存

环境科学与工程实验所涉及的气体样本按状态可分为气体污染物样本、气溶胶（烟雾）、污染物样本和混合污染物样本。根据被测污染物在空气中的存在状态和浓度以及所用的分析方法，可以采用不同的采样方法和仪器。

4.2.1　气体样本的采集

1. 气体样本采样点布设

1）气体样本的采样点布设原则

（1）应设在整个取样区域的高、中、低三种不同污染物浓度的地方。

（2）在污染源比较集中、主导风向比较明显的情况下，应将污染源的下风向作为主要的取样范围，布设较多的采样点，上风向布设少量点作为参照。

（3）工业较密集的城区和工矿区、人口密度大及污染物超标地区，要适当增设采样点；城市郊区和农村、人口密度较小及污染物浓度低的地区，可酌情少设采样点。

（4）采样点的周围应开阔，采样口水平线与周围建筑物高度的夹角应不大于 30°，测点周围无污染源，并应避开树木及吸附能力较强的建筑物，交通密集区的采样点应设在距人行道边缘至少 15 m 处。

（5）各采样点的设置条件应尽可能一致或标准化。

（6）采样高度根据实验目的而定，如研究大气污染对人体的危害，采样口应在离地面 1.5～2 m 处，研究大气污染对植物或器物的影响，采样口高度应与植物或器物高度相近，连续采样例行监测采样口高度应距地面 3～15 m；若置于屋顶采样，采样口应与基础面有 1.5 m 以上的相对高度，以减少扬尘的影响。特殊地形可以视情况选择采样高度。

2）采样点布设数目的要求

采样点布设数目是与经济投资和精度要求相对应的一个指标，应根据监测范围大小、污染物的空间分布特征、人口分布及密度、气象、地形以及经济条件等因素综合考虑确定。具体规定见表 4-3 和表 4-4。

表 4-3　WHO 和 WMO 推荐的城市大气自动监测站（点）数目

市区人口/万	飘尘	SO_2	NO_x	氧化剂	CO	风向、风速
≤100	2	2	1	1	1	1
100～400	5	5	2	2	2	2
400～800	8	8	4	3	4	2
>800	10	10	5	4	5	3

表 4-4　我国环境空气质量评价点设置数量要求

建成区城市人口/万	建成区面积/km^2	监测点数
<10	<20	1
10～50	20～50	2
50～100	50～100	4

续表

建成区城市人口/万	建成区面积/km²	监 测 点 数
100～200	100～150	6
200～300	150～200	8
>300	>200	按每 25～30 km² 建成区面积设 1 个监测点,并且不少于 8 个点

3) 布点方法

(1) 功能区布点法。功能区布点法多用于区域性常规监测。先将监测区域划分为工业区、商业区、居住区、工业居住混合区、交通稠密区、清洁区等,再根据具体污染情况和人力、物力条件,在各功能区设置一定数量的采样点。各功能区的采样点数不要求平均,一般在污染较集中的工业区和人口较密集的居住区多设采样点。

(2) 网格布点法。此方法是将监测区域地面划分成若干均匀网状方格,采样点设在两条支线的交点处或方格中心(见图 4-1)。网格大小视污染源强度、人口分布及人力、物力条件等确定。若主导风向明显,下风向设点应多一些,一般占采样点总数的 60%。对于有多个污染源且污染源分布较均匀的地区,常采用这种布点方法。它能较好地反映污染物的空间分布,如将网格划分得足够小,则将实验结果绘制成污染物浓度空间分布图,对指导城市环境规划和管理具有重要意义。

(3) 同心圆布点法。此方法主要用于多个污染源构成污染群,且大污染源较集中的地区。先找出污染群的中心,以此为圆心在地面上画若干同心圆,从圆心作若干放射线,将放射线与圆周的交点作为采样点(见图 4-2)。不同圆周上的采样点数目不一定相等或均匀分布,常年主导风向的下风向比上风向多设一些点。

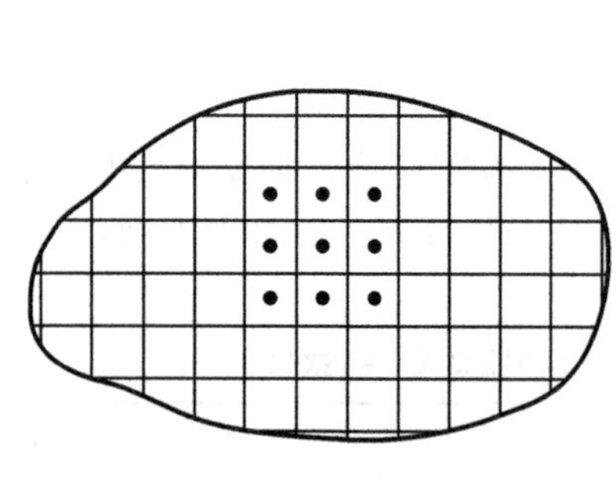

图 4-1 网格布点法

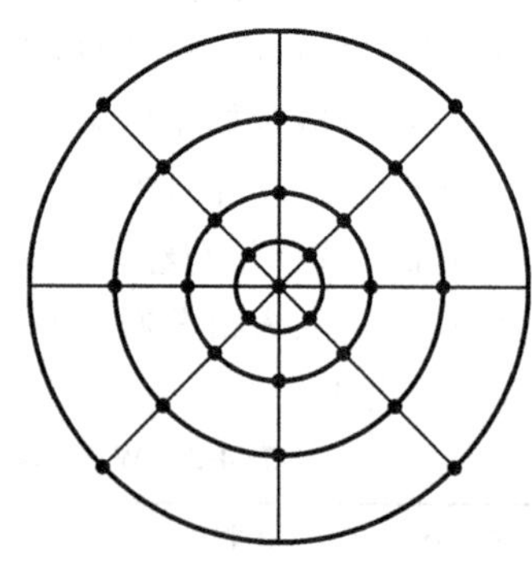

图 4-2 同心圆布点法

(4) 扇形布点法。此方法适用于孤立的高架点源,且主导风向明显的地区。以点源所在位置为顶点,主导风向为轴线,在下风向地面上划出一个扇形区作为布点范围。扇形的角度一般为 45°,也可更大些,但不能超过 90°。采样点设在扇形平面内距点源不同距离的若干弧线上(见图 4-3)。每条弧线上设3～4个采样点,相邻两点与顶点连线的夹角一般取 10°～20°。在上风向应设对照点。

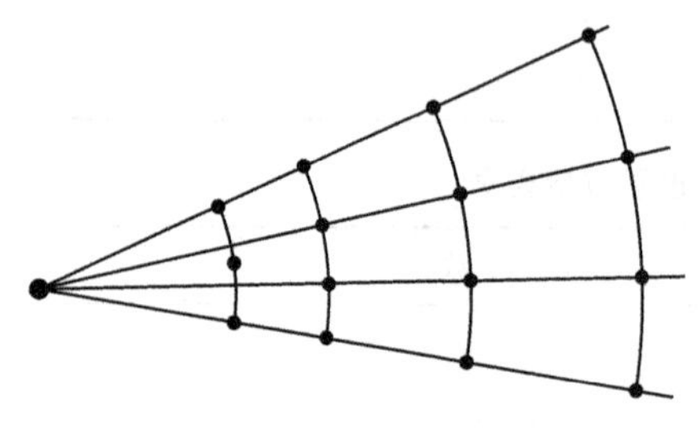

图 4-3 扇形布点法

在实际工作中,为做到因地制宜,使采样网点布设得完善合理,往往采用以一种布点方法为主,兼用其他方法的综合布点法。

2. 气体样本采样方法

根据气体样本中所测污染物的不同性质，按污染物呈气态、气溶胶态和混合态来介绍气体样本的采样方法。

1）气态污染物采样方法

(1) 直接采样法。此法适用于大气中被测组分浓度高或者所用的分析方法很灵敏的情况，直接取少量样本就可以满足分析需要。主要有以下几种方法。

① 注射器采样。在现场直接用 100 mL 注射器连接一个三通活塞抽取空气样本，密封进样口，带回实验室分析。采样时，先用现场空气抽洗 3～5 次，然后抽样，将注射器进气口朝下，垂直放置，使注射器内压力略大于大气压。

② 塑料袋采样。用一种与所采集的污染物既不起化学反应，也不吸附、不渗漏的塑料袋采样。使用前进行气密性检查：充足气后，密封进气口，将其置于水中，不应冒气泡。使用时用现场空气冲洗 3～5 次后，再充进现场空气，夹封袋口，带回实验室分析。此法具有经济和轻便的特点，使用前应事先对塑料袋进行样本稳定性实验。

③ 固定容器法。此法适用于采集少量空气样本。具体方法有两种：一种是将真空采气瓶抽真空至 133 Pa 左右，若瓶中事先装好吸收液，可抽至溶液冒泡为止。将真空采气瓶携带至现场，打开瓶塞，被测空气即充进瓶中。关闭瓶塞，带回实验室分析。采气体积即为真空采气瓶的体积。也可以将真空采气瓶抽真空后拉封，到现场后从断痕处折断，空气即充进瓶内，完成后盖上橡皮帽，带回实验室分析。另一种方法是使用采气管，以置换法充进被测空气。在现场用二联球打气，使通过采气管的空气量为管体积的 6～10 倍（这样才能使采气管中原有的空气完全被置换），然后封闭两端管口，带回实验室分析。采样体积即为采气管容积。

(2) 动力采样法。大气中污染物含量往往很低，故需要采用一定的方法将大量空气样本进行浓缩，使之满足分析方法灵敏度的要求。动力采样法就是为适应这种需求而设计的。

此方法具体操作如下：采用抽气泵抽取空气，将空气样本通过收集器中的吸收介质，使气体污染物浓缩在吸收介质中，从而达到浓缩采样的目的。根据吸收介质的不同，可以分为溶液吸收法、填充柱采样法、低温冷凝浓缩法等。

① 溶液吸收法。此方法为用一个气体吸收管，内装吸收液，后接抽气装置，以一定的气体流量，通过吸收管抽入空气样本。当空气通过吸收液时，被测组分的分子被吸收在溶液中。取样后倒出吸收液分析其中被测物的含量。吸收液应注意选择对被采集的物质溶解度大、化学反应速率快、污染物在其中有足够的稳定时间并有利于下一步反应的溶剂。

② 填充柱采样法。此方法采用一个内径为 3～5 mm、长 5～10 cm 的玻璃管，内装颗粒物或纤维状固体填充剂。空气样本被抽过填充柱时，空气中被测组分因吸附、溶解或化学反应作用而被阻留在填充剂上。

③ 低温冷凝浓缩法。基于大气中某些沸点比较低的气态物质在常温下用固体吸附剂很难完全被阻留的特点，应用制冷剂使其冷凝下来，浓缩效果较好。常用的冷凝剂有冰-盐水（−10 ℃）、干冰-乙醇（−72 ℃）、液氧（−183 ℃）、液氮（−196 ℃）以及半导体制冷器等。使用此法时应在管口接干燥剂去除空气中的水分和二氧化碳，避免在管路中同时冷凝，解析时与污染物同时汽化，增大汽化后体积，降低浓缩效果。

(3) 被动式采样法。被动式气体采样器是基于气体分子扩散或渗透原理采集空气中气态污染物的一种采样方法。由于它不用任何电源和抽气动力，故又称无泵采样器。使用被动式气体采样器收集气体污染物的方法称为被动式采样法。

2）气溶胶(烟雾)采样方法

气溶胶的采样方法主要有沉降法和滤料法。

(1) 沉降法。沉降法主要有自然沉降法和静电沉降法。

① 自然沉降法。自然沉降法是利用颗粒物受重力场作用，沉降在一个敞开的容器中。此法适用于较大粒径(大于 30 μm)的颗粒物的测定。例如，测定大气中降尘则是利用此种方法。测定时将容器置于采样点，采集空气中的降尘，采样后用重量法测定降尘量，并用化学分析法测定降尘中的组分含量。结果用单位面积、单位时间从大气中自然沉降的颗粒物质量表示。此方法较为简便，但受环境气象条件影响，误差较大。

② 静电沉降法。静电沉降法主要利用电晕放电产生离子附着在颗粒物上，在电场作用下使带电颗粒物沉降在极性相反的收集极上。此法收集效率高，无阻力。采样后取下收集极表面沉降物质，供分析用。此法不宜用于易爆的场合，以免发生危险。

(2) 滤料法。滤料法的原理是抽气泵通过滤料抽入空气，空气中的悬浮颗粒物被阻留在滤料上。分析滤料上被浓缩的污染物的含量，再除以采样体积，即可计算出空气中的污染物浓度。常用滤料的适用情况和优缺点如表 4-5 所示。

表 4-5　滤料法常用滤料一览表

滤　料	优　点	缺　点	适用对象
定量滤纸	价格便宜，灰分少，纯度高，机械强度大，不易破裂	抽气阻力大，孔隙有时不均匀	适用于金属尘粒采样，由于吸水性较强，不宜用重量法测定悬浮颗粒
玻璃纤维滤纸	吸水性小，耐高温，阻力小	价格昂贵，机械强度差	适用于采集大气中悬浮颗粒物，但由于有些玻璃纤维滤纸的某些元素本底含量高，在进行某些元素的分析时受到限制
合成纤维滤料	对气流阻力小，吸水少，采样效率高，可以用乙酸丁酯等有机溶剂溶解	机械强度差，需要用采样夹固定	广泛用于悬浮颗粒物采样，测定多环芳烃化合物时，不宜选用有机滤料
微孔滤膜和直孔滤膜	质量轻，含杂质量少，可溶于多种有机溶剂，颗粒绝大部分收集在表层，不需要转移步骤即可分析	尘粒沉积在表面后，阻力迅速增加，收集物易脱落	悬浮颗粒物采样
银膜	孔径一致，结构牢固，可耐化学腐蚀		特殊情况时用银膜采集空气样本

3）混合污染物样本采样方法

环境科学与工程实验所需要的气体样本往往不是以单一的形态存在，经常会出现气态和气溶胶共存的情况。综合采样法就是针对这种情况得来的。其基本原理是使颗粒物通过滤料截留，在滤料后安置吸收装置吸收通过的气体。由于采样流量受到后续气体吸收的制约，故在具体操作中针对不同的实验要求进行一定的改进。具体方法有以下几种。

(1) 浸渍试剂滤料法。此方法将某种化学试剂浸渍在滤纸或滤膜上，作为采样滤料，在采样中，空气中污染物与滤料上的试剂迅速起化学反应，就会将以气态存在的被测物有效地收集下来。用这种方法可以在一定程度上避免滤料采集颗粒物时气态物质逃逸的情况，能同时将气态和颗粒物质一并采集，效率较高。

(2) 泡沫塑料采样法。聚氨基甲酸酯泡沫塑料比表面积大，通气阻力小，适用于较大流量采样，常用于采集半挥发性的污染物，如杀虫剂和农药。采集过程中，可吸入颗粒物采集在玻璃纤维纸上，蒸气态污染物采集在泡沫塑料上。泡沫塑料在使用前根据需要进行处理，一般方法为先用 NaOH 溶液煮沸 10 min，再用蒸馏水洗至中性。在空气中干燥。如采样后需要用有机溶剂提取被测物，应将泡沫塑料放在索氏提取器中，用正己烷等有机溶剂提取 4～8 h，挤尽溶剂后在空气中挥发残留溶剂，必要时在 60 ℃的干燥箱内干燥。处理好后，泡沫塑料需在密闭的瓶中保存，使用后洗净，可以重复使用。这一方法已成功用于空气中多环芳烃蒸气和气溶胶的测定。

(3) 多层滤料法。此法用两层或三层滤料串联组成一个滤料组合体。第一层用玻璃纤维滤纸或其他有机合成纤维滤料，采集颗粒物；第二层或第三层可用浸渍试剂滤纸，采集通过第一层的气体污染物成分。

(4) 环形扩散管和滤料组合采样法。此法主要是针对多层滤料法中气体通过第一层滤料时的气体吸附或反应所造成的损失而提出的。气体通过扩散管时，由于扩散系数增大，很快扩散到管壁上，被管壁上的吸收液吸收。颗粒物由于扩散系数较小，受惯性作用随气流穿过扩散管并采集到后面的滤料上。此法克服了气体污染物被颗粒物吸附或与之反应造成的损失，但是环形扩散管的设计和加工以及内壁涂层要求很高。

3. 气体样本采样频率和时间

气体样本的采样频率和时间视实验目的而定。

如果是事故性污染和初步调查等情况的应急监测，则允许短时间采样；对于其他用途试样，为了增加采样的可信度，应延长采样时间。延长采样时间的方法主要有两种：一是增加采样频率；二是采用自动采样仪器进行连续自动采样。

根据《环境空气质量标准》(GB 3095—2012)规定，有效的污染物浓度数据均应符合表 4-6 中的最低要求，否则应视为无效数据。

表 4-6　污染物浓度数据有效性的最低要求

污染物项目	平均时间	数据有效性规定
二氧化硫(SO_2)、二氧化氮(NO_2)、颗粒物(粒径小于或等于 10 μm)、颗粒物(粒径小于或等于 2.5 μm)、氮氧化物(NO_x)	年平均	每年至少有 324 个日平均浓度值； 每月至少有 27 个日平均浓度值(二月至少有 25 个日平均浓度值)
二氧化硫(SO_2)、二氧化氮(NO_2)、一氧化碳(CO)、颗粒物(粒径小于或等于 10 μm)、颗粒物(粒径小于或等于 2.5 μm)、氮氧化物(NO_x)	24 h 平均	每日至少有 20 个小时平均浓度值或 20 h 的采样时间
臭氧(O_3)	8 h 平均	每 8 h 至少有 6 小时平均浓度值
二氧化硫(SO_2)、二氧化氮(NO_2)、一氧化碳(CO)、臭氧(O_3)、氮氧化物(NO_x)	1 h 平均	每小时至少有 45 min 的采样时间
总悬浮颗粒物(TSP)、苯并[a]芘(BaP)、铅(Pb)	年平均	每年至少有分布均匀的 60 个日平均浓度值； 每月至少有分布均匀的 5 个日平均浓度值

续表

污染物项目	平均时间	数据有效性规定
铅(Pb)	季平均	每季至少有分布均匀的 15 个日平均浓度值; 每月至少有分布均匀的 5 个日平均浓度值
总悬浮颗粒物(TSP)、苯并[a]芘(BaP)、铅(Pb)	24 h 平均	每日应有 24 h 的采样时间

4.2.2 气体样本的保存

一般来说,气体样本采集后应尽快送至实验室分析,以保证样本的代表性。在运送过程中,应保证气体样本的密封性,防止不必要的干扰。

由于样本采集后往往要放置一段时间才能分析,所以对采样器有稳定性方面的要求。要求在放置过程中样本能够保持稳定性,尤其是对于那些活泼性较大的污染物以及那些吸收剂不稳定的采样器。

测定采样器的稳定性实验如下。

将三组采样器按每组 10 个暴露在被测物浓度为 S 或 $5S$(S 为被测物卫生标准容许浓度值)、相对湿度为 80%的环境中,暴露时间为推荐最大采样时间的一半。第一组在暴露后当天分析;第二组放在冰箱中(5 ℃)至少 2 周后分析;第三组放在室温(25 ℃)1 周或 2 周后分析。如果样本放置第二组或第三组与当天分析组(第一组)的平均测定值之差在 95%的置信度小于 10%,则认为样本在所放置的时间内是稳定的。若观察样本在暴露过程中的稳定性,则可以将标准样本加到吸收层上,在清洁空气中晾干后分成两组,第一组立即分析,另一组在室温下放置至少为推荐的最大采样时间或更长时间(如 1 周)后再分析,将其结果与第一组结果相比较,以评价采样器在室温下暴露过程中和放置期间的稳定性。要求采样器所采用的样本在暴露过程中是稳定的,并有足够的放置稳定时间。

4.3 固体样本的采集与保存

环境科学与工程实验所涉及的固体样本一般包括固体废物和土壤。固体废物是指被丢弃的固态和泥状物质,按来源可以分为矿业固体废物、工业固体废物、城市垃圾(包括下水道污泥)、农业废物和放射性固体废物等。土壤是指陆地地表具有肥力并能生长植物的疏松表层,根据性质不同分为污染土壤样本和背景值样本。

固体样本的采样和保存有共同之处,但针对固体样本的性质不同以及实验内容的不同,所选用的采样方法和保存方法也不尽相同。

4.3.1 固体样本的采集

1. 固体样本采样的一般程序

(1) 根据固体样本所需量确定应采集的份样数。

(2) 根据固体样本的最大粒度确定份样量。

(3) 根据固体样本的性质确定采样方法,进行采样并认真填写采样记录。

2. 固体样本采集工具

固体样本采集所需的工具主要包括锹（一般为尖头钢锹）、镐（一般为钢尖镐）、耙、锯、锤、剪刀等一般工具。另外，在固体废物采样中还会用到采样铲、采样器、具盖采样桶或内衬塑料袋的采样袋等专用工具，在土壤采样中还常常用到土壤采样铲、土壤采样钻、土壤采样器、土壤取芯器等专用工具。

3. 固体样本采样点布设

1）固体废物样本的采样点布设

（1）垃圾收集点的采样。各类垃圾收集点的采样在收集点收运垃圾前进行。在大于 3 m^3 的设施（箱、坑）中采用立体对角线布点法（见图 4-4）：在等距点（不少于 3 个）采等量的固体废物，共 100～200 kg。在小于 3 m^3 的设施（箱、桶）中，每个设施采 20 kg 以上，最少采 5 个，共 100～200 kg。

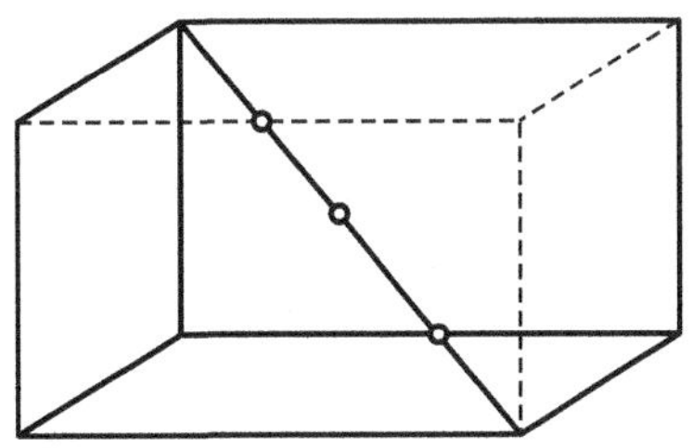

图 4-4　立体对角线布点法

（2）混合垃圾点采样。应采集当日收运到堆放处理厂的垃圾车中的垃圾，在间隔的每辆车内或在其卸下的垃圾堆中采用立体对角线布点法在三个等距点采集等量垃圾共 20 kg 以上，最少采 5 个，总共 100～200 kg。在垃圾车中采样时，采样点应均匀分布在车厢的对角线上（见图 4-5），端点距车角应大于 0.5 m，表层去掉 30 cm。

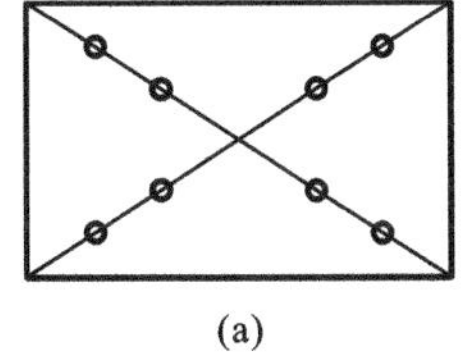

(a)

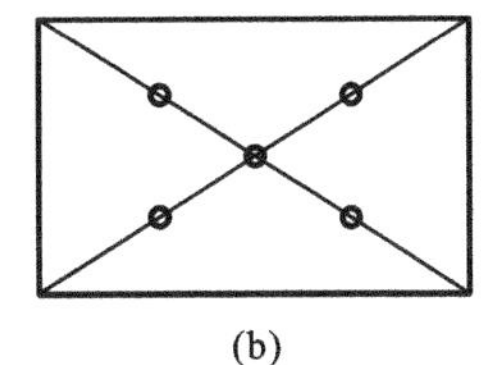

(b)

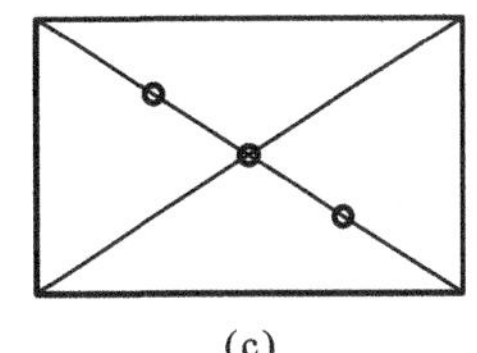

(c)

图 4-5　车厢中的采样布点

（3）废渣堆采样布点法。在渣堆侧面距堆底 0.5 m 处画第一条横线，然后每隔 0.5 m 画一条横线；再每隔 2 m 画一条横线的垂线，以其交点作为采样点。按表 4-7 确定的份样数确定采样点数，在每点上从 0.5～1.0 m 深处各随机采样一份，如图 4-6 所示。

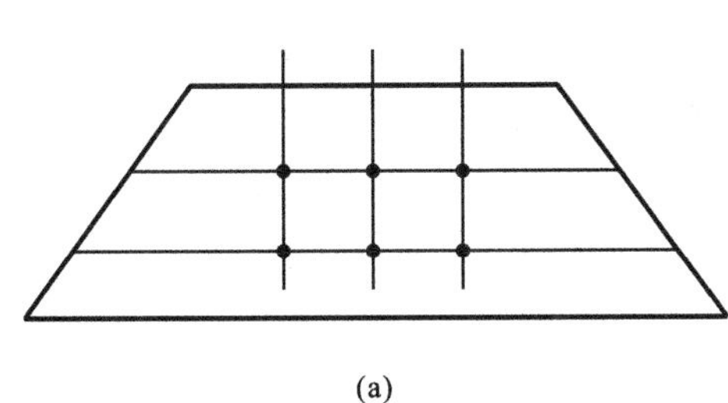

(a)

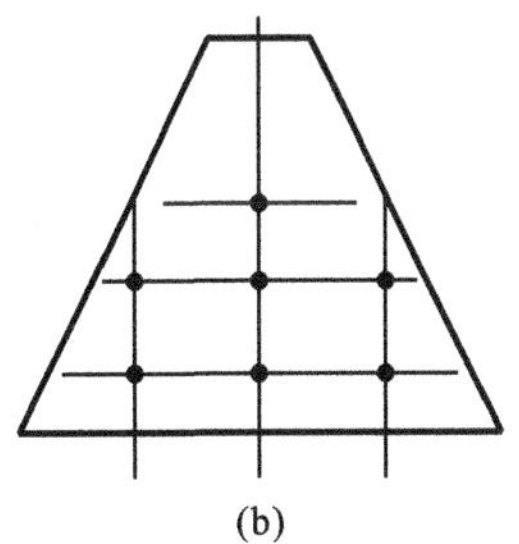

(b)

图 4-6　废渣堆中采样点的分布

2）土壤样本的采样点布设

污染土壤样本的采样点应在调查研究的基础上，选择一定数量能代表被调查地区的地块作为采样单元（0.13～0.2 hm^2），在每个采样单元中，布设一定数量的采样点。采样点的布设视污染情况和实验目的而定，同时应尽量照顾到土壤的全面情况。布设方法有以下几种。

（1）对角线布点法。该法适用于面积小、地势平坦的污水灌溉或受污染河水灌溉的田块。

布点方法是由田块进水口向对角线引一斜线,将此对角线三等分,在每等分的中间设一采样点,即每一田块设3个采样点,根据调查目的、田块面积和地形等条件可作变动,多划分几个等分段,适当增加采样点,见图4-7(a),图中记号"×"表示采样点。

(2) 梅花形布点法。该法适用于面积较小、地势平坦、土壤较均匀的田块,中心点设在两对角线相交处,一般设5~10个采样点,见图4-7(b)。

(3) 棋盘式布点法。这种布点方法适用于中等面积、地势平坦、地形完整开阔但土壤较不均匀的田块,一般设10个以上采样点,此法也适用于受固体废物污染的土壤,因为固体废物分布不均匀,应设20个以上采样点,见图4-7(c)。

(4) 蛇形布点法。这种布点方法适用于面积较大、地势不很平坦、土壤不够均匀的田块,布设采样点数很多,见图4-7(d)。

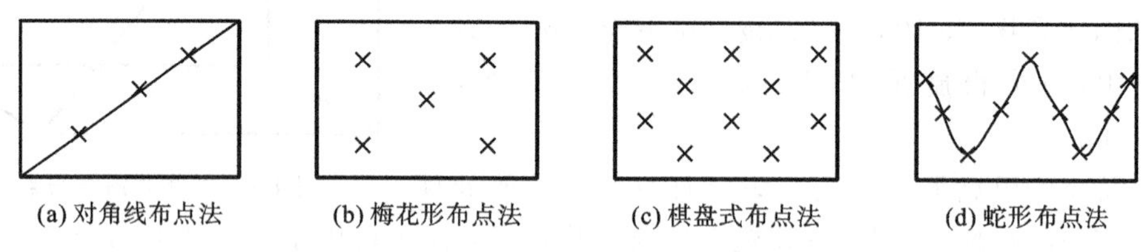
(a) 对角线布点法　(b) 梅花形布点法　(c) 棋盘式布点法　(d) 蛇形布点法

图4-7　土壤采样点布设示意图

土壤背景值样本采样点布设原则有如下几点。

(1) 首先确定采样单元,其划分应根据研究目的、研究范围以及实际工作所具有的条件等因素确定,一般以土类和成土母质类型为主,因为不同类型的土类和成土母质类型元素组成和含量相差较大。

(2) 不在水土流失严重或表土被破坏处设置采样点。

(3) 采样点距离铁路、公路至少300 m。

(4) 选择土壤类型特征明显的地点挖掘土壤剖面,要求剖面发育完整、层次较清楚且无侵入体。

(5) 在耕地上采样,应了解作物种植及农药使用情况,选择不施或少施农药、肥料的地块作为采样单元,以尽量减少人为活动的影响。

4. 固体样本的采样批量大小与最小份样数的确定

(1) 固体废物采样批量大小与最小份样数的确定。确定原则见表4-7至表4-9。

表4-7　批量大小和最小份样数

批量大小/t	最小份样数
≤5	5
5~10	10
50~100	15
100~500	20
500~1 000	25
1 000~5 000	30
>5 000	35

表 4-8　所需最少的采样车数

车数(容器)	所需最少采样车数
≤10	5
10～25	10
25～50	20
50～100	30
>100	50

表 4-9　份样量和采样铲容量

最大粒度/mm	最小份样质量/kg	采样铲容量/mL
>150	30	
100～150	15	16 000
50～100	5	7 000
40～50	3	1 700
20～40	2	800
10～20	1	300
≤10	0.5	125

(2) 土壤样本的采样量及采样点数的确定。土壤样本一般是多样点均匀混合而成，取土量往往较大，而一般测试只需要 1～2 kg 即可，因此可大量取样后反复按四分法(见图 4-8)弃取。采样点数目与所研究地区范围的大小、研究任务所设定的精密度等因素有关。为使布点更趋合理，采样点数依据统计学原则确定。

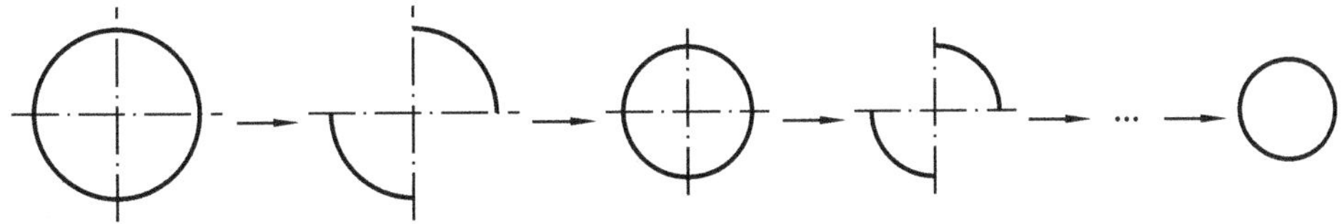

图 4-8　四分法操作示意图

5. 固体样本采样方法

1) 固体废物样本采集方法

在根据取样地特征以及实验目的选择好采样点布设方法后，采用相应的工具进行固体废物样本采集。

对于固体废物中底泥和沉积物样本(如河道底泥、城市垃圾中的下水道污泥等)，其形态和位置较为特殊，主要采集方法有如下两种。

(1) 直接挖掘法。此法适用于大量样本的采集或一般需求样本的采集。在无法采到很深的河、海、湖底泥的情况下，亦可采用沿岸直接挖掘的方法。但是采集的样本极易相互混淆，当挖掘机打开时，一些不黏的泥土组分容易流失，这时可以采用自制的工具采集。

(2) 装置采集法。采用类似岩心提取器的采集装置，适用于采样量较大而不宜相互混淆的样本，用这种装置采集的样本，可以反映沉积物不同深度层面的情况。使用金属采样装置，需要内衬塑料内套以防止金属沾污。当沉积物不是非常坚硬难以挖掘时，甲基丙烯酸甲酯有机玻璃材料可以用来制作提取装置。对于深水采样,需要能在船上操作的机动提取装置,倒出来的沉积物可以分层装入聚乙烯瓶中贮存。在某些元素的形态分析中,样本的分装最好在充有惰性气体的胶布套箱里完成,以避免一些组分的氧化或引起形态分布的变化。

2) 土壤样本采集方法

土壤样本采集方法主要根据土壤样本实验的目的不同而定。

一般了解土壤污染状况,只需取 0～15 cm 或 0～20 cm 表层或耕层土壤,使用土壤采样铲采样。

如果需要了解土壤污染深度,则应按土壤剖面层次分层采样。采集土壤剖面样本时,需在特定采样地点挖掘一个 1 m×1.5 m 左右的长方形土坑,深度在 2 m 以内,一般要求达到母质或潜水处即可。根据土壤剖面颜色、结构、质地、松紧度、温度、植物根系分布等划分土层,并进行仔细观察,将剖面形态、特征自上而下逐一记录,然后在各层最典型的中部自下而上逐层采样,在各层内分别用小土铲切取一片片土壤样,每个采样点的取土深度和取样量应一致。根据实验目的和要求可以获得分层试样或混合样。用于重金属分析的样本,应将和金属采样器接触部分的土样弃去。

6. 固体样本采样注意事项

在固体样本的采样过程中,应当注意以下几点。

(1) 采样应在无大风、雨、雪的条件下进行。

(2) 在同一市区每次各点的采样应尽可能同时进行。

(3) 污染土壤样本的取样应以污染源为中心,根据污染扩散的各种因素选择在一个或几个方向上进行。

(4) 土壤背景值的采样过程中,在各层次典型中心部位应自下而上采样,切忌混淆层次,混合采样。

4.3.2 固体样本的保存

1. 固体废物样本的保存

固体废物采样后应立即分析,否则必须将样本摊铺在室内避风、阴凉、干净且铺有防渗塑胶布的水泥地面,厚度不超过 50 mm,并防止样本损失和其他物质的混入,保存期不超过 24 h。

固体废物采样后一般不便于直接进行实验测定,为便于长期保存,需要进行样本的制备。制样程序一般有两个步骤:粉碎和缩分。首先用机械或人工的方法把全部样本逐级破碎,通过 5 mm 筛孔。粉碎过程中不可随意丢弃难以破碎的颗粒。缩分采用四分法进行(操作见图 4-8)。将粉碎后样本于清洁、平整不吸水的板面上堆成圆锥形,每铲物料自圆锥顶端落下,使其均匀地沿锥尖散落,不可使圆锥中心错位。反复转堆,至少 3 次,使其充分混合。然后将圆锥顶端轻轻压平,摊开物料后,用十字板自上压下,分成四等份,取两个对角的等份,重复操作数次,直至略多于 1 kg 试样为止。制好的样本密封于容器中保存(容器应对样本不产生吸附、不使样本变质),贴上标签备用。特殊样本,可采取冷冻或充惰性气体等方法保存。制备好的样本,一般有效保存期为 3 个月,易变质的试样不受此限制。

对于底泥和沉积物的贮存,要求放置于惰性气体保护的胶皮套箱中以避免氧化。岩心提取器采集的沉积物样本可以利用气体压力倒出,分层放于聚乙烯容器中。干燥的沉积物可以贮存在塑料或玻璃容器里,各种形态的金属元素含量不会发生变化。湿的样本在 4 ℃保存或冷冻贮存。最好的方法是密封在塑料容器里并冷冻存放，这样可以避免铁的氧化，但容易引起样本中金属元素分布的变化。

2. 土壤样本的保存

土壤样本一般先经过风干、磨碎、过筛等制备过程，然后进行保存。

土壤样本的保存周期一般较长，为半年至 1 年，以备必要时查核。保存时常使用玻璃材质容器，聚乙烯塑料容器也是推荐的容器。

将风干的土样贮存于洁净的玻璃或聚乙烯容器内，在常温、阴凉、干燥、避日光和酸碱气体、密封（石蜡封存）条件下保存 30 个月是可行的。

第5章 水处理实验及指标分析

5.1 常用指标及分析方法

5.1.1 表征酸碱性的指标

通常，水或废水的酸碱性可以影响或决定其处理工艺以至最终的用途。pH 值是一个较为有效和简单的指标，它一般用来表示水中酸、碱的强度。酸度或碱度则分别度量水或废水释放或接受质子的能力，即水或废水中所有能与强碱（或强酸）作用的物质总量。在常规测试中，以测试 pH 值、碱度较多。

1. pH 值

pH 值的测定方法主要有比色法和电位法。两类方法的比较见表 5-1。常用的 pH 试纸适合现场或野外使用，可以很方便地获取 pH 粗略值。根据电位法原理制成的 pH 计（或称酸度计）的应用较为普遍，精度较高，使用时应注意经常用 pH 标准缓冲液进行校正以及进行电极的维护与保养。

表 5-1 pH 值测定方法的比较

方法名称	测定原理	特点	适用范围
比色法	根据各种酸、碱指示剂在不同氢离子浓度的水溶液中产生的颜色不同来进行比色测定	目视比色，可准确到 0.1 pH 单位	浊度、色度很低的天然水、饮用水
电位法	以玻璃电极为指示电极、饱和甘汞电极为参比电极，插入溶液中组成原电池。25 ℃时电动势每变化 59.1 mV 相当于 1 pH 单位，在仪器上直接以 pH 值标度	简便快速，可准确到 0.01 pH 单位	各种天然水、污水和废水

常用的 pH 标准缓冲液主要有 0.05 mol/L 邻苯二甲酸氢钾溶液、0.025 mol/L 混合磷酸盐溶液和 0.01 mol/L 硼砂溶液。在不同温度下其具体的 pH 值略有变化（见表 5-2），对 pH 计进行校正时应根据实际的温度范围来确定。

表 5-2 pH 标准缓冲液的 pH 值

pH 标准缓冲液	不同温度下的 pH 值								
	0 ℃	5 ℃	10 ℃	15 ℃	20 ℃	25 ℃	30 ℃	35 ℃	40 ℃
0.05 mol/L 邻苯二甲酸氢钾	4.00	4.00	4.00	4.00	4.00	4.01	4.02	4.02	4.03
0.025 mol/L 混合磷酸盐	6.98	6.95	6.92	6.90	6.88	6.86	6.85	6.84	6.84
0.01 mol/L 硼砂	9.46	9.40	9.33	9.28	9.22	9.18	9.14	9.10	9.07

注：各标准缓冲液的配制方法如下。①0.05 mol/L 邻苯二甲酸氢钾溶液：称取经 105 ℃烘干 2 h 的邻苯二甲酸氢钾 10.21 g，溶于纯水中，并稀释至 1 000 mL。②0.025 mol/L 混合磷酸盐溶液：称取经 105 ℃烘干 2 h 的磷酸二氢钾（KH_2PO_4）3.40 g 和磷酸氢二钠（Na_2HPO_4）3.55 g，溶于纯水中，并稀释至 1 000 mL。③0.01 mol/L硼砂溶液：称取硼酸钠（$Na_2B_4O_7 \cdot 10H_2O$）3.81 g，溶于纯水中，并稀释至 1 000 mL。

现今使用的pH电极大多为复合电极，它由pH玻璃电极和参比电极复合而成。在使用过程中应注意如下几个方面。

(1) 每次测试前应注意pH计的校正(一般开机20 min后进行)，并根据所要测试水样的大致pH值范围来选取标准缓冲液。

(2) 初次使用或久置不用重新使用时，敏感球泡和参比电极的液络部应在3.3 mol/L KCl溶液中浸泡2 h以上。

(3) 使用时，应先用去离子水清洗并擦干，测量的溶液液面应高于参比电极的液络部。

(4) 导线和插头部分应保持清洁干燥，不用时电极球泡应套上保护套，并最好采用湿式保存方法。

(5) 不可充式复合电极应尽量避免长期浸泡在去离子水、蛋白质溶液以及酸性氟化物溶液中，并防止与有机硅油脂接触。

(6) 电极的保质期一般为一年。

2. 碱度(alkalinity)

在厌氧处理工艺的运行实验中通常需要测定碱度。一般来讲，处理系统中保持一定的碱度有利于提高系统的缓冲能力，从而保证工艺的正常运行。

碱度测定的原理是用标准浓度的酸溶液滴定水样，以酚酞或甲基橙为指示剂，滴定用去的酸量即称为酚酞碱度或甲基橙碱度。由于用甲基橙作指示剂时，水中所有的碱度物质都被酸中和，因此甲基橙碱度就是总碱度。

测定碱度也可用电位滴定法。用酸标准溶液滴定水样至pH＝8.3时，可得酚酞碱度；滴定至pH＝4.4～4.5时，可得到甲基橙碱度。对于工业废水或含有复杂成分的水样，可根据具体情况确定滴定终点时的pH值。表5-3列出了这两种滴定方法的原理及适用范围。

表5-3　碱度测定方法的比较

方法名称	原　　理	特　　点	适用范围
酸碱滴定法	硼酸标准溶液滴定水样，以酸碱指示剂酚酞或甲基橙变色为滴定终点	简便、快速	天然水和较清洁的水
电位滴定法	用酸标准溶液滴定水样，借pH计或电位滴定仪上的pH读数指示终点，或根据经验，滴定时曲线的突然改变确定为终点	准确、干扰较少	天然水、受污染的水和工业废水

在碱度测试过程中，主要有以下几种试剂。①HCl标准溶液(约0.025 0 mol/L)：用吸量管吸取2.1 mL浓盐酸($\rho=1.19$ g/mL)，并用纯水稀释至1 000 mL，然后用0.012 5 mol/L碳酸钠标准溶液(采用酚酞指示剂)进行标定(如果碱度较高，则可适当提高滴定用HCl标准溶液浓度)；②酚酞指示剂：称取1.0 g酚酞，溶于100 mL 95%乙醇中，用0.1 mol/L NaOH溶液滴至刚出现淡红色；③甲基橙指示剂：称取0.05 g甲基橙，溶于100 mL纯水而成。

在滴定指示终点时，酚酞碱度为加有酚酞的滴定水样的粉红色刚消失用去的酸量，甲基橙碱度则为加有甲基橙的滴定水样由橘黄色刚刚变为橘红色用去的酸量。其计算公式为

$$碱度(CaCO_3, mg/L)=\frac{V\times c_{HCl}\times 50.05\times 1\,000}{V_0} \tag{5-1}$$

式中：V_0为所取水样体积，mL；V为用酚酞或甲基橙作指示剂时HCl标准溶液的滴定用量，mL；c_{HCl}为HCl标准溶液的浓度，mol/L；50.05为$\frac{1}{2}CaCO_3$摩尔质量，g/mol。

指示剂用量一般为 2～4 滴。

另外，0.012 5 mol/L 碳酸钠标准溶液的配制方法为：称取 1.324 9 g 经 250 ℃烘干 4 h 的无水碳酸钠，溶于少量无 CO_2 的水中，然后移入 1 000 mL 容量瓶中，并稀释至标线，摇匀，贮于聚乙烯瓶内（保存时间不要超过一周）。

5.1.2 表征感官性状的指标

人的感觉器官对水的质量好坏能作出一些客观的反映和评价。在环境工程实验中，除了容易测试的温度、色度等指标外，应用较多的主要为浊度（turbidity）和悬浮固体（suspended solids，SS）浓度的测定。与悬浮固体浓度相关的还有挥发性悬浮固体（volatile suspended solids，VSS）浓度和总溶解性固体（total dissolved solids，TDS）浓度。在水的生物处理工艺运行实验中，经常还会碰到测定混合液悬浮固体（mixed liquor suspended solids，MLSS）浓度和混合液挥发性悬浮固体（mixed liquor volatile suspended solids，MLVSS）浓度。虽然 SS、VSS 和 MLSS、MLVSS 所针对的对象有别，前两者针对水或废（污）水中的悬浮物，后两者针对的是生物反应器内混合液中的悬浮物（主要为污泥），但其测试方法和操作程序基本一致。

1. 浊度

浊度主要由水中的悬浮物质所引起。一般来讲，水中的悬浮物质越多，浊度也越高，但两者之间并无直接的定量相关关系。浊度的大小不仅与悬浮物的数量、浓度有关，还与这些物质的颗粒大小、形状和折射率等性质相关。但经过长期测试积累，也不排除可能获得某一固定、单一研究对象中浊度与悬浮固体浓度间的经验或近似计算公式。利用这些公式可大大减少学生实验中的工作量，方便学生进行数据整理和更深入的实验研究。

在实验中，浊度的测定主要有分光光度法和浊度计法。其中，浊度计多采用散射原理制成，利用这种散射原理测得的浊度称为散射浊度单位（nephelometric turbidity unit，NTU）。常用的标准参考浊度液由福尔马肼聚合物（formazin polymer）配制而成，因此，有时也把散射浊度单位称为福尔马肼浊度单位（formazin turbidity unit，FTU）。两种浊度测定方法的比较见表 5-4。

表 5-4 两种浊度测定方法的比较

方法名称	原　　理	特　　点	适用范围
分光光度法	在 680 nm 波长下，用分光光度计测定水样和福尔马肼标准浊度液的吸光度	福尔马肼浊度单位（FTU）或散射浊度单位（NTU）	0～100 NTU
浊度计法	多采用散射浊度法。利用根据散射原理制成的散射浊度计，测定与入射光呈 90°直角的散射光强度，依次与福尔马肼标准浊度作比较	NTU 或 FTU	0.02～1 000 NTU

注：分光光度计在 420 nm 处也能获得吸光度与悬浮固体浓度之间较好的相关性。

在两种浊度测定方法中，可能都涉及福尔马肼标准浊度液的配制问题。该标准浊度液的配制方法如下：①称取 1.000 g 硫酸肼（$(NH_2)_2 \cdot H_2SO_4$），溶于纯水中，定容至 100 mL；②称取 10.00 g 六亚甲基四胺（$(CH_2)_6N_4$），溶于纯水中，定容至 100 mL；③吸取 5.00 mL 硫酸肼溶液与 5.00 mL 六亚甲基四胺溶液于 100 mL 容量瓶中，混合均匀，于(25±3)℃下反应 24 h，冷却后加纯水至刻度。此悬浮液的浊度为 400 NTU。

采用分光光度法时，可能还需绘制标准曲线。此时可将福尔马肼标准浊度液稀释成一系列具有标准浊度的悬浮液（如 0 NTU、4 NTU、10 NTU、20 NTU、40 NTU、80 NTU、100 NTU

等)，用 3 cm 比色皿，以纯水为参比，于 680 nm 波长下用分光光度计测得吸光度值，绘制标准浊度值与吸光度之间的关系曲线。一般来讲，这种标准曲线为通过坐标原点的一条直线。测试水样浊度时，只要在同样条件下测得吸光度，即可通过查阅标准曲线获得水样的浊度值。

浊度的测定通常仅限于天然水和各种用途的用水。至于废(污)水，因为其中含有大量的悬浮物，一般测定其悬浮固体浓度；有的废(污)水还具有较高的色度，这些有色物质的存在也影响浊度测试的精确度。

2. 固体浓度

水中固体按其溶解性能可分为溶解性固体和悬浮固体，两者通过对水样进行过滤(孔径一般为 0.45 μm)而达到分离。其中，滤液经过烘干后的固体称为总溶解性固体(total dissolved solids，TDS)；保留在滤纸上的固体物质经同样温度烘干后得到的固体称为总悬浮性固体(total suspended solids，TSS)(一般常以 103～105 ℃作为烘干的标准温度)。因此，水中的总固体(total solids，TS)与总溶解性固体(TDS)和总悬浮性固体(TSS)间的关系为

$$总固体=总溶解性固体+总悬浮性固体$$

即

$$TS=TDS+TSS$$

在悬浮型生物处理反应器中，混合液的 SS(即 MLSS)通常用来近似表达悬浮于反应器内微生物的量(污泥量)。由于 SS 的测试简便、迅速，所以通过 SS 的变化来推测、掌握微生物的增长状况，对生物反应器的维护与运作管理能起到积极的指导作用。但在某些场合，仅仅测试 MLSS 是不够的。因为 MLSS 中不仅包含了具有活性的微生物本身，同时还包含了污泥吸附的一些惰性物质(包括有机物和无机物)以及微生物自身氧化的残留物。同 MLSS 相比，混合液挥发性悬浮固体(MLVSS)排除了悬浮物中无机杂质的干扰，所以在一定程度上更接近于反应体系内的微生物量。

测定挥发性悬浮固体(VSS)浓度时，需将水样过滤残留物(滤渣)经烘干后(一般为 103～105 ℃)，再在一定温度下(550～600 ℃)灼烧至灰白色、恒重。灼烧过程中减小的质量(灼烧减重)即为 VSS。

在这些固体物质浓度的测试中，运用较多的仪器为分析天平、滤纸、表面皿、坩埚、烘箱和马弗炉等。

5.1.3 表征有机物含量的指标

水中的有机物种类繁多。在环境工程学实验中，除对某些必要、特定的有机化合物进行单项直接测定外，一般通过测定一些综合性指标来反映水中有机物质的相对含量。常用的综合性指标有生化需氧量(biochemical oxygen demand，BOD)、化学需氧量(chemical oxygen demand，COD)、总有机碳(total organic carbon，TOC)、总需氧量(total oxygen demand，TOD)、紫外吸收值(UV_{254})等。在学生实验中，化学需氧量(COD)因测试时间短、成本相对较低等优点而被普遍采用。

COD 的定义为：在一定条件下，水中的有机物质被外加的强氧化剂作用时所消耗的氧量。根据所用强氧化剂的不同，分别有重铬酸钾耗氧量(COD_{Cr}，习惯上称为化学耗氧量)、高锰酸钾耗氧量(COD_{Mn}，习惯上称为耗氧量或高锰酸钾指数)。

1. COD_{Cr}

重铬酸钾是强氧化剂，在加入催化剂(硫酸银)的条件下，对大多数有机化合物的氧化率可达理论值的 95%～100%，适用于污水和工业废水的分析。COD_{Cr}的几种主要测定方法及适用

范围见表 5-5。

表 5-5　COD_{Cr}测定方法及其适用范围

方法名称	原　理	特　点	适用范围
标准重铬酸钾法(标准 COD_{Cr}法)	水样在酸性溶液中加热回流 2 h,一定量的重铬酸钾氧化水中的还原性物质,过量的重铬酸钾以试亚铁灵为指示剂,用硫酸亚铁铵标准溶液滴定	准确,但测定耗时	50～1 500 mg/L
快速重铬酸钾法(快速 COD_{Cr}法)	基本操作同标准重铬酸钾法,强酸性条件下加热回流 10 min。只是测试过程中浓硫酸的用量、重铬酸钾消解液的配制方法不同	可氧化大多数有机物(95%～98%),节省时间	50～1 500 mg/L
库仑法	水样以重铬酸钾为氧化剂,在 10.2 mol/L 硫酸介质中回流氧化,过量的重铬酸钾用电解产生的亚铁离子作为库仑滴定剂进行库仑滴定。按法拉第定律进行计算	简便、快速、试剂用量少	0.05～100 mg/L
紫外分光光度法	水样中的有机物被重铬酸钾氧化,过量的重铬酸钾用分光光度计在 350 nm 波长处测定吸光度值,查标准曲线定量	操作简便、节省药剂	10～100 mg/L,大批量样品的测定
催化消解密封法	水样在具密封塞的加热管内与过量重铬酸钾作用,165 ℃下加热 15 min。冷却后用硫酸亚铁铵标准溶液滴定剩余的重铬酸钾	快速、节省药剂	50～2 500 mg/L

在环境工程实验中,由于测试的样品数多、测试频率较高,大多采用加热回流 10 min 的快速重铬酸钾法。COD_{Cr}测定过程中主要使用的化学试剂及相关配制方法见表 5-6。

表 5-6　标准 COD_{Cr}法和快速 COD_{Cr}法中的化学药剂及配制方法

药剂种类	标准 COD_{Cr}法	快速 COD_{Cr}法
重铬酸钾标准溶液	浓度为0.041 7 mol/L。称取预先在120 ℃左右烘干 2 h 的化学纯重铬酸钾 12.258 0 g,溶于纯水中,移入1 000 mL 容量瓶,定容、摇匀	同左
试亚铁灵指示剂	称取 1.485 g 邻菲罗啉、0.695 g 硫酸亚铁($FeSO_4 \cdot 7H_2O$),溶于纯水中,稀释至 100 mL,并贮于棕色瓶内	同左
硫酸亚铁铵标准溶液	浓度为 0.1 mol/L。称取 39.5 g 硫酸亚铁铵($(NH_4)_2Fe(SO_4)_2 \cdot 6H_2O$),溶于纯水中,边搅拌边加入 20 mL 浓硫酸,冷却后移入1 000 mL 容量瓶中,定容、摇匀。临用前,用重铬酸钾标准溶液标定	浓度为 0.25 mol/L。称取 98.05 g 硫酸亚铁铵($(NH_4)_2Fe(SO_4)_2 \cdot 6H_2O$)进行配制。其余同左
硫酸-硫酸银溶液	质量浓度为 10 g/L。于 500 mL 浓硫酸中加入 5 g 硫酸银。实验前 1～2 d 配制,并不时摇动,使其完全溶解	同左
重铬酸钾消解液	重铬酸钾标准溶液	在1 000 mL 烧杯里依次加入 600 mL 水、100 mL 浓硫酸和 26.7 g 硫酸汞,待完全溶解后再加入 80 mL 浓硫酸和 9.5 g 重铬酸钾,并不时搅拌,完全溶解后稀释至1 000 mL,转入 1 L 试剂瓶待用

注:标准重铬酸钾法中,当水样中的氯离子浓度超过 300 mg/L 时,还需在水样中另外投加硫酸汞粉末。

快速 COD_{Cr} 法的具体操作步骤如下。

(1) 制样、加热回流。在 250 mL 磨口锥形瓶中，依次移取 10.00 mL 水样、10.00 mL 纯水、15.00 mL 重铬酸钾消解液，加入 40 mL 浓硫酸(含 1%硫酸银)、4～5 粒玻璃珠后，置于配套的回流冷凝装置上加热(图 5-1)。沸腾时开始计时，回流 10 min 后，稍冷，用纯水淋洗冷凝管至锥形瓶内水样体积为 150 mL 左右。

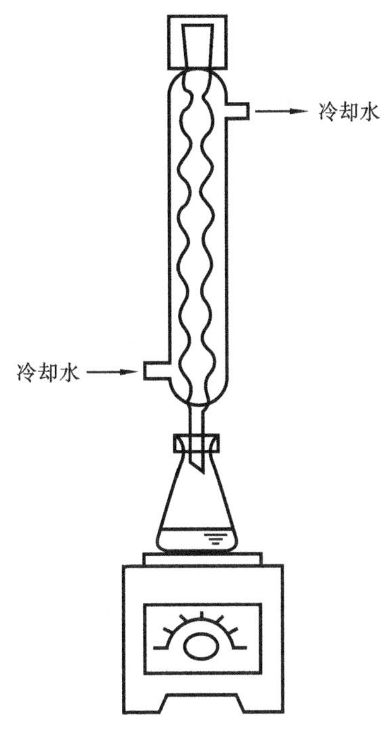

图 5-1　COD_{Cr} 测定中的加热回流装置

(2) 滴定。在冷却至室温后的锥形瓶内加入 2～3 滴试亚铁灵指示剂，用硫酸亚铁铵标准溶液滴定，水样颜色由黄色变为绿色后，慢滴至刚刚变为红棕色。记录消耗硫酸亚铁铵标准溶液的体积 V_1(mL)。

(3) 空白实验。以纯水代替水样，同步骤(1)、(2)，测得滴定体积 V_0(mL)。

(4) 计算。

$$COD_{Cr}(O_2, mg/L) = \frac{(V_0 - V_1) \times c_{(NH_4)_2Fe(SO_4)_2} \times 8\,000}{10.00} \tag{5-2}$$

式中：$c_{(NH_4)_2Fe(SO_4)_2}$ 为硫酸亚铁铵标准溶液的浓度，mol/L；10.00 为测定时所取水样体积，mL。

在测试中，还应注意硫酸亚铁铵标准溶液的标定。一般来讲，这种标定应隔天进行。标定时，先准确吸取 10.00 mL 重铬酸钾标准溶液于 250 mL 锥形瓶中，加纯水稀释至 100 mL 左右，缓慢加入 30 mL 浓硫酸，混匀。冷却后，加入 2～3 滴试亚铁灵指示剂，用硫酸亚铁铵标准溶液滴定至同上面颜色变化一致的终点。硫酸亚铁铵标准溶液浓度(mol/L)为

$$c_{(NH_4)_2Fe(SO_4)_2} = \frac{0.041\,7 \times 6 \times 10.00}{V} \tag{5-3}$$

式中：V 为滴定时硫酸亚铁铵标准溶液的用量，mL；0.041 7 为重铬酸钾标准溶液的浓度，mol/L；10.00 为标定时吸取重铬酸钾标准溶液的体积，mL；6 为重铬酸钾化合物中铬的价态。

另外，标准 COD_{Cr} 法和快速 COD_{Cr} 法均适用于氯离子浓度不太高的场合。图 5-2 所示为本实验室获取的不同氯离子浓度对水样中 COD_{Cr} 值的贡献。可以看出，当氯离子浓度超过 500 mg/L 时，应当考虑扣除氯离子本身所带来的 COD_{Cr} 值，尤其是对一些 COD_{Cr} 并不高的水样进行测定时。

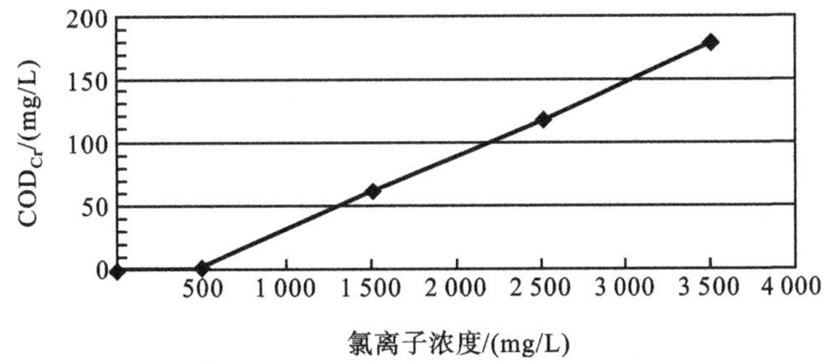

图 5-2　氯离子浓度与 COD_{Cr} 的关系(氯离子以 NaCl 标准溶液配制)

2. COD_{Mn}

高锰酸钾指数(COD_{Mn})是在一定条件下,以高锰酸钾为氧化剂,氧化水中的还原性物质时所消耗的高锰酸钾量,最终表示时以 mg(O_2)/L 计。由于在天然水体或一些清洁用水中,无机还原性物质如亚硝酸盐、亚铁盐、硫化物等含量较少,这些物质均可被高锰酸钾氧化,因此,高锰酸钾指数多用来作为这些水体或较清洁用水受有机物污染程度的一项综合性指标。由于在测定方法规定的条件下,高锰酸钾的氧化能力有限,尤其是对一些较复杂的有机物,因此一般不能用它来反映废(污)水中有机物的总量。

高锰酸钾指数的测定方法主要有两种:酸性法和碱性法。这两种方法都是在将水样加热的条件下进行的。各个国家在加热方式和加热持续时间上有差异。我国多采用 10 min 直火加热和 30 min 沸水浴方法。两种方法的原理、特点和适用范围见表 5-7。

表 5-7 两种高锰酸钾指数测定方法的比较

方法名称	原 理	特 点	适用范围
酸性法	在酸性溶液中,高锰酸钾将还原性物质氧化,$MnO_4^- + 8H^+ + 5e^- \longrightarrow Mn^{2+} + 4H_2O$,剩余高锰酸钾用过量草酸钠还原,再用高锰酸钾回滴过量的草酸钠,通过计算求出 COD_{Mn}	操作简单	$c_{Cl^-} < 300$ mg/L 的水样
碱性法	在碱性溶液中高锰酸钾氧化水中还原性物质,$MnO_4^- + 2H_2O + 3e^- \longrightarrow MnO_2 + 4OH^-$,酸化后,加入过量的草酸钠溶液,再用高锰酸钾溶液回滴,通过计算求出 COD_{Mn}	操作简单	$c_{Cl^-} > 300$ mg/L 的水样

在 COD_{Mn} 的测定过程中,主要使用的仪器有沸水浴装置、250 mL 锥形瓶和 50 mL 滴定管。两种方法所用的化学试剂及其配制方法见表 5-8,具体的测定步骤见表 5-9。

表 5-8 COD_{Mn} 测试中所需化学药剂及配制方法

化学试剂	酸 性 法	碱性法
高锰酸钾贮备液	0.02 mol/L:称取 3.2 g 高锰酸钾,溶于 1.2 L 纯水中,加热煮沸,使其体积减少到约 1 L,放置过夜,用 G-3 玻璃砂芯漏斗过滤后,滤液贮于棕色瓶内	同左
高锰酸钾溶液	0.002 mol/L:吸取上述高锰酸钾贮备液 100 mL,用纯水稀释至 1 000 mL,贮于棕色瓶中,使用当天应进行标定	同左
草酸钠标准贮备液	0.050 0 mol/L:称取 0.670 5 g 在 105~110 ℃烘干 1 h 并冷却的草酸钠,溶于纯水,移入 100 mL 容量瓶中,用纯水稀释至标线	同左
草酸钠标准溶液	0.005 0 mol/L:吸取 10 mL 上述草酸钠标准贮备液,移入 100 mL 容量瓶中,用纯水稀释至标线	同左
硫酸	1+3(1 份浓硫酸+3 份纯水)	同左
氢氧化钠	—	500 g/L

COD_{Mn} 的计算方法为

$$COD_{Mn}(O_2,mg/L) = \frac{10 + V_1 - V}{V \times V_2} \times 5c_{KMnO_4} \times 8 \times 10\ 000 \qquad (5\text{-}4)$$

式中:V 为校正高锰酸钾时滴定用高锰酸钾溶液体积,mL;V_1 为测定水样时消耗高锰酸钾溶液的体积,mL;V_2 为测定时所取水样体积,mL;c_{KMnO_4} 为高锰酸钾溶液的物质的量浓度,mol/L。

如果水样经过纯水稀释,还应该扣除稀释用纯水空白带来的 COD_{Mn} 值,其测试方法同水样。

表 5-9 COD_{Mn}的测定步骤

测定方法	具体步骤
酸性法	(1) 样品测定。在 250 mL 锥形瓶中依次加入 100.00 mL 混匀水样(如果 COD_{Mn}高于 5 mg/L,则酌情少取)、5 mL 硫酸(1+3)、10.00 mL 0.002 mol/L 高锰酸钾溶液,摇匀,立即放入沸水浴中(沸水浴液面要高于反应溶液液面)。加热 30 min 后取下锥形瓶。趁热加入 10.00 mL 0.005 0 mol/L 草酸钠标准溶液,摇匀,立即用 0.002 mol/L 高锰酸钾溶液滴定至显微红色,记录高锰酸钾溶液的消耗量 V_1。 (2) 高锰酸钾溶液浓度的校正。将上述已滴定完毕的溶液加热至 70 ℃左右,准确加入 10.00 mL 0.005 0 mol/L 草酸钠标准溶液,再用 0.002 mol/L 高锰酸钾溶液滴定至显微红色,记录高锰酸钾溶液的消耗量 V
碱性法	(1) 样品测定。取 100 mL 混匀样品于锥形瓶中,分别加入 0.5 mL 500 g/L 氢氧化钠溶液、10.00 mL 0.002 mol/L 高锰酸钾溶液。摇匀,将其放入沸水浴中加热 30 min 后,取下锥形瓶,冷却至 70 ℃左右后分别加入 5 mL 硫酸(1+3)、10.00 mL 0.005 0 mol/L 草酸钠标准溶液。用 0.002 mol/L 高锰酸钾溶液回滴至溶液呈微红色。记录及其余步骤同"酸性法"。 (2) 高锰酸钾溶液浓度的校正。同"酸性法"

5.1.4 气体类指标

水中的溶解性气体主要有氧气、臭氧、二氧化碳、硫化氢、甲烷等。其中,水中氧气含量(溶解氧,dissolved oxygen 或 DO)的测定在环境工程实验中显得尤为重要。溶解氧是水生生物的主要生存条件之一。通过对水体溶解氧变化及其规律的掌握,可以了解水体本身的自净规律和受污染程度,而生物处理设施中溶解氧的测定对整个工艺(尤其是好氧生物处理设备)的维持、运作和调控起着重要作用。

水中的溶解氧与大气压力、空气中氧的分压、水温和水中的含盐量等因素相关联。表5-10列出了在大气压力为 101.3 kPa、空气中含氧 20.9%时,不同氯离子浓度下水中的溶解氧量。

表 5-10 不同温度下水中的溶解氧 (单位:mg/L)

温度/℃	氯离子浓度/(mg/L)				温度/℃	氯离子浓度/(mg/L)			
	0	5 000	10 000	20 000		0	5 000	10 000	20 000
0	14.6	13.8	13.0	11.3	20	9.2	8.7	8.3	7.4
5	12.8	12.1	11.4	10.0	25	8.4	8.0	7.6	6.7
10	11.3	10.7	10.1	9.0	30	7.6	7.3	6.9	6.1
15	10.2	9.7	9.1	8.1					

溶解氧的测定主要有两种方法:碘量法和膜电极法。这两种方法的原理和特点见表5-11。在环境工程实验中,由于需要在短时间内获取大量溶解氧数据,大多采用膜电极法。该法简便、迅速,容易掌握。使用时应按产品说明书操作。

表 5-11 两种溶解氧的测定方法比较

方法名称	原理	特点	适用范围
碘量法	向水中加入硫酸锰和碱性碘化钾,溶解氧在碱性溶液中可将低价锰(Mn^{2+})氧化为高价锰(Mn^{4+})的氢氧化物棕色沉淀。加酸后沉淀变成溶解态高价锰,又能氧化碘离子(I^-)为游离碘(I_2)。以淀粉作指示剂,用硫代硫酸钠标准溶液滴定析出的碘,可计算出溶解氧	准确、精密可靠,但易受多种杂质干扰	较清洁水

续表

方法名称	原　　理	特　　点	适用范围
膜电极法	氧敏感薄膜电极由浸没在电解质溶液中的两个金属电极和氧选择性半透膜组成。氧半透膜只允许透过氧和其他气体,而几乎完全阻挡水和溶解性固体。透过膜的氧在阴极上还原,产生的扩散电流与水样中氧的浓度成正比,将浓度信号转换成电信号,由电流计读出。 阴极:$\frac{1}{2}O_2+H_2O+2e^- \longrightarrow 2OH^-$ 阳极:$2M \longrightarrow 2M^+ + 2e^-$ $2M^+ + 2OH^- \longrightarrow 2M(OH)$　(M为金属) 总反应:$\frac{1}{2}O_2+2M+H_2O \longrightarrow 2M(OH)$	不受颜色、浊度及大多数杂质的干扰,简便快速。水样中有氯、溴、碘的气体或蒸气以及有二氧化硫存在时仍有干扰	DO>0.1 mg/L的水样均可。尤其适用于水体不同深度、水处理设备运行的现场连续自动监测

5.1.5　某些特定物质指标

在环境工程实验的水处理环节中,可能还会涉及一些特定物质的分析与测定。如过滤实验,除了要求学生掌握浊度、SS的测定外,有时还需要熟练操作总铁离子浓度的测试方法。这是因为过滤工艺有时除了要求满足一般的除浊效果外,还需达到一定的除色作用。另外,水的厌氧生物处理设备较一般的好氧处理设备更难维护和管理;通过对厌氧过程中某些指标的监测,可以了解和掌握厌氧过程的运行状况。除了前已述及的碱度、pH值、COD外,挥发性脂肪酸种类及其含量的测定对厌氧生物处理工艺过程中有机物的降解、转化机制可以提供有力的诠释。

1. 铁离子(iron ions)

水中含有过量铁往往影响水本身的用途和利用价值。含铁水会引起衣物和洁具等锈斑的产生,给生活带来许多不便;当溶解氧存在时,管道中的含铁水易使铁细菌大量繁殖,常常堵塞管道或加速管道的腐蚀等。常用的铁离子浓度测定方法见表5-12。在过滤实验中,由于处理用水为自行配制的自来水,检测过程也需要一定的灵敏度,因此较多采用邻菲罗啉分光光度法来测定过滤处理前后水中总铁离子浓度的变化。

表5-12　铁离子测定方法的比较

方法名称	原　　理	特　　点	适用范围
直接火焰原子吸收分光光度法	将试样吸入空气-乙炔火焰中,使铁化合物离解为基态原子并对248.3 nm谱线产生选择性吸收,测其吸光度	快速、稳定,使用广泛	地下水、地面水和废水中的铁,测定范围为0.1～5.0 mg/L
邻菲罗啉分光光度法	用盐酸羟胺将铁离子还原成亚铁离子,在中性或微酸性溶液中,亚铁离子和邻菲罗啉反应形成橙红色配合物,在510 nm处测其吸光度	灵敏度高,选择性好	地面水、生活污水和工业废水中的铁,测定范围为0.03～5 mg/L
EDTA滴定法	水样经过酸解,使其中的铁全部溶解并转化为高价铁,用氨水调节至pH值为2左右,以磺基水杨酸作指示剂,用EDTA滴定法测定样品中铁的含量	操作简便,测定快速	炼铁、矿山、电镀、酸洗等废水中的铁,检测范围为5～20 mg/L

邻菲罗啉分光光度法中的主要仪器为分光光度计，测定过程所需化学试剂及其配制方法见表 5-13。

表 5-13　邻菲罗啉分光光度法测定总铁所需试剂

试剂名称	浓度及配制方法
铁标准贮备溶液：100 mg/L	准确称取0.702 0 g 硫酸亚铁铵（$(NH_4)_2Fe(SO_4)_2 \cdot 6H_2O$），溶于 50 mL 硫酸（1＋1）中，转移至1 000 mL 容量瓶中，加纯水至标线，摇匀
铁标准使用溶液：25.0 mg/L	用铁标准贮备溶液稀释而成
盐酸羟胺溶液：100 g/L	称取 10 g 盐酸羟胺，溶于 100 mL 纯水配制而成
盐酸	1＋3（1 份浓盐酸＋3 份纯水）
氨水	1＋1（1 份氨水＋1 份纯水）
缓冲溶液	40 g 乙酸铵加 50 mL 冰醋酸并用纯水稀释至 100 mL
邻菲罗啉溶液：5 g/L	将 0.5 g 邻菲罗啉溶于 100 mL 95%乙醇中，贮于棕色试剂瓶。可加数滴浓盐酸以帮助溶解

邻菲罗啉分光光度法测定总铁浓度的步骤如下。①绘制标准曲线。依次移取铁标准使用液 0 mL、2.00 mL、4.00 mL、6.00 mL、8.00 mL、10.00 mL 置于 150 mL 锥形瓶中，加入纯水至 50.0 mL，再加 1 mL 盐酸（1＋3）、1 mL 10%盐酸羟胺溶液。然后加热煮沸至溶液体积减少至 15 mL 左右，冷至室温。定量转移至 50 mL 容量瓶中，加一小片刚果红试纸，逐滴加入氨水使试纸刚刚变为红色，加入 5 mL 缓冲溶液、2 mL 5 g/L 邻菲罗啉溶液，再加纯水至标线，摇匀。显色 15 min 后，用 10 mm 比色皿，以纯水为参比，在 510 nm 波长处测量吸光度。由经过空白校正的吸光度对铁离子浓度作标准曲线。②样品中总铁的测定。取 50 mL 混匀水样于 150 mL 锥形瓶中，加 1 mL 盐酸（1＋3）、1 mL 盐酸羟胺溶液，加热煮沸至溶液体积减少到 15 mL 左右，冷至室温。以下步骤同标准曲线绘制。

水样中铁离子浓度的计算公式为

$$\rho = \frac{m}{V} \tag{5-5}$$

式中：ρ 为水样中铁离子浓度，mg/L；m 为由标准曲线查得的含铁量，μg；V 为水样体积，mL。

2. 挥发性脂肪酸（volatile fatty acids，VFA）

在水的生物处理过程中，尤其是厌氧生物处理，为了更好地了解有机物的降解机制、调控生物处理过程，可能还需要对水相中的挥发性脂肪酸（VFA）进行分析。

VFA 的一般测定方法为：VFA 在酸性条件下，经加热蒸馏随水蒸气逸出，用蒸馏水吸收并用 NaOH 滴定。所需主要试剂有磷酸或硫酸、0.1 mol/L NaOH 标准溶液、酚酞指示剂等。蒸馏时的加热回流装置可参照氨蒸馏装置。其计算公式为

$$挥发性脂肪酸含量(\text{VFA},\text{mol/L}) = \frac{cV_1}{V} \times 1\ 000 \tag{5-6}$$

式中：c 为 NaOH 标准溶液浓度，mol/L；V_1 为滴定时消耗的 NaOH 标准溶液体积，mL；V 为水样体积，mL。

5.2　水处理实验

5.2.1　混凝实验

1. 实验目的

分散在水中的胶体颗粒带有电荷，同时在布朗运动及其表面水化作用下，长期处于稳定分

散状态,不能用自然沉淀方法去除。向这种水中投加混凝剂后,可以使分散颗粒相互结合、聚集增大,从水中分离出来。

由于各种原水差别很大,混凝效果不尽相同。混凝剂的混凝效果不仅取决于混凝剂的投加量,还取决于水的 pH 值、水流速度梯度等因素。

通过本实验,希望达到下述目的。

(1) 学会求一般天然水体最佳混凝条件(包括投药量、pH 值、水流速度梯度)的基本方法。

(2) 加深对混凝机理的理解。

2. 实验原理

胶体颗粒(胶粒)带有一定电荷,它们之间的电斥力是影响胶体稳定性的主要因素。胶粒表面的电荷值常用电动电位 ζ 来表示,又称为 Zeta 电位。Zeta 电位的高低决定了胶体颗粒之间斥力的大小和影响范围。

Zeta 电位可通过在一定外加电压下带电颗粒的电泳迁移率来计算:

$$\zeta = \frac{K\pi\mu u}{H\varepsilon} \tag{5-7}$$

式中:ζ 为 Zeta 电位值,mV;K 为微粒形状系数,对于圆球状,$K=6$;π 为系数,取 3.141 6;μ 为水的黏度,Pa·s,这里取 $\mu=10^{-1}$ Pa·s;u 为颗粒电泳迁移率,μm·cm/(V·s);H 为电场强度梯度,V/cm;ε 为介质(即水)的介电常数。

Zeta 电位值尚不能直接测定,一般是利用外加电压下,追踪胶体颗粒经过一个测定距离的轨迹,以确定电泳迁移率值,再经过计算得出 Zeta 电位。电泳迁移率用下式计算:

$$u = \frac{GL}{Ut} \tag{5-8}$$

式中:G 为分格长度,μm;L 为电泳槽长度,cm;U 为电压,V;t 为时间,s。

一般天然水中胶体颗粒的 Zeta 电位在 −30 mV 以上,投加混凝剂后,只要该电位变为 −15 mV 左右即可得到较好的混凝效果。相反,Zeta 电位变为零,往往不是最佳混凝状态。

混凝剂投加量直接影响混凝效果。投加量不足不可能有很好的混凝效果。同样,如果投加的混凝剂过多,也未必能得到好的混凝效果。水质是千变万化的,最佳的投加量各不相同,必须通过实验方可确定。

在水中投加混凝剂如 $Al_2(SO_4)_3$、$FeCl_3$ 后,生成的Al(Ⅲ)、Fe(Ⅲ)化合物对胶体的脱稳效果不仅受投加的剂量、水中胶体颗粒的浓度影响,还受水的 pH 值影响。如果 pH 值过低(小于 4),则混凝剂水解受到限制,其化合物中很少有高分子物质存在,絮凝作用较差。如果 pH 值过高(大于 9),它们就会出现溶解现象,生成带负电荷的配离子,也不能很好地发挥絮凝作用。

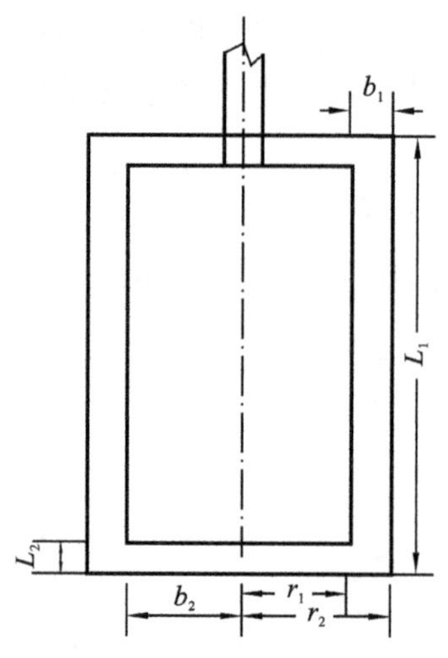

图 5-3　搅拌桨板尺寸图

投加了混凝剂的水中,胶体颗粒脱稳后相互聚结,逐渐变成大的絮凝体,这时,水流速度梯度 G 的大小起着主要的作用。在混凝搅拌实验中,水流速度梯度 G 可按下式计算:

$$G = \sqrt{\frac{P}{\mu V}} \tag{5-9}$$

式中:P 为搅拌功率,J/s;μ 为水的黏度,Pa·s;V 为被搅动的水流体积,m^3。

常用的搅拌实验搅拌桨如图 5-3 所示。搅拌功率的计算方法如下：

（1）竖直桨板搅拌功率 P_1。

$$P_1 = \frac{mC_{D1}\gamma}{8g}L_1\omega^3(r_2^4 - r_1^4) \tag{5-10}$$

式中：m 为竖直桨板块数，这里 $m=2$；C_{D1} 为阻力系数，取决于桨板长宽比（b/L），见表 5-14；γ 为水的重度，kN/m^3；ω 为桨板旋转角速度，rad/s，其中，$\omega = 2\pi n$ rad/min $= \frac{\pi n}{30}$ rad/s，n 为转速，r/min；L_1 为桨板长度，m；r_1 为竖直桨板内边缘半径，m；r_2 为竖直桨板外边缘半径，m。

于是得

$$P_1 = 0.278\ 1C_{D1}L_1n^3(r_2^4 - r_1^4)$$

不同 b/L 值下的阻力系数（C_{D1} 或 C_{D2}）见表 5-14。

表 5-14　阻力系数

b/L	<1	$1\sim2$	$2.5\sim4$	$4.5\sim10$	$10.5\sim18$	>18
阻力系数	1.10	1.15	1.19	1.29	1.40	2.00

（2）水平桨板搅拌功率 P_2。

$$P_2 = \frac{mC_{D2}\gamma}{8g}L_2\omega^3 r_1^4 \tag{5-11}$$

式中：m 为水平桨板块数，这里 $m=4$；L_2 为水平桨板宽度，m；其余符号意义同前。

于是得

$$P_2 = 0.574\ 2C_{D2}L_2n^3r_1^4$$

搅拌桨功率为

$$\begin{aligned} P &= P_1 + P_2 \\ &= 0.278\ 1C_{D1}L_1n^3(r_2^4 - r_1^4) + 0.574\ 2C_{D2}L_2n^3r_1^4 \end{aligned}$$

只要改变搅拌转数 n，就可求出不同的功率 P，由 $\sum P$ 便可求出平均速度梯度 $\overline{G}$：

$$\overline{G} = \sqrt{\frac{\sum P}{\mu V}} \tag{5-12}$$

式中：$\sum P$ 为不同旋转速度时的搅拌功率之和，J/s；其余符号意义同前。

3. 实验装置与设备

（1）实验装置。

混凝实验的装置主要是实验搅拌机，如图 5-4 所示。搅拌机上装有电动机的调速设备，电源采用稳压电源。

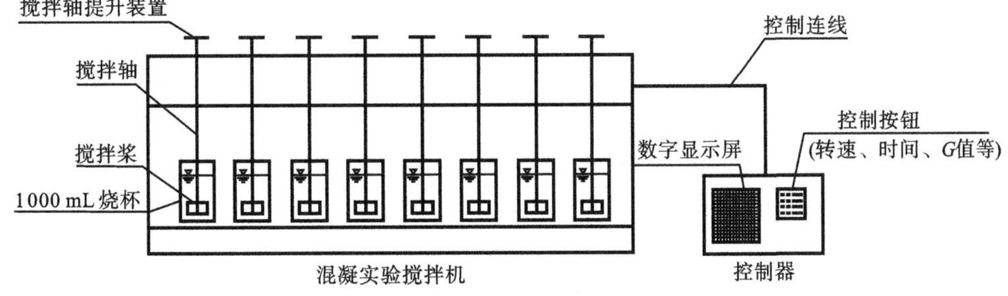

图 5-4　实验搅拌机示意图

(2) 实验设备和仪器仪表。

实验搅拌机，1 台；pH 计，1 台；浊度仪，1 台；烧杯，1 000 mL、200 mL，若干；量筒，1 000 mL，1 个；移液管，1 mL、5 mL、10 mL，各 2 支；注射针筒、温度计、秒表等。

混凝实验分为最佳投药量、最佳 pH 值、最佳水流速度梯度三部分。在进行最佳投药量实验时，先选定一种搅拌速度变化方式和 pH 值，求出最佳投药量；然后按照最佳投药量求出混凝最佳 pH 值；最后根据最佳投药量和最佳 pH 值求出最佳的水流速度梯度。

在混凝实验中所用的实验药剂可参考下列浓度进行配制：精制硫酸铝($Al_2(SO_4)_3 \cdot 18H_2O$)，10 g/L；三氯化铁($FeCl_3 \cdot 6H_2O$)，10 g/L；聚合氯化铝($[Al_2(OH)_m Cl_{6-m}]_n$)，10 g/L；化学纯盐酸(HCl)，10%；化学纯氢氧化钠(NaOH)，10%。

4. 实验步骤

1) 最佳投药量实验步骤

(1) 取 8 个1 000 mL 的烧杯，分别放入1 000 mL 原水，置于实验搅拌机平台上。

(2) 确定原水特征，测定原水浊度、pH 值、温度。如有条件，测定胶体颗粒的 Zeta 电位。

(3) 确定形成矾花所用的最小混凝剂量。方法是慢速搅拌烧杯中 200 mL 原水，并每次增加 1 mL 混凝剂投加量，直至出现矾花为止。这时的混凝剂作为形成矾花的最小投加量。

(4) 确定实验时的混凝剂投加量。根据步骤(3)得出的形成矾花的最小混凝剂投加量，取其 1/4 作为 1 号烧杯的混凝剂投加量，取其 2 倍作为 8 号烧杯的混凝剂投加量。用依次增加混凝剂投加量且增加量相等的方法求出 2～7 号烧杯混凝剂投加量，把混凝剂分别加入 1～8 号烧杯中。

(5) 启动搅拌机，快速搅拌半分钟，转速约 500 r/min；中速搅拌 10 min，转速约 250 r/min；慢速搅拌 10 min，转速约 100 r/min。

如果用污水进行混凝实验，污水胶体颗粒比较脆弱，搅拌速度可适当放慢。

(6) 关闭搅拌机，静置沉淀 10 min，用 50 mL 注射针筒抽出烧杯中的上清液(共抽 3 次，约 100 mL)，放入 200 mL 烧杯内，立即用浊度仪测定浊度(每杯水样测定 3 次)，记入表 5-15 中。

2) 最佳 pH 值实验步骤

(1) 取 8 个1 000 mL 烧杯分别加入1 000 mL 原水，置于实验搅拌机平台上。

(2) 确定原水特征，测定原水浊度、pH 值、温度。本实验所用原水和步骤 1)测定最佳投药量实验中的相同。

(3) 调整原水 pH 值，用移液管依次向 1、2、3、4 号装有水样的烧杯中分别加入 2.5 mL、1.5 mL、1.2 mL、0.7 mL 10%的盐酸。依次向 6、7、8 号装有水样的烧杯中分别加入 0.2 mL、0.7 mL、1.2 mL 10%的氢氧化钠溶液，经搅拌均匀后测定水样的 pH 值，记入表 5-16 中。

该步骤也可采用变化 pH 值的方法，即调整 1 号烧杯水样使 pH=3，其他水样的 pH 值(从 1 号烧杯开始)依次增加 1 pH 单位。

(4) 用移液管向各烧杯中加入相同剂量的混凝剂(投加剂量按照最佳投药量实验中得出的最佳投药量确定)。

(5) 启动搅拌机，快速搅拌半分钟，转速约 500 r/min；中速搅拌 10 min，转速约 250 r/min；慢速搅拌 10 min，转速约 100 r/min。

(6) 关闭搅拌机，静置 10 min，用 50 mL 注射针筒抽出烧杯中的上清液(共抽 3 次，约 100 mL)，放入 200 mL 烧杯中，立即用浊度仪测定浊度(每杯水样测定 3 次)，记入表 5-16 中。

3）混凝阶段最佳水流速度梯度实验步骤

（1）按照最佳 pH 值实验和最佳投药量实验所得出的最佳混凝 pH 值和投药量，分别向 8 个装有1 000 mL 水样的烧杯中加入相同剂量的盐酸（或氢氧化钠）和混凝剂，置于实验搅拌机平台上。

（2）启动搅拌机快速搅拌 1 min，转速约 500 r/min。随即把其中 7 个烧杯移到别的搅拌机上，1 号烧杯继续以 50 r/min 转速搅拌 20 min。其他各烧杯分别以 100 r/min、150 r/min、200 r/min、250 r/min、300 r/min、350 r/min、400 r/min 转速搅拌 20 min。

（3）关闭搅拌机，静置 10 min，分别用 50 mL 注射针筒抽出烧杯中的上清液（共抽 3 次，约 100 mL），放入 200 mL 烧杯中，立即用浊度仪测定浊度（每杯水样测定 3 次），记入表 5-17 中。

（4）测量搅拌桨尺寸（见图 5-3）。

本实验有如下注意事项。

（1）在最佳投药量、最佳 pH 值实验中，向各烧杯投加药剂时尽量同时投加，避免因时间间隔较长各水样加药后反应时间长短相差太大，混凝效果悬殊。

（2）在最佳 pH 值实验中，用来测定 pH 值的水样，仍倒入原烧杯中。

（3）在测定水的浊度、用注射针筒抽吸上清液时，不要扰动底部沉淀物。同时，各烧杯抽吸的时间间隔尽量减小。

5. 实验结果整理

1）最佳投药量实验结果整理

（1）把原水特征、混凝剂投加情况、沉淀后的剩余浊度记入表 5-15。

表 5-15　最佳投药量实验记录表

第________小组　　姓名________________　　实验日期____________________

实验目的____

原水水温__________℃　　浊度__________NTU　　pH 值______________

原水胶体颗粒 Zeta 电位__________mV　　使用混凝剂种类、浓度__________

<table>
<tr><td colspan="2">水样编号</td><td>1</td><td>2</td><td>3</td><td>4</td><td>5</td><td>6</td><td>7</td><td>8</td></tr>
<tr><td colspan="2">混凝剂投加量/(mg/L)</td><td></td><td></td><td></td><td></td><td></td><td></td><td></td><td></td></tr>
<tr><td colspan="2">矾花形成时间/min</td><td></td><td></td><td></td><td></td><td></td><td></td><td></td><td></td></tr>
<tr><td rowspan="4">沉淀水浊度
/NTU</td><td>1</td><td></td><td></td><td></td><td></td><td></td><td></td><td></td><td></td></tr>
<tr><td>2</td><td></td><td></td><td></td><td></td><td></td><td></td><td></td><td></td></tr>
<tr><td>3</td><td></td><td></td><td></td><td></td><td></td><td></td><td></td><td></td></tr>
<tr><td>平均值</td><td></td><td></td><td></td><td></td><td></td><td></td><td></td><td></td></tr>
<tr><td rowspan="5">备注</td><td>1</td><td colspan="2">快速搅拌</td><td colspan="2">min</td><td colspan="2">转速</td><td colspan="2">r/min</td></tr>
<tr><td>2</td><td colspan="2">中速搅拌</td><td colspan="2">min</td><td colspan="2">转速</td><td colspan="2">r/min</td></tr>
<tr><td>3</td><td colspan="2">慢速搅拌</td><td colspan="2">min</td><td colspan="2">转速</td><td colspan="2">r/min</td></tr>
<tr><td>4</td><td colspan="2">沉淀时间</td><td colspan="2">min</td><td colspan="2"></td><td colspan="2"></td></tr>
<tr><td>5</td><td colspan="2">人工配水情况</td><td colspan="2"></td><td colspan="2"></td><td colspan="2"></td></tr>
</table>

（2）以沉淀水浊度为纵坐标、混凝剂加注量为横坐标，绘出浊度与药剂投加量关系曲线，并从图上求出最佳混凝剂投加量。

2）最佳 pH 值实验结果整理

（1）把原水特征、混凝剂投加量、酸碱加注情况、沉淀水浊度记入表 5-16。

表 5-16　最佳 pH 值实验记录表

第________小组　　姓名______________　　实验日期__________________

实验目的____

原水水温_________℃　　浊度_________NTU　　pH 值____________

原水胶体颗粒 Zeta 电位__________mV　　使用混凝剂种类、浓度__________

水样编号		1	2	3	4	5	6	7	8
HCl 投加量/(mg/L)									
NaOH 投加量/(mg/L)									
pH 值									
混凝剂投加量/(mg/L)									
沉淀水浊度/NTU	1								
	2								
	3								
	平均值								
备注	1	快速搅拌		min		转速		r/min	
	2	中速搅拌		min		转速		r/min	
	3	慢速搅拌		min		转速		r/min	
	4	沉淀时间		min					

(2) 以沉淀水浊度为纵坐标、水样 pH 值为横坐标，绘出浊度与 pH 值的关系曲线，从图上求出混凝最佳 pH 值及其适用范围。

3) 混凝阶段最佳速度梯度实验结果整理

(1) 把原水特征、混凝剂投加量、pH 值、搅拌速度记入表 5-17。

表 5-17　混凝阶段最佳水流速度梯度实验记录表

水样编号		1	2	3	4	5	6	7	8
水样 pH 值									
混凝剂投加量/(mg/L)									
快速搅拌	速度/(r/min)								
	时间/min								
中速搅拌	速度/(r/min)								
	时间/min								
慢速搅拌	速度/(r/min)								
	时间/min								
速度梯度 G/s^{-1}	快速								
	中速								
	慢速								
	平均值								
沉淀水浊度/NTU	1								
	2								
	3								
	平均值								

(2) 以沉淀水浊度为纵坐标、速度梯度 G 为横坐标，绘出浊度与 G 的关系曲线，从曲线中

求出所加混凝剂混凝阶段适宜的 G 值范围。

6. 问题与讨论

(1) 根据最佳投药量实验曲线，分析沉淀水浊度与混凝剂投加量的关系。

(2) 本实验与水处理实际情况有哪些差别？如何改进？

5.2.2　自由沉淀实验

1. 实验目的

沉淀是水污染控制中用以去除水中杂质的常用方法。沉淀有四种基本类别，即自由沉淀、絮凝沉淀、成层沉淀和压缩沉淀。自由沉淀用以去除低浓度的离散性颗粒，如沙砾、铁屑等。这些杂质颗粒的沉淀性能一般要通过实验测定。

本实验采用测定沉淀柱底部不同历时累计沉泥量的方法，找出去除率与沉速的关系。

通过本实验，希望达到下述目的。

(1) 初步了解用累计沉泥量方法计算杂质去除率的原理和基本实验方法。

(2) 比较该方法与累积曲线(或重深分析曲线)法的共同点。

(3) 加深理解沉淀的基本概念和杂质的沉降规律。

2. 实验原理

若在一水深为 H 的沉淀柱内进行自由沉淀实验(见图 5-5)。实验开始时，水样中悬浮物浓度为 ρ_0(mg/L)，此时沉淀去除率为零。当沉淀时间为 t_0 时，能够从水面达到和通过取样口断面的颗粒沉速为 $u_{01}=\dfrac{H}{t_1}$，而分布在 h_1 高度内沉速小于 u_{01} 的颗粒也能通过取样口断面，但是 h_1 高度以上的沉速小于 u_{01} 的颗粒又平移到了 h_1 高度内，所以在 t_1 时取样所测得的悬浮物中不含有沉速大于、等于 u_{01} 的颗粒。令 t_1 时取样浓度为 ρ_1，即得到沉速小于 $u_{01}=\dfrac{H}{t_1}$ 的悬浮物浓度为 ρ_1，$\dfrac{\rho_1}{\rho_0}$ 是沉速小于 u_{01} 的悬浮物占所有悬浮物的比例。令 $\dfrac{\rho_1}{\rho_0}=P_{01}$，便可依次得到 u_{02}、ρ_{02}，u_{03}、ρ_{03}，…，把 u_0、ρ_0 绘成曲线，就得到了不同沉速的累积曲线。利用 u_0 与 ρ_0 的关系曲线，可以求出不同临界沉速的总去除率。

按照这样的实验方法，取样时应该取到沉淀柱整个断面，若只取到靠近取样口周围的部分水样，误差较大；同时，绘制的 u_0 与 ρ_0 的关系曲线应有尽量多的点。这无疑是一种非常麻烦且精度不高的方法。

如果把取样口移到底部(见图 5-6)，直接测定累计沉泥量 W_t，则是计算总去除率的较好方法。例如，取 $t_1=10$ min，测得底部累计沉泥量 W_1，而 W_1 与原水样中悬浮物含量 W_0 之比就是临界沉速 $u_{01}=\dfrac{H}{t_1}$ 时的总去除率。同样，这种方法也适用于絮凝沉淀，它避免了重深分析法中比较繁琐的测定、作图、计算过程。

累计沉泥量测定法的具体计算分析如下。

假定沉降颗粒具有同一形状和密度，由此得出如下两个关系式。

(1) 颗粒沉速 u_s 与颗粒质量 m 的函数关系式：

$$m=\varphi(u_s),\quad m=au_s^{\alpha}$$

(2) 颗粒沉速 u_s 与颗粒数目 n 的函数关系式：

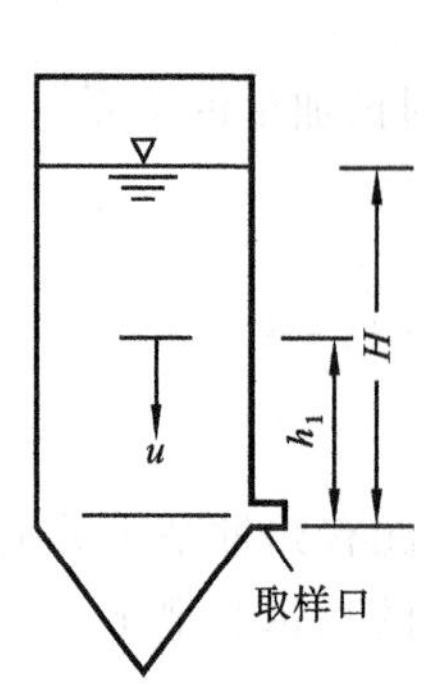

图 5-5　自由沉淀示意图(一)

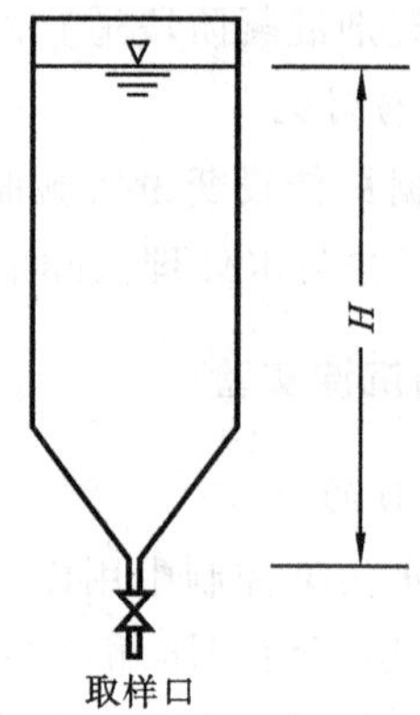

图 5-6　自由沉淀示意图(二)

$$n = \varphi(u_s),\quad n = \frac{b}{1-\beta}u_s^{1-\beta}$$

式中：α、β、a、b 分别为系数，与颗粒形状、密度、水的黏滞性等因素有关，其中 α、β 大于 1。

由以上两式可得出水样中原始悬浮物浓度 ρ_0，即

$$\rho_0 = \int m\mathrm{d}n = \int_0^{u_{\max}} abu_s^{\alpha-\beta}\mathrm{d}u_s = \frac{ab}{\alpha-\beta+1}u_{\max}^{\alpha-\beta+1} \tag{5-13}$$

水中沉速大于或等于 u_s 的颗粒浓度为 ρ_1，即

$$\begin{aligned}\rho_1 &= \int_{u_s}^{u_{\max}} abu_s^{\alpha-\beta}\mathrm{d}u_s = \frac{ab}{\alpha-\beta+1}(u_{\max}^{\alpha-\beta+1} - u_s^{\alpha-\beta+1}) \\ &= \rho_0 - \frac{ab}{\alpha-\beta+1}u_s^{\alpha-\beta+1}\end{aligned} \tag{5-14}$$

令

$$\frac{ab}{(\alpha-\beta+1)\rho_0} = A,\quad \alpha-\beta+1 = B$$

则水样中所有沉速小于 u_s 的颗粒浓度

$$\rho_2 = \rho_0 - A\rho_0 u_s^B = \rho_0(1 - Au_s^B) \tag{5-15}$$

$$\rho_2 = \rho_0 - \rho \geqslant u_s = A\rho_0 u_s^B \tag{5-16}$$

$$\rho_s = \frac{\rho_2}{\rho_0} = Au_s^B \tag{5-17}$$

经过沉淀时间 t，沉淀柱内残余的悬浮物含量有多少呢？应首先求出经沉淀时间 t 后，沉淀柱内全部沉淀的颗粒量(即沉泥量)W_t 值。

设沉淀柱半径为 r，高为 H，$u_0 = \dfrac{H}{t_1}$ 为临界沉速，则

$$\begin{aligned}W_t &= \int_{u_0}^{u_{\max}} \pi r^2 Hm\mathrm{d}n + \int_0^{u_0} \pi r^2 h_s m\mathrm{d}n \\ &= \int_{u_0}^{u_{\max}} \pi r^2 Habu_s^{\alpha-\beta}\mathrm{d}u_s + \int_0^{u_0} \pi r^2 h_s abu_s^{\alpha-\beta}\mathrm{d}u \\ &= \pi r^2 H\frac{ab}{\alpha-\beta+1}(u_{\max}^{\alpha-\beta+1} - u_0^{\alpha-\beta+1}) + \int_0^{u_0} \pi r^2 abtu_s^{\alpha-\beta+1}\mathrm{d}u_s\end{aligned} \tag{5-18}$$

上式中

$$h_s = u_s t,\quad t = \frac{H}{u_0}$$

$$W_t = \pi r^2 H \frac{ab}{\alpha-\beta+1}(u_{\max}^{\alpha-\beta+1} - u_0^{\alpha-\beta+1}) + \pi r^2 H \frac{ab}{\alpha-\beta+2} u_0^{\alpha-\beta+1}$$

$$= \pi r^2 H\left[\frac{ab}{\alpha-\beta+1} u_{\max}^{\alpha-\beta+1} - \frac{ab}{(\alpha-\beta+1)(\alpha-\beta+2)} u_0^{\alpha-\beta+1}\right] \tag{5-19}$$

因为　$\frac{ab}{\alpha-\beta+1} u_{\max}^{\alpha-\beta+1} = \rho_0$，　$\frac{ab}{(\alpha-\beta+1)\rho_0} = A$，　$\alpha-\beta+1 = B$

所以

$$W_t = \pi r^2 H\left(\rho_0 - A\frac{\rho_0}{1+B} u_0^B\right)$$

$$= \pi r^2 H\rho_0\left(1 - \frac{A}{1+B} u_0^B\right) \tag{5-20}$$

式中：$\pi r^2 H\rho_0$ 为沉淀柱中原有（即起始时）悬浮物的质量，g；$\pi r^2 H\rho_0 \frac{A}{1+B} u_0^B$ 为沉淀时间 t 后沉淀柱中剩余悬浮物的质量，g。

剩余悬浮物量与起始时悬浮物量之比称为沉淀时间为 t 时的未去除比例 P_t，于是得

$$P_t = \frac{A}{1+B} u_0^B \tag{5-21}$$

这样，由式(5-18)或式(5-21)均可求出 A 和 B。对于累计沉泥量测定沉淀去除率，用式(5-21)较为合适。可利用不同的 P_t 求出 A 和 B（见实验结果整理）。也可用式(5-21)变换变量，得 $\lg P_t = \lg \frac{A}{1+B} + B\lg u_0$。令 $\lg P_t = y$，$\lg \frac{A}{1+B} = a$，$\lg u_0 = x$，即得直线方程 $y = a + Bx$，用一元线性回归配直线后便可求得 a、B，并可求得 A。

沉淀柱去除率计算式为

$$E = 1 - P_t = 1 - \frac{A}{1+B} u_0^B \tag{5-22}$$

如果已知沉淀池面积为 F(m^2)，产水量为 Q(m^3/h)，则 u_0(cm/min)$=1.667Q/F$，去除率为

$$E = 1 - \frac{A\,(1.667Q/F)^B}{1+B}$$

3. 实验装置与设备

(1) 实验装置。

本实验装置由沉淀柱、高位水箱、水泵和溶液调配箱组成（见图 5-7）。沉淀柱下部锥形部分与上部直筒段焊接处要光滑。实验沉淀柱自溢流孔开始往下标上刻度。水泵输水管和沉淀柱进水管均采用 DN25 的白铁管。

(2) 实验设备和仪器仪表。

溶液调配箱，塑料板焊制，长×宽×高＝0.8 m×0.5 m×0.8 m，1 个；高位水箱，塑料板焊制，长×宽×高＝0.6 m×0.5 m×0.4 m，1 个；水泵，11/2BA-6B，流量 4.5～13 m^3/h，扬程 8.8～12.8 m，1 台；PVC 塑料管，DN25，8 m；沉淀柱，有机玻璃制，ϕ150 mm×1 000 mm，1 根；烘箱，1 台；分析天平，1 架；抽滤装置，1 套；烧杯，100 mL，5 个；蒸馏水等。

4. 实验步骤

本实验用测定沉淀柱底部（带有底阀）不同历时的沉泥量方法。沉泥量累计值也是累计沉淀时间的悬浮物去除值，它与沉淀柱内原水的悬浮物含量之比就是在累计沉淀时间内悬浮物的总去除率。实验步骤如下。

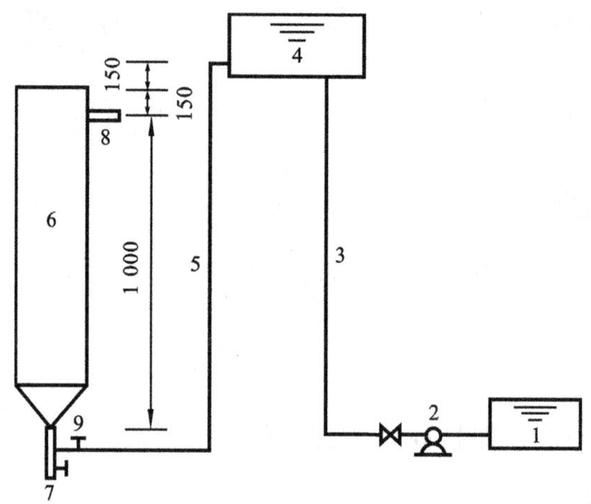

图 5-7 沉淀实验装置示意图

1—溶液调配箱；2—水泵；3—水泵输水管；4—高位水箱；5—沉淀柱进水管；
6—沉淀柱；7—取样口；8—溢流管；9—沉淀柱进水阀门

(1) 启动水泵,把调配好的水样送入高位水箱。

(2) 测定水样悬浮物含量,取 200 mL 水样,过滤、烘干、测重。

(3) 开启沉淀柱进水阀门,待沉淀柱充满水样后,即记录沉淀实验开始时间。

(4) 经过 10 min,20 min,30 min,…,60 min,分别在锥底取样口取样,每次取样 50～200 mL,将水样过滤、烘干、测重。

本实验有如下注意事项。

(1) 原水样如需投加混凝剂,应投加在高位水箱内,人工搅拌 5～10 min。

(2) 开启底部取样口阀门时,开启度不宜过大,只要能在短时间里把沉泥排出即可。

(3) 每次取样前观察水面高度 H,并记入表 5-18 中。

表 5-18 自由沉淀实验记录表 1

实验日期_______年_____月_____日

沉淀柱内径 D=__________mm

原水样悬浮物含量 ρ_0=__________mg/L

取样序号	沉淀时间 t/min	沉淀高度 H/cm	取样体积 V/mL	取样沉泥量(干重)W_s/g

(4) 如果原水样悬浮物含量较低,可把取样间隔时间拉长。

5. 实验结果整理

(1) 把实验测得数据记入表 5-18 中。

(2) 根据表 5-18 的实验数据进行整理和计算,结果填入表 5-19 中。

(3) 利用表 5-19 的数据和式(5-22)求出去除率。

表 5-19　自由沉淀实验记录表 2

沉淀柱水样体积________L

沉淀柱水样悬浮物质量(干重)W_0＝________g

序号	累计沉淀时间 $\sum t$ /min	平均沉淀高度 $\overline{H}$/cm	平均临界沉速 $u_0=\overline{H}\Big/\sum t$ (cm/min)	累计沉泥量(干重) $\sum W_s$/g	悬浮物去除率 $E=\dfrac{\sum W_s}{W_0}$ (%)

6. 问题与讨论

(1) 累计沉淀量实验方法测定悬浮物去除率存在什么问题？如何改进？

(2) 实验测得的去除率 E 与数学计算所得结果相比，误差为多少？误差原因何在？

5.2.3　絮凝沉淀实验

1. 实验目的

天然水中产生浊度的颗粒主要为粒径小于 10 μm 的土壤颗粒，这些颗粒在水中保持悬浮的分散状态。其中，胶体颗粒受到布朗运动的影响而长期趋于稳定。为了去除这部分颗粒，通过外加电解质的方式产生凝聚和絮凝作用，使得微小的胶体颗粒形成粒径较大的矾花而从水中去除。

通过本实验，希望达到以下目的。

(1) 加深对絮凝沉淀的特点、基本概念及沉淀规律的理解。

(2) 掌握絮凝实验方法，并能利用实验数据绘制絮凝沉淀静沉曲线。

(3) 分清絮凝沉淀与自由沉淀的异同，掌握影响絮凝沉淀效率的主要因素及其变化规律。

2. 实验原理

在絮凝沉淀过程中，颗粒的尺寸、质量与沉速会随着深度增大而变化。在沉淀池中(SS 一般为 50～500 mg/L)即发生类似现象。由于在絮凝沉淀过程中，颗粒沉淀轨迹、颗粒尺寸、质量和沉速变化比较复杂，需用相应的静态实验——絮凝沉淀分析才能确定必要的设计参数。

絮凝沉淀实验是在静置状态下的沉淀柱中进行的。在沉淀柱的不同深度处设有取样口，实验时在不同的沉淀时间、同时从不同的深度取样，测出悬浮物的浓度，并计算出悬浮物的去除率。将这些数据绘于相应的深度(H)与时间(t)的坐标系上，可以得到等去除率曲线，如图 5-8所示。而对于某一指定时间的悬浮物总去除率可以采用与自由沉淀相似的计算方法求得。自由沉淀采用累积曲线计算法，而絮凝沉淀采用的是纵深分析法，颗粒去除率按下式计算。

$$E=E_r+\frac{Z'}{Z_0}(E_{t+1}-E_t)+\frac{Z''}{Z_0}(E_{t+2}-E_{t+1})+\cdots+\frac{Z''}{Z_0}(E_{t+n}-E_{t+n-1}) \tag{5-23}$$

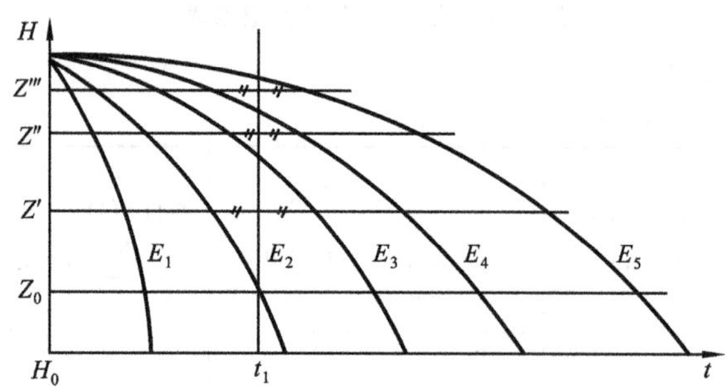

图 5-8 絮凝沉降等去除率曲线

去除率同分散颗粒一样,也分成两部分。

(1) 全部被去除的颗粒部分。这部分颗粒是指在给定的停留时间(如图 5-8 中 t_1),与给定的沉淀池有效水深(如图 5-8 中 $H=Z_0$)时,两直线相交点的等去除率线的 E 值,如图中的 $E=E_2$。即在沉淀时间 $t=t_1$,有效水深 $H=Z_0$ 时具有沉速 $u \geqslant u_0=\frac{Z_0}{t_1}$ 的那些颗粒能全部被去除,其去除率为 E_2。

(2) 部分被去除的颗粒部分。同自由沉淀一样,悬浮物在沉淀时虽说有些颗粒小,沉速较小,不可能从池顶沉到池底,但是在池体中某一深度下的颗粒,在满足条件即沉到池底所用时间 $\frac{Z_x}{u_x} \leqslant \frac{Z_0}{u_0}$ 时,这部分颗粒也就被去除掉了。当然,这部分颗粒是指沉速 $u<\frac{Z_0}{t_1}$ 的颗粒,这些颗粒的沉淀效率也不相同,颗粒大的沉淀快,去除率大些。

式中,$E_{t+n}-E_{t+n-1}=\Delta E$ 所反映的就是把颗粒沉速由 u_0 降到 u_s 时,所能多去除的那些颗粒占全部颗粒的百分比。这些颗粒,在沉淀时间 t_0 时,并不能全部沉到池底,而只有符合条件 $t_s \leqslant t_2$ 的那部分颗粒能沉到池底,即 $\frac{h_s}{u_s} \leqslant \frac{H_0}{u_0}$,故有 $\frac{u_s}{u_0}=\frac{h_s}{H_0}$。同自由分散沉淀一样,由于 u_s 为未知数,故采用近似计算法,用 $\frac{h_s}{H_0}$ 代替 $\frac{u_s}{u_0}$,工程上多采用等分 $E_{t+n}-E_{t+n-1}$ 间的中点水深 Z_i 代替 h_i,则 $\frac{Z_i}{H_0}$ 近似地代表了这部分颗粒中所能沉到池底的颗粒所占的百分数。

由以上推论可知,$\frac{Z_i}{H_0}(E_{t+n}-E_{t+n-1})$就是沉速为 $u_s \leqslant u<u_0$ 的颗粒的去除量占全部颗粒的百分比,以此类推,式 $\sum \frac{Z_i}{H_0}(E_{t+n}-E_{t+n-1})$就是 $u_s \leqslant u$ 的全部颗粒的去除率。

3. 实验装置与设备

(1) 沉淀柱:有机玻璃沉淀柱,内径≥100 mm,高 3.6 m,沿不同高度设有取样口,如图5-9所示。管最上为溢流孔,管下为进水孔,共五套。

(2) 配水及投配系统,钢板水池,搅拌装置、水泵、配水管。

(3) 定时钟、烧杯、移液管、瓷盘等。

(4) 悬浮物定量分析所需设备及用具:分析天平(感量 0.000 1 g),带盖称量瓶、干燥皿、烘箱、抽滤装置,定量滤纸等。

(5) 水样:城市污水、制革污水、造纸污水或人工配制水样等。

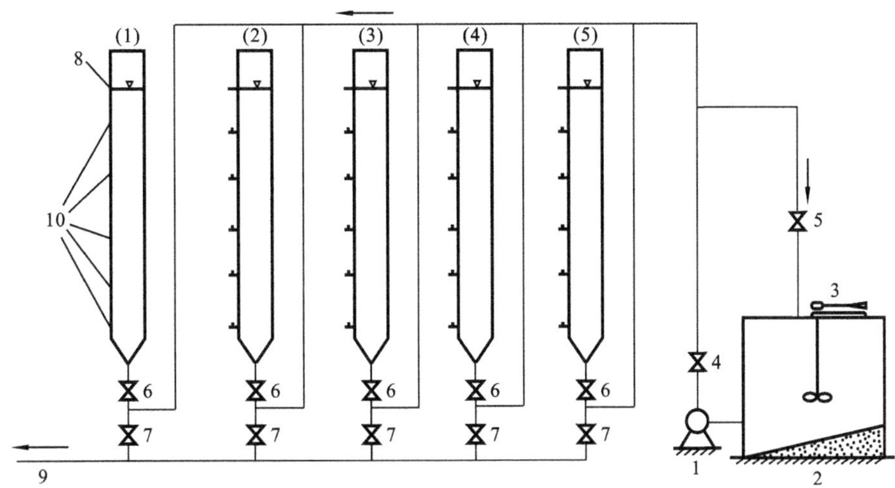

图 5-9　絮凝沉淀实验装置示意图

1—水泵；2—水池；3—搅拌装置；4—配水管阀门；5—水泵循环管阀门；6—各沉淀柱进水阀门；7—各沉淀柱放空阀门；8—溢流孔；9—放水管；10—取样口

4. 实验步骤

(1) 将欲测水样倒入水池进行搅拌，待搅匀后取样测定原水悬浮物浓度(SS)。

(2) 开启水泵，打开水泵的上水阀门和各沉淀柱上水管阀门。

(3) 放掉存水后，关闭放空管阀门，打开沉淀柱上水管阀门。

(4) 依次向(1)～(5)号沉淀柱内进水，当水位达到溢流孔时，关闭进水阀门，同时记录沉淀时间。5 根沉淀柱的沉淀时间分别是 20 min、40 min、60 min、80 min、120 min。

(5) 当达到各柱的沉淀时间时，在每根柱上，自上而下地依次取样，测定水样悬浮物的浓度。

(6) 将有关数据记入表 5-20。

表 5-20　絮凝沉淀实验记录表

柱号	沉淀时间/min	取样点编号	SS/(mg/L)		SS 平均值/(mg/L)	取样点有效水深/m	备　注
(1)	20	1-1					
		1-2					
		1-3					
		1-4					
		1-5					
(2)	40	2-1					
		2-2					
		2-3					
		2-4					
		2-5					
(3)	60	3-1					
		3-2					
		3-3					
		3-4					
		3-5					

续表

柱号	沉淀时间/min	取样点编号	SS/(mg/L)		SS 平均值/(mg/L)	取样点有效水深/m	备　注
(4)	80	4-1					
		4-2					
		4-3					
		4-4					
		4-5					
(5)	120	5-1					
		5-2					
		5-3					
		5-4					
		5-5					

注:原水浓度 SS 单位为 mg/L。

本实验有如下注意事项。

(1) 向沉淀柱进水时,速度要适中,既要防止悬浮物由于进水速度过慢而絮凝沉淀,又要防止由于进水速度过快,沉淀开始后柱内还存在紊流,影响沉淀效果。

(2) 由于同时要由每个柱的 5 个取样口取样,故人员分工、烧杯编号等准备工作要提前做好,以便能在较短的时间内,从上至下准确地取出水样。

(3) 测定悬浮物浓度时,一定要注意两平行水样的均匀性。

(4) 注意观察、描述颗粒沉淀过程中自然絮凝作用及沉速的变化。

5. 实验结果整理

(1) 实验基本参数整理。

实验日期________年______月______日

水样性质及来源________________

沉淀柱直径 $D=$________mm　柱高 $H=$________mm

水温 $T=$________℃　原水悬浮物浓度 $SS_0=$________mg/L

绘制沉淀柱及管路连接图。

(2) 实验数据整理。

将实验数据进行整理,并计算各取样点的去除率 E,填入表 5-21 中。

表 5-21　各取样点悬浮物去除率 E 值计算

沉淀柱		(1)	(2)	(3)	(4)	(5)
沉淀时间/min		20	40	60	80	120
取样点位置	H_1					
	H_2					
	H_3					
	H_4					
	H_5					

(3) 以沉淀时间 t 为横坐标,以深度为纵坐标,将各取样点的去除率填在各取样点的坐标上,如图 5-10 所示。

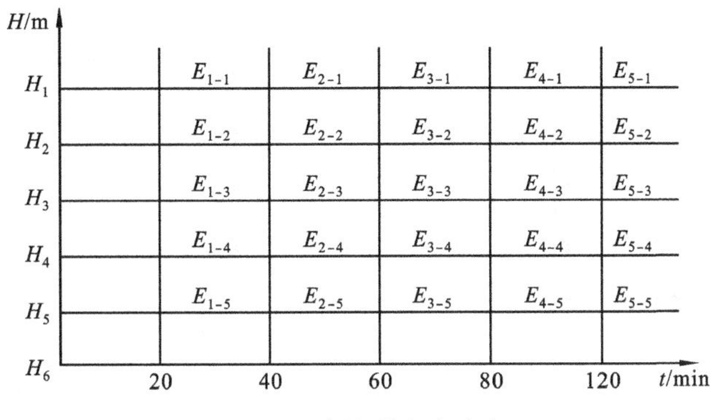

图 5-10　各取样点去除率

(4) 在上述基础上，用内插法，给出等去除率曲线。E 最好是以 5%或 10%为间距，如 25%、35%、45%或 20%、25%、30%。

(5) 选择某一有效水深 H，过 H 作 x 轴的平行线，与各等去除率曲线相交，再根据式(5-23)计算不同沉淀时间的总去除率。

(6) 以沉淀时间 t 为横坐标，E 为纵坐标，绘制不同有效水深 H 的 E-t 曲线及 E-u 曲线。

6. 问题与讨论

(1) 观察絮凝沉淀现象，并叙述与自由沉淀现象有何不同，实验方法有何区别。

(2) 两种不同性质的污水经絮凝实验后，所得同一去除率的曲线的曲率不同，试分析其原因，并加以讨论。

(3) 实际工程中，哪些沉淀属于絮凝沉淀?

5.2.4　成层沉淀实验

1. 实验目的

在污水生物处理的二次沉淀池、污泥处理的重力浓缩池和污水混凝沉淀法处理的沉淀池中，悬浮固体浓度较高，其沉淀过程中，固体颗粒彼此相互干扰，沉速大的颗粒无法超越沉速较小的颗粒快速下沉，所有的颗粒聚合成一个整体，各自保持相对不变的位置，共同下沉，并出现一个清晰的泥-水界面，此界面逐渐向下移动，这个泥-水界面的下沉速度就是颗粒的下沉速度，这种类型的沉淀称为成层沉淀(又称拥挤沉淀或区域沉淀)。

成层沉淀类型的沉淀池除了要满足水力表面负荷率外，还要满足污泥固体表面负荷率(即污泥固体通量)，才能取得理想的固-液分离和污泥浓缩效果。因此，污泥固体表面负荷率是二次沉淀池、污泥浓缩池设计和运行的重要参数。由于成层沉淀过程受污水中悬浮固体性质、浓度和沉淀池水力条件等因素影响，因此，常需通过实验的方法以求得设计参数和指导生产运行。

本实验的目的如下。

(1) 加深对成层沉淀的基本概念、特点及沉淀规律的理解。

(2) 掌握活性污泥沉淀特性曲线的测定方法。

(3) 掌握固体通量曲线的绘制方法，了解固体通量的分析方法。

2. 实验原理

本实验采用的是多次静态沉降实验法，又称污泥固体通量分析法(简称固体通量分析法)，是迪克(Dick)于 1969 年采用静态浓缩实验的方法，分析了连续式重力浓缩池的工况后，提出的考虑污泥浓缩功能时二次沉淀池和污泥浓缩池表面积的一种计算方法。所谓固体通量，即单位时间内通过单位面积的固体质量，单位为 kg/(m^2 · h)。当二次沉淀池和连续流污泥重力浓缩池运行正常时，池中固体量处于动态平衡状态。单位时间内进入池的固体质量等于排出池的固体质量($\rho_e=0$)，见图 5-11。污泥固体颗粒的沉降是由两个因素引起的：一是污泥自身的重力引起沉降；二是由于污泥回流和排泥产生的底流引起的污泥颗粒沉降。上述污泥沉降过程的固体通量可以用下式表示：

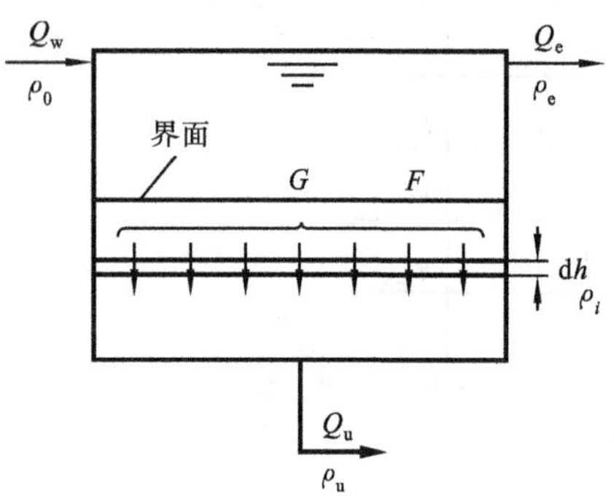

图 5-11　二次沉淀池混合液沉降示意图

$$G_T = G_u + G_g = u\rho_i + u_i\rho_i \tag{5-24}$$

式中：G_T 为总的固体通量，kg/(m^2 · h)；G_u 为底流产生的固体通量，kg/(m^2 · h)；G_g 为污泥本身的重力产生的固体通量，kg/(m^2 · h)；ρ_i为污泥浓度，g/L；u_i 为污泥浓度为 ρ_i时的污泥重力沉降速率，m/h；u 为相应于某一底流浓度时的底流速率，m/h。

式(5-24)的右边第一项($u\rho_i$)与二次沉淀池或浓缩池的操作运行方式、污泥性质和要求的浓缩程度有关。设计时，u 采用经验值，对于活性污泥法，u 值为 $7.1\times10^{-5}\sim1.4\times10^{-4}$ m/s。式(5-24)的右边第二项($u_i\rho_i$)与污泥沉淀性能有关，可以通过沉降实验求得。

图 5-12 中线 2 为 G_u-ρ_i曲线，线 3 为 G_g-ρ_i曲线，两曲线纵坐标叠加后为线 1，即 G_T-ρ_i曲线。在总固体通量曲线 G_T 上有一个最低点 A，与这一点相应的固体通量值 G_L 称为极限固体负荷率。当二次沉淀池或浓缩池的入流污泥负荷 $\rho_a>G_L$ 时，说明池表面积设计过小，污泥浓缩将达不到要求的浓度。如果二次沉淀池长期运行于 $G_a>G_L$ 的状态，或 $G_a\gg G_L$，G_a-G_L 这部分污泥使泥面不断上升，直到污泥被出流带走。对于二次沉淀池，G_a 可用下式表示：

$$G_a = \frac{(Q+Q_u)\rho_{MLSS}}{A} \tag{5-25}$$

式中：ρ_{MLSS}为曝气池混合液浓度，g/L；Q 为污水流量，m^3/h；Q_u 为底流流量，m^3/h；A 为二次沉淀池的面积，m^2。G_L 值可以通过沉淀实验求得。设计时，常采用经验值，对于活性污泥混合液，G_L为 3.0～6.0 kg/(m^2 · h)。

进行沉淀实验时，取同一种污泥的不同固体浓度的混合液，分别在沉淀柱内进行成层沉淀，每根柱子可得出一条泥-水界面沉淀过程线(见图 5-13)，从中可以求出泥-水界面的下沉速率 u_i 与相应的污泥浓度ρ_i的关系曲线 3(见图 5-12)。活性污泥混合液在沉淀柱里的沉淀过程可分为 3 个阶段，如图 5-13 所示。

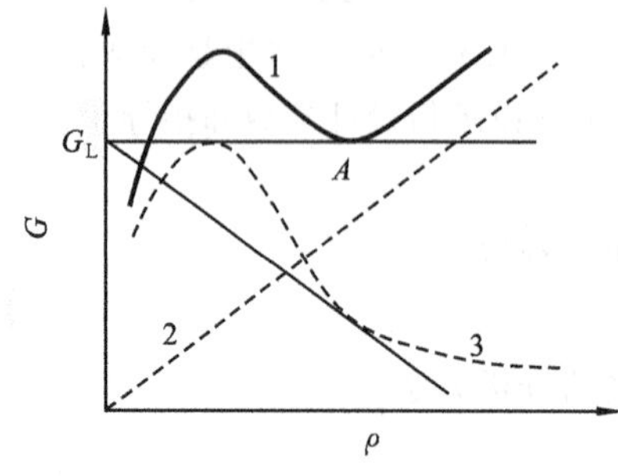

图 5-12　污泥固体通量曲线

1—$G_T=G_u+G_g$；2—$G_u=u\rho_i$；3—$G_g=u_i\rho_i$

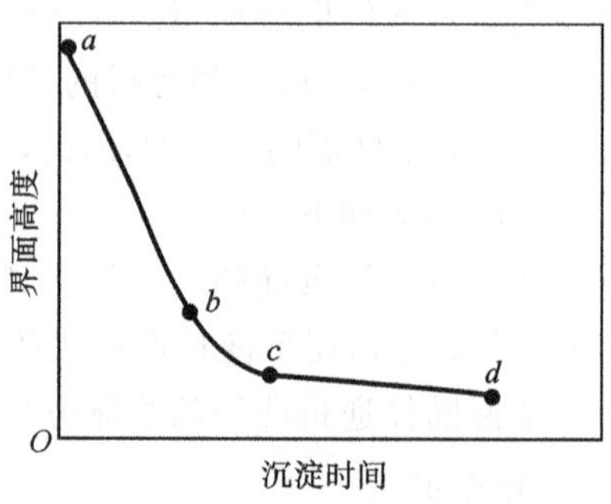

图 5-13　成层实验中界面高度的变化

（1）成层沉淀阶段（ab 段，等速沉淀阶段）。

实验开始时，沉淀柱上端出现一清晰的泥-水界面并等速下沉。这是由于悬浮颗粒的相互牵制和强烈干扰，均衡了它们各自的沉淀速度，使颗粒群体以共同干扰后的速度下沉。此时，污泥浓度不变。污泥颗粒是等速沉降，它不因沉淀历时的不同而变化。表现为沉淀过程线上的 ab 段，是一斜率不变的直线段，故称为等速沉淀段。界面的沉速与污泥的起始浓度有关。污泥起始浓度越高，界面形成越快，沉降越慢。采用实验方法求 G_L 时，首先要测定这一阶段的沉速以便求得 G_g，然后通过计算得到 G_L。

（2）过渡阶段（bc 段）。

过渡段又称变浓区，此段为污泥等浓区向压缩区的过渡段，其中既有悬浮物的干扰沉淀，也有悬浮物的挤压脱水作用，在沉淀过程线上，是 bc 间所表现出的弯曲段，即沉速逐渐减小，此时等浓区消失，故 b 点又称为成层沉淀临界点。

（3）压缩阶段（cd 段）。

当污泥浓度进一步增大后，颗粒间相互直接接触，下层污泥支撑着上层污泥，同时，在上层污泥颗粒的挤压下，水从污泥间隙中被挤出。在这一阶段，泥水界面以极缓慢的速率下降，是等速沉淀的过程，但沉速很小。

多次静态沉降实验法是采用同一种污泥不同浓度单独进行实验的，并未考虑到实际沉淀池或浓缩池中污泥浓度是连续分布的，下层沉速较小的污泥层必将影响上层污泥的沉速，因此，由多次静态沉降实验法求得的 G_L 偏高，与实际值有一定的出入。

3. 实验装置与设备

（1）实验装置。

实验装置的主要组成部分是沉淀柱和高位水箱，如图 5-14 所示。

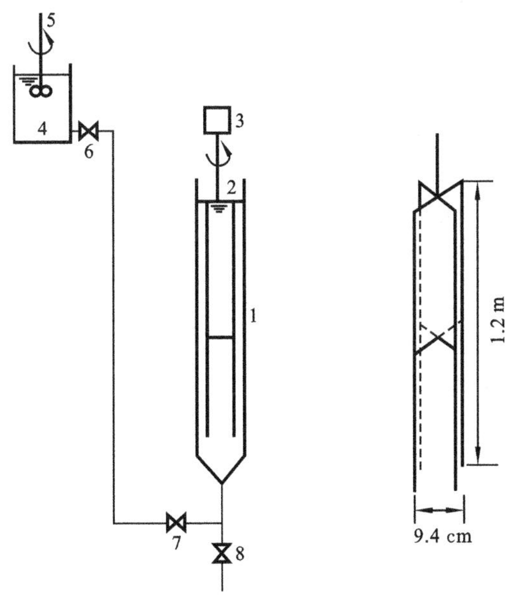

(a) 沉淀实验装置示意图　　(b) 沉淀柱内的搅拌器

图 5-14　成层沉淀实验装置

1—沉淀柱；2—搅拌器；3—电动机；4—高位水箱；5—搅拌器；6、7—进泥旋塞；8—放空旋塞

为模拟沉淀池内的流动状态和减小沉淀柱壁对污泥沉淀的影响,沉淀柱内装有搅拌器,搅拌器的转速约为 1 r/min(线速度为 25 cm/min)。

(2) 实验设备和仪器仪表。

沉淀柱,有机玻璃制(自上向下标有刻度),高度 $H=1.5$ m,直径 $D=10$ cm,1 根;沉淀柱内搅拌器,不锈钢或铜制搅拌器 4 根,长度 $L=1.2$ m,直径 $D=3$ mm,1 个;电动机,TYC 型同步电动机,220 V 24 mA,1 r/min,1 台;高位水箱,硬塑料制,高度 $H=30\sim40$ cm,直径 $D=30$ cm,1 个;连接管,直径 $D=20$ mm,U-PVC 管;烘箱,电热鼓风干燥箱,1 台;分析天平,1 台;秒表,1 只;称量瓶,8 个;量筒,100 mL,8 个;烧杯,300 mL,8 个;旋塞,3 个;漏斗与漏斗架,各8 个。

4. 实验步骤

本实验采用多次静态沉淀实验方法,操作步骤如下。

(1) 从曝气池出口取出混合液,经过重力浓缩后用二次沉淀池出水配成 MLSS 为 1.5 g/L左右的混合液,并取 200 mL 混合液测定该混合液的浓度(每个样本 100 mL)。

(2) 关闭旋塞 6、7、8。

(3) 将配制好的混合液倒入高位水箱,并加以搅拌使混合液保持均匀(可以用人工或搅拌器搅拌)。

(4) 先开启旋塞 6,然后开启旋塞 7,使混合液注入沉淀柱。

(5) 等混合液上升至 1 m 高度时,关闭旋塞 6、7,启动沉淀柱的搅拌器。

(6) 出现泥-水分界面时定期读出界面沉降高度,开始时 0.5~1 min 读数一次,以后改为 1~2 min 读数一次,当界面高度与时间关系曲线由直线转为曲线时停止读数。

(7) 打开旋塞 8,将污泥排去,用自来水清洗沉淀柱。

(8) 按 MLSS 约为 2.0 g/L、2.5 g/L、3.0 g/L、3.5 g/L、4.0 g/L、5.0 g/L、6.0 g/L 配制混合液,并重复上述步骤(2)至步骤(7)进行实验。

本实验有如下注意事项。

(1) 混合液取回后应尽快进行实验,以防污泥沉淀性能改变或上浮。

(2) 污泥注入沉淀柱的速度不宜太快,以免实验开始时严重紊动。但也不能太慢,以免实验开始前发生沉降。

(3) 污泥注入沉淀柱时,应避免空气泡进入沉淀柱影响实验结果。

(4) 实验可分 6~8 组进行,每组完成一个浓度的沉淀实验,然后各组交换实验数据,整理实验报告。

5. 实验结果整理

(1) 记录实验设备和操作的基本参数。

实验日期________年________月________日

沉淀柱高度 $H=$________m　直径 $D=$________cm

搅拌器转速________r/min

污泥来源________

污泥的 MLSS ________SVI ________

(2) 实验数据记录可参考表 5-22 进行。

(3) 以时间为横坐标、界面高度为纵坐标作图。

(4) 用界面高度与时间关系曲线的直线部分计算界面沉速 u_i 和 G_g,并参考表 5-23 进行记录。

表 5-22　成层沉淀实验记录表 1

时间 t/min								
界面高度/cm	沉淀柱(1)							
	沉淀柱(2)							
	沉淀柱(3)							
	沉淀柱(4)							
	沉淀柱(5)							
	沉淀柱(6)							
	沉淀柱(7)							
	沉淀柱(8)							

表 5-23　成层沉淀实验记录表 2

污泥浓度 ρ_i/(g/L)								
界面沉速 $u_i\left(u_i=\frac{\Delta h}{\Delta t}\right)$/(cm/min)								
$G_g(G_g=u_i\rho_i)$/[kg/(m^2 · h)]								

(5) 以污泥浓度 ρ 为横坐标、G_g 为纵坐标，作重力沉降固体通量曲线。

6. 问题与讨论

(1) 本实验的污泥浓度是否可以取 500 mg/L? 为什么?

(2) 根据实验结果，用固体通量分析法讨论污水处理厂二次沉淀池设计、运行中的一两个问题。

5.2.5　原水颗粒分析实验

1. 实验目的

原水颗粒分析实验主要测定水中颗粒粒径的分布情况。水中悬浮颗粒的去除不仅与原水悬浮物数量及浊度有关，而且与原水颗粒粒径有关，粒径越小，越不易去除。因此，原水颗粒分析实验对选择给水处理构筑物及投药量都十分重要。

通过本实验，希望达到下述目的。

(1) 学会用一般设备测定颗粒粒径分布的方法。

(2) 加深对自由沉淀及 Stokes(斯托克斯)公式的理解。

2. 实验原理

100 μm 以下的泥沙颗粒沉降时雷诺数小于 1，已知水温、沉速，可用 Stokes 公式求出粒径。

$$d=\sqrt{\frac{18u\gamma}{g(S_c-1)}}$$

式中：u 为颗粒沉速，m/s；γ 为水的运动黏度，m^2/s；S_c 为颗粒的相对密度，量纲为 1；g 为重力加速度，9.81 m/s^2；d 为粒径，m。

玻璃瓶中装待作颗粒分析的浑水(浊度已知)，摇匀后，用虹吸管在瓶中某一固定位置每隔一定时间取一个水样。取样点处颗粒最大粒径是逐渐减小的，因此浊度也是逐渐降低的。根据沉淀时间及沉淀距离可以求出沉速，已知水温、沉速，可以求出取样点处的颗粒最大粒径。取样时，粒径大于该最大粒径的颗粒都已沉至取样点下面，粒径小于该最大粒径的颗粒每单位体积的颗粒数与沉淀开始时相比基本不变(因粒径一定，水温相同，则沉速不变，沉下去的颗粒可由上面沉下来的颗粒补充)。由沉淀过程中取样点浊度的变化，可求出小于某粒径的颗粒质量占全部颗粒质量的百分比。

3. 实验设备与装置

10 L 玻璃瓶 1 个，200 mL 烧杯 1 个；虹吸取样管、洗耳球各 1 个；水位尺、温度表各 1 个；秒表 1 只；光电式浊度仪 1 台。

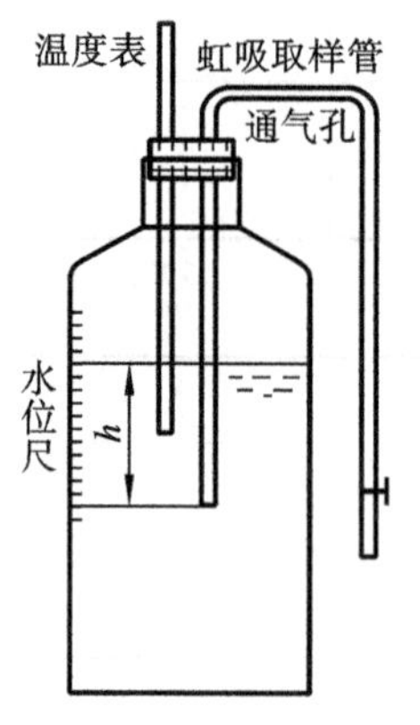

图 5-15　重力沉降法测粒径装置示意图

实验装置如图 5-15 所示。

4. 实验步骤

(1) 将已知浊度的浑水装入 10 L 玻璃瓶中，水面接近玻璃瓶直壁的顶部。

(2) 将玻璃瓶中的水摇匀，立即盖好瓶塞。将虹吸取样管及温度表固定在瓶塞上，盖好瓶塞的同时，取样点的位置也就确定了。

(3) 盖好瓶塞后，每隔一段时间用虹吸取样管取水样，即每隔 1 min、2 min、5 min、15 min 及 1 h、2 h、4 h、8 h(时间都从开始沉淀算起)取水样，测量浊度。

(4) 每次取水样前记录水面至取样点的距离与水温。

原水颗粒分析记录参考表 5-24。

表 5-24　原水颗粒分析记录表

静沉时间	0 min	1 min	2 min	5 min	15 min	30 min	1 h	2 h	4 h	8 h
取水样时间	8:00	8:01	8:02	8:05	8:15	8:30	9:00	10:00	12:00	16:00
沉淀距离 h /(10^{-2}m)	13.3	12.8	12.3	11.8	11.3	10.8	10.3			9.0
平均沉速 u /(10^{-2}m/s)		0.213	0.103	0.039 3	0.012 6	0.06	0.028 6			0.000 313
沉淀过程中的平均水温/℃		20		20			20			20
t(℃)时的 γ /(10^{-4}m^2/s)		0.010 1		0.010 1			0.010 1			0.010 1
所取水样的最大粒径 d/μm		49	34	21	11.9	8.2	5.7			1.9
所取水样的浊度/NTU	30.2	28.0	27.3	26.8	26.6	26.3	24.4			10.9
粒径小于该最大粒径颗粒的质量所占的百分数/(%)		92.7	90.4	88.7	88.1	87.1	80.8			36.1

注：表格中的数字为某水样的实验数据。

本实验有如下注意事项。

(1) 配制浑水的浊度宜小于100 NTU。

(2) 用虹吸管取样时,应先放掉虹吸管内的少量存水(约20 mL),然后取样。每次取样的体积够测浊度即可。

(3) 取样点离瓶底距离不应小于10 cm,以免取样时将瓶底沉泥吸出,但也不宜大于15 cm,以防满足不了多次取样的需要。

(4) 用洗耳球吸取虹吸管内的空气时,只能吸气,不能把空气鼓入瓶中,以防把沉淀水搅浑。

5. 实验结果整理

(1) 计算每次取样时的平均沉速 u。

(2) 计算自沉淀开始至每次取样这段时间内的平均水温。

(3) 查 t(℃)时水的运动黏度 γ。

(4) 求每次所取水样的最大粒径 d。

(5) 计算每次取样时粒径小于该最大粒径颗粒的质量占原水中全部颗粒质量的百分数。

(6) 在半对数坐标纸上以粒径 d(μm)为横坐标,以小于某粒径颗粒的质量百分数为纵坐标,绘制颗粒分析曲线。

6. 问题与讨论

(1) 对于粒径小于1 μm的颗粒,能否用这种方法测粒径?浑水浊度为10000 NTU时,能否用这种方法测粒径?

(2) 对本实验有何改进意见?

5.2.6 过滤实验

1. 实验目的

过滤是具有孔隙的物料层截留水中杂质从而使水变澄清的工艺过程。常用的过滤方法有砂滤、硅藻土涂膜过滤、烧结管微孔过滤、金属丝编织物过滤等。过滤不仅可以去除水中细小的悬浮颗粒杂质,而且细菌、病毒及有机物也会随水浊度的降低而被去除。本实验按照实验滤池的构造结构,内装石英砂滤料或陶瓷滤料,利用自来水进行清洁砂层过滤和反冲洗实验。

通过本实验,希望达到下述目的。

(1) 了解滤料的级配方法。

(2) 掌握清洁砂层过滤时水头损失的计算方法和水头损失变化规律。

(3) 掌握反冲洗滤层时水头损失的计算方法。

2. 实验原理

为了取得良好的过滤效果,滤料应具有一定的级配。不过,生产上有时为了方便,常采用0.5 mm和1.2 mm孔径的筛子进行筛选。这样就不可避免地出现细滤料(或粗滤料)有时过多或过少的现象。为此,应采用一套不同的筛子进行筛选,并选定 d_{10}、d_{80},从而决定滤料级配。在研究过滤过程的有关问题时,常常涉及孔隙度的概念,其计算公式为

$$m=\frac{V_n}{V}=\frac{V-V_c}{V}=1-\frac{V_c}{V}=1-\frac{G}{V\rho} \tag{5-26}$$

式中:m 为滤层孔隙度(率),%;V_n 为滤料层孔隙体积,cm^3;V 为滤料层体积,cm^3;V_c 为滤料层中滤料所占的体积,cm^3;G 为滤料质量(在105 ℃下烘干),g;ρ 为滤料密度,g/cm^3。

滤层截污量增加后,滤层孔隙度 m 减小,水流穿过砂层缝隙流速增大,于是水头损失增

大。均匀滤料的水头损失计算式为

$$H=\frac{K}{g}\gamma\frac{(1-m)^2}{m^3}\left(\frac{6}{\psi d_0}\right)^2 Lv+\frac{1.75}{g}\frac{1-m}{m^3}\left(\frac{1}{\psi d_0}\right)^2 Lv^2 \tag{5-27}$$

式中：K 为无因次数，通常取 $K=4\sim5$；d_0 为滤料粒径，cm；v 为过滤速度，cm/s；L 为滤层厚度，cm；γ 为水的运动黏度，cm^2/s；ψ 为滤料颗粒球形度系数，可取 0.80 左右。

式(5-27)的第一项属于黏滞项，第二项为动力项，根据滤速的大小不同，各项所占的比例不同。

为了保证滤后水质和过滤速度，当过滤一段时间后，需要对滤层进行反冲洗，使滤料层在短时间内恢复工作能力。反冲洗的方式多种多样，其原理是一致的。反冲洗开始时，承托层、滤料层未完全膨胀，相当于滤池处于反向过滤状态，这时滤层水头损失可用式(5-27)计算。当反冲洗速度增大后，滤料层完全膨胀，处于流态化状态。根据滤料层膨胀前、后的厚度便可求出膨胀度(率)：

$$e=\frac{L-L_0}{L_0}\times100\% \tag{5-28}$$

式中：e 为膨胀度；L 为砂层膨胀后的厚度，cm；L_0 为砂层膨胀前的厚度，cm。

膨胀度 e 的大小直接影响反冲洗效果，而反冲洗强度的大小决定滤料层的膨胀度。反冲洗强度可按下列公式计算：

$$q=100\frac{d_e^{1.31}}{\mu^{0.54}}\frac{(e+m_0)^{2.31}}{(1+e)^{1.77}(1-m_0)^{0.54}} \tag{5-29}$$

式中：q 为反冲洗强度，$L/(m^2\cdot s)$；d_e 为滤料的当量粒径，cm；μ 为动力黏度，Pa·s；e 为膨胀度；m_0 为滤层原来的孔隙度。

滤料的当量粒径 d_e 可用下式计算：

$$d_e=\frac{1}{\sum\limits_{i=1}^{n}\frac{p_i}{d_i}}=\frac{1}{\sum\limits_{i=1}^{n}\frac{p_i}{\frac{d_{i1}+d_{i2}}{2}}} \tag{5-30}$$

式中：d_{i1}、d_{i2} 为相邻两层滤料的粒径，cm；p_i 为粒径为 d_i 的滤料占全部滤料的比例。

例如，以滤料粒径 d 为横坐标、所占的比例为纵坐标作累积曲线，把此累积曲线分成 n 段，每段曲线所对应的粒径为 d_{i1} 和 d_{i2}，对应的纵坐标为 p_{i1} 和 p_{i2}，则 $d_i=\frac{d_{i1}+d_{i2}}{2}$，$p_i=p_{i2}-p_{i1}$。把 n 个$\frac{p_i}{d_i}$相加，便可求出 d_e。

对于不均匀的滤料，水头损失计算式为

$$H=\frac{K}{g}\nu\frac{(1-m)^2}{m^3}Lv\left(\frac{6}{\psi}\right)^2\sum_{i=1}^{n}\left(\frac{p_i}{d_i^2}\right)+\frac{1.75}{g}\frac{1-m}{m^3}\sum_{i=1}^{n}\left(\frac{p_i}{\psi d_i}\right)^2 Lv^2 \tag{5-31}$$

式中：各符号意义同式(5-27)和式(5-28)。

3. 实验装置与设备

(1) 实验装置。

本实验采用如图 5-16 所示的实验装置。过滤和反冲洗水来自高位水箱。高位水箱的尺寸(图中未标注)为 2 m×1.5 m×1.5 m，高出地面 10 m。

(2) 实验设备和仪器仪表。

过滤柱，有机玻璃制，$D=100$ mm，$L=2\ 000$ mm，1 根；转子流量计，1 个；测压板，长×

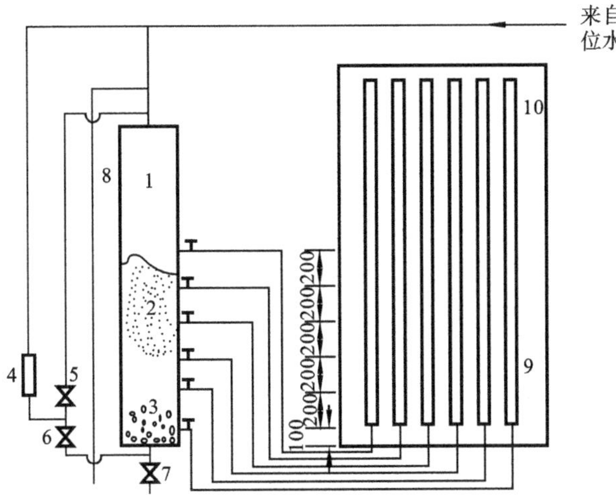

图 5-16　过滤实验装置示意图

1—过滤柱；2—滤料层；3—承托层；4—转子流量计；5—过滤进水阀门；
6—反冲洗进水阀门；7—过滤出水阀门；8—反冲洗出水管；9—测压板；10—测压管

宽=3 500 mm×500 mm，1 块；测压管，玻璃管片尺寸为 10 mm×1 000 mm，6 根；筛子，孔径 0.2～2 mm，中间不少于 4 挡，1 组；量筒，1 000 mL、100 mL，各 1 个；容量瓶；比重瓶；干燥器；钢尺；温度计等。

4. 实验步骤

1）滤料筛分和孔隙度测定步骤

（1）称取滤料(砂)500 g，洗净后于 105 ℃恒温箱中烘干 1 h，放在干燥器内，待冷却后称取 300 g。

（2）用孔径为 0.2～2.0 m 的一组筛子过筛，称出留在各筛子上的滤料质量。

（3）分别称取孔径为 0.5 mm、0.8 mm、1.2 mm 的筛上的滤料各 20 g，置于 105 ℃恒温箱中烘干1 h，放在干燥器内冷却。

（4）称取上述滤料各 10 g，用 100 mL 量筒测出堆体积 V。

（5）用带有刻度的容量瓶测出各滤料的体积。

2）清洁砂层过滤水头损失实验步骤

（1）开启阀门 6，冲洗滤层 1 min。

（2）关闭阀门 6，开启阀门 5、7，快滤 5 min，使砂面保持稳定。

（3）调节阀门 5、7，使出水流量为 8～10 mL/s(相当于 100 mm 过滤柱中滤速约4 m/h)，待测压管中水位稳定后，记下滤柱最高和最低两根测压管中的水位。

（4）增大过滤水量，使过滤流量依次为 13 mL/s、17 mL/s、21 mL/s、26 mL/s 左右，最后一次流量控制在60～70 mL/s，分别测出滤柱最高和最低两根测压管中的水位，记入表 5-25 中。

（5）量出滤层厚度 L。

3）滤层反冲洗实验步骤

（1）量出滤层厚度 L_0，慢慢开启反冲洗进水阀门 6，使滤料刚刚膨胀起来，待滤层表面稳定后，记录反冲洗流量和滤层膨胀后的厚度 L。

（2）开大反冲洗进水阀门 6，改变反冲洗流量。按步骤(1)测出反冲洗流量和滤层膨胀后

的厚度 L。

(3) 改变反冲洗流量 6～8 次，直至最后一次砂层膨胀率达 100％为止。测出反冲洗流量和滤层膨胀后的厚度 L。

本实验有如下注意事项。

(1) 用筛子筛分滤料时不要用力拍打筛子，只在过筛结束时轻轻拍打一次，筛孔中的滤料即会脱离筛孔。

(2) 反冲洗滤柱中的滤料时，不要使进水阀门开启度过大，应缓慢打开以防滤料冲出柱外。

(3) 在过滤实验前，滤层中应保持一定水位，不要把水放空，以免过滤实验时测压管中积存空气。

(4) 反冲洗时，为了准确地量出砂层厚度，一定要在砂面稳定后再测量，并在每一个反冲洗流量下连续测量 3 次。

5. 实验结果整理

1) 滤料筛分和孔隙测定实验结果整理

(1) 根据滤料筛分情况，按表 5-25 进行记录。

表 5-25 滤料筛分记录表

实验日期________年______月______日

筛孔径/mm	留在筛上的滤料量		通过该筛号的滤料量	
	质量/g	比例/(％)	质量/g	比例/(％)

(2) 根据表 5-25 所列数据，取 $d_{10}=0.4$，$d_{80}=1.2$，给出滤料筛分曲线，并求出原滤料筛除的比例。

(3) 根据粒径为 0.5 mm、0.8 mm、1.2 mm 的滤料质量、体积、密度，分别求出它们的孔隙度 m。

2) 清洁砂层过滤水头损失实验结果整理

(1) 将滤柱内所装滤料情况填入表 5-26 中。

表 5-26 滤料粒径计算表

平均粒径 d_i/cm	d_i/(％)	d_i^2/cm^2	$\frac{p_i}{d_i}$	$\frac{p_i}{d_i^2}$	备　注

$\sum p_i = 100\%$　　$\sum \frac{p_i}{d_i} =$　　$\sum \frac{p_i}{d_i^2} =$

(2) 将过滤时所测流量、测压管水位填入表 5-27 中。

表 5-27　清洁砂层水头损失实验记录表

序号	测定次数	流量 Q/(mL/s)	滤速		实测水头损失			水头损失理论计算值 H/cm	相对误差 $\frac{h-H}{h}$/(%)	备注
			$\frac{Q}{W}$/(cm/s)	$\frac{36Q}{W}$/(cm/h)	测压管水位/cm		(h_b-h_a)/cm			
					h_b	h_a				
1	1									
	2									
	3									
	平均值									
⋮	⋮									

注：h_b 为最高测压管水位值；h_a 为最低测压管水位值。

(3) 根据表 5-27 中数据给出水头损失 H 与流速 u 的关系曲线。

(4) 根据表 5-26、表 5-27 及滤料筛分和孔隙度测定的实验数据，代入式(5-31)求出水头损失理论计算值。

(5) 计算过滤水头损失理论计算值和实测值的相对误差，记入表 5-27 中。

3) 滤层反冲洗实验结果整理

(1) 将反冲洗流量变化情况、膨胀后砂层厚度填入表 5-28 中。

表 5-28　滤层反冲洗实验结果整理

序号	测定次数	反冲洗流量/(mL/s)	反冲洗强度/[L/(cm² · s)]	膨胀后滤层厚度 L/m	滤层膨胀度 $e=\frac{L-L_0}{L_0}$/(%)	滤层膨胀度理论计算值 e'	相对误差 $\frac{e-e'}{e'}$/(%)
1	1						
	2						
	3						
	平均值						
⋮	⋮						

(2) 按照式(5-29)求出滤层膨胀度 e'，记入表 5-28 中。

(3) 根据实测滤层膨胀度 e 和理论计算值 e'，计算出膨胀度误差。

6. 问题与讨论

(1) 分析式(5-31)所求出的水头损失理论值与实测数据相接近或误差过大的原因。应用式(5-27)计算水头损失时，在什么情况下可以忽略第二项的值？

(2) 分析表 5-28 中膨胀度误差过大的原因。

(3) 本实验存在什么问题？如何改进？

5.2.7　酸性废水中和实验

升流式过滤中和处理酸性废水，是中和处理方法的一种形式，掌握其测定技术，对选择工艺设计参数及运行管理具有重要意义。

1. 实验目的

(1) 了解掌握酸性废水过滤中和原理及工艺。

(2) 测定升流式石灰石滤池在不同滤速时的中和效果。

(3) 测定不同形式的吹脱设备(鼓风曝气吹脱、瓷环填料吹脱、筛板塔等)去除水中游离CO_2的效果。

2. 实验原理

机械制造、电镀、化工、化纤等工业生产中排出大量酸性废水,若不加处理直接排放将会造成水体污染,腐蚀管道,毁坏农作物,危害渔业生产,破坏污水生物处理系统的正常运行。目前常用的处理方法有酸、碱污水混合中和,药剂中和和过滤中和。

由于过滤中和法设备简单、造价低、不需药剂配制和投加系统,耐冲击负荷,故目前生产中应用较多。其中,广泛使用的是升流式膨胀过滤中和滤池,其原理是化学工业中应用较多的流化床。由于所用滤料直径很小(d=0.5～3 mm),因此单位容积滤料表面积很大,酸性废水与滤料所需中和反应时间大大缩短,故滤速可大幅度提高,从而使滤料呈悬浮状态,造成滤料相互碰撞摩擦,这更适用于中和处理后所生成的盐类溶解度小的一类酸性废水。例如:

$$H_2SO_4 + CaCO_3 \longrightarrow CaSO_4 + H_2O + CO_2 \uparrow$$

该工艺反应时间短,并减小了硫酸钙结垢对石灰石滤料活性的影响,因而被广泛地用于酸性废水处理。

由于中和后出水中含有大量CO_2,使废水的pH值偏低,为提高废水的pH值,可采用吹脱法进行后处理。

3. 实验装置与设备

(1) 实验装置。

酸性废水中和、吹脱实验装置示意图如图5-17所示。

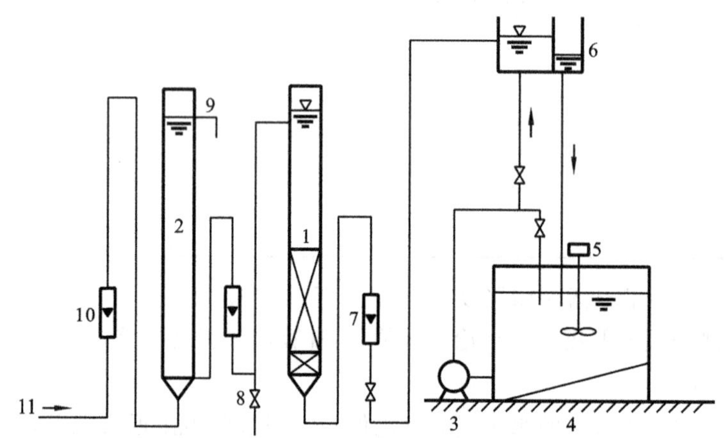

图5-17　酸性废水中和、吹脱实验装置示意图

1—升流式滤柱;2—吹脱柱;3—水泵;4—配水池;5—搅拌器;6—恒位水箱;7—水转子流量计;8—排水、取样口;9—出水口;10—气体转子流量计;11—压缩空气

(2) 实验设备及仪器仪表。

升流式滤池:有机玻璃管,内径DN70 mm,有效高H=2.3 m,内装石灰石滤料,粒径d=0.5～3 mm,起始装填高度约1 m。

吹脱设备:有机玻璃管,内径DN100 mm,有效高H=2.3 m,分别为鼓风曝气式、瓷环填料式、筛板塔式。

防腐水池;塑料泵;循环管路。

空气系统：空气压缩机一台，布气管路。

计量设备：转子流量计 LZB-25、LZB-10，气用 LZB-4。

水样测定设备：pH 计，酸度滴定设备，游离 CO_2 测定装置及有关药品，玻璃器皿。

4. 实验步骤

(1) 每组实验时，选定 40(50)、60(70)、80(90)、100(110)m/h 4 种滤速，进行中和实验。

(2) 自配硫酸溶液，浓度为 1.5～2 g/L，搅拌均匀，取水样测定 pH 值、酸度。

(3) 将搅拌均匀的酸性废水，输入升流式滤池，用截门调整滤速至要求值，待稳定流动 10 min 后，取中和后出水水样一瓶 300～400 mL，取满不留空隙，测 pH 值、酸度、游离 CO_2 含量。

(4) 将中和后出水引入不同吹脱设备内，用阀门调整风量到合适程度(控制 5 m^3(气)/m^3(水)左右)进行吹脱。中和出水取样 5 min 后，再取吹脱后水样一瓶 300～400 mL，取满不留空隙，测定 pH 值、酸度、游离 CO_2 含量。

(5) 改变滤速，重复上述实验。

(6) 各组可采用不同滤速，整理实验结果时，可利用各组测试数据。

(7) 记录有关数据，如表 5-29 所示。

表 5-29　中和实验记录表

组号	原水样		酸性水		石灰石滤料				中和后出水			吹脱水		气量		吹脱后出水			
	酸度/(mg/L)	pH 值	流量/(L/h)	滤速/(m/h)	装填高 h_1/cm	膨胀高 h_2/cm	膨胀率 K(h_2/h_1)	酸度/(mg/L)	pH 值	游离 CO_2 含量/(mg/L)	中和效率/(%)	流量/(L/h)	流速/(m/h)	气量/(m^3/h)	气水比(V_1/V_2)	酸度/(mg/L)	pH 值	游离 CO_2 含量/(mg/L)	吹脱效率/(%)

本实验有如下注意事项。

(1) 配制硫酸废水时，应先将池内水放到计算位置，而后慢慢加入浓硫酸，并慢慢加以搅动，注意不要烧伤手、脚或损坏衣服。

(2) 取样时，取样瓶一定要装满，不留空隙，以免气体逸出和溶入，影响测定结果。

5. 实验结果整理

(1) 根据实验记录计算出膨胀率、中和效率、气水比和吹脱效率。

(2) 以滤速为横坐标，出水 pH 值、酸度为纵坐标绘图。

(3) 分析实验中所观察到的现象。

6. 问题与讨论

(1) 说明酸性废水处理的原理，写出本实验的化学反应方程式。

(2) 叙述酸性废水处理的方法。

(3) 升流式石灰石滤池处理酸性废水的优缺点及存在问题是什么？

(4) 酸性废水中和处理对进水硫酸浓度是否有要求？原因是什么？

5.2.8　气浮实验

1. 实验目的

气浮净水方法是环境工程和给排水工程中广泛应用的一种水处理方法。该法主要用于处理水中相对密度小于或接近于 1 的悬浮杂质，如乳化油、羊毛脂、纤维以及其他各种有机或无机的悬浮絮体等。因此，气浮法在自来水厂、城市污水处理厂以及炼油厂、食品加工厂、造纸厂、毛纺厂、印染厂、化工厂等的水处理中都有所应用。

气浮法具有处理效果好、周期短、占地面积小以及处理后的浮渣中固体物质含量较高等优点，但也存在设备多、操作复杂、动力消耗大的缺点。通过本实验，希望达到下述目的。

(1) 进一步了解和掌握气浮净水方法的原理及其工艺流程。

(2) 掌握气浮法设计参数“气固比”及“释气量”的测定方法及整个实验的操作技术。

2. 实验原理

气浮法就是使空气以微小气泡的形式出现于水中并慢慢自下而上地上升，在上升过程中，气泡与水中污染物质接触，并把污染物质黏附于气泡上(或气泡附于污染物上)，从而形成密度小于水的气-水结合物浮升到水面，使污染物质从水中分离出去。

产生密度小于水的气-水结合物的主要条件如下。

(1) 水中污染物质具有足够的憎水性。

(2) 加入水中的空气所形成气泡的平均直径不宜大于 70 μm。

(3) 气泡与水中污染物质有足够的接触时间。

气浮法按水中气泡产生的方法可分为布气气浮、加压溶气气浮和电气浮几种。由于布气气浮一般气泡直径较大、气浮效果较差，而电气浮气泡直径虽不大但耗电较多，因此在目前应用气浮法的工程中，以加压溶气气浮法最多。

加压溶气气浮法就是使空气在一定压力的作用下溶解于水，并达到饱和状态，然后使加压水表面压力突然减到常压，此时溶解于水中的空气便以微小气泡的形式从水中逸出来。这样就产生了供气浮用的合格的微小气泡。

加压溶气气浮法根据进入溶气罐的水的来源，又分为无回流系统加压溶气气浮法与有回流系统加压溶气气浮法，目前生产中广泛采用后者。其流程如图 5-18 所示。

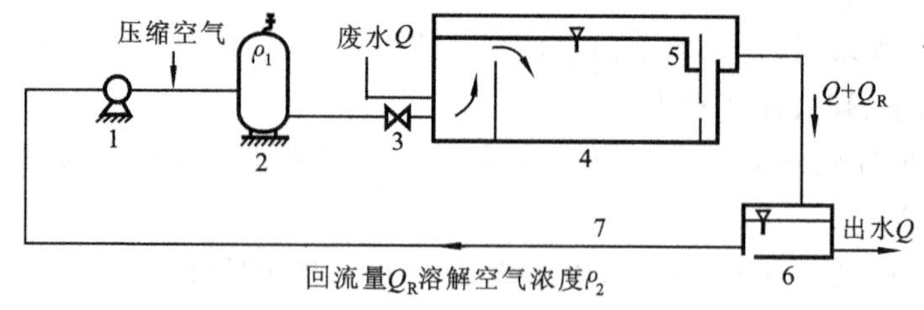

图 5-18　有回流系统加压溶气气浮法

1—加压泵；2—溶气罐；3—减压阀；4—气浮池；5—浮渣槽；6—贮水池；7—回流水

影响加压溶气气浮的因素很多，如空气在水中的溶解量，气泡直径的大小，气浮时间、水质、药剂种类与加药量，表面活性物质种类、数量等。因此，采用气浮法进行水质处理时，常需通过实验测定一些有关的设计运行参数。

本实验主要介绍由加压溶气气浮法求设计参数“气固比”以及测定加压水中空气溶解效率的“释气量”的实验方法。

3. 气固比实验

气固比(A/S)是设计气浮系统时经常使用的一个基本参数，是空气量与固体数量的比值，无量纲。定义为

$$A/S=\frac{\text{减压释放的气体量}/(\text{kg/d})}{\text{进水的固体量}/(\text{kg/d})}$$

对于上述的有回流系统加压溶气气浮法，其气固比可表示如下。

(1) 气体以质量浓度 C (mg/L)表示时，气固比可表示为

$$A/S = R\frac{C_1-C_2}{S_0} \tag{5-32}$$

(2) 气体以体积浓度 S_a(cm^3/L)表示时，气固比可表示为

$$A/S = R\frac{\rho_a S_a(fp-1)}{S_0} \tag{5-33}$$

式中：R 为回流比；C_1、C_2 分别为系统中 2、7 处气体于水中浓度，mg/L；S_0 为进水悬浮物浓度，mg/L；S_a 为水中空气溶解量，cm^3/L；ρ_a为空气密度，在20 ℃、1 个大气压(101.3 kPa)条件下，ρ_a=1.2 mg/cm^3；p 为溶气罐内压力，MPa；f 为比值因数，在溶气罐内压力为 0.2～0.4 MPa、温度为 20 ℃时，$f\approx 0.5$。

气固比不同，水中空气量不同，不仅影响出水水质(SS 值)，而且也影响成本费用。本实验是改变不同的气固比 A/S，测出水的 SS 值，并绘制出 A/S 与出水 SS 的关系曲线。由此可根据出水 SS 值确定气浮系统的 A/S 值，如图 5-19、图 5-20 所示。

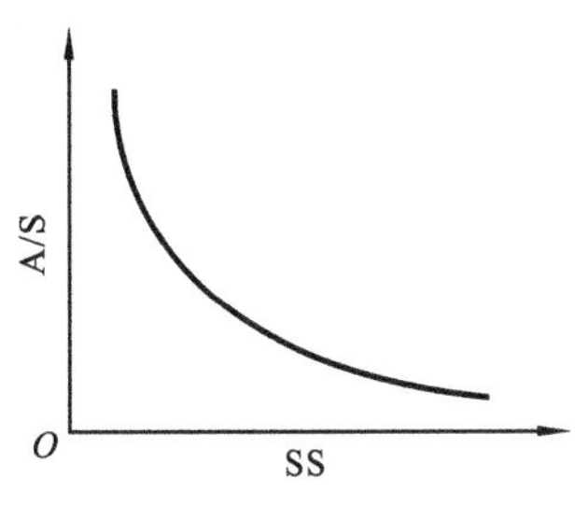

图 5-19　A/S-SS 曲线

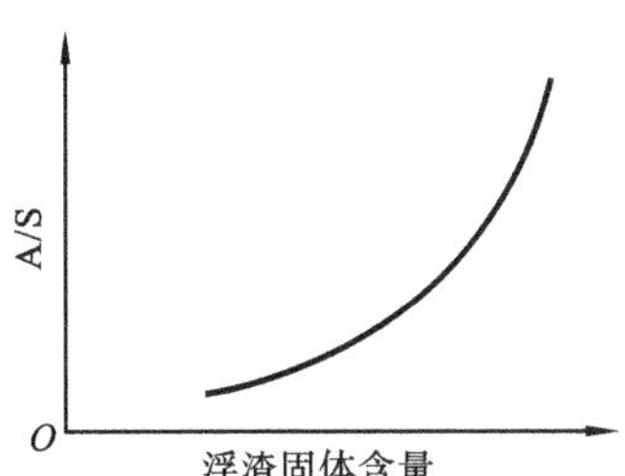

图 5-20　A/S-浮渣固体含量曲线

1) 实验装置与设备

实验装置由空气压缩机、压力溶气罐、气浮装置和转子流量计等组成，见图 5-21。

2) 实验步骤

(1) 将某污水加 1%左右的硫酸铝(或其他同类药品)溶液混凝沉淀，然后取压力溶气罐 2/3 体积的上清液加入压力溶气罐。

(2) 开进气阀门使压缩空气进入加压溶气罐，待罐内压力达到预定压力时(一般为 0.3～0.4 MPa)关进气阀门并静置 10 min，使罐内水中溶解空气达到饱和。

(3) 测定加压溶气水的释气量以确定加压溶气水是否合格(一般释气量与理论饱和值之比为 0.9 以上即可)。

(4) 将 500 mL 已加药并混合好的某污水倒入反应量筒(加药量按混凝实验定)，并测原污水中的悬浮物浓度。

(5) 当反应量筒内已见微小絮体时，开减压阀(或释放器)按预定流量往反应量筒内加溶

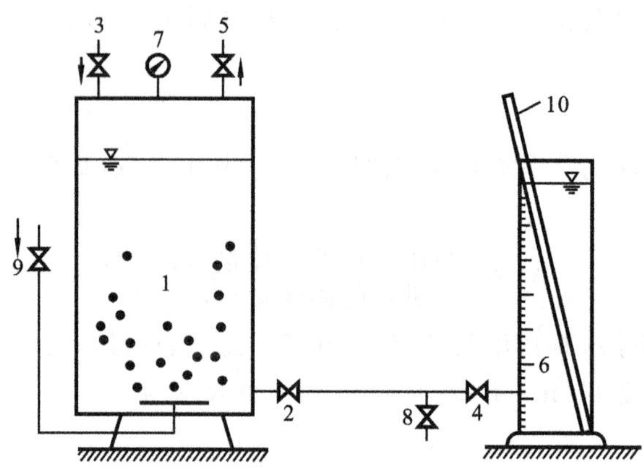

图 5-21 气固比实验装置

1—压力溶气罐；2—成压阀或释放器；3—加压水进水口；4—入流阀；5—排气口；6—反应量筒(1 000～1 500 mL)；7—压力表(1.5 级 0.6 MPa)；8—排放阀；9—压缩空气进气阀；10—搅拌棒

气水(其流量可根据所需回流比而定),同时用搅拌棒搅动 0.5 min,使气泡分布均匀。

(6) 观察并记录反应筒中随时间而上升的浮渣界面高度并求其分离速度。

(7) 静置分离 10～30 min 后分别记录清液与浮渣的体积。

(8) 打开排放阀门分别排出清液和浮渣,并测定清液和浮渣中的悬浮物浓度。

(9) 按几个不同回流比重复上述实验即可得出不同的气固比与出水水质的 SS 值。

记录见表 5-30、表 5-31。

表 5-30 原污水、压力容器水与出水水质记录表

实验号	原污水						压力溶气水					出水			浮渣	
	水温/℃	pH值	体积 V_c/mL	加药名称	加药量/(%)	悬浮物/(mg/L)	体积/mL	压力/MPa	释气量/mL	气固比 A/S	回流比 R	悬浮物/(mg/L)	去除率/(%)	体积 V_1/mL	体积 V_2/mL	悬浮物/(mg/L)

表 5-31 浮渣高度与分离时间记录表

t/min							
h/cm							
$(H-h)$/cm							
V_2/L							
$V_2/V_1\times100\%$							

表 5-30 中气固比单位为 g(气体)/g(固体)即每去除1 g固体所需的气量。一般为了简化计算,也可用 L(气体)/g(悬浮物),计算公式如下：

$$A/S=\frac{W\cdot a}{SS\cdot Q} \tag{5-34}$$

式中：a 为单位溶气水的释气量,mL/L；W 为溶气水的体积,L；SS 为原水中的悬浮物浓度,mg/L；Q 为原水体积,L。

3）实验结果整理

(1) 绘制气固比与出水水质关系曲线，并进行回归分析。

(2) 绘制气固比与浮渣中固体浓度关系曲线。

4. 释气量实验

影响加压溶气气浮的因素很多，其中，溶解空气量和释放的气泡直径是重要的影响因素。空气的加压溶解过程虽然服从亨利定律，但是由于溶气罐形式的不同，溶解时间、污水性质的不同，其过程也有所不同。此外，由于减压装置的不同，溶解气体释放的数量、气泡直径也不同。因此进行释气量实验对溶气系统、释气系统的设计、运行均具有重要意义。

1）实验装置与设备

实验装置如图 5-22 所示。

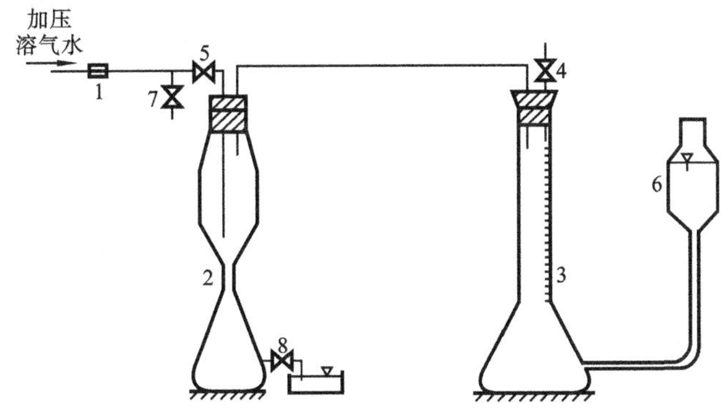

图 5-22　释气量实验装置示意图

1—减压阀或释放器；2—释气瓶；3—气体计量瓶；4—排气阀；5—入流阀；6—水位调节瓶；7—分流阀；8—排放阀

2）实验步骤

(1) 打开气体计量瓶的排气阀，将释气瓶注入清水至计量刻度，上下移动水位调节瓶，将气体计量瓶内液位调至零刻度，然后关闭排气阀。

(2) 当加压溶气罐运行正常后，打开减压阀和分流阀，使加压溶气水从分流口流出，在确认流出的加压溶气水正常后，开入流阀，关分流阀，使加压溶气水进入释气瓶内。

(3) 当释气瓶内增加的水达到 100～200 mL 后，关减压阀和入流阀并轻轻摇晃释气瓶，使加压溶气水中能释放出的气体全部从水中分离出来。

(4) 打开释气瓶的排放阀，使瓶中液位降回到计量刻度，同时准确计量排出液的体积。

(5) 上下移动水位调节瓶，使水位调节瓶中的液面与气体计量瓶中的液面处于同一水平面上，此时记录的气体增加量即所排入释放瓶中加压溶气水的释气量。

实验记录如表 5-32 所示。不同温度时的 K_T 值见表 5-33。

表 5-32　释气量实验记录表

实验号	加压溶气水				释气量/mL	溶气效率/(%)
	压力/MPa	体积/L	水温/℃	理论释气量/(mL/L)		

注：表中理论释气量 $V=K_T p$；释气量 $V_1=K_T pW$。其中，p 为空气所受的绝对压力，MPa；W 为加压溶气水的体积，L；K_T 为温度溶解常数。

表 5-33　不同温度时的 K_T 值

温度/℃	0	10	20	30	40	50
K_T 值	0.038	0.029	0.024	0.021	0.018	0.016

3) 实验结果整理

(1) 完成释气量实验,并计算溶气效率。

(2) 有条件的话,利用正交实验法组织安排释气量实验,并进行方差分析,指出影响溶气效率的主要因素。

5. 问题与讨论

(1) 气浮法与沉淀法有什么相同之处? 有什么不同之处?

(2) 气固比结果分析中的两条曲线各有什么意义?

(3) 当选定了气固比和工作压力以及溶气效率时,试推出求回流比 R 的公式。

5.2.9　活性炭吸附实验

1. 实验目的

活性炭处理工艺是运用吸附的方法来去除异味、色度、某些离子以及难生物降解的有机污染物。在吸附过程中,活性炭比表面积起着主要作用,同时被吸附物质在溶剂中的溶解度也直接影响吸附速率,被吸附物质浓度对吸附也有影响。此外,pH 值的高低、温度的变化和被吸附物质的分散程度也对吸附速率有一定的影响。

本实验采用活性炭间歇和连续吸附的方法确定活性炭对水中某些杂质的吸附能力。通过本实验,希望达到下述目的。

(1) 加深理解吸附的基本原理。

(2) 掌握活性炭吸附公式中常数的确定方法。

2. 实验原理

活性炭对水中所含杂质的吸附既有物理吸附作用,又有化学吸附作用。有一些物质先在活性炭表面积聚浓缩,继而进入固体晶格原子或分子之间被吸附,也有一些特殊物质则与活性炭分子结合而被吸附。

活性炭吸附水中所含杂质时,水中的溶解性杂质在活性炭表面凝聚而被吸附,也有一些被吸附物质由于分子的运动而离开活性炭表面,重新进入水中,即同时发生解吸现象。当吸附和解吸处于动态平衡时,称为吸附平衡。这时活性炭和水(即固相和液相)之间的溶质具有一定的浓度分布。如果在一定压力和温度条件下,用质量为 m(g)的活性炭吸附溶液中的溶质,被吸附的溶质质量为 x (mg),则单位质量的活性炭吸附溶质的量 q_e(即吸附容量)可按下式计算:

$$q_e = \frac{x}{m} \tag{5-35}$$

q_e 的大小除了取决于活性炭的品种之外,还与被吸附物质的性质、浓度、水的温度及 pH 值有关。一般来说,当被吸附的物质能够与活性炭发生结合反应、被吸附物质不易溶于水而受到水的排斥作用、活性炭对被吸附物质的亲和力强、被吸附物质的浓度又较大时,q_e 的值就比较大。

描述吸附容量 q_e 与吸附平衡时溶液浓度 ρ 的关系有 Langmuir(朗格缪尔)吸附等温式和

Freundlich(费兰德利希)吸附等温式。在水和污水处理中,通常用 Freundlich 吸附等温式来比较不同温度和不同溶液浓度时活性炭的吸附容量,即

$$q_e = K\rho^{1/n} \tag{5-36}$$

式中:q_e 为吸附容量,mg/g;K 为与吸附比表面积、温度有关的系数;n 为与温度有关的常数,$n>1$;ρ 为吸附平衡时的溶液浓度,mg/L。

这是一个经验公式。通常用图解方法求出 K、n 的值。为了方便易解,将式(5-36)变换成线性对数关系式

$$\lg q_e = \lg\frac{\rho_0-\rho}{m} = \lg K + \frac{1}{n}\lg\rho \tag{5-37}$$

式中:ρ_0 为水中被吸附物质的原始浓度,mg/L;ρ 为被吸附物质的平衡浓度,mg/L;m 为活性炭投加量,g/L。

连续流活性炭的吸附过程与间歇性吸附有所不同,这主要是因为前者被吸附的杂质来不及达到平衡浓度 ρ,因此不能直接应用上述公式,这时应对吸附柱进行被吸附杂质泄漏和活性炭耗竭过程实验,也可简单地采用 Bohart-Adams 关系式:

$$t = \frac{N_0}{\rho_0 v}\left[D - \frac{v}{KN_0}\ln\left(\frac{\rho_0}{\rho_B}-1\right)\right] \tag{5-38}$$

式中:t 为工作时间,h;v 为吸附柱中流速,m/h;D 为活性炭层厚度,m;K 为流速常数,$m^3/(g\cdot h)$;N_0 为吸附容量,g/m^3;ρ_0 为入流溶质浓度,mg/L;ρ_B 为容许出流溶质浓度,mg/L。

根据入流、出流溶质浓度,可用式(5-39)估算活性炭柱吸附层的临界厚度,即保持出流溶质浓度不超过 ρ_B 的炭层理论厚度。

$$D_0 = \frac{v}{KN_0}\ln\left(\frac{\rho_0}{\rho_B}-1\right) \tag{5-39}$$

式中:D_0 为临界厚度;其余符号意义同前。

实验时,如果原水样溶质浓度为 ρ_{01},将三个活性炭柱串联,则第一个活性炭柱的出流浓度 ρ_{B1} 即为第二个活性炭柱的入流浓度 ρ_{02},第二个活性炭柱的出流浓度 ρ_{B2} 即为第三个活性炭柱的入流浓度 ρ_{03}。由各炭柱不同的入流、出流浓度 ρ_0、ρ_B 便可求出流速常数 K。

3. 实验装置与设备

(1) 实验装置。

本实验间歇式吸附采用锥形瓶内装入活性炭和水样进行振荡的方法,连续流式吸附采用有机玻璃柱内装活性炭、水流自上而下连续进出的方法。图 5-23 和图 5-24 分别是间歇式活性炭吸附实验装置和连续流吸附实验装置示意图。

(2) 实验设备和仪器仪表。

振荡器或摇瓶柜,1 台;pH 计,分光光度计,烘箱,各 1 台;活性炭,2 kg;活性炭柱,有机玻璃管 ϕ25 mm×1 000 mm,3 根;水样调配箱,硬塑料焊制,长×宽×高=0.5 m×0.5 m×0.6 m,1 个;恒位箱,硬塑料焊制,长×宽×高=0.3 m×0.3 m×0.4 m,1 个;水泵,CHB_3,1 台;COD 测定装置,1 套;温度计,刻度 0～100 ℃,1 支;锥形瓶,500 mL,若干个;量筒,250 mL,2 个;三角漏斗,5 个。

4. 实验步骤

1) 间歇式吸附实验步骤

(1) 取一定量的活性炭放在蒸馏水中浸 24 h,然后置于 105℃烘箱中烘 24 h,再将烘干的

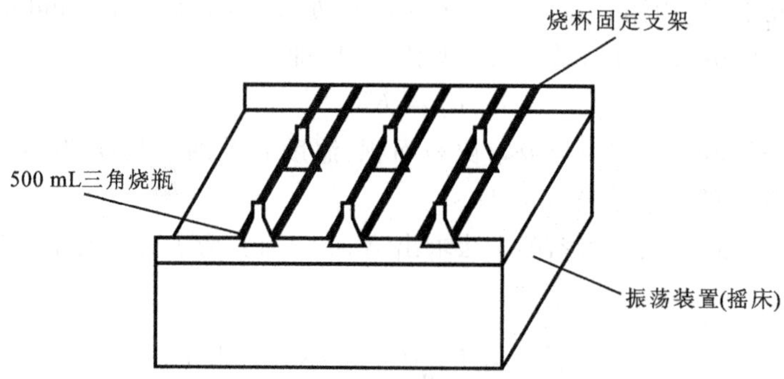

图 5-23　间歇式活性炭吸附实验装置示意图

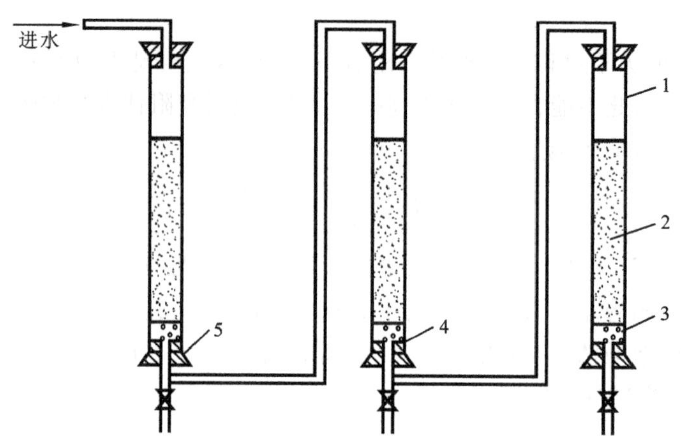

图 5-24　活性炭连续流吸附实验装置示意图

1—有机玻璃管；2—活性炭层；3—承托层；4—隔板隔网；5—单孔橡胶塞

活性炭研碎，使其成为能通过 200 目以下筛孔的粉状炭。

(2) 配制 COD_{Mn} 为 20～50 mg/L 的水样。

(3) 用高锰酸盐指数法测原水的 COD_{Mn}(可采用重铬酸钾快速法或其他方法，视实验条件而定)，同时测水温和 pH 值。

(4) 在 5 个锥形瓶中分别放入 100 mg、200 mg、300 mg、400 mg、500 mg 粉状活性炭，加入 150 mL 水样，放入振荡器振荡，达到吸附平衡时，即可停止振荡(加粉状活性炭的振荡时间一般为 30 min)。

(5) 过滤各锥形瓶中的水样，并测定 COD_{Mn}，记入表 5-32。

为使实验能在较短时间内完成，根据实验室仪器设备的条件，还可以测定有机染料的色度来做间歇式吸附实验，步骤如下。

(1) 配制有色水样，使其含亚甲基蓝 100～200 mg/L。

(2) 绘制亚甲基蓝标准曲线。①配制亚甲基蓝标准溶液：称取 0.05 g 亚甲基蓝，用蒸馏水溶解后移入 500 mL 容量瓶中，并稀释至标线，此溶液浓度为 0.1 mg/mL。②绘制标准曲线：用移液管分别吸取亚甲基蓝标准溶液 5 mL、10 mL、20 mL、30 mL、40 mL 于 100 mL 容量瓶中，用蒸馏水稀释至 100 mL 刻度处，摇匀，以水为参比，在 470 nm 波长处，用 1 cm 比色皿测定吸光度，给出标准曲线。

(3) 用分光光度法测定原水的亚甲基蓝含量，同时测水温和 pH 值。

(4) 在5个锥形瓶中分别放入100 mg、200 mg、300 mg、400 mg、500 mg上述间歇式吸附实验步骤(1)的粉状活性炭，加入200 mL水样，放入摇瓶柜，以100 r/min摇动30 min。

(5) 分别吸取已静置5 min的各锥形瓶内的上清液，在分光光度计上测得相应的吸光度，并在标准曲线上查出相应的浓度。

2) 连续流吸附实验步骤

(1) 配制水样，使其COD_{Mn}为50～100 mg/L。

(2) 用高锰酸盐指数法测定原水的COD_{Mn}，同时测水温和pH值。

(3) 在活性炭吸附柱中各装入炭层厚500 mm的活性炭。

(4) 启动水泵，将配制好的水样连续不断地送入高位恒位水箱。

(5) 打开活性炭柱进水阀门，使原水进入活性炭柱，并控制流量为100 mL/min左右。

(6) 运行稳定5 min后测定并记录各活性炭柱出水的COD_{Mn}。

(7) 连续运行2～3 h，并每隔60 min取样测定和记录各活性炭柱出水COD_{Mn}一次。

(8) 停泵，关闭活性炭柱进、出水阀门。

本实验有如下注意事项。

(1) 如果间歇式吸附实验所求得的q_e出现负值，则说明活性炭明显地吸附了溶剂，此时应调换活性炭或调换水样。

(2) 连续流吸附实验中，如果第一个活性炭柱出水中COD_{Mn}很低(低于20 mg/L)，则可增大进水流量或停止第二、三个活性炭柱进水，只用一个活性炭柱。反之，如果第一个活性炭柱进、出水COD_{Mn}相差无几，则可减小进水量。

(3) 进入吸附柱的水浊度较高时，应进行过滤从而去除杂质。

5. 实验结果整理

1) 间歇式吸附实验结果整理

(1) 记录实验操作基本参数。

实验日期________年______月______日

水样COD_{Mn}________mg/L　pH值________　温度________℃

振荡时间________min　水样体积________mL

(2) 各锥形瓶中水样过滤后COD_{Mn}测定结果，建议按表5-34填写。

表5-34 间歇式吸附实验记录表

杯号	水样体积/mL	原水样COD_{Mn} (ρ_0)/(mg/L)	吸附平衡后COD_{Mn} (ρ)/(mg/L)	$\lg\rho$	活性炭投加量 m/(g/mL)	$\frac{\rho_0-\rho}{m}$	$\lg\frac{\rho_0-\rho}{m}$

(3) 以$\lg[(\rho_0-\rho)/m]$为纵坐标、$\lg\rho$为横坐标，绘出Freundlich吸附等温线。

(4) 从吸附等温线上求出K和n的值，代入式(5-36)，求出Freundlich吸附等温式。

2）连续流吸附实验结果整理

(1) 实验测定结果建议按表 5-35 填写。

表 5-35　连续流吸附实验记录表

实验日期________年______月______日

原水 COD_{Mn}________mg/L　水温________℃

pH 值________　活性炭吸附容量 q_c=________mg/g

工作时间 t/h	1 号柱			2 号柱			3 号柱			出水浓度 ρ_B/(mg/L)
	ρ_{01} /(mg/L)	D_1 /m	v_1 /(m/h)	ρ_{02} /(mg/L)	D_2 /m	v_2 /(m/h)	ρ_{03} /(mg/L)	D_3 /m	v_3 /(m/h)	

(2) 将实验所测得的数据代入式(5-38)，求出流速常数 K(其中，N_0 采用 q_c 进行换算，活性炭容量为 0.7 g/cm^3 左右)。

(3) 如果流出的 COD_{Mn} 为 10 mg/L，求出活性炭柱层的临界厚度 D_0。

6. 问题与讨论

(1) 间歇式吸附与连续流吸附相比，吸附容量是否相等？怎样通过实验求出连续流吸附的吸附容量？

(2) 通过本实验，你对活性炭吸附有什么结论性意见？本实验应如何改进？

5.2.10　离子交换实验

1. 实验目的

离子交换法是处理电子、医药、化工等工业用水和处理含有害金属离子的废水，回收废水中贵重金属的普遍方法。它可以去除或交换水中溶解的无机盐，去除水中硬度、碱度以及制取无离子水。

在应用离子交换法进行水处理时，需要根据离子交换树脂的性能设计离子交换设备，决定交换设备的运行周期和再生处理。这既涉及理论计算，又包含实验操作的问题。

通过本实验，希望达到以下目的。

(1) 加深对离子交换基本理论的理解。

(2) 学会离子交换树脂交换容量的测定。

(3) 学习离子交换设备的操作方法。

2. 实验原理

1）离子交换树脂的交换容量

离子交换树脂的交换容量表示离子交换剂中可交换离子量的多少，是交换树脂的重要技术指标。由于各种离子交换树脂可以以不同形态存在，为了正确地比较各树脂的性能，常常在测定性能前将其转变成某种固定的形态。一般阳离子交换树脂以 H 型为标准，强碱性阴离子交换树脂以 Cl 型为标准，弱碱性阴离子交换树脂以 OH 型为标准。各种树脂在实验前应进行必要的处理，以洗去杂质。

树脂性能的测定目前尚无统一的规定，可根据需要对其物理性状和化学性状进行测定。在应用中，决定树脂交换能力大小的指标是树脂交换容量，它又分为以下几类。

(1) 全交换容量(E)。全交换容量是指交换树脂中所有活性基团全部再生成可交换离子的总量。其计算方法见本实验中实验结果整理。

(2) 平衡交换容量(m)。平衡交换容量是指交换树脂和水溶液作用达到平衡时的交换容量。例如，一种 H 型离子交换树脂和含有 Na^+ 的溶液作用，达到平衡时，交换树脂中 Na^+ 的含量为 m_{Na}(mmol/g)，则平衡交换容量为 m_{Na}，此时交换剂中残留的 H^+ 为 m_H(mmol/g)，则全交换容量 $E=m_{Na}+m_H$。当 m_{Na}很大而 $m_H\approx 0$ 时，$E=m_{Na}$。

(3) 工作交换容量(E_0)。工作交换容量是指在交换过程中实际起到交换作用的可交换离子的总量。

上述平衡交换容量与全交换容量有关，全交换容量是平衡交换容量的最大值。工作交换容量与实际运行条件有密切关系，原水中所含杂质的性质、浓度、交换树脂层厚度、进水温度、pH 值、再生程度等均影响交换树脂的工作交换容量。全交换容量对于同一种离子交换树脂来说是一个常数，常用酸碱滴定法确定其值。

2) 离子交换脱碱软化

含有 Ca^{2+}、Mg^{2+} 等杂质的原水流经交换树脂层时，水中的 Ca^{2+}、Mg^{2+} 首先与树脂上的可交换离子进行交换，最上层的树脂首先失效，变成了 Ca、Mg 型树脂。水流通过该层后水质没有变化，故这一层称为饱和层或失效层。在它下面的树脂层称为工作层，又与水中 Ca^{2+}、Mg^{2+} 进行交换，直至达到平衡。

实际上，天然水中不会只有单纯一种阳离子，而常含多种阴、阳离子，所以离子的交换过程比较复杂。就软化而言，当水流过交换层后，各阳离子按其被交换剂吸附能力的大小，自上而下地分布在交换层中，它们是 Fe^{3+}、Al^{3+}、Ca^{2+}、Mg^{2+}、K^+、Na^+ 等。如果采用 Na 型交换树脂，出水中就不可避免地含有 $NaHCO_3$，从而使碱度增加。生产上常采用 H-Na 型交换树脂并联的形式，它们的流量分配关系是

$$Q_H(c_{SO_4^{2-}}+c_{Cl^-})=(Q-Q_H)H_C-QA_r \tag{5-40}$$

式中：$c_{SO_4^{2-}}+c_{Cl^-}$ 为原水中 SO_4^{2-} 和 Cl^- 的含量，mmol/L；H_C 为原水中碳酸盐的硬度，亦称碱度，mmol/L；A_r 为混合后软化水的剩余碱度，约等于 0.5 mmol/L；Q、Q_H 分别为总处理水量、进入 H 型交换器的水量，m^3/h。

为了方便起见，在对水进行分析时，假定水中只有 K^+(Na^+)、Ca^{2+}、Mg^{2+}、HCO_3^-、SO_4^{2-}、Cl^- 等主要离子，这样碱度仅为碳酸盐碱度。总硬度与总碱度之差即为 SO_4^{2-} 和 Cl^- 的含量。

3) 离子交换除盐

利用阴、阳离子交换树脂共同工作是目前制取纯水的基本方法之一。水中各种无机盐类离解生成的阴、阳离子经过 H 型离子交换树脂时，水中阳离子被 H^+ 取代，经过 OH 型离子交换树脂时，水中阴离子被 OH^- 取代。进入水中的 H^+ 和 OH^- 结合成 H_2O，从而达到了去除无机盐的效果。水中所含阴、阳离子的多少，直接影响了溶液的导电性能，经过离子交换树脂处理的水中离子很少，电导率很小，电阻值很大，生产上常以水的电导率控制离子交换后的水质。

3. 实验装置与设备

(1) 实验设置。

离子交换脱碱软化装置如图 5-25 所示，交换柱由有机玻璃制成，尺寸为 ϕ100 mm×2 000

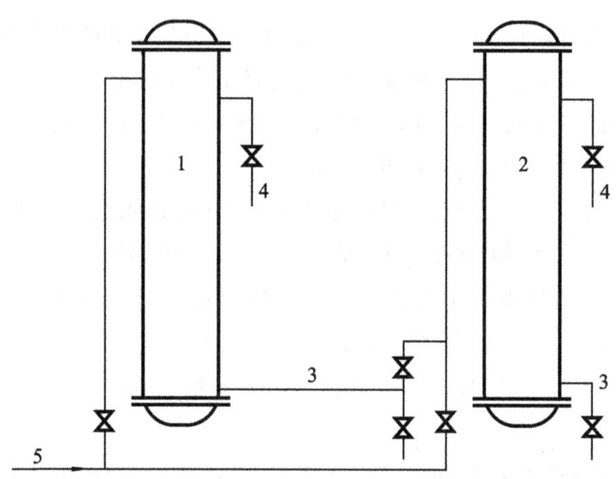

图 5-25　离子交换脱碱软化实验装置示意图

1—H 型离子交换柱；2—Na 型离子交换柱；3—出水管；4—再生液进水管；5—进水管

mm，内装树脂厚 1 200 mm。

离子交换除盐实验装置如图 5-26 所示，结构尺寸同离子交换脱碱软化实验装置。内装树脂厚 1 200 mm。

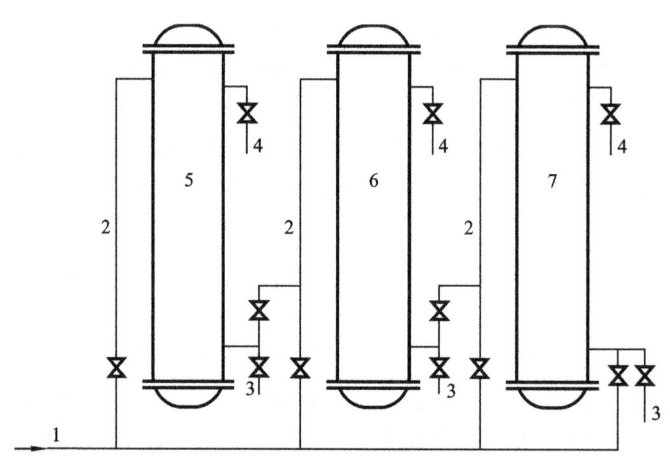

图 5-26　离子交换除盐实验装置示意图

1—自来水管；2—进水管；3—出水管；4—再生液进水管；

5—阳离子交换柱；6—阴离子交换柱；7—阴、阳离子混合柱

(2) 实验设备和仪器仪表。

天平，1 台；pH 计，1 台；电导仪，1 台；强酸性阳离子交换树脂，25 kg；强碱性阴离子交换树脂，10 kg；有机玻璃柱，ϕ100 mm×2 000 mm，5 根；真空抽吸装置，1 套；锥形瓶，250 mL，10 个；移液管，10 mL、25 mL、50 mL，各 2 支；滴定管，50 mL，1 支；量筒，100 mL、1 000 mL，各 1 个；容量瓶，500 mL，1 个；试剂瓶，250 mL，1 个；烧杯，500 mL 3 个，150 mL 2 个。

4. 实验步骤

1) 离子交换树脂全交换容量测定步骤

强酸性阳离子交换树脂的测定步骤如下。

(1) 称取树脂样本 1 g(精确至 1 mg)，置烘箱内在 105 ℃下烘 45 min，冷却后称重，求出

含水率。

(2) 另称取树脂样本 1 g(精确至 1 mg)，放入 250 mL 锥形瓶中，加入 1 mol/L NaCl 溶液 50～100 mL，摇动 5 min，放置 2 h。

(3) 在上述溶液中加入 1%酚酞指示剂 3 滴，用 0.1 mol/L NaOH 标准溶液滴定至呈微红色且 15 s 不褪色。记录所用 NaOH 标准溶液的体积。

弱酸性阳离子交换树脂的测定步骤如下。

(1) 称取树脂样本 1 g，测定含水率。

(2) 另称取树脂样本 1 g(精确至 1 mg)，放在 250 mL 锥形瓶中，加入 0.2 mol/L NaOH 标准溶液 50 mL，盖紧玻璃塞，放置 24 h(并轻微摇动数次)。

(3) 吸取上清液 25 mL 放在另一烧杯中，以酚酞为指示剂，用 0.1 mol/L HCl 标准溶液滴定至不显红色为止。记录 HCl 标准溶液的用量。

强碱性阴离子交换树脂的测定步骤如下。

(1) 称取树脂样本 1 g，测定含水率。

(2) 另称取树脂样本 1 g(精确至 1 mg)，放在 250 mL 锥形瓶中，加入 1 mol/L Na_2SO_3溶液 50～100 mL，摇动 5 min，放置 2 h。

(3) 在上述溶液中加入 10%铬酸钾指示剂 5 滴，用 0.1 mol/L $AgNO_3$标准溶液滴定至红色且 15 s 不褪色，记录 $AgNO_3$标准溶液的用量。

弱碱性阴离子交换树脂的测定步骤如下。

(1) 称取树脂样本 1 g，测定含水率。

(2) 另称取树脂样本 1 g(精确至 1 mg)，放在 250 mL 锥形瓶中，加入 0.1 mol/L HCl 溶液 100 mL(含 3%的 NaCl)，摇动 5 min，放置 24 h。

(3) 用移液管吸取上清液 20 mL 放入另一三角烧瓶中，加入 1%酚酞指示剂 3 滴。以 0.1 mol/L NaOH 标准溶液滴定至呈微红色且 15 s 不褪色。同时另做一个空白实验。记录两次 NaOH 标准溶液的用量。

2) 离子交换脱碱软化实验步骤

(1) 取进入离子交换柱前的自来水样 100 mL 置于 250 mL 锥形瓶中，测出总碱度。

(2) 取上述水样 50 mL 置于 250 mL 锥形瓶中，测出总硬度。

(3) 根据原水中总硬度和总碱度指标，利用 H-Na 型离子交换柱流量分配比例关系式确定进入 H、Na 型离子交换柱的流量比例。

(4) 取 H 型离子交换柱流速为 15 m/h，确定 Na 型离子交换柱流速。

(5) 打开各柱进、出水阀门，调整进水流量。

(6) 交换 10 min 后，测定 H-Na 型离子交换柱出水 pH 值、硬度、碱度和混合水碱度、pH 值。

(7) 改变上述离子交换柱流速，分别取 20 m/h、25 m/h 等，重复步骤(5)和(6)。

(8) 关闭各进、出水阀门。

3) 正离子交换除盐实验步骤

(1) 测定原水 pH 值、电导率，记入表 5-34 中。

(2) 排出阴、阳离子交换柱中的废液。

(3) 用自来水正洗各离子交换柱 5 min，正洗流速为 15 m/h，测定正洗水出水 pH 值。若不呈中性，则延长正洗时间。

（4）开启阳离子交换柱进水阀门和出水阀门，调整离子交换柱内流速到 12 m/h 左右。

（5）关闭阳离子出水阀门，开启阴离子交换柱进水阀门及混合离子交换柱进、出水阀门。

（6）交换 10 min 后，测定各离子交换柱出水电导率、pH 值。

（7）依次取交换速率为 15 m/h、20 m/h、25 m/h 等进行交换，测定各离子交换柱出水电导率、pH 值。

（8）交换结束后，阴、阳离子交换柱分别用 15 m/h 的自来水反洗 2 min，并分别通入 5% HCl 溶液、4% NaOH 溶液至淹没交换层 10 cm。混合离子交换柱以 10 m/h 的速率反洗，待分层后再洗 2 min，然后移出阴离子交换树脂至 4% NaOH 溶液中，移出阳离子交换树脂至 5% HCl 溶液中，浸泡 40 min。

（9）移出再生液，用纯水浸泡树脂。

（10）关闭所有进、出水阀门，切断各仪器电源。

本实验有如下注意事项。

（1）在脱碱软化实验时，如果原水中碱度偏低，可取剩余碱度 $A_0 < 0.5$ mmol/L。

（2）离子交换脱碱软化、除盐实验所用原水为一般自来水，如果碱度、硬度偏低，可自行调配水样。

（3）本实验分三部分，学生可以选择其中一部分进行实验，其中硬度和碱度可由实验人员事先测定或学生部分测定。

5. 实验结果整理

1）离子交换树脂全交换容量测定实验结果整理

离子交换树脂全交换容量分别按下列各式进行计算。

（1）强酸性阳离子交换树脂全交换容量

$$E = \frac{cV}{m(1-\text{含水率})}$$

式中：c 为 NaOH 标准溶液的浓度，mmol/mL；V 为 NaOH 标准溶液的用量，mL；m 为样本树脂的质量，g。

（2）弱酸性阳离子交换树脂全交换容量

$$E = \frac{cV - 2c_1V_1}{m(1-\text{含水率})}$$

式中：c_1 为 HCl 标准溶液的浓度，mmol/mL；V_1 为 HCl 标准溶液的用量，mL；其余符号意义同前。

（3）强碱性阴离子交换树脂全交换容量

$$E = \frac{2c_2V_2}{m(1-\text{含水率})}$$

式中：c_2 为硝酸银标准溶液的浓度，mmol/mL；V_2 为硝酸银标准溶液的用量，mL；其余符号意义同前。

（4）弱碱性阴离子交换树脂全交换容量

$$E = \frac{5(V_2 - V_1)}{m(1-\text{含水率})}$$

式中：V_1 为样本测定的 NaOH 标准溶液的用量，mL；V_2 为空白测定的 NaOH 标准溶液的用量，mL；其余符号意义同前。

2）离子交换脱碱软化实验结果整理

（1）实验测得的各数据建议按照表 5-36 填写。

表 5-36　离子交换脱碱软化实验记录表

实验日期________年______月______日

原水样总硬度________mmol/L　碱度________mmol/L　pH 值________

编号	交换柱类型	交换速率/(m/h)	总硬度/(mmol/L)	碱度/(mmol/L)	碳酸盐硬度/(mmol/L)	非碳酸盐硬度/(mmol/L)	pH 值	混合后水质	
								碱度/(mmol/L)	pH 值
1	H								
	Na								
2	H								
	Na								
⋮	⋮								

(2) 将表 5-36 中的数据代入流量分配关系式，求出剩余碱度。给出 H 型离子交换柱流速与 pH 值、Na 型离子交换柱流速与碱度的关系曲线。

3) 离子交换除盐实验结果整理

(1) 把实验测得的数据填入表 5-37 中。

表 5-37　离子交换除盐实验记录表

实验日期________年______月______日

原水温度________℃　硬度________mmol/L　pH 值________　电导率________

离子交换柱水流速率/(m/h)	阳离子交换柱			阴离子交换柱		阴、阳离子混合柱		备　注
	硬度/(mmol/L)	pH 值	电导率/(S/cm)	pH 值	电导率/(S/cm)	pH 值	电导率/(S/cm)	

(2) 给出各离子交换柱水流速率与电导率的关系曲线。

6. 问题与讨论

(1) 根据实验结果，对离子交换脱碱软化系统可以得出什么结论？还存在哪些问题？

(2) 离子交换除盐实验中 pH 值是怎样变化的？对电导率有什么影响？

(3) 做完本实验后，你感到有什么不足？有何进一步设想？

5.2.11　加氯消毒实验

1. 实验目的

经过混凝、沉淀或澄清、过滤等水质净化过程，水中大部分悬浮物质已被去除，但还有一定数量的微生物(包括对人体有害的病原菌)，常采用消毒的方法来杀死这些致病微生物。

水的消毒方法有很多，目前采用较多的是氯消毒法。本实验针对有细菌、氨氮存在的水源，采用氯消毒的方法。通过本实验，希望达到以下目的。

(1) 了解氯消毒的基本原理。

(2) 掌握加氯量、需氯量的计算方法。

(3) 掌握氯胺消毒的基本方法。

2. 实验原理

氯气和漂白粉加入水中后发生如下反应：

$$Cl_2 + H_2O = HClO + HCl \quad (5\text{-}41)$$

$$Ca(OCl)_2 + 2H_2O = 2HClO + Ca(OH)_2 \quad (5\text{-}42)$$

起消毒作用的主要是 HClO。

如果水中没有细菌、氨、有机物和还原性物质，则投加在水中的氯全部以自由氯形式存在，且余氯量等于加氯量。

由于水中存在有机物及相当数量的含氮化合物，它们的性质很不稳定，常发生化学反应而逐渐转变为氨，氨在水中呈游离状态或以铵盐的形式存在。

加氯后，氯和氨生成“结合性”氯，同样也起消毒作用。根据水中氨的含量、pH 值的高低及加氯量的多少，加氯量与余氯量的关系曲线将出现四个阶段，即四个区间，如图 5-27 所示。

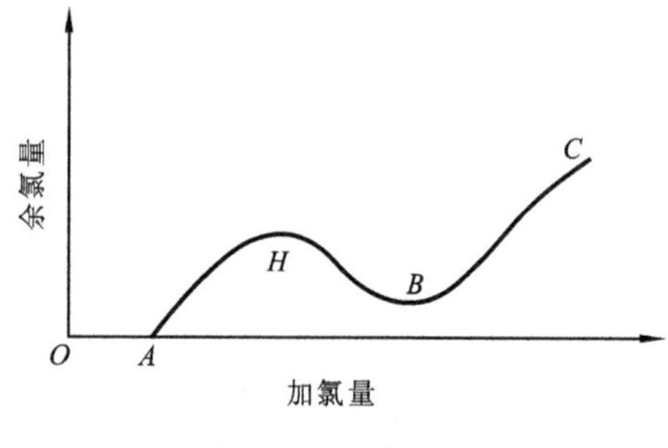

图 5-27　折点加氯曲线

第一区间（*OA* 段），余氯为零，投加的氯均消耗在氧化有机物上了。加氯量等于需氯量，消毒效果是不可靠的。当加氯量增加后，水中有机物逐渐被氧化殆尽，出现了结合性余氯，即第二区间（*AH* 段）。其反应式如下：

$$NH_3 + HClO = NH_2Cl + H_2O \quad (5\text{-}43)$$

$$NH_2Cl + HClO = NHCl_2 + H_2O \quad (5\text{-}44)$$

以式（5-43）为例，氨与氯全部反应生成 NH_2Cl，则投加氯气用量是氨的 4.2 倍。水中的 pH<6.5 时，主要生成 $NHCl_2$，所以需要的氯气将成倍增加。

继续加氯，便进入了第三区间（*HB* 段）。投加的氯不仅能生成 $NHCl_2$、NCl_3，还会发生下列反应：

$$2NH_2Cl + HClO = N_2\uparrow + 3HCl + H_2O \quad (5\text{-}45)$$

结果是氯胺被氧化为一些不起消毒作用的化合物，余氯逐渐减少，最后到达最低的折点 *B*。当结合性氯全部消耗完后，如果水中有余氯存在，则是游离性余氯。针对含有氨氮的水源，加氯量超过折点时的加氯称为折点加氯或过量加氯。

3. 实验装置与设备

(1) 实验装置。

本实验所用实验装置为搅拌机。

(2) 实验设备和仪器仪表。

水样调配箱，硬塑料板焊制，长×宽×高＝0.5 m×0.5 m×0.6 m，1 个；目视比色仪，1 台；氨氮标准色盘，1 块；余氯标准色盘，1 块；其他器皿比色管，50 mL，10 支；移液管，1 mL、5 mL、10 mL，各 1 支；量筒，10 mL，1 个；蒸馏瓶，800 mL，1 个；冷凝管，1 支；容量瓶，1 000 mL，1 个；烧杯，1 000 mL，8 个。

(3) 主要实验试剂。

碘化汞钾碱性溶液（又称纳氏溶液），1 000 mL；无氨蒸馏水，2 000 mL；酒石酸钾钠溶液，

200 mL；10％硫酸锌溶液，1 000 mL；50％氢氧化钠溶液，100 mL；联邻甲苯胺溶液，1 000 mL；5％亚砷酸钠溶液，1 000 mL。

4. 实验步骤

(1) 取天然河水或自来水 10 kg，配成氨氮浓度约 0.5 mg/L 的溶液。取 50 mL 水样于 50 mL 比色管中，加酒石酸钾钠 1 mL、纳氏试剂 1 mL，混合均匀，放置 10 min 后进行比色，测出水中氨氮浓度。

(2) 称取漂白粉 3 g，置于 100 mL 蒸馏水中溶解，然后稀释至 1 000 mL。取此漂白粉溶液 1 mL，稀释 100 倍后加联邻甲苯胺溶液 5 mL，摇匀，用余氯标准色盘进行比色，测出含氯量。

(3) 用 8 个 1 000 mL 的烧杯各装入含氨氮水样 1 000 mL，置于混合搅拌机上。

(4) 从 1 号烧杯开始，各烧杯依次加入漂白粉溶液 1 mL、2 mL、3 mL、4 mL、5 mL、6 mL、7 mL、8 mL。

(5) 启动搅拌机快速搅拌 1 min，转速为 300 r/min；慢速搅拌 10 min，转速为 100 r/min。

(6) 取 3 支 50 mL 的比色管，标明 A、B、C。

(7) 用移液管向 A 管中加入 2.5 mL 联邻甲苯胺溶液，再加水样至刻度。在 5 s 内，迅速加入 2.5 mL 亚砷酸钠溶液，混匀后立刻与余氯标准色盘比色，记录结果(A)。A 代表游离性余氯与干扰物迅速混合后产生的颜色所对应的浓度。

(8) 用移液管向 B 管中加入 2.5 mL 亚砷酸钠溶液，再加水样至刻度，立刻混匀。再用移液管加入 2.5 mL 联邻甲苯胺溶液，混匀后立刻与余氯标准色盘比色，记录结果(B_1)。相隔 5 min 后再与余氯标准色盘比色，记录结果(B_2)。B_1代表干扰物迅速混合后产生的颜色所对应的浓度，B_2代表干扰物质经混合 5 min 后产生的颜色所对应的浓度。

(9) 用移液管向 C 管中加入 2.5 mL 联邻甲苯胺溶液，再加水样至刻度。混合后静置 5 min，与余氯标准色盘比色，记录结果(C)。C 代表总余氯及干扰物质混合 5 min 后产生的颜色所对应的浓度。

上述步骤(7)、(8)、(9)所测定的水样为 1 号烧杯中水样。

(10) 按上述步骤(6)至步骤(9)依次测定 2～8 号烧杯中水样的余氯量。

本实验有如下注意事项。

(1) 在测定水样氨氮含量时，如果水样混浊或颜色较深，可取 100 mL 水样放在 250 mL 烧杯中，加 1 mL 硫酸锌溶液及 0.5 mL 50％氢氧化钠溶液，混合均匀，静置片刻，待沉淀后取上清液于 50 mL 比色管进行比色测定。

(2) 在测定余氯时，使用 50 mL 比色管，加 2.5 mL 联邻甲苯胺溶液。用其他容积的比色管，则每 10 mL 水样加 0.5 mL 联邻甲苯胺溶液。

(3) 比色测定应在光线均匀的地方或灯光下进行，不可在阳光直射下进行。

(4) 如果测定余氯的水样具有色度，可在比色盘下面一支比色管内用水样代替蒸馏水陪衬。

(5) 由于水样氨氮、余氯的测定比较复杂，学生实验前，原水样氨氮含量可由实验室人员测定好，加氯量也由指导老师事先计算好。学生可仅测定投加漂白粉后水中的余氯，并且每组可仅测定一两个烧杯中的余氯。

5. 实验结果整理

(1) 实验测得的各项数据可参考表 5-38 进行记录。

表 5-38　加氯消毒实验记录表

实验日期________年______月______日

原水水温________℃　氨氮含量________mg/L

漂白粉溶液含氯量________mg/L

水样编号		1	2	3	4	5	6	7	8
漂白粉溶液投加量/mL									
水样含氯量/(mg/L)									
比色测定结果	A								
	B_1								
	B_2								
	C								
余氯计算	总余氯($D=C-B_2$)/(mg/L)								
	游离余氯($E=A-B_1$)/(mg/L)								
	化合态余氯($D-E$)/(mg/L)								

(2) 根据加氯量和余氯量绘制两者的关系曲线。

6. 问题与讨论

(1) 根据加氯曲线和余氯计算结果,说明各区余氯存在的形式和原因。

(2) 你绘制的加氯曲线有无折点? 如果无折点,请说明原因。如果有折点,则折点处余氯是何种形式?

5.2.12　臭氧消毒实验

1. 实验目的

臭氧处理饮用水作用快、安全可靠,作为水处理消毒剂的应用在世界上已有多年的历史。通过本实验,希望达到如下目的。

(1) 了解臭氧制备装置,熟悉臭氧消毒的工艺流程。

(2) 掌握臭氧消毒的实验方法。

(3) 验证臭氧杀菌效果。

2. 实验原理

臭氧呈淡蓝色,由 3 个氧原子(O_3)组成,具有强烈的杀菌能力和消毒效果。臭氧杀菌效力高是由于臭氧氧化能力强,穿透细胞壁的能力强。此外还有一种说法,就是由于臭氧破坏细菌有机链状结构,导致细菌死亡。

随着臭氧处理过程的进行,空气中的氧也充入水中,因此水中溶解氧也随之增加。臭氧只能在现场制取,不能贮存。这是由臭氧的性质决定的。但可在现场随用随产。臭氧消毒所用的臭氧剂量与水的污染程度有关,通常在 0.5～4 mg/L。臭氧消毒不需很长的接触时间,不受水中氨氮和 pH 值的影响,消毒后的水不会产生二次污染。

臭氧消毒的缺点是电耗大,成本高。臭氧易分解,尤其超过 200 ℃以后,因此不利使用。

对臭氧性质产生影响的因素有露点(−50 ℃)、电压、气量、气压、湿度、电频率等。

臭氧的工业制造方法采用无声放电原理。空气在进入臭氧发生器之前要经过压缩、冷却、脱水等过程,然后进入臭氧发生器进行干燥净化处理;在发生器内经高压放电,产生浓度为 10～12 mg/L 的臭氧化空气,其压力为 0.4～0.7 MPa。将此臭氧化空气引至消毒设备应用。

臭氧化空气由消毒用的反应塔(或称接触塔)底部进入,经微孔扩散板(布气板)喷出,与塔内待消毒的水充分接触反应,达到消毒目的。反应塔是关键设备,直接影响出水水质。

臭氧消毒后的尾气还可引至混凝沉淀池加以利用。这样,不仅可降低臭氧消耗量,还可降低运转费用。因为原水中的胶体物质或藻类可被臭氧氧化,并通过混凝沉淀去除,提高过滤水质。

3. 实验装置与设备

实验装置包括气源处理装置、臭氧发生器、接触投配装置、检测仪表等部分。

国产臭氧成套处理装置(XY-T 型)的流程如图 5-28 所示。

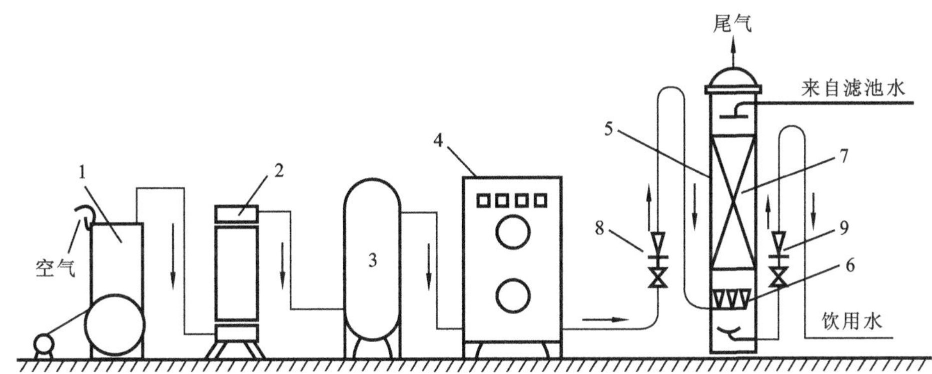

图 5-28　XY-T 型臭氧成套处理装置工艺流程示意图

1—无油润滑空气压缩机(可以压缩到 0.6～0.8 MPa);2—冷却器;3—贮气罐;4—XY 型臭氧发生器;5—反应塔;6—扩散板;7—瓷环填料层;8—气体转子流量计;9—水转子流量计

为便于实验、对比,该装置的反应塔应设两个,图中装置 1、2、3 也可以不用,而代之以氧气瓶,纯 O_2 直接进入臭氧发生器,产生的臭氧质纯,且操作简便,更适于实验室条件应用,如图 5-29所示。

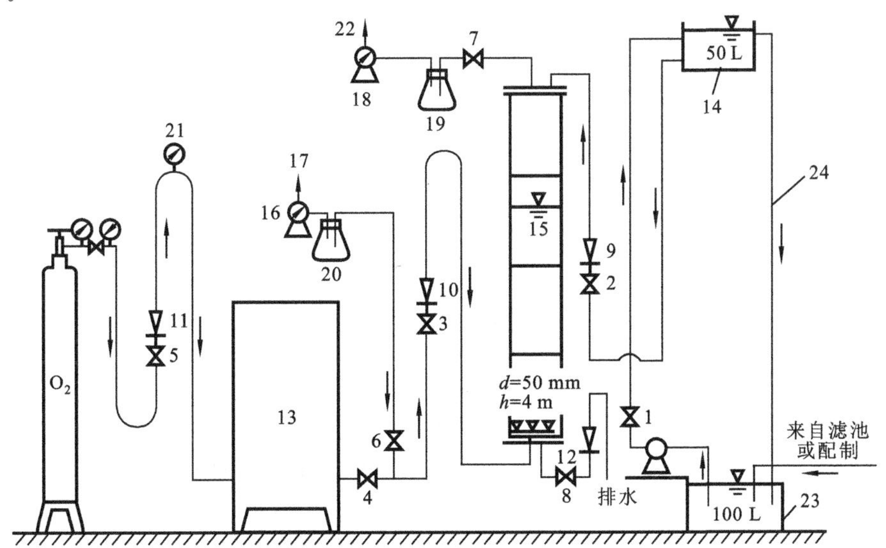

图 5-29　臭氧消毒装置流程图

1—高位水箱进水阀;2—反应塔进水阀;3—反应塔进气阀;4—发生器出气阀;5—氧气瓶出气阀;6—测 O_3 浓度用阀;7—测 O_3 尾气用阀;8—排水阀;9～12—转子流量计;13—O_3 发生器;14—高位水箱;15—反应塔;16、18—煤气表;17—测臭氧浓度;19、20—气体吸收瓶;21—压力表;22—测尾气浓度;23—低位水箱;24—溢流管

4. 实验步骤

(1) 将滤池来水(或自配水样)装满低位水箱,然后启动微型泵将水送至高位水箱(此时开阀门 1)。

(2) 开阀门 2 将高位水箱水徐徐不断地送入反应塔至预定高度(此时排水阀 8 应关闭)。

(3) 与此同时,打开阀门 3 及臭氧发生器出气阀 4,使臭氧由反应塔底部经布气板进入塔内,与水充分接触(气泡越细越好)。

(4) 开反应塔排水阀门 8 放水(为已消毒的水),并通过调节阀门,将各转子流量计读数调至所需值。

(5) 调阀门 3、4 改变 O_3 投加量,至少 3 次,以便画曲线,并读出各转子流量计的读数。

(6) 每次读流量值的同时测进气 O_3 及尾气 O_3 的浓度。

(7) 取进水及出水水样备检,备检水样置于培养皿内培养基上,在 37 ℃恒温箱内培养 24 h,测细菌总数。

以上各项读数及测得数值均记入表 5-39 中。

表 5-39 臭氧消毒实验记录表

水样编号	停留时间/min	进水流量/(L/h)	进水细菌总数/(个/mL)	进气流量/(L/h)	进气压力/MPa	标准状态进气流量/(L/h)	臭氧浓度/(mg/L)		臭氧投加量/(mg/L)	出水细菌总数/(个/mL)	出水臭氧浓度/(mg/L)	反应塔内水深/m	臭氧利用系数/(%)	细菌去除率/(%)	备注
							进气 ρ_1	尾气 ρ_2							

本实验有如下注意事项。

(1) 实验时要摸索出最佳 t、H、G、C 值。其中 t 为停留时间(min);H 为塔内水深(m);G 为臭氧投加量(mg/h);ρ 为臭氧浓度(mg/L)。方法有:①固定 t、H 变 G;②固定 G、H 变 t;③固定 G、t 变 H。一般不变 ρ 值,而是固定 G、H 变 t。本实验按方法①进行。也可用正交实验法进行。

(2) 臭氧利用系数也称吸收率,可用式(5-46)计算:

$$\text{臭氧利用系数(吸收率)} = \frac{\rho_1 - \rho_2}{\rho_1} \tag{5-46}$$

式中:ρ_1 为进气浓度,mg/L;ρ_2 为尾气浓度,mg/L。

(3) 臭氧浓度的测定方法见"附:臭氧浓度的测定方法"。

(4) 实验前熟悉设备情况,了解各阀门及仪表用途,臭氧有毒性,高压电有危险,要切实注意安全。

(5) 实验完毕后先切断发生器电源,然后停水,最后停气源和空气压缩机,并关闭各有关阀门。

5. 实验结果整理

(1) 按下式计算标准状态下的进气流量:

$$Q_N = Q_m \sqrt{1 + p_m} \tag{5-47}$$

式中：Q_N为标准状态下的进气流量，L/h；Q_m为压力状态下的进气流量，即流量计所示流量，L/h；p_m为压力表读数，MPa。

(2) 按下式计算臭氧投加量：

$$G = \rho Q_N \tag{5-48}$$

式中：G为臭氧投加量或者臭氧发生器的产量，mg/h；ρ为臭氧浓度，mg/L。

(3) 求臭氧利用系数及细菌去除率。

(4) 作臭氧消耗量与细菌总数去除率曲线。

6. 问题与讨论

(1) 如果用正交法求饮水消毒的最佳剂量，应选用哪些因素与水平？

(2) 臭氧消毒后管网内有无剩余臭氧？是否会产生二次污染？

(3) 用氧气瓶中的氧气或用空气中的氧气作为臭氧发生器的气源，各有何利弊？

附：臭氧浓度的测定方法

1. 实验原理

臭氧与碘化钾发生氧化还原反应而析出与水样中所含臭氧等量的碘。臭氧含量越多，析出的碘也越多，溶液颜色也就越深，化学反应方程式如下：

$$O_3 + 2KI + H_2O = I_2 + 2KOH + O_2$$

以淀粉作指示剂，用硫代硫酸钠标准溶液滴定，化学反应方程式如下：

$$I_2 + 2Na_2S_2O_3 = 2NaI + Na_2S_4O_6$$

待完全反应，生成物为无色碘化钠，可根据硫代硫酸钠的消耗量计算出臭氧浓度。

2. 实验装置与设备

气体吸收瓶，500 mL，2个；量筒，25 mL，1个；湿式煤气表，1只；气体转子流量计，25～250 L/h，2只；碘化钾溶液，20%，1 000 mL；硫酸溶液，6 mol/L，1 000 mL；0.1 mol/L硫代硫酸钠标准溶液，1 000 mL；淀粉溶液，1%，100 mL。

3. 实验步骤

(1) 用量筒将碘化钾溶液(浓度20%)20 mL加入气体吸收瓶中。

(2) 向气体吸收瓶中加250 mL蒸馏水，摇匀。

(3) 打开进气阀门。向瓶内通入臭氧化空气2 L，用湿式煤气表计量(注意控制进气口转子流量计读数为500 mL/min)，平行取2个水样，并加入5 mL 6 mol/L硫酸溶液，摇匀后静置5 min。

(4) 用0.1 mol/L硫代硫酸钠溶液滴定。待溶液呈淡黄色时，滴入浓度为1%的淀粉溶液数滴，溶液呈蓝褐色。

(5) 继续用0.1 mol/L硫代硫酸钠溶液滴定至无色，记录其用量。

4. 实验结果整理

计算臭氧浓度ρ(mg/L)：

$$\rho = \frac{24 c_{Na_2S_2O_3} V_2}{V_1} \tag{5-49}$$

式中：$c_{Na_2S_2O_3}$为硫代硫酸钠溶液的物质的量浓度，mol/L；V_2为硫代硫酸钠溶液的滴定用量(体积)，mL；V_1为臭氧取样体积，L。

5.2.13 膜分离实验

1. 实验目的

膜分离是一种在某种推动力的作用力下,利用特定膜的透过选择性分离水中的离子、分子和杂质的技术。以压力为推动力的膜分离技术有反渗透(RO)、纳滤(NF)、超滤(UF)和微滤(MF)。根据截留相对分子质量的大小,它们截留杂质的能力大小顺序为RO>NF>UF>MF。

膜可构造成不同的形式,称为膜组件(module),以使淡水和浓水分开。膜组件有四种形式:板框式、管式、卷式和中空纤维。卷式和中空纤维的膜过滤面积最大,因而在饮用水处理中得到广泛的应用。

本实验采用超滤膜,膜组件为卷式,膜材质为聚醚砜和改性聚醚砜。截留相对分子质量分别为10 000和30 000,膜过滤面积分别为2 m^2和1 m^2。

超滤膜孔径范围为0.001~0.1 μm,运行压力为0.1~0.5 MPa,可去除水中绝大部分的悬浮物、胶体、细菌和部分病毒,目前广泛用于医药工业、食品工业以及工业废水处理等各个领域,特别是用于纯水的终端处理。

通过本实验,希望达到以下目的。

(1) 了解卷式膜的构造。

(2) 熟悉膜分离装置的使用方法。

(3) 加深理解水通量与操作压力的关系。

2. 实验原理

超滤分离物质的基本原理如下:被分离的溶液借助外界压力的作用,以一定的流速沿着具有一定孔径的超滤膜表面流动,让溶液中的无机离子和低相对分子质量的有机物透过膜表面,把溶液中高分子、大分子有机物、胶体微粒、微生物、细菌等截留下来。

超滤膜的平均孔径介于反渗透膜与微孔滤膜之间,超滤与反渗透相比,操作压力低,设备简单。

超滤膜通常由聚合物材料经相转化制成,常用的有聚砜/聚醚砜/磺化聚砜、聚偏二氟乙烯、聚丙烯腈及其有关的本体聚合物、乙酸纤维素、聚酰亚胺、聚脂肪酰胺、聚醚醚酮和无机陶瓷材料(如氧化铝和氧化锆)等。

超滤膜是多孔结构,其截留机理是筛分作用。通常以截留相对分子质量表示膜的孔径,截留相对分子质量是指截留率达到90%的物质的相对分子质量,相对分子质量大于该值的物质将几乎全部为膜所截留。

超滤是让微小溶质透过膜而截留大分子溶质,由于大分子溶液的渗透压较低,超滤可在低压下进行。超滤过程中,水通量和操作压力有以下关系:

$$J_w = (P_w/\delta_w)\Delta p \tag{5-50}$$

式中:J_w为水透过超滤膜的通量,$cm^3/(cm^2 \cdot s)$;P_w为膜对水的透过特性系数,$cm^2/(s \cdot Pa)$;δ_w为膜厚度,cm;Δp为膜两侧的压力差,Pa。

应当指出,水通量正比于操作压力的关系仅对纯水或稀溶液而言,对于高浓度的大分子溶液,由于在膜表面会产生浓差极化、吸附、凝胶层等,上面的关系式不能成立。

3. 实验装置与设备

(1) 实验装置。

实验装置采用中国科学院上海原子核研究所生产的膜分离装置,型号为HW2-2和

HW 2-1。膜组件为卷式，膜材质为聚醚砜(PES)和改性聚醚砜(SPES)。截留相对分子质量分别为 10 000 和 30 000，膜过滤面积分别为 2 m^2 和 1 m^2。

膜分离装置如图 5-30 所示，主要由膜组件、不锈钢桶体、泵、阀门、管路和机架组成。

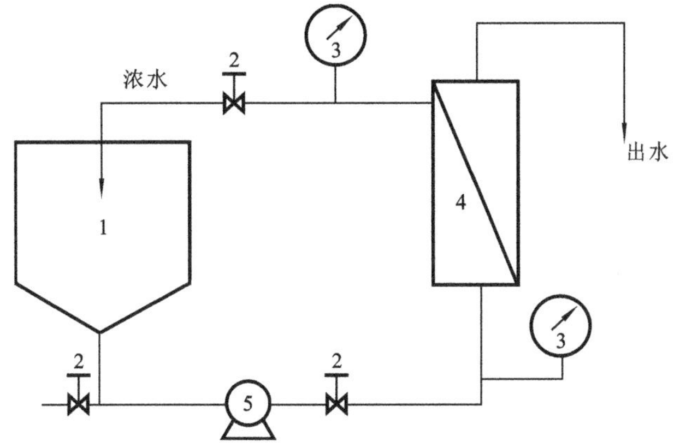

图 5-30　膜分离装置示意图

1—不锈钢筒体；2—阀门；3—压力表；4—膜组件；5—泵

卷式膜分离装置的结构和关键部件详见图 5-31。

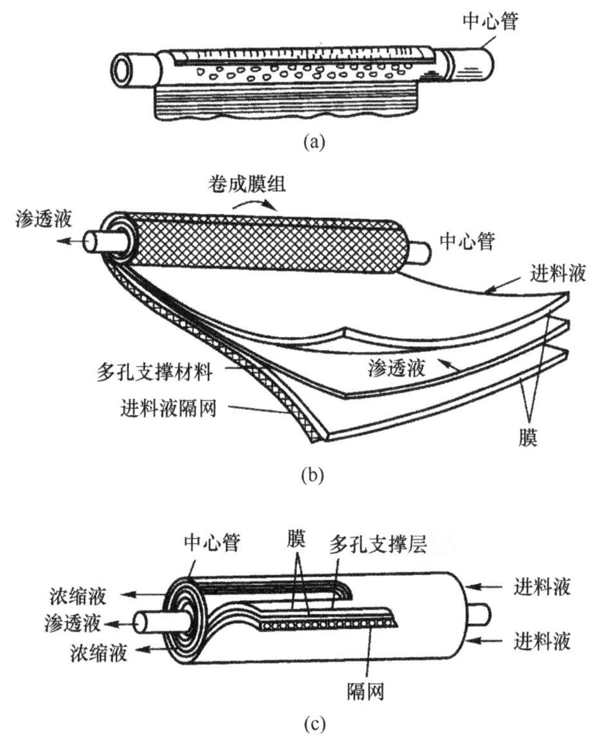

图 5-31　卷式膜分离装置结构图

图 5-31 中，液体从轴向进入料液流通层，沿着膜面平行方向流动。穿过滤膜的滤出液在导流层内沿螺旋方向进入中心滤出液管后流出组件，料液浓缩后从膜元件的另一端流出。在实际运行中，此分离过程循环进行，直至达到预定的工艺要求为止。

(2) 实验仪器和用水。

量筒,500 mL,1 个;秒表,1 只;橡皮管、夹子、扳手等;纯水或自来水。

4. 实验步骤

(1) 向不锈钢筒体内加入纯水或自来水。

(2) 进水阀和浓水阀均为开启状态。

(3) 接通电源,启动泵。

(4) 调节进水阀和浓水阀,并注意进水压力表和浓水压力表的读数,使之满足

$$\Delta p = \frac{\text{进水压力表读数} + \text{浓水压力表读数}}{2}$$

稳定 2~3 min 后,用量筒和秒表测量出水流量,重复 3 次。

(5) 重复步骤(4),测量不同 Δp 的出水流量。

本实验有如下注意事项。

(1) 阀门开启与关闭均应缓慢进行,进水阀和浓水阀应交替开启、关闭。

(2) 为了准确测出水通量,一定要使压力表指针稳定后再测量。

5. 实验结果整理

(1) 将实测数据填入表 5-40 中。

表 5-40 膜分离实验结果整理

压力差 Δp/MPa	测定次数	流出 500 mL 所需时间 t/s	水通量 J_w/[cm^3/(cm^2 · s)]
0.06	1		
	2		
	3		
	平均值		
0.12	1		
	2		
	3		
	平均值		
0.18	1		
	2		
	3		
	平均值		
0.24	1		
	2		
	3		
	平均值		
0.30	1		
	2		
	3		
	平均值		

(2) 根据实测数据计算不同 Δp 下的水通量。

(3) 以 Δp 为横坐标、水通量 J_w 为纵坐标绘图。

6. 问题与讨论

(1) 若实验水不是纯水或自来水,水通量和压力之间应是何种关系?

（2）若不锈钢筒体内是某种工业污水，水通量随时间如何变化？（时间延长，水通量是否下降？）

5.2.14　电渗析实验

1. 实验目的

电渗析是一种膜分离技术，已广泛地应用于工业废液回收及水处理领域（例如除盐或浓缩等）。通过本实验，希望达到以下目的。

（1）了解电渗析设备的构造、组装及实验方法。

（2）掌握在不同进水浓度或流速下，电渗析极限电流密度的测定方法。

（3）求电流效率及除盐率。

2. 实验原理

电渗析膜由高分子合成材料制成，在外加直流电场的作用下，对溶液中的阴、阳离子具有选择透过性，使溶液中的阴、阳离子在由阴膜及阳膜交错排列的隔室中产生迁移作用，从而使溶质与溶剂分离。

离子选择透过是膜的主要特性，应用道南平衡理论于离子交换膜，可把离子交换膜与溶液的界面看成半透膜，电渗析法用于处理含盐量不大的水时，膜的选择透过性较高。一般认为电渗析法适用于含盐量在 3 500 mg/L 以下的苦咸水淡化。

在电渗析器中，一对阴、阳膜和一对隔板交错排列，组成最基本的脱盐单元，称为膜对。电极（包括共电极）之间由若干组膜对堆叠在一起，称为膜堆。电渗析器由一至数组膜堆组成。

电渗析器的组装方法常用“级”和“段”来表示。一对电极之间的膜堆称为一级，一次隔板流程称为一段。一台电渗析器的组装方式可分为一级一段、多级一段、一级多段和多级多段。一级一段是电渗析器的基本组装方式（见图 5-32）。

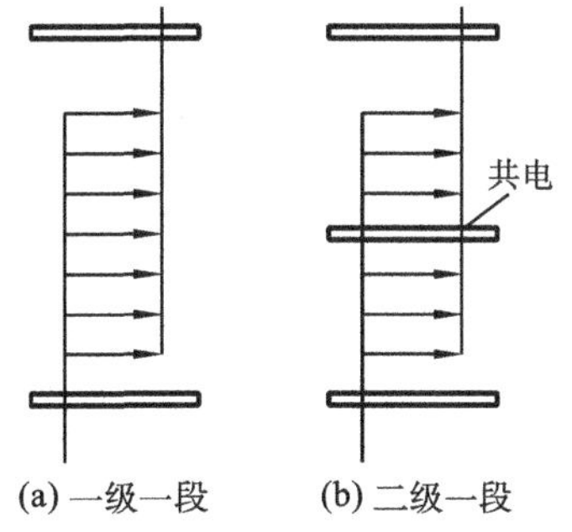

图 5-32　电渗析器的组装方式

电渗析器运行中，通过电流的大小与电渗析器的大小有关。因此，为便于比较，采用电流密度这一指标，而不采用电流的绝对值。电流密度即单位除盐面积上所通过的电流，其单位为 mA/cm^2。

若逐渐增大电流（密度）i，则淡水隔室膜表面的离子浓度 C' 必将逐渐降低。当 i 达到某一数值时，$C' \to 0$。此时的 i 值称为极限电流。如果再稍稍提高 i 值，则由于离子来不及扩散，而在膜界面处引起水分子大量离解成 H^+ 和 OH^-。它们分别透过阳膜和阴膜传递电流，导致淡水室中水分子的大量离解，这种膜界面现象称为极化现象。此时的电流密度称为极限电流密度，以 i_{lim} 表示。

极限电流密度与流速、浓度之间的关系如式(5-51)所示。此式也称为威尔逊公式。

$$i_{lim} = Kcv^n \tag{5-51}$$

式中：v 为淡水隔板流水道中的水流速度，cm/s；c 为淡室中水的平均浓度，实际应用中采用对数平均浓度，mmol/L；K 为水力特性系数；n 为流速系数（$n=0.8\sim1.0$）。

其中 n 值的大小受格网形式的影响。

极限电流密度及系数 n、K 值的确定，通常采用电压、电流法，该法是在原水水质、设备、流量等条件不变的情况下，给电渗析器加上不同的电压，得出相应的电流密度，作图求出这一流量下的极限电流密度。然后改变溶液浓度或流速，在不同的溶液浓度或流速下，测定电渗析器的相应极限电流密度。将通过实验所得的若干组 $i_{\lim}$、c、v 值，代入威尔逊公式中，解此方程就可得到水力特性系数 K 及流速指数 n 的值，K 的值也可通过作图求出。

所谓电渗析器的电流效率，是指实际析出物质的量与应析出物质的量的比值。即单位时间实际脱盐量 $q(c_1-c_2)/1\ 000$ 与理论脱盐量 I/F 的比值，故电流效率也就是脱盐效率。如式(5-52)所示。

$$\eta=\frac{q(c_1-c_2)F}{1\ 000I}\times 100\% \tag{5-52}$$

式中：q 为一个淡室(相当于一对膜)的出水量，L/s；c_1、c_2 分别表示进水、出水含盐量，mmol/L；I 为电流，A；F 为法拉第常数，$F=96\ 500$ C/mol。

3. 实验装置与设备

(1) 实验装置。

实验装置如图 5-33 所示，采用人工配水，水泵循环，浓水和淡水均用同一水箱，以减少设备容积及用水量，对实验结果无影响。

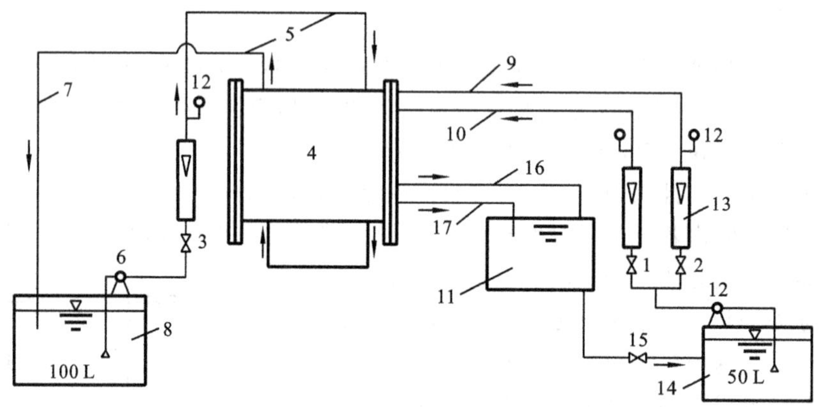

图 5-33　电渗析实验装置

1、2、3、15—进水阀门；4—电渗析器；5—极水；6—水泵；7—极水循环；8—极水池；9—进淡水室；10—进浓水室；11—出水贮水池；12—压力表；13—流量计；14—循环水箱；16、17—淡水室出水

(2) 实验仪器及用水。

电渗析器：采用阳膜开始、阴膜结束的组装方式，用直流电源。离子交换膜(包括阴膜及阳膜)采用异相膜，隔板材料为聚氯乙烯，电极材料为经石蜡浸渍处理后的石墨(或其他)。

变压器、整流器，各 1 台；转子流量计，0.5 m^3/h，3 只；水压表，0.5 MPa，3 只；滴定管，50 mL、100 mL，各 1 支；烧杯，1 000 mL，5 个；量筒，1 000 mL，1 个；电导仪，1 只，万用表 1 块；秒表，1 只。

进水水质要求为：①总含盐量与离子组成稳定；②浊度为 1～3 mg/L；③活性氯含量小于 0.2 mg/L；④总铁含量小于 0.3 mg/L；⑤锰含量小于 0.1 mg/L；⑥水温 5～40 ℃，稳定；⑦水中无气泡。

4. 实验步骤

(1) 启动水泵，缓慢开启进水阀门 1、2，逐渐使其达到最大流量，排除管道和电渗析器中的空气。注意浓水系统和淡水系统的原水进水阀门 1、2 应同时开、关。

(2) 调节流量控制阀门 1、2，使浓水、淡水流速均保持在 50～100 mm/s 的范围内(一般不应大于 100 mm/s)，并保持进口压力稳定，以淡水压力稍高于浓水压力为宜($\Delta p=0.01$～0.02

MPa)。稳定 5 min,然后记录淡水、浓水、极水的流量、压力。

(3) 测定原水的电导率(或电阻率)、水温、总含盐量,必要时测 pH 值。

(4) 接通电源,调节作用于电渗析膜上的操作电压至一稳定值(如 0.3 V/对),读电流表指示数,然后逐次提高操作电压。

在图 5-34 中,曲线 *OAD* 段,每次电压以 0.1～0.2 V/对的数值递增(依隔板厚薄、流速大小决定,流速小,板又薄时取低值),每段取 4～6 个点,以便连成曲线,在 *DE* 段,每次以电压0.2～0.3 V/对的数值逐次递增,同上取 4～6 个点,连成一条直线,整个 *OADE* 连成一条圆滑曲线。

之所以取 *DE* 段电压高于 *OAD* 段,是因为极化沉淀使电阻不断增加,电流不断下降,导致测试误差增大。

(5) 边测试边绘制电压-电流关系曲线(见图 5-34),以便及时发现问题。改变流量(流速)重复上述实验步骤。

(6) 每台装置应测 4～6 个不同流速的数值,以便求 K 和 n_0 的值。在进水压力不大于 0.3 MPa的条件下,应包括 5 cm/s、10 cm/s、15 cm/s、20 cm/s 这几个流速。

(7) 测定进水及出水含盐量,其步骤是先用电导仪测定电导率,然后由含盐量-电导率对应关系曲线求出含盐量。按式(5-52)求出脱盐效率。

本实验有如下注意事项。

(1) 测试前检查电渗析器的组装及进、出水管路,要求组装平整、正确,支撑良好,仪表齐全。并检查整流器、变压器、电路系统、仪表组装是否正确。

(2) 电渗析器开始运行时要先通水后通电,停止运行时要先断电后停水,并应保证膜的湿润。

(3) 测定极限电流密度时应注意:①直接测定膜堆电压,以排除极室对极限电流测定的影响,便于计算膜对电压;②以平均"膜对电压"绘制电压-电流关系曲线(见图 5-34),以便比较和减小测绘过程中的误差;③当存在极化过渡区时,电压-电流关系曲线由 *OA* 直线、*ABCD* 曲线、*DE* 直线三部分组成,*OA* 直线通过坐标原点;④作 4～6 个或更多流速的电压-电流关系曲线。

(4) 每次升高电压后的间隔时间,应等于水流在电渗析器内停留时间的 3～5 倍,以便电流及出水水质的稳定。

(5) 注意每测定一个流速得到一条曲线后,要倒换电极极性,使电流反向运行,以消除极化影响,反向运行时间为测试时间的 1.5 倍。测完每个流速后断电停水。

表 5-41 为极限电流测试记录表。

表 5-41　极限电流测试记录表

<table>
<tr><th rowspan="3">测定时间/s</th><th colspan="3" rowspan="2">进口流量/(L/s)</th><th colspan="3" rowspan="2">进口压力/MPa</th><th colspan="2">淡水室含盐量</th><th colspan="2">电　流</th><th colspan="3">电压(U)</th><th colspan="2">pH 值</th><th rowspan="3">水温/℃</th><th rowspan="3">备注</th></tr>
<tr><th rowspan="2">进口电导率/(μΩ/cm)</th><th rowspan="2">出口电导率/(μΩ/cm)</th><th rowspan="2">电流/A</th><th rowspan="2">电流密度/(mA/cm²)</th><th rowspan="2">总</th><th rowspan="2">膜堆</th><th rowspan="2">膜对</th><th rowspan="2">淡水</th><th rowspan="2">浓水</th></tr>
<tr><th>淡</th><th>浓</th><th>极</th><th>淡</th><th>浓</th><th>极</th></tr>
<tr><td></td><td></td><td></td><td></td><td></td><td></td><td></td><td></td><td></td><td></td><td></td><td></td><td></td><td></td><td></td><td></td><td></td><td></td></tr>
<tr><td></td><td></td><td></td><td></td><td></td><td></td><td></td><td></td><td></td><td></td><td></td><td></td><td></td><td></td><td></td><td></td><td></td><td></td></tr>
<tr><td></td><td></td><td></td><td></td><td></td><td></td><td></td><td></td><td></td><td></td><td></td><td></td><td></td><td></td><td></td><td></td><td></td><td></td></tr>
<tr><td></td><td></td><td></td><td></td><td></td><td></td><td></td><td></td><td></td><td></td><td></td><td></td><td></td><td></td><td></td><td></td><td></td><td></td></tr>
<tr><td></td><td></td><td></td><td></td><td></td><td></td><td></td><td></td><td></td><td></td><td></td><td></td><td></td><td></td><td></td><td></td><td></td><td></td></tr>
</table>

5. 实验结果整理

1) 求极限电流密度

(1) 求电流密度 i。

$$i=\frac{I}{S}\times 10^3 \tag{5-53}$$

式中:i 为电流密度,mA/cm^2;I 为电流,A;S 为隔板有效面积,cm^2。

(2) 求极限电流密度 i_{lim}。

极限电流密度 i_{lim} 的数值,采用绘制电压-电流关系曲线的方法求出。以测得的膜对电压为纵坐标,相应的电流密度为横坐标,在直角坐标纸上作图。

① 点出膜对电流-电压对应点。

② 通过坐标原点及膜对电压较低的 4~6 个点作直线 OA。

③ 通过膜对电压较高的 4~6 个点作直线 DE,延长 DE 与 OA,使两者相交于 P 点,如图 5-34 所示。

④ 将 AD 各点连成平滑曲线,得拐点 A 及 D。

⑤ 过 P 点作水平线与曲线相交得 B 点,过 P 点作垂线与曲线相交得 C 点,C 点即为标准极化点,C 点所对应的电流即为极限电流。

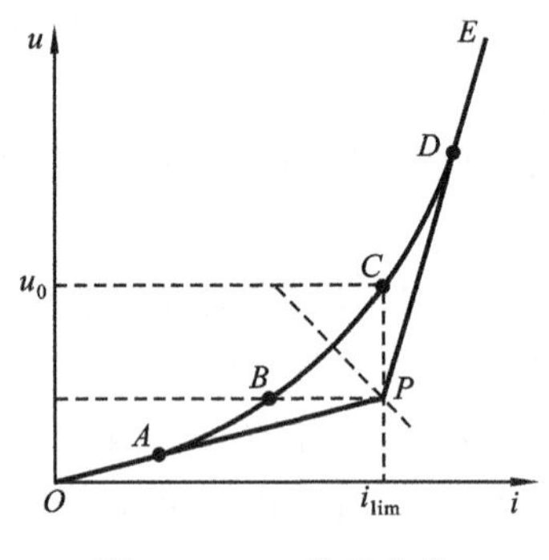

图 5-34 u-i 关系曲线

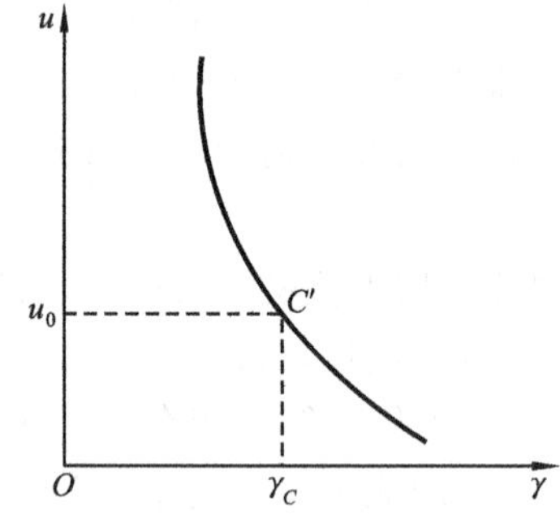

图 5-35 u-γ 关系曲线

2) 求电流效率及除盐率

(1) 电压-电导率关系曲线。

① 以出口处淡水的电导率为横坐标、膜对电压为纵坐标,在直角坐标纸上作图。

② 描出电压-电导率对应点,并连成平滑曲线,如图 5-35 所示。

根据 u-i 关系曲线(见图 5-34)上 C 点所对应的膜对电压 u_0,在图 5-35 u-γ 关系曲线上确定 u_0 对应点,由 u_0 作横坐标轴的平行线与曲线相交于 C' 点,然后由 C' 点作垂线与横坐标交于 γ_C 点,该点即为所求得的淡水电导率,并据此查电导率-含盐量关系曲线,求出该点对应的出口处淡水总含盐量(mmol/L)。

(2) 求电流效率及除盐率。

① 电流效率。根据表 5-39 极限电流测试记录上的有关数据,利用式(5-52)求电流效率。

上述有关电流效率的计算都是针对一对膜(或一个淡室)而言,这是因为膜的对数只与电压有关而与电流无关。即膜对增加,电流保持不变。

② 除盐率。除盐率是指去除的盐量与进水含盐量之比。即

$$除盐率=\frac{c_1-c_2}{c_1}\times 100\% \tag{5-54}$$

式中：c_1、c_2 分别为进、出水的含盐量，mmol/L。

3）常数 K 及流速指数 n 的确定

一般均采用图解法或解方程法，当要求较高的精度时，可用数理统计中的线性回归分析，以求得 K、n 的值。

（1）图解法。

① 将实测整理后的数据填入表 5-42 中。

表 5-42　系数 K、n 计算表

序号	实验号	i_{lim}/(mA/cm²)	v/(cm/s)	c/(mmol/L)	$\frac{i_{lim}}{c}$	$\lg\frac{i_{lim}}{c}$	$\lg v$
1							
2							
3							
4							
5							
6							

表中序号指应有 4～6 次的实验数据，实验次数不能太少。

② 在双对数坐标纸上，以 i_{lim}/c 为纵坐标，以 v 为横坐标；根据实测数据绘点，可以近似地连成直线，如图 5-36 所示。

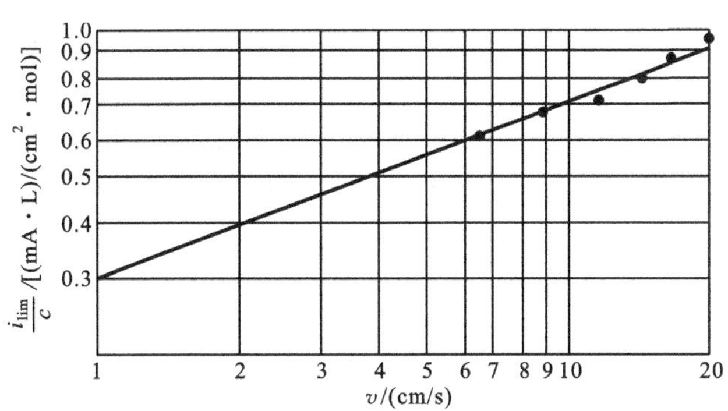

图 5-36　v 与 i_{lim}/c 的关系曲线（对数坐标）

K 值可由直线在纵坐标上的截距确定。K 值求出后代入极限电流密度公式，可求得 n 值。n 值即为其直线斜率。

（2）解方程法。

把已知的 i_{lim}、c、v 分为两组，各求出平均值，分别代入公式

$$\lg\frac{i_{lim}}{c}=\lg K+n\lg v \tag{5-55}$$

解方程组可求得 K 及 n 的值。

上述 c 为淡室中的对数平均含盐量，单位为 mmol/L。

6. 问题与讨论

（1）试对作图法与解方程法所求的 K 值进行分析比较。

（2）电渗析法除盐与离子交换法除盐各有何优点？适用性如何？

5.2.15 曝气设备充氧性能的测定

1. 实验目的

氧是污水好氧生物处理的三大要素之一。在活性污泥法处理中所需要的氧是通过曝气来获得的。所谓的曝气，是指人为地通过一些机械设备，如鼓风机、表面曝气叶轮等，使空气中的氧从气相向液相转移的传质过程。曝气的目的有两个：一是保证微生物有足够的氧进行物质代谢；二是使气(空气)、水(污水中的污染物)、泥(微生物)三者充分混合，并使污泥悬浮在池水中。由此可见，氧的供给是保证好氧生物处理正常进行的必要条件之一。此外，研究和购买高效节能的曝气设备对于减少活性污泥法处理厂的日常运转费用也有很大的作用。因此，了解和掌握曝气设备的充氧性能和测定方法，对工程设计人员和操作管理人员以及给排水和环境工程专业的学生来说，都是十分重要的。

本实验的目的如下。

(1) 掌握表面曝气叶轮的氧总传质系数和充氧性能及修正系数 α、β 的测定方法。

(2) 加深对曝气充氧机理及影响因素的理解。

(3) 了解各种测试方法和数据整理方法的特点。

2. 实验原理

常用的曝气设备可分为机械曝气和鼓风曝气两大类。鼓风曝气是将由鼓风机送出的压缩空气通过管道系统送到安装在曝气池池底的空气扩散装置(曝气器)，然后以微小气泡的形式逸出，在上升的过程中与混合液接触、扩散，使气泡中的氧转移到混合液中去。气泡在混合液中的强烈搅动，使混合液处于剧烈混合、搅拌状态；机械(表面曝气机)曝气则是利用安装在水面的叶轮的高速转动，剧烈搅动水面，产生水跃，使液面与空气接触的表面不断更新，使空气中的氧转移到混合液中去。曝气的机理可用若干传质理论来加以解释，但最简单和最普遍使用的是路易斯(Lewis)和惠特曼(Whitman)1923 年创立的双膜理论(见图 5-37)。

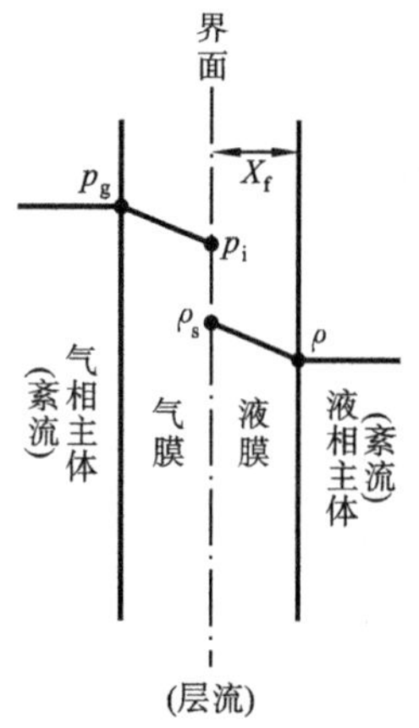

图 5-37　双膜理论模型

双膜理论认为：当气、液两相做相对运动时，在接触界面上存在着气-液边界层(气膜和液膜)。膜内呈层流状态，膜外呈紊流状态。氧转移在膜内进行分子扩散，在膜外进行对流扩散。由于分子扩散的阻力比对流扩散的阻力大得多，传质的阻力集中在双膜上。在气膜中存在着氧的分压梯度，在液膜中存在着氧的浓度梯度，这是氧转移的推动力。对于难溶解于水的氧来说，转移的决定性阻力又集中在液膜上。因此，氧在液膜中的转移速率是氧扩散转移全过程的控制速率。氧转移的基本方程式为

$$\frac{d\rho}{dt} = K_L a(\rho_s - \rho) \tag{5-56}$$

式中：$\frac{d\rho}{dt}$为氧转移速率，mg/(L · h)；$K_L a$ 为氧的总传质系数，h^{-1}；ρ_s为实验条件下自来水(或污水)的溶解氧饱和浓度，mg/L；ρ 为相应于某一时刻 t 的溶解氧浓度，mg/L。

上式中 $K_L a$ 可以认为是一混合系数，它的倒数表示使水中的溶解氧由 0 变到 ρ_s所需要的时间，是气液界面阻力和界面面积的函数。

(1) 非稳定状态下进行实验。

所谓非稳定状态，是指水中的溶解氧浓度随时间而变化的状态。

用自来水或初次沉淀池出水进行实验时，先用亚硫酸钠（或氮气）进行脱氧，使水中溶解氧降到零，然后曝气充氧，直至溶解氧升高到接近饱和。假定这个过程中液体是完全混合的，符合一级反应动力学关系式，水中溶解氧的变化可以用式(5-56)表示，将式(5-56)积分，可得

$$\lg(\rho_s-\rho)=-K_L at+常数 \tag{5-57}$$

式(5-57)表明，通过实验测得 ρ_s 和相应于每一时刻 t 的溶解氧浓度 ρ 后，绘制 $\lg(\rho_s-\rho)$ 与 t 的关系曲线，其斜率即 $K_L a$（见图 5-38）。另一种方法是先作 ρ-t 曲线，再作对应于不同 ρ 值的切线，得到相应的 $d\rho/dt$，最后作 $d\rho/dt$ 与 ρ 的关系曲线，也可以求得 $K_L a$，如图 5-39 和图 5-40所示。

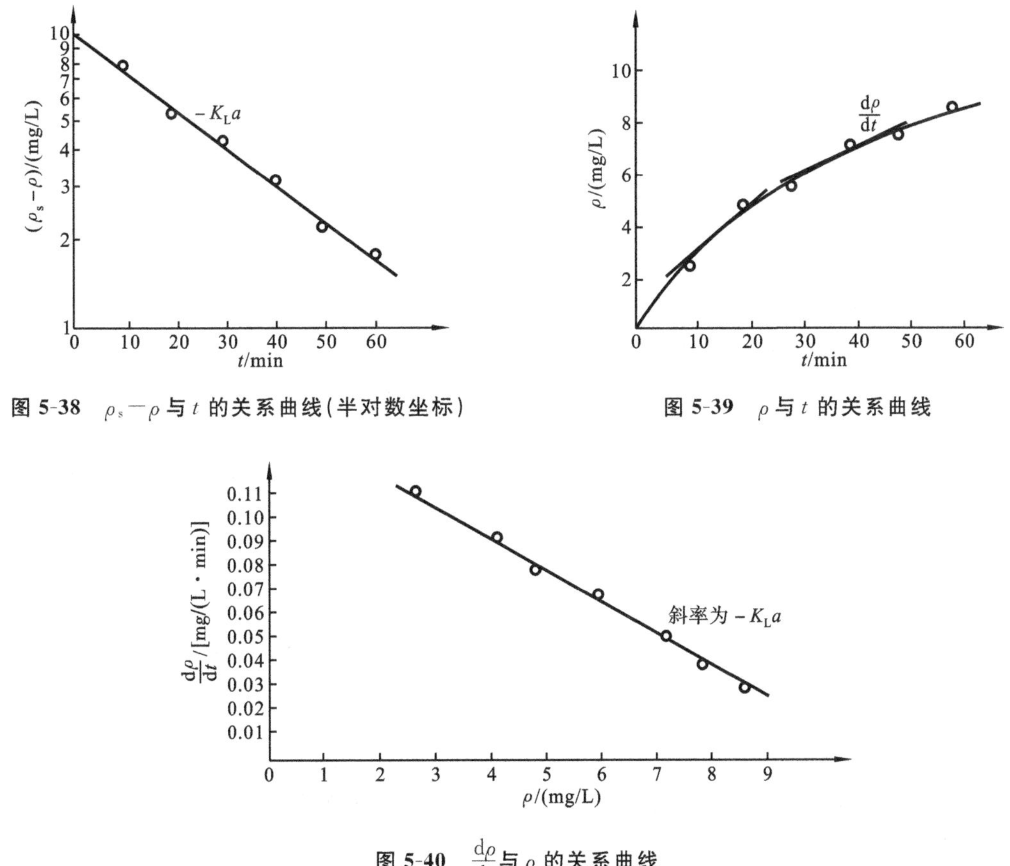

图 5-38　$\rho_s-\rho$ 与 t 的关系曲线（半对数坐标）

图 5-39　ρ 与 t 的关系曲线

图 5-40　$\frac{d\rho}{dt}$ 与 ρ 的关系曲线

由于混合液中存在大量微生物，微生物始终在进行呼吸（耗氧），影响着氧的转移，因而氧的传递方程式应变为

$$\frac{d\rho}{dt}=K_L a(\rho_{sw}-\rho)-\gamma \tag{5-58}$$

式中：γ 为微生物的呼吸速率，mg/(L·h)；ρ_{sw} 为实验条件下污水中的溶解氧饱和浓度，mg/L。

式(5-58)整理后得

$$\frac{d\rho}{dt}=(K_L a\rho_{sw}-\gamma)-K_L a\rho \tag{5-59}$$

式(5-59)表明，若实验时微生物的呼吸速率相对稳定，则式中的第一项 $(K_L a\rho_{sw}-\gamma)$ 可以

视为常数。因此，只要测定曝气池的溶解氧浓度 ρ 随时间 t 的变化，便可以求得 K_La 值。求 K_La 的方法如前所述（见图 5-39、图 5-40）。

（2）稳定状态下进行实验。

所谓稳定状态，是指混合液中的溶解氧不随时间而变化。要做到这一点，必须先停止进水和污泥回流，使溶解氧稳定不变，并取出混合液，测定活性污泥的呼吸速率，由于溶解氧浓度稳定不变，即 $\frac{d\rho}{dt}=0$，此时式(5-58)为

$$\frac{d\rho}{dt} = K_La(\rho_{sw} - \rho) - \gamma = 0$$

$$K_La = \frac{\gamma}{\rho_{sw} - \rho} \tag{5-60}$$

式(5-60)表明，测得 γ、ρ_{sw} 和 ρ 后，就可以计算 K_La。微生物呼吸速率 γ 可以用瓦勃呼吸仪或本实验中所采用的简便方法进行测定（详见实验步骤）。

由于溶解氧饱和浓度、温度、污水性质和搅动程度等因素都影响氧的转移速率，在实际应用中为了便于比较，必须进行压力和温度校正，把非标准状态下的 K_La 转换成标准状态下的 K_La，通常采用以下公式计算：

$$K_La_{(20℃)} = K_La_{(T)} \times 1.024^{20-T} \tag{5-61}$$

式中：T 为实验时的水温，℃；$K_La_{(T)}$ 为水温为 T 时测得的总传质系数，h^{-1}；$K_La_{(20℃)}$ 为水温 20℃时的总传质系数，h^{-1}；1.024 为温度系数。

气压对溶解氧饱和浓度的影响为

$$\rho_{s(标)} = \rho_{s(实验)} \frac{1.013 \times 10^5}{p_{实验}} \tag{5-62}$$

式中：$\rho_{s(标)}$ 为气压 1.013×10^5 Pa、20℃时，清水中溶解氧的饱和浓度；$p_{实验}$ 为实验时的大气压，Pa。

当采用表面曝气机曝气时，可以直接用式(5-62)计算，不需考虑水深的影响，当采用鼓风曝气时，空气扩散器常放置于近池底处。由于氧的溶解度受到进入曝气池的空气中氧分压的增大和气泡上升过程氧被吸收后分压减小的影响，计算溶解氧饱和浓度时应考虑水深的影响，一般以扩散器至水面 1/2 距离处的溶解氧饱和浓度作为计算依据，可按下列公式计算：

$$\rho_{s(平均)} = \rho_{s(标)}\left(\frac{p_b}{2.026 \times 10^5} + \frac{O_t}{42}\right) \tag{5-63}$$

式中：$\rho_{s(平均)}$ 为鼓风曝气时混合液溶解氧饱和浓度的平均值，mg/L；$\rho_{s(标)}$ 为标准条件下氧的饱和浓度，mg/L；p_b 为空气扩散装置出口处的绝对压力，Pa。p_b 按下式求得：

$$p_b = p + 9.8 \times 10^3 H \tag{5-64}$$

式中：H 为空气扩散器以上的水深，m；p 为大气压力，1.013×10^5 Pa。O_t 为气泡上升到水面时，气泡内氧的比例。O_t 的表达式为

$$O_t = \frac{21(1 - E_A)}{79 + 21(1 - E_A)} \times 100\% \tag{5-65}$$

式中：E_A 为空气扩散装置的氧的转移效率，与曝气设备形式有关。

如果实验时没有测定溶解氧的饱和浓度，可以查表，以代替实验时的溶解氧饱和浓度。

（3）充氧性能的指标。

① 充氧能力（OC）：单位时间内转移到液体中的氧量。

鼓风曝气时

$$OC(kg/h) = K_La_{(20℃)}\rho_{s(平均)}V \tag{5-66}$$

表面曝气时　$$\mathrm{OC}(\mathrm{kg/h}) = K_{\mathrm{L}} a_{(20℃)} \rho_{\mathrm{s}(标)} V \tag{5-67}$$

② 充氧动力效率(E_{p}):每消耗 1 kW · h 电能转移到液体中的氧量,单位为 kg/(kW · h)。计算式为

$$E_{\mathrm{p}} = \frac{\mathrm{OC}}{N} \tag{5-68}$$

式中:N 为理论功率,即不计管路损失以及风机和电动机的效率,只计算曝气充氧所耗的有用功,采用叶轮曝气时叶轮的输出功率(轴功率)。

③ 氧转移效率(利用率,E_{A}):单位时间内转移到液体中去的氧量与供给的氧量之比。计算式为

$$E_{\mathrm{A}} = \frac{\mathrm{OC}}{S} \times 100\% \tag{5-69}$$

$$\mathrm{OC} = G_{\mathrm{s}} \times 21\% \times 1.33 = 0.28 G_{\mathrm{s}} \tag{5-70}$$

式中:G_{s} 为供气量,$\mathrm{m^3/h}$;21%为氧在空气中所占的比例(体积分数);1.33 为氧在标准状态下的密度,$\mathrm{kg/m^3}$;S 为供氧量,kg/h。

(4) 修正系数 α、β。

由于氧的转移受到水中溶解性有机物、无机物等的影响,同一曝气设备在相同的曝气条件下在清水中与在污水中的氧转移速率和水中氧的饱和浓度不同。而曝气设备充氧性能的指标均为清水中测定的值,为此引入两个小于 1 的修正系数 α 和 β:

$$\alpha = \frac{K_{\mathrm{L}} a_{(污水)}}{K_{\mathrm{L}} a_{(清水)}} \tag{5-71}$$

$$\beta = \frac{\rho_{\mathrm{s}(污水)}}{\rho_{\mathrm{s}(清水)}} \tag{5-72}$$

上述修正系数 α 和 β 的值均可通过对污水和清水的曝气充氧实验测定。对于鼓风曝气的扩散设备,α 值在 0.4～0.8 范围内;对于机械曝气设备,α 值在 0.6～1.0 范围内。β 值在 0.70～0.98 范围内变化,通常取 0.95。

3. 实验装置与设备

(1) 实验装置。

实验装置的主要部分为泵型叶轮和模型曝气池,如图 5-41 所示。为保持曝气叶轮转速在实验期间恒定不变,电动机要接在稳压电源上。

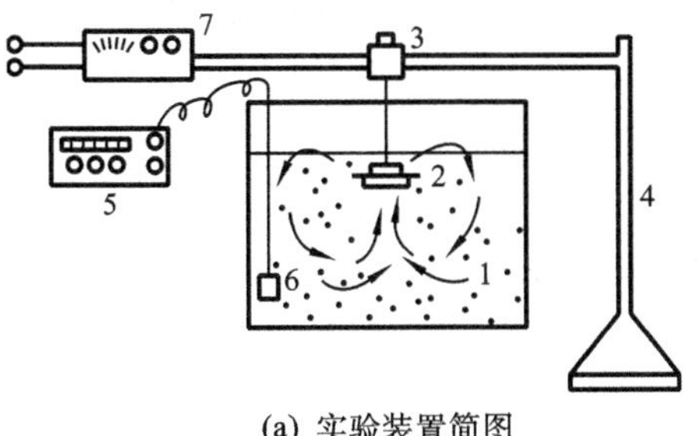

(a) 实验装置简图

(b) 测呼吸速率实验设备示意图

图 5-41　曝气设备充氧能力实验装置

1—模型曝气池;2—泵型叶轮;3—电动机;4—电动机支架;5—溶解氧测定仪;6—溶解氧探头;7—稳压电源;8—广口瓶;9—电磁搅拌器

(2) 实验设备和仪器仪表。

模型曝气池,硬塑料制,高度 $H=42$ cm,直径 $D=30$ cm,1 个;泵型叶轮,铜制,直径 $d=12$ cm,1 个;电动机,单向串激电动机,220 V/2.5 A,1 台;直流稳压电源,0~30 V/0~2 A,1 台;溶解氧测定仪(探头上装有橡皮塞),1 台;电磁搅拌器,1 台;广口瓶,250 mL(或依溶解氧探头大小确定),1 个;秒表,1 只;玻璃烧杯,200 mL,1 个;玻璃搅拌棒,1 根。

4. 实验步骤

在非稳定状态下进行实验。

1) 在实验室用自来水或初次沉淀池出水进行实验

(1) 向模型曝气池注入自来水至曝气叶轮表面稍高处,测出模型曝气池内水容积(V,m^3 或 L),并记录。

(2) 校正溶解氧测定仪,并将探头固定在水下 1/2 处。

(3) 启动曝气叶轮,使其缓慢转动(仅使水流流动),用溶解氧测定仪测定自来水水温和水中溶解氧值(ρ'),并记录。

(4) 根据 ρ' 计算实验所需要的消氧剂 Na_2SO_3 和催化剂 $CoCl_2$ 的量。

$$Na_2SO_3+\frac{1}{2}O_2 \xlongequal{CoCl_2} Na_2SO_4$$

从上面的反应式可以知道,每去除 1 mg 溶解氧,需要投加 7.9 mg Na_2SO_3。根据池子的容积和自来水(或污水)的溶解氧浓度,可以算出 Na_2SO_3 的理论需要量。实际投加量应为理论值的 150%~200%。

计算方法如下:

$$W_1=V\times\rho'\times7.9\times(150\%\sim200\%)$$

式中:W_1 为 Na_2SO_3 的实际投加量,kg 或 g。

催化剂氯化钴的投加量按维持池子中的钴离子浓度为 0.05~0.5 mg/L 计算(用温克尔法测定溶解氧时建议用下限)。计算方法如下:

$$W_2=V\times0.5\times\frac{129.9}{58.9}$$

式中:W_2 为 $CoCl_2$ 的投加量,kg 或 g。

(5) 将 Na_2SO_3 和 $CoCl_2$ 用水样溶解后投放在曝气叶轮处。

(6) 待溶解氧值为零时,加快叶轮转速(此时曝气充氧),定期(0.5~1 min)读出溶解氧值(ρ)并记录,直至溶解氧值不变时(此即实验条件下的 ρ_s),停止实验。记录实验的电压和电流值。

(7) 用污水处理厂初次沉淀池出水重复以上实验。

2) 在现场运行条件下的混合液中进行实验

(1) 确定曝气池内测定点位置,在平面上测定点可以布置在三等分池子半径的中点和终点;在水深方向,布置在距池面和池底 0.3 m 处以及池子 1/2 深度处,共取 12 个测定点(或 9 个测定点),见图 5-42。

(2) 检查各测定点的溶解氧浓度(了解各测定点处是否都有溶解氧)。

(3) 测定水温。

(4) 停止进水和回流污泥,继续曝气 1~2 h,使微生物呼吸相对稳定。

(5) 停止曝气(或减小曝气强度,仅使污泥能悬浮于水中即可),当溶解氧浓度下降到零

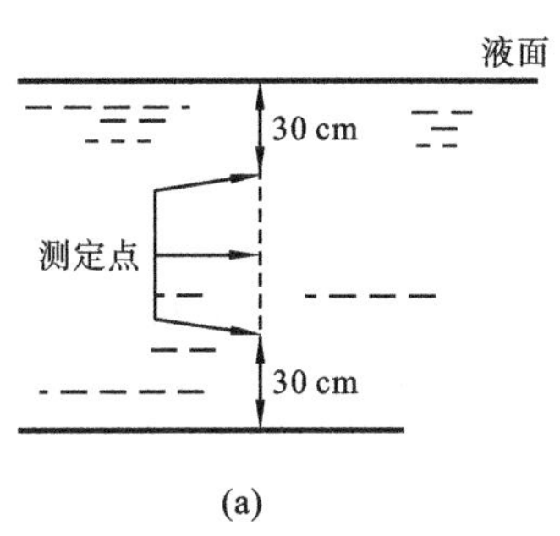

(a)

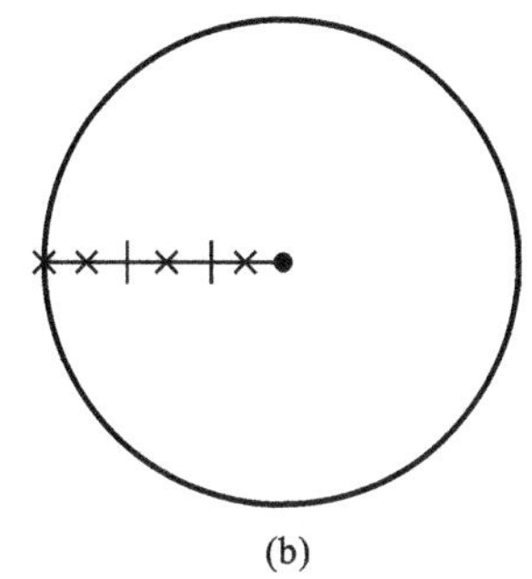
(b)

图 5-42　测定点位置示意图

时，启动曝气设备，定期测定溶解氧的上升值，并记录。溶解氧浓度达到一常数值时停止实验，此值为溶解氧饱和浓度 ρ_{sw}。

3）在生产现场稳定状态下进行实验

（1）确定测定点位置。

（2）检查各测定点的溶解氧浓度。

（3）测定水温。

（4）若测定时水质、水量有变化，可暂时停止进水和回流污泥，使混合液溶解氧浓度稳定在某一浓度。

（5）取混合液，测定此时活性污泥的呼吸速率，用 250 mL 广口瓶取曝气池混合液一瓶，迅速而剧烈地摇晃 20 次左右，或用压缩空气迅速充氧，使溶解氧提高到 5 mg/L 以上，投入搅拌珠，迅速用装有溶解氧测定仪探头的橡皮塞塞紧瓶口（不能有气泡或漏气），置于电磁搅拌器上，启动搅拌器，使瓶中污泥（混合液）呈悬浮状态，定期（0.5～1.0 min，读出溶解氧值 ρ 并记录。然后作 ρ 与 t 的关系曲线（见图 5-43），其直线部分的斜率的绝对值就是微生物呼吸速率 r。r 与微生物的代谢能力有关，一般在 30～100 mg/(L・h)。

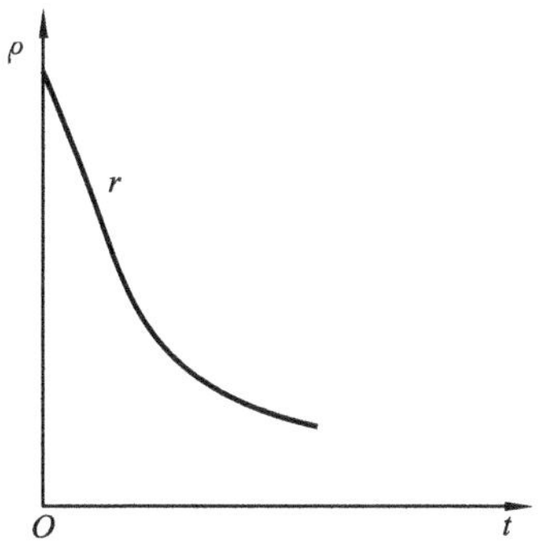

图 5-43　ρ 与 t 的关系曲线

（6）取曝气池部分混合液出来进行曝气，至溶解氧读数不再上升（1～2 h），此时的浓度值为混合液的 ρ_{sw}。

本实验有如下注意事项。

（1）在实验室进行充氧实验时，由于实验模型较小，只需一个测定点，无须布置 12 个测定点。

（2）当用压缩空气曝气时，应注意实验供气量恒定，当用叶轮曝气时，实验记录开始后，叶轮转速不能改变。

（3）在清水和污水中做充氧实验时，除了水质不同外，其余实验条件应完全一致。

5. 实验结果整理

（1）记录实验设备及操作条件的基本参数。

实验日期________年______月______日

模型曝气池内径 D=________m　高度 H=________m　水体积 V=________m^3

水温________℃　室温________℃　气压________kPa

实验条件下自来水的 ρ_s=________mg/L

实验条件下污水的 ρ_{sw}=________mg/L

电动机输入功率________

测定点位置________

Na_2SO_3投加量(kg 或 g):自来水________,污水________

$CoCl_2$投加量(kg 或 g):自来水________,污水________

(2) 参考表 5-43 记录不稳定状态下充氧实验测得的溶解氧值,并进行数据整理。

表 5-43 不稳定状态下充氧实验记录表

t /min						
ρ /(mg/L) $(\rho_s-\rho)$/(mg/L)						

(3) 以溶解氧浓度 ρ 为纵坐标、时间 t 为横坐标,用表 5-43 的数据描点作 ρ 与 t 的关系曲线。

(4) 根据 ρ-t 实验曲线计算相应于不同 ρ 值的$\frac{d\rho}{dt}$,记录于表 5-44 中。

表 5-44 不同 ρ 值的$\frac{d\rho}{dt}$

ρ /(mg/L)						
$\frac{d\rho}{dt}$/[mg/(L·min)]						

(5) 分别以 $\ln(\rho_s-\rho)$和$\frac{d\rho}{dt}$为纵坐标、时间 t 和 ρ 为横坐标,绘制出两条实验曲线。

(6) 计算 K_La、α、β、充氧能力、动力效率和氧利用率。

6. 问题与讨论

(1) 试比较稳定和非稳定实验方法,您认为哪一种方法较好?为什么?

(2) 比较两种数据整理方法,哪一种方法误差较小?各有何特点?

(3) ρ_s偏大或偏小,对实验结果会造成什么样的影响?

(4) 试考虑如何测定推流式曝气池内曝气设备的 K_La。

5.2.16 工业污水可生化性实验

1. 实验目的

污水的可生化性实验用来研究污水中有机物可被微生物降解的程度,为选定该种污水处理工艺提供必要的依据。

用生物处理的方法去除污水中的有机物具有高效、经济的特点,因此,在选择某种污水的处理方案时,一般首先考虑生物处理的可能性。对于生活污水和城市污水,均可采用此法,但对于水质复杂、污染物种类繁多的工业污水,仅仅采用生物处理法不一定可行,或效果不一定显著,这是由于某些工业污水中含有难以生物降解的有机物,或含有能够抑制或毒害微生物生长的物质,或缺少微生物生长所需要的某些营养物质及环境条件等。因此,在没有现成参考资料和实际运行经验可以借鉴时,需要通过实验来考察某些工业废水生物处理的可行性,即工业废水的可生化性,以确保废水处理方案选择的合理性与可靠性,或确定废水中某些组分进入生物处理构筑物的最高允许浓度。

本实验的目的如下。

(1) 了解工业废水可生化性的含义。

(2) 掌握用微生物呼吸速率法测定工业废水可生化性的实验和数据整理方法。

2. 实验原理

在污水好氧生物处理中，当污水中的底物与微生物接触后，微生物即对底物进行代谢，同时呼吸耗氧。物质代谢所消耗的氧包括两部分：①氧化分解有机污染物，使其分解为 CO_2、H_2O、NH_3（存在含氮有机物时）等，为合成新细胞提供能量；②供微生物进行内源呼吸，使细胞物质氧化分解。下例可说明物质代谢过程中的这一关系。

合成：

$$8CH_2O+3O_2+NH_3 \longrightarrow C_5H_7NO_2+3CO_2+6H_2O$$

$$3CH_2O+3O_2 \longrightarrow 3CO_2+3H_2O+\text{能量}$$

$$5CH_2O+NH_3 \longrightarrow C_5H_7NO_2+3H_2O$$

从以上反应式可以看到，约 1/3 的 CH_2O（酪蛋白）被微生物氧化分解为 CO_2 和 H_2O，同时产生能量供微生物合成新细胞，这一过程要消耗氧。

内源呼吸：

$$C_5H_7NO_2+5O_2 \longrightarrow 5CO_2+NH_3+2H_2O$$

由上述反应式可以看到，内源呼吸过程氧化 1 g 微生物需要的氧量为 1.42 g。

微生物进行物质代谢过程的需氧速率可以用下式表示：

总的需氧速率＝合成细胞的需氧速率＋内源呼吸的需氧速率

即

$$\left(\frac{d\rho(O)}{dt}\right)_T=\left(\frac{d\rho(O)}{dt}\right)_F+\left(\frac{d\rho(O)}{dt}\right)_e \tag{5-73}$$

式中：$\left(\frac{d\rho(O)}{dt}\right)_T$ 为总的需氧速率，mg/(L · min)；$\left(\frac{d\rho(O)}{dt}\right)_F$ 为降解有机物，合成新细胞的耗氧速率，mg/(L · min)；$\left(\frac{d\rho(O)}{dt}\right)_e$ 为微生物内源呼吸需氧速率，mg/(L · min)。

这两部分氧化过程所需要的氧量可由下式计算：

$$O=a'QL_r+b'VX_V \tag{5-74}$$

式中：O 为混合液需氧量，$kg(O_2)/d$；a' 为活性污泥微生物降解 1 kg 有机物的需氧量，$kg(O_2)/kg(BOD_5)$；Q 为污水流量，m^3/d；L_r 为被活性污泥微生物降解的有机物浓度，kg/m^3；b' 为活性污泥微生物自身氧化需氧量，$kg(O_2)/[kg(MLSS)\cdot d]$；$V$ 为曝气池水容积，m^3；X_V 为挥发性污泥浓度(MLVSS)，kg/m^3。

式(5-74)中的系数 a'、b' 是活性污泥法处理系统的重要设计与运行参数。对生活污水，a' 为 0.42～0.53，b' 为 0.11～0.188。式(5-73)中 $\left(\frac{d\rho(O)}{dt}\right)_e=b'$，基本上为一常量；$\left(\frac{d\rho(O)}{dt}\right)_F=a'N_r$，$N_r$ 为有机物负荷，这说明 $\left(\frac{d\rho(O)}{dt}\right)_F$ 不仅与微生物性能有关，还与有机物负荷、有机物总量有关。

当污水中的底物主要为可生物降解的有机物时，坐标系中微生物的氧吸收量累计值为一条类似 BOD 测定的耗氧过程线（图 5-44 中曲线 1）。溶解氧的吸收量（即消耗量）与污水中的有机物浓度有关。实验开始时，间歇反应器中有机物浓度较高，微生物吸收氧的速率较快，之后随着反应器中有机物浓度的减少，氧吸收速率也逐渐减慢，直至最后等于内源呼吸速率（图 5-45 中曲线 2）。若污水中无底物，微生物直接进入内源呼吸，其氧吸收量累计过程线为一通过原点的直线（图 5-44 中曲线 3，图 5-45 中曲线 1）。如果污水中的某一种或几种组分对微生物的生长有毒害抑制作用，微生物与污水混合后，其降解利用有机物的速率便会减慢，利用氧的速率也将减慢（图 5-44 中曲线 2）。如果微生物降解底物的氧吸收量累计过程线在内源呼吸过程线以上，说明污水中的底物是可以被微生物氧化分解的，且两条线之间的间距越大，说明该污水的可生化性越好，反之越差。而当氧吸收量累计过程线与内源呼吸过程线重合时，说明水中的底物不能被微生物氧化分解，但对微生物的生命活动尚无抑制作用。而当氧吸收量累计过程线位于内源呼吸氧吸收过程线以下时，则表明污水中的底物对微生物产生了强烈的毒害和抑制作用，如图 5-44 中的曲线 4 所示。因此，可以通过实验测定活性污泥的呼吸速率，用氧吸收量累计值与时间的关系曲线、呼吸速率与时间的关系曲线来判断某种污水生物处理的可能性，或某种有毒有害物质进入生物处理设备的最大允许浓度。

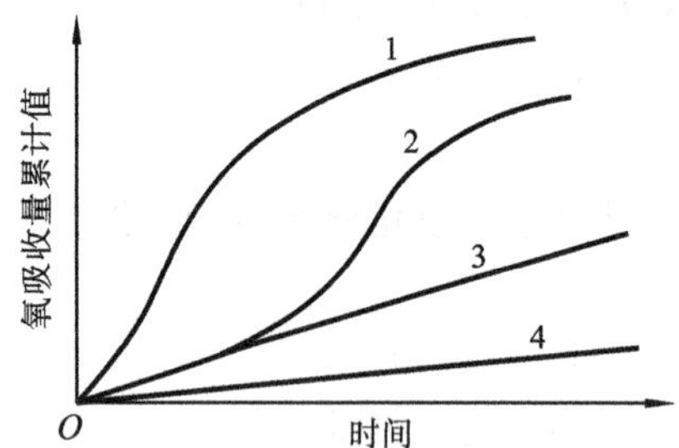

图 5-44　不同物质对微生物氧吸收过程的影响图

1—易降解；2—经驯化后能降解；3—内源呼吸；4—有毒

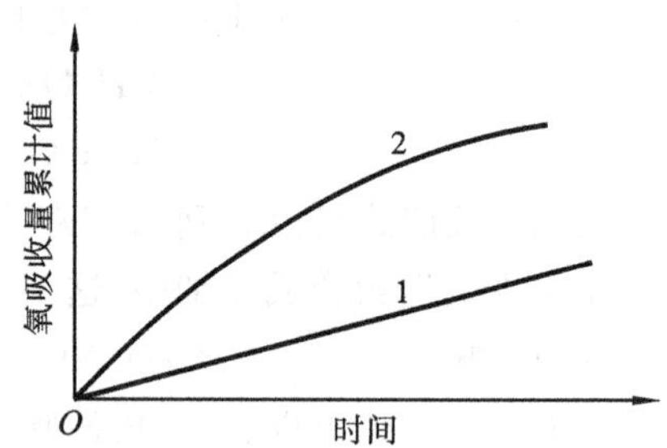

图 5-45　活性污泥生化呼吸过程线

1—氧化呼吸过程线；2—内源呼吸过程线

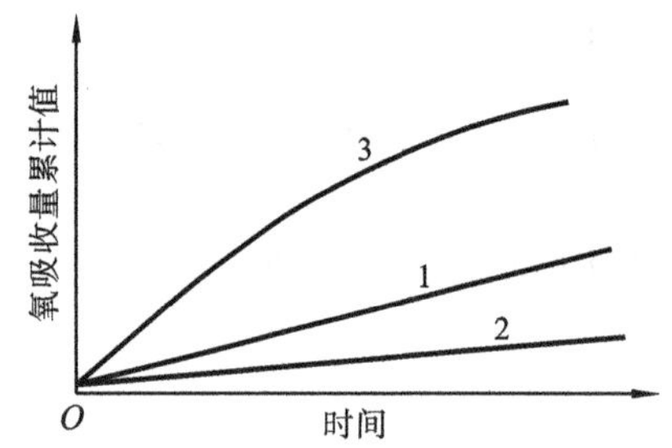

图 5-46　微生物驯化前、后对毒物的适应性

1—未加毒物时内源呼吸；2—培养驯化以前；3—培养驯化以后

污水中有害物质对微生物的毒害作用，有一个“度”的概念，即污水中的毒物只有达到某一极限浓度时，毒害和抑制作用才会显现出来，而低于这一极限浓度时，微生物的生理功能不受影响。此外，微生物是可以驯化的，当它们慢慢适应了这一极限浓度时，也可能承受更高的毒物浓度，以致完全驯化(见图 5-46)。

因此，所谓的极限浓度也不是一成不变的。污水中有毒有害成分对微生物的影响除了直接杀死微生物，使细胞壁变性或破裂以外，主要表现为抑制、损害酶的作用，使酶变性、失活。例如，重金属能与酶和其他代谢产物结合，使酶失去活性，改变原生质膜的渗透性，影响营养物质的吸收；二硝基(代)苯酸会抑制氧化磷酸化，影响微生物的合成发育；5-甲基色氨酸会影响蛋白质的正常合成。此外，有毒物质对微生物的毒害作用还与环境因素，如 pH 值、水温、溶解氧、其他毒物等有关。如氢离子浓度会改变原生质膜和酶的荷电，影响原生质的生化过程和酶的作用，阻碍微生物的能量代谢。另外，有害物质对微生物的抑制作用还与微生物的浓度有关，微生物的浓度越大，所能承受的毒物浓度也越高。因此，实验时选用的污泥浓度也应与曝气池中的污泥浓度相同。

上述讨论说明，通过测定活性污泥的呼吸速率，可以考察工业污水的可生化性。但考察工业污水可生化性的方法有许多种，如测定微生物的氧吸收值(瓦勃呼吸仪、BOD 测定仪)法、测定污水的 BOD 与 COD 的比值法、通过微生物培养摇床或模型实验测定脱氢酶或 ATP(三磷酸腺苷)活性、测定污水中底物(BOD 或 COD)去除效率法以及有机化合物分子结构评价法等。相比较而言，本实验采用的方法较为简便、直观、易行，所需设备也较简单，便于掌握。

3. 实验装置与设备

(1) 实验装置。

可生化性实验装置的主要组成部分是生化反应器和曝气设备，如图 5-47 所示。实验时可以用压缩空气曝气(图 5-47(a))，也可以用叶轮曝气(图 5-47(b))，视设备条件而定。本实验采用叶轮曝气。

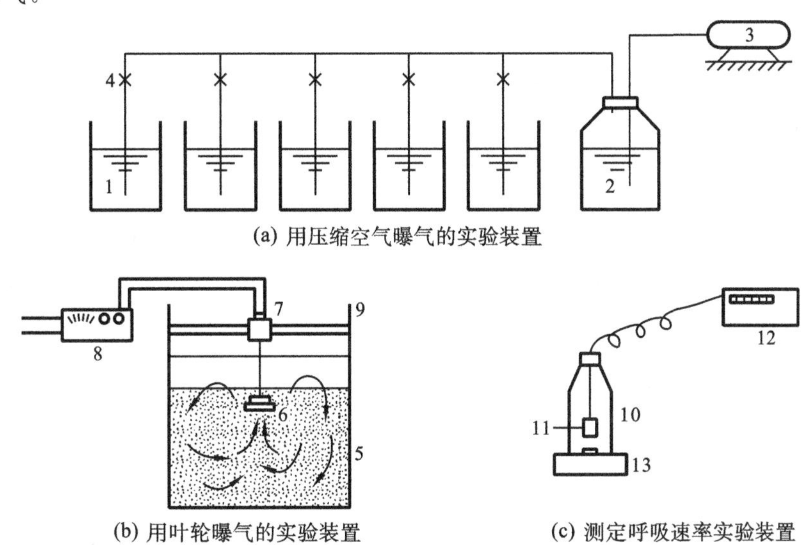

(a) 用压缩空气曝气的实验装置

(b) 用叶轮曝气的实验装置

(c) 测定呼吸速率实验装置

图 5-47　工业污水可生化性实验装置示意图

1—生化反应器；2—油水分离器；3—空气压缩机；4—螺丝夹；5—生化反应器；6—曝气叶轮；7—电动机；8—稳压电源；9—电动机支架；10—广口瓶；11—溶解氧探头；12—溶解氧测定仪；13—电磁搅拌器

采用压缩空气曝气时，为防止压缩空气机的油随空气带入反应器，压缩空气输送管应先接入一个装有水的油水分离器，再接入反应器。采用叶轮曝气时，为防止电压变化引起叶轮转速不稳定，电动机应接在稳压电源上。

(2) 实验设备和仪器仪表。

生化反应器，硬塑料制，高度 $H=0.42$ m，直径 $D=0.3$ m，1 个；泵型叶轮，铜制，直径 $d=12$ mm，1 个；电动机，单向串激电动机，220 V/2.5 A，1 台；直流稳压电源，0～30 V/0～2 A，1 台；空气压缩机(采用压缩空气曝气时)，Z-0.025/6，1 台；溶解氧测定仪，1 台；电磁搅拌器，1 台；广口瓶，250 mL(根据溶解氧探头大小确定瓶子尺寸)，1 个；塑料杯，500 mL，1 个；秒表，1 只；量杯，5 mL、10 mL，各 1 个；橡皮管(虹吸用)，1 根；洗耳球(虹吸用)，1 个；小口瓶，2 500 mL，1 个。

4. 实验步骤

(1) 从城市污水处理厂曝气池出口取回活性污泥混合液，搅拌均匀后，在 6 个反应器内分别加8 L混合液，再加自来水至叶轮表面稍高处(18～19 L)，使每个反应器内污泥浓度为 1～2 g/L。

(2) 开动曝气叶轮，曝气 1～2 h，使微生物处于内源呼吸状态。

(3) 除欲测内源呼吸速率的 1 号反应器以外，其他 5 个反应器都停止曝气。

(4) 静置沉淀，待反应器内污泥沉淀后，用虹吸去除上清液。

(5) 在 2～6 号反应器内均加入从污水处理厂初次沉淀池出口处取回的城市污水至虹吸

前水位,测量反应器内水容积。

(6) 继续曝气,并按表 5-45 计算和投加间甲酚。

表 5-45 各生化反应器内间甲酚浓度

生化反应器序号	1	2	3	4	5	6
间甲酚浓度/(mg/L)	0	0	100	300	600	1 000

(7) 混合均匀后用溶解氧测定仪测定反应器内溶解氧浓度,当溶解氧浓度大于6 mg/L时,立即取样测定呼吸速率($\frac{d\rho(O)}{dt}$)。以后每隔 30 min 测定一次呼吸速率,3 h 后改为每隔 1 h 测定一次,5～6 h 后结束实验。

呼吸速率测定方法:用 250 mL 广口瓶取反应器内混合液 1 瓶,迅速用装有溶解氧探头的橡皮塞塞紧瓶口(不能有气泡或漏气),将瓶子放在电磁搅拌器上,如图 5-47(c)所示,启动搅拌器,定期测定溶解氧浓度 ρ(0.5～1 min),并记录,测定 10 min。然后以 ρ 对 t 作图,所得直线的斜率即微生物的呼吸速率。

本实验有如下注意事项。

(1) 本实验所列实验设备(除空气压缩机外)是一组学生所需设备。每组学生(2 人)仅完成一种浓度实验,即表 5-45 所列内容应由 6 组学生完成。

(2) 加入各生化反应器的活性污泥混合液量应相等(即 MLSS 相同),这样才能使各反应器内的活性污泥的呼吸速率相同,使各反应器的实验结果有可比性。

(3) 取样测定呼吸速率时,应充分搅拌,使反应器内活性污泥浓度保持均匀,以避免由于采样带来的误差。

(4) 反应器内的溶解氧建议维持在 4～7 mg/L,以保证测定呼吸速率时有足够的溶解氧。第 1、6 组的反应器内的溶解氧可维持在 4 mg/L,因反应器内微生物的呼吸速率较小。

5. 实验结果整理

(1) 记录实验操作条件。

实验日期________年______月______日

反应器序号________________

间甲酚投加量________________g 或 mL

污泥浓度________________g/L

(2) 测定 $d\rho(O)/dt$ 的实验记录可参考表 5-46。

表 5-46 溶解氧测定值

时间 t/min	1	2	3	4	5	6	7	8	9
溶解氧测定仪读数/(mg/L)									

(3) 以溶解氧测定值为纵坐标、时间 t 为横坐标作图,所得直线斜率即 $d\rho(O)/dt$(测定 5 h 后可得到 9 个 $d\rho(O)/dt$ 值)。

(4) 以呼吸速率 $d\rho(O)/dt$ 为纵标、时间 t 为横坐标作图,得 $d\rho(O)/dt$ 与 t 的关系曲线。

(5) 用 $d\rho(O)/dt$ 与 t 的关系曲线,参考表 5-47 计算氧吸收量累计值 $\rho(O)_u$。

表 5-47　氧吸收量累计值计算

序　　号	1	2	3	4	…	$n-1$	n
时间 t/h							
$\frac{d\rho(O)}{dt}$/[mg/(L·min)]							
$\frac{d\rho(O)}{dt}\times t$/(mg/L)							
$\rho(O)_u$/(mg/L)							

表中$\frac{d\rho(O)}{dt}\times t$ 和 $\rho(O)_u$ 可参照下列公式计算：

$$\left(\frac{d\rho(O)}{dt}\times t\right)_n=\frac{1}{2}\left[\left(\frac{d\rho(O)}{dt}\right)_n+\left(\frac{d\rho(O)}{dt}\right)_{n-1}\right](t_n-t_{n-1})$$

$$(\rho(O)_u)_n=(\rho(O)_u)_{n-1}+\left(\frac{d\rho(O)}{dt}\times t\right)_n$$

计算时 $n=2,3,\cdots$

(6) 以氧吸收量累计值 $\rho(O)_u$ 为纵坐标、时间 t 为横坐标作图，得到间甲酚对微生物氧吸收过程的影响曲线。

6. 问题与讨论

(1) 什么叫工业污水的可生化性？

(2) 什么叫内源呼吸？什么叫生物耗氧？

(3) 有毒有害物质对微生物的抑制或毒害作用与哪些因素有关？

(4) 拟订一个确定有毒物质进入生物处理构筑物容许浓度的实验方案。

5.2.17　活性污泥性质的测定

1. 实验目的

在废水生物处理中，活性污泥法是很重要的一种处理方法，也是城市污水处理厂最广泛使用的方法。活性污泥法是指在人工供氧的条件下，通过悬浮在曝气池中的活性污泥与废水的接触，以去除废水中有机物或某种特定物质的处理方法。在这里，活性污泥是废水净化的主体。所谓活性污泥，是指充满了大量微生物及有机物和无机物的絮状泥粒。它具有很大的表面积和强烈的吸附和氧化能力，沉降性能良好。活性污泥生长的好坏，与其所处的环境因素有关，而活性污泥性能的好坏，又直接关系到废水中污染物的去除效果。为此，水质净化厂的工作人员要经常观察和测定活性污泥的组成和絮凝、沉降性能，以便及时了解曝气池中活性污泥的工作状况，从而预测处理出水的好坏。

本实验的目的如下。

(1) 了解评价活性污泥性能的四项指标及其相互关系。

(2) 掌握 SV、SVI、MLSS、MLVSS 的测定和计算方法。

2. 实验原理

活性污泥的评价指标一般有生物相、混合液悬浮固体浓度(MLSS)、混合液挥发性悬浮固体浓度(MLVSS)、污泥沉降比(SV)、污泥体积指数(SVI)和污泥泥龄(θ_c)等。本实验选做其中的四项。

混合液悬浮固体浓度(MLSS)又称混合液污泥浓度。它表示曝气池单位容积混合液内所含活性污泥固体物的总质量,由活性细胞(M_a)、内源呼吸残留的不可生物降解的有机物(M_e)、入流水中生物不可降解的有机物(M_i)和入流水中的无机物(M_{ii})四部分组成。混合液挥发性悬浮固体浓度(MLVSS)表示混合液活性污泥中有机性固体物质部分的浓度,即由MLSS中的前三项组成。活性污泥净化废水靠的是活性细胞(M_a),当MLSS一定时,M_a越多,表明污泥的活性越好,反之越差。MLVSS不包括无机部分(M_{ii}),所以用其来表示活性污泥的活性,数量上比MLSS为好,但它还不真正代表活性污泥微生物(M_a)的量。这两项指标虽然在代表混合液生物量方面不够精确,但测定方法简单、易行,也能够在一定程度上表示相对的生物量,因此广泛用于活性污泥处理系统的设计、运行。对于生活污水和以生活污水为主体的城市污水,MLVSS与MLSS的比值在0.75左右。

性能良好的活性污泥,除了具有去除有机物的能力以外,还应有好的絮凝沉降性能。这是发育正常的活性污泥所应具有的特性之一,也是二次沉淀池正常工作的前提和出水达标的保证。活性污泥的絮凝沉降性能,可用污泥沉降比(SV)和污泥体积指数(SVI)这两项指标来加以评价。污泥沉降比是指曝气池混合液在100 mL量筒中沉淀30 min,污泥体积与混合液体积之比,用百分数(%)表示。活性污泥混合液经30 min沉淀后,沉淀污泥可接近最大密度,因此可用30 min作为测定污泥沉降性能的依据。一般生活污水和城市污水的SV为15%~30%。污泥体积指数是指曝气池混合液经30 min沉淀后,每克干污泥所形成的沉淀污泥所占有的容积,以mL计,即mL/g,但习惯上把单位略去。SVI的计算式为

$$\mathrm{SVI}=\frac{\mathrm{SV(mL/L)}}{\mathrm{MLSS(g/L)}} \tag{5-75}$$

在一定的污泥量下,SVI反映了活性污泥的凝聚沉淀性能。若SVI较高,表示SV较大,污泥沉降性能较差;若SVI较小,污泥颗粒密实,污泥老化,沉降性能好。但若SVI过低,则污泥矿化程度高,活性及吸附性都较差。一般来说,当SVI<100时,污泥沉降性能良好;当SVI=100~200时,沉降性能一般;而当SVI>200时,沉降性能较差,污泥易膨胀。一般城市污水的SVI在100左右。

3. 实验装置与设备

(1) 实验装置。

曝气池,1套。

(2) 实验设备和仪器仪表。

电子天平,1台;烘箱,1台;马弗炉,1台;量筒,100 mL,1个;锥形瓶,250 mL,1个;短柄漏斗,1个;称量瓶,ϕ40 mm×70 mm,1个;瓷坩埚,30 mL,1个;干燥器,1个。

4. 实验步骤

(1) 将ϕ12.5 cm的定量中速滤纸折好并放入已编号的称量瓶中,在103~105 ℃的烘箱中烘2 h,取出称量瓶,放入干燥器中冷却30 min,在电子天平上称重,记下称量瓶编号和质量m_1(g)。

(2) 将已编号的瓷坩埚放入马弗炉中,在600 ℃温度下灼烧30 min,取出瓷坩埚,放入干燥器中冷却30 min,在电子天平上称重,记下坩埚编号和质量m_2(g)。

(3) 用100 mL量筒量取曝气池混合液100 mL(V_1),静置沉淀30 min,观察活性污泥在量筒中的沉降现象,到时记录下沉淀污泥的体积V_2(mL)。

(4) 从已编号和称重的称量瓶中取出滤纸,放到已插在250 mL锥形瓶上的玻璃漏斗中,

取100 mL曝气池混合液慢慢倒入漏斗过滤。

(5) 将过滤后的污泥连同滤纸放入原称量瓶中，在103～105 ℃的烘箱中烘2 h，取出称量瓶，放入干燥器中冷却30 min，在电子天平上称重，记下称量瓶编号和质量m_3(g)。

(6) 取出称量瓶中已烘干的污泥和滤纸，放入已编号和称重的瓷坩埚中，在600 ℃温度下灼烧30 min，取出瓷坩埚，放入干燥器中冷却30 min，在电子天平上称重，记下瓷坩埚编号和质量m_4(g)。

本实验有如下注意事项。

(1) 称量瓶和瓷坩埚在恒重和灼烧时，应将盖子打开，称重时应将盖子盖好。

(2) 干燥器盖子打开时，应用手推或拉，不能用手往上拎。

(3) 污泥过滤时不可将污泥溢出纸边。

(4) 用电子天平称重时要随时关门，称重时要轻拿轻放。

5. 实验结果整理

(1) 实验数据记录：参考表5-48记录实验数据。

表5-48　活性污泥评价指标实验记录表

称量瓶				瓷坩埚				挥发分质量/g
编号	m_1/g	m_3/g	(m_3-m_1)/g	编号	m_2/g	m_4/g	(m_4-m_2)/g	

(2) 污泥沉降比计算。

$$SV=\frac{V_2}{V_1}\times 100\%$$

(3) 混合液悬浮固体浓度计算。

$$MLSS(g/L)=\frac{(m_3-m_1)\times 1\,000}{V_1}$$

(4) 污泥体积指数计算。

$$SVI=\frac{SV(mL/L)}{MLSS(g/L)}$$

(5) 混合液挥发性悬浮固体浓度计算。

$$MLVSS(g/L)=\frac{(m_3-m_1)-(m_4-m_2)}{V_1\times 10^{-3}}$$

6. 问题与讨论

(1) 测污泥沉降比时，为什么要规定静置沉淀30 min?

(2) 污泥体积指数SVI的倒数表示什么？为什么可以这么说？

(3) 当曝气池中MLSS一定时，如发现SVI大于200，应采取什么措施？为什么？

(4) 对于城市污水来说，SVI大于200或小于50分别说明了什么问题？

5.2.18　活性污泥法动力学系数的测定

1. 实验目的

通过对活性污泥法中有机物降解和微生物增长规律等动力学方面的研究，可以更合理地进行曝气池的设计与运行。通过本实验,希望达到以下目的。

(1) 加深对活性污泥法动力学基本概念的理解。

(2) 了解用间歇进料方式测定活性污泥法动力学系数 a、k_d和 K 的方法。

2. 实验原理

活性污泥法去除有机污染物的动力学模型有多种。这里以两个比较常见的关系式来讨论如何通过实验来确定动力学系数。

$$\frac{S_0 - S_e}{X_V t} = KS_e \tag{5-76}$$

式中:S_0为进水有机污染物浓度,以 COD 或 BOD 表示,mg/L;S_e为出水中有机污染物浓度,mg/L;X_V为曝气池内挥发性悬浮固体浓度(MLVSS),mg/L;t 为水力停留时间,h 或 d;K 为有机污染物降解系数,h^{-1}或 d^{-1}。

$$\frac{1}{\theta_c} = a\frac{S_0 - S_e}{X_V t} - k_d \tag{5-77}$$

式中:θ_c为泥龄,d;a 为污泥增长系数,kg/kg;k_d为内源呼吸系数(也称衰减系数),h^{-1}或 d^{-1};其余符号意义同前。

活性污泥法动力学系数的测定,可以在连续进料生物反应器系统或间歇进料反应器系统中进行。其方法分述如下。

(1) 连续进料生物反应器系统。

连续进料生物反应器系统的特点是废(污)水连续稳定地流入生物反应器,经处理后连续排出,同时污泥也连续地回流到生物反应器内。这种实验系统可用以模拟完全混合型活性污泥系统和推流型活性污泥系统。其缺点如下:实验设备较多,实验期间发生故障的机会较大。实验装置可参见图 5-48。

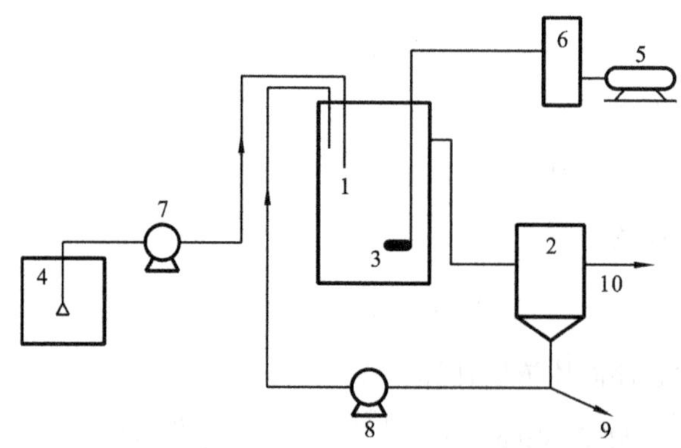

图 5-48　连续进料生物反应器系统实验装置示意图

1—生物反应池;2—沉淀池;3—曝气器;4—吸水池;5—空气压缩机;6—油水分离器;
7—水泵;8—污泥回流泵;9—排泥管;10—出水管

实验时,先将作为菌种的活性污泥加入反应器,使反应器内的 MLVSS 浓度约为 2.0 g/L,然后按实验设计确定的进水流量、回流比引进污水和回流污泥,并通入压缩空气,使系统开始运行。运行期间每天要测定 MLVSS,以便确定每日的排泥量。每日排出的污泥量应等于每日增殖的污泥量,使反应器内的 MLVSS 维持在一恒定水平。一般情况下,连续运行 2～4 周(3～5 倍泥龄),系统便可处于稳定状态。稳定的方法有:①测定反应器内混合液的耗氧速率;②测定出水的 BOD。当两者的数据都稳定时,可认为实验系统已经稳定。

如果用 3～5 个生化反应器,在 S_0相同的条件下,按 3～5 个不同的水力停留时间进行实验。待实验系统稳定后，测定各反应器的 S_0、S_e、X 和 ΔX，连续运行 7～10 d，便可得到 3～5 组实验数据。

式(5-76)表明，若将实验数据整理后点绘在以 $(S_0-S_e)/(X_V t)$ 为纵坐标、S_e 为横坐标的坐标纸上，便可得到一条通过原点的直线。该直线的斜率为有机污染物的降解系数 K(如图5-49 所示)。而根据式(5-77)，将实验数据点绘在以 $1/\theta_c$ 为纵坐标，$(S_0-S_e)/(X_V t)$ 为横坐标的坐标纸上，所得直线的斜率即污泥增长系数 a，截距为内源呼吸系数 k_d，如图 5-50 所示。

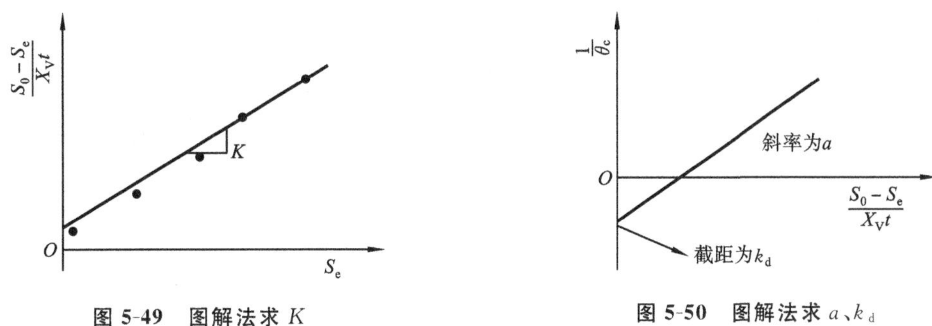

图 5-49　图解法求 K

图 5-50　图解法求 a、k_d

(2) 间歇进料生物反应器系统。

间歇进料生物反应器系统实验是将污水一次性投加到含有活性污泥的反应器内，然后进行曝气。曝气 7～8 h 后排去增殖的污泥，沉淀 0.5～1 h 后排去上清液。重新加入污水并曝气，如此周而复始运行 2～4 周，便可得到稳定的实验系统。间歇进料的实验系统可以较好地模拟推流型活性污泥法；若用以模拟完全混合型活性污泥法，所测得的动力学系数有一定的误差，不如连续进料系统的实验结果好。间歇进料的优点是实验装置简单，操作管理也较简单。

下述实验虽然采用的是间歇进料，但通过该方式的简单运作亦可对两种进料系统中动力学系数的测定有更进一步的认识。

3. 实验装置与设备

(1) 实验装置。

实验装置由五个生物反应器和一台空气压缩机组成，如图 5-51 所示。

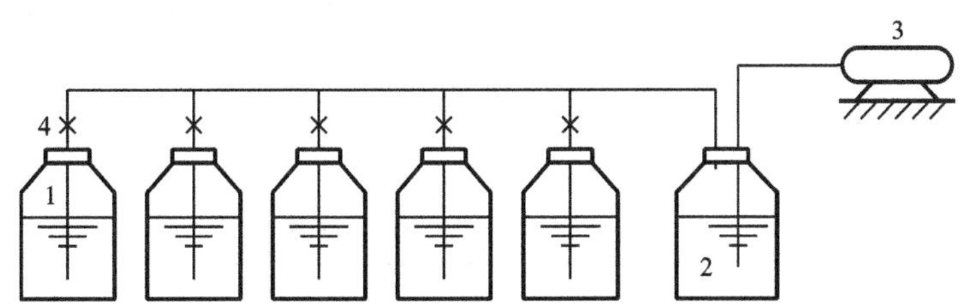

图 5-51　间歇进料生物反应器系统实验装置示意图

1—生物反应器；2—油水分离器；3—空气压缩机；4—螺丝夹

为防止空气压缩机的油被带入反应器，减少反应器内水分蒸发损失，压缩空气输送管应先接入一个由纯水瓶(或其他小口瓶)改装成的油水分离器后再接入反应器。

(2) 实验设备和仪器仪表。

生物反应器，小口瓶(2 500 mL)或有机玻璃制反应器，高 H=230 mm，直径 D=140 mm，5 只；测定 COD 或 BOD 仪器，1 套；纯水瓶(或 2 500 mL 小口瓶)，1 个；空气压缩机，Z-0025/6，1 台；烘箱，1 台；分析天平，1 台；马弗炉，1 台；托盘天平，1 台；古氏坩埚，20～40 个；漏斗；漏斗架；量筒，100 mL；烧杯，250 mL 等。

4. 实验步骤

(1) 从城市污水处理厂取回性能良好的活性污泥。

(2) 用倾滗法弃去下层含泥沙的污泥，并取 200 mL 污泥测定 MLSS 和 MLVSS(每个样品取 100 mL，做两个平行样品)。

(3) 按反应器内混合体积为 2 L 的量投加活性污泥，使各反应器内的 MLSS 为 1.5～2 g/L。

(4) 加自来水至 2 L 刻度处。

(5) 每个反应器内加入 1 g 谷氨酸钠。

(6) 按表 5-49 所示的量投加无机盐。

表 5-49 1 L 混合液中无机盐含量

成　分	含量/(mg/L)	成　分	含量/(mg/L)
KH_2PO_4	50	$CaCl_2$	15
$NaHCO_3$	1000	$MnSO_4$	5
$MgSO_4$	50	$FeSO_4 \cdot 6H_2O$	2

(7) 启动空气压缩机进行曝气。

(8) 曝气 20～24 h 后，按泥龄 10 d、5 d、3 d、2 d、1.25 d 排去混合液，即分别排去 200 mL、400 mL、667 mL、1 000 mL、1 600 mL。

(9) 静置 0.5～1 h。

(10) 用虹吸去除上清液。

(11) 按实验步骤(4)至步骤(10)进行重复操作，2～4 周后实验系统可达到稳定。

(12) 系统稳定后，测定进水 S_0、反应器内混合液的 MLSS 和 MLVSS、出水 SS 和 S_e。要求每天测定一次，连续测定 1～2 周。

本实验有如下注意事项。

(1) 可以用葡萄糖代替谷氨酸钠。此时，应按 BOD_5 与 N 的含量比为 100：5 投加氯化铵，其他药品不变。

(2) 所有的化学药品应事先溶解后再加入反应器。

(3) S_0、S_e 的测定可以用 BOD_5 或 COD，S_e 的测定应用过滤后的水样进行。

(4) 测定坩埚质量时，应将坩埚放在马弗炉上灼烧、冷却后再称量。

5. 实验结果整理

(1) S_0 与 S_e 的测定数据可参考表 5-50 记录。

表 5-50 S_0 与 S_e 的测定记录表

日期	反应器序号	θ_c/d	空白①				S_0				S_e				c② /(mol/L)	S_0 /(mg/L)	S_e /(mg/L)
			后读数	初读数	差值	水样体积/mL	后读数	初读数	差值	水样体积/mL	后读数	初读数	差值	水样体积/mL			

注：① 指标为 BOD_5 时，此项记录为当天溶解氧测定值；

② 为 $(NH_4)_2Fe(SO_4)_2 \cdot 6H_2O$ 或 $Na_2S_2O_3$ 的物质的量浓度。

(2) MLSS 和 MLVSS 测定数据可参考表 5-51 记录。

表 5-51　MLSS 与 MLVSS 的测定记录表

滤纸灰分________

日期	反应器序号	θ_c/d	坩埚编号	坩埚质量/g	坩埚与滤纸质量/g	坩埚、滤纸与污泥质量/g	灼烧后质量/g	MLSS/(g/L)	MLVSS/(g/L)

(3) 将上述实验数据汇总于表 5-52 中。

表 5-52　实验数据汇总表

反应器序号	θ_c/d	$\frac{1}{\theta_c}/\mathrm{d}^{-1}$	S_0/(mg/L)	S_e/(mg/L)	t/h	X_V/(g/L)	$\frac{S_0-S_e}{X_V t}$

(4) 以$(S_0-S_e)/X_V t$为横坐标、$1/\theta_c$为纵坐标作图，求出 a 和 k_d。

(5) 以$(S_0-S_e)/X_V t$为纵坐标、S_e为横坐标作图，求 K。

6. 问题与讨论

(1) 评述本实验的方法和实验结果。

(2) 以正交实验设计法拟订一个获取曝气池设计参数(泥龄和负荷率)的实验方案。

(3) 如果污水中存在不可生物降解物，实验曲线会发生什么变化?

5.2.19　完全混合曝气池处理污水实验

1. 实验目的

活性污泥法是应用最广泛的一种废(污)水生物处理技术，完全混合式活性污泥法只是其中的一种运行形式，其主要处理构筑物为完全混合曝气池。本实验希望达到以下目的。

(1) 掌握完全混合活性污泥法的有效运作和日常管理。

(2) 确定完全混合曝气池的主要设计参数。

(3) 掌握曝气池充氧能力的评价方法。

2. 实验原理

完全混合曝气池多采用机械式表面曝气装置，曝气池在横断面上多呈圆形，且大都采用与沉淀池合建的方式。在完全混合曝气池中，入流废水、回流污泥与池中原有污水和污泥在机械曝气设备的曝气、搅拌下迅速混合，从而解决了传统活性污泥法中存在的需氧速率与供氧速率之间的矛盾，全池中各个部位的微生物种类、数量及其生活环境和需氧量也基本相同。并且该曝气池的完全混合作用,不仅缓解了有机物负荷的冲击,也减轻了有毒物质的影响,使整个系统具有较强的缓冲和均和能力。

3. 实验装置与设备

(1) 实验装置。

完全混合曝气池,1 套,如图 5-52 所示。

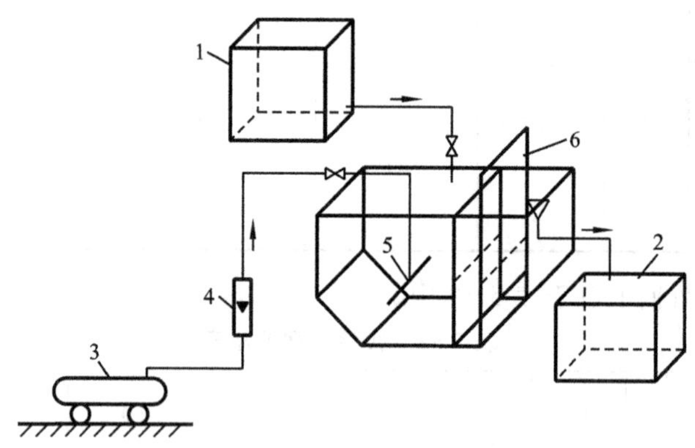

图 5-52 完全混合曝气池实验装置

1—高位水箱;2—出水池;3—空气压缩机;4—气体流量计;5—空气扩散管;6—挡板

(2) 实验设备及仪器仪表。

进水泵,1 台;溶解氧测定仪,1 台;显微镜,1 台;COD 测定装置,1 套;秒表,1 只;托盘天平和分析天平,各 1 台;量筒;载玻片;盖玻片;温度计等。

4. 实验步骤

1) 污泥性能和生物相观察实验

(1) 从城市污水处理厂取回剩余污泥。测定污泥的 SV、MLSS 和 MLVSS,并观察污泥所呈现的絮体外观。

(2) 滴 1 滴污泥于洁净的载玻片上,加盖玻片制成水浸标本片,在显微镜中倍或高倍镜头下观察生物相。

① 污泥菌胶团絮体的形状、大小、游离细菌的数量等。

② 丝状微生物辨别:伸出絮体外的多寡,以哪一类为优势等。

③ 微型动物:包括原生动物和后生动物,并从污泥中出现的微型动物推测原污水处理厂的运行情况。

2) 不稳定状态下曝气池表面曝气设备充氧能力的评价实验

(1) 测量并计算曝气池的有效容积、直径,确定溶解氧测定点。

(2) 将自来水注入曝气池内,并以最大转速进行搅拌、曝气。记录水温以及实验室条件下自来水的饱和溶解氧 C_s,继续曝气。

(3) 分别将一定量的催化剂 $CoCl_2$ 和消氧剂 Na_2SO_3 溶解于两个盛自来水的烧杯中,然后投入曝气池,使其迅速扩散、反应。其反应式为

$$2Na_2SO_3 + O_2 \xrightarrow{CoCl_2} 2Na_2SO_4$$

由经验可知,作为催化剂的 $CoCl_2$ 在水中的浓度达到 0.5 mg/L 就已足够。因而,实验时,$CoCl_2$ 的投加量为 $W_1(\text{mg}) = V \times 0.5 \times 2.2$,2.2 为实验中的经验系数。通过对该氧化反应过

程的质量衡算，可得 Na_2SO_3 的投加量为 $W_2(mg)=V\times\rho_s\times7.9\times(4.5\sim5.0)$，7.9 为该反应中 Na_2SO_3 的质量衡算系数，4.5～5.0 为该实验的经验系数。另外，V 为曝气池有效容积，L；ρ_s 为水中的饱和溶解氧，mg/L。

当连续多次实验时，$CoCl_2$ 只投加一次。

(4) 当溶解氧降至零左右时(DO 最低且较稳定)，开始计时并每隔 0.5～1 min 测定、记录溶解氧浓度，直到溶解氧达到饱和值时结束。

(5) 改变表面曝气器的转速为原来的 2/3 或 1/2，重复上述实验至少一次。

(6) 整理实验数据，绘制 $\ln(\rho_s-\rho)$ 与时间 t 的关系曲线，求出相应斜率即氧的传质系数 K_La，计算充氧能力 $Q_c=K_La\rho_s$，并确定曝气池连续运行时表面曝气器的适宜转速。

3) 活性污泥对曝气池表面曝气器充氧能力的影响实验

在曝气池中投加活性污泥，并维持其混合液中固体液度(MLSS)为 2 g/L 左右。按选定的转速进行表面曝气、搅拌，重复实验 2)中的步骤(2)至步骤(6)，比较有无活性污泥时氧传质系数 K_La 和充氧能力 Q_c 的变化情况(如果保持原有自来水，$CoCl_2$ 可不再投加)。

4) 完全混合曝气池处理自配污水实验

(1) 配制 1 000 g/L 葡萄糖或淀粉溶液，测定其 COD 值。实验时根据进水所需的 COD 浓度以该溶液进行适当稀释配制。

(2) 将实验 3)中的曝气设备停止曝气，静置 1 h，虹吸上清液。按拟订的进水有机物浓度(COD≤300 mg/L)、有机物负荷、水力停留时间等条件进行处理实验。

开始运行时，可间歇进行，进水浓度也可适当降低；当处理效果稳定后，连续进水，并逐渐提高进水浓度。

每小组的有机物负荷、水力停留时间应各不相同，且每组至少运行 2 个工况，每一工况连续运行 4～5 d，并确定各工况稳定运行时的 COD 去除率、污泥 SV 和 SVI 的变化以及生物相的镜检情况。

(3) 记录、整理实验数据。完成组与组之间实验结果的交换工作。

本实验有如下注意事项。

(1) 在曝气设备的充氧能力评价实验中，Na_2SO_3 与 $CoCl_2$ 应充分溶解后再投加，注意搅拌并保证消氧均匀；投加时以 $CoCl_2$ 先投入为宜。当曝气池体积较大时，应考虑布设多个测定点。

(2) 在测定进、出水的 COD 时，为避免出水中微生物絮体的影响，可经过滤、取滤液进行分析，或将出水沉淀 30 min 后取上清液进行测定。

5. 实验结果整理

(1) 将污泥来源、基本性质和镜检结果汇总，并绘制所见的主要微生物图。

(2) 完全混合曝气池的基本参数。

内径 D ________cm 高度 H ________cm 有效容积________L

实验时水温 T ________℃

实验室条件下自来水的 ρ_s________mg/L

实验室条件下活性污泥水的 ρ_s'________mg/L 污泥 MLSS ________g/L

溶解氧测定点位置________

$CoCl_2$ 投加量________mg Na_2SO_3 投加量________mg

(3) 绘制几种条件下 $\ln(\rho_s-\rho)$ 与时间 t 的关系曲线，并以表格形式汇总各条件下的 K_La 和 Q_c。

(4) 以表格形式汇总实验工况条件下完全混合曝气池对COD的去除效率,以及相应条件下污泥的SVI、SV和生物相组成。

6. 问题与讨论

(1) 该曝气设备是否满足反应器连续运行时对溶解氧的需求?活性污泥的存在对曝气设备的充氧能力有何影响?

(2) 稳定运行后曝气池中的活性污泥与从城市污水处理厂取来的种泥有何区别?

(3) 总结该完全混合曝气池的适宜运行条件(要求COD去除率不小于90%)。

5.2.20 间歇式活性污泥法实验

1. 实验目的

间歇式活性污泥法,又称序批式活性污泥法(sequencing bath reactor activated sludge process,SBR)是一种不同于传统的连续流活性污泥法的活性污泥处理工艺。SBR法实际上并不是一种新工艺,1914年英国的Alden和Lockett首创活性污泥法时,采用的就是间歇式。当时由于曝气器和自控设备的限制,该法未能广泛应用。随着计算机的发展和自动控制仪表、阀门的广泛应用,近年来该法又得到了重视和应用。

本实验希望达到以下目的。

(1) 了解SBR法系统的特点。

(2) 加深对SBR法工艺及运行过程的认识。

2. 实验原理

SBR工艺作为活性污泥法的一种,其去除有机物的机理与传统的活性污泥法相同,即都是通过活性污泥的絮凝、吸附、沉淀等过程来实现有机污染物的去除,所不同的只是其运行方式。SBR法具有工艺简单,运行方式也较灵活,脱氮、除磷效果好,SVI值较低,污泥易于沉淀,可防止污泥膨胀,耐冲击负荷和所需费用较低,不需要二次沉淀池和污泥回流设备等优点。

SBR法系统包含预处理池、一个或几个反应池及污泥处理设施。反应池兼有调节池和沉淀池的功能。该工艺称为序批式或间歇式,它有两个含义:①其运行操作在空间上按序排列;②每个SBR的运行操作在时间上也是按序进行的。

SBR工作过程通常包括五个阶段:①进水阶段(加入基质);②反应阶段(基质降解);③沉淀阶段(泥水分离);④排放阶段(排上清液);⑤闲置阶段(恢复活性)。这五个阶段都是在曝气池内完成,从第一次进水开始到第二次进水开始称为一个工作周期。每一个工作周期中的各阶段的运行时间、运行状态可根据污水性质、排放规律和出水要求等进行调整。对各个阶段若采用一些特殊的手段,又可以达到脱氮、除磷,抑制污泥膨胀等目的。SBR法典型的运行模式见图5-53。

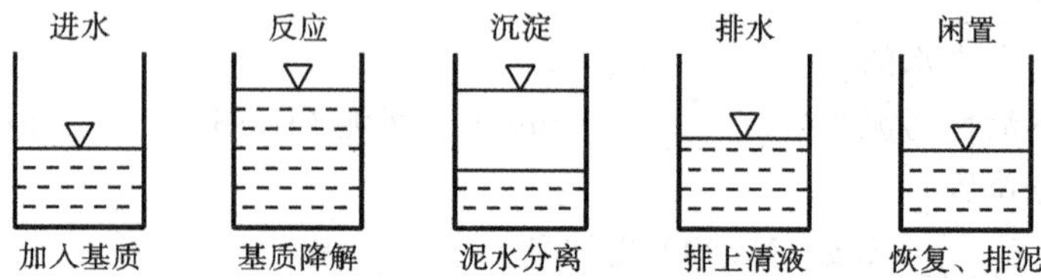

图5-53　SBR法典型运行模式

3. 实验装置与设备

(1) 实验装置。

SBR 法实验装置及计算机控制系统，1 套，如图 5-54 所示。

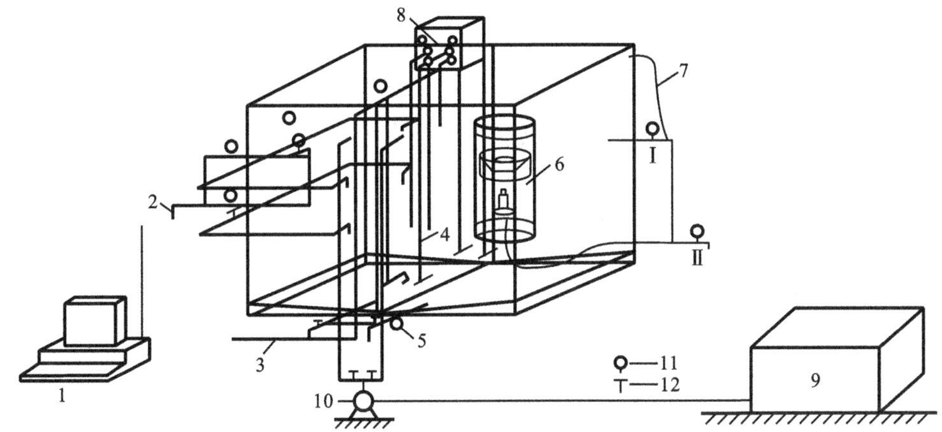

图 5-54　SBR 法实验装置及计算机控制系统示意图

1—计算机；2—排水管；3—空气管；4—曝气管；5—放空管；6—滗水器；7—排气管；8—液位继电器；9—水箱；10—水泵；11—电磁阀；12—手动阀

(2) 实验设备及仪器仪表。

水泵；水箱；空气压缩机；溶解氧测定仪；COD 测定仪或测定装置及相关药剂。

4. 实验步骤

(1) 打开计算机并设置各阶段的控制时间(填入表 5-53 中)，启动控制程序。

表 5-53　SBR 法实验记录表

进水时间/h	曝气时间/h	静沉时间/h	滗水时间/h	闲置时间/h	进水 COD /(mg/L)	出水 COD /(mg/L)

(2) 水泵将原水送入反应器，达到设计水位后停泵(由水位继电器控制)。

(3) 打开气阀开始曝气，达到设定时间后停止曝气，关闭气阀。

(4) 反应器内的混合液开始静沉，达到设定静沉时间后，阀Ⅰ打开滗水器开始工作，关闭阀Ⅰ打开阀Ⅱ，排出反应器内的上清液。

(5) 滗水器停止工作，反应器处于闲置阶段。

(6) 准备进行下一个工作周期。

5. 实验结果整理

计算在给定条件下 SBR 法的有机物去除率 η：

$$\eta=\frac{S_a-S_e}{S_a}\times 100\% \tag{5-78}$$

式中：S_a 为进水有机物浓度，mg/L；S_e 为出水有机物浓度，mg/L。

6. 问题与讨论

(1) 简述 SBR 法与传统活性污泥法的异同。

(2) 简述 SBR 法工艺上的特点及浇水器的作用。

(3) 如果对脱氮、除磷有要求,应怎样调整各阶段的控制时间?

5.2.21　高负荷生物滤池实验

1. 实验目的

生物滤池是生物膜法的主要处理构筑物,各种生物膜处理工艺的原理基本相同,掌握了高负荷生物滤池的实验方法,其他各种工艺也就易于解决了。

本实验希望达到以下目的。

(1) 了解掌握高负荷生物滤池的实验方法。

(2) 加深理解生物滤池的生物处理机理。

(3) 通过实验求解污水生物滤池处理基本数学模式中常数 n 及 K_0 值。

2. 实验原理

生物滤池由布水系统、滤床、排水系统组成。当污水均匀地洒布到滤池表面后,在污水自上而下流经滤料表面时,空气由下而上与污水相向流经滤池,在滤料表面会逐渐形成一层薄而透明的、对有机污染物具有降解作用的黏膜——生物膜。高负荷生物滤池法就是利用生物膜降解水中溶解及胶体有机污染物的一种处理方法。影响处理效果的因素主要有滤料、池深、水力负荷、通风等。1963 年,埃肯费尔德假定高负荷生物滤池是一种推流反应器,BOD 的降解遵循一级反应动力学关系式,提出 BOD 去除率和滤池深度、水力负荷之间存在如下的关系式:

$$\frac{S_e}{S_0} = e^{\frac{-K_0 H}{q^n}} \times 100\% \tag{5-79}$$

该式即为生物滤池的基本数学模式,它反映了剩余 BOD 百分数 S_e/S_0(%)和滤池深 H、水力负荷 q 之间的关系。

式中:S_0、S_e 分别为进水、出水的 BOD 值,mg/L;H 为滤池深度,m;q 为水力负荷,$m^3/(m^2 \cdot d)$;n 为与滤料特性有关的系数;K_0 为底物降解速率常数,d^{-1},反映有机物的降解难易、快慢程度,受温度的影响,有如下关系式:

$$K_{0(T)} = K_{0(20℃)} \times 1.035^{T-20} \tag{5-80}$$

当有回流时,式(5-79)可改写为

$$\frac{S_e}{S_0} = \frac{e^{-K_0\frac{H}{q^n}}}{(1+R) - Re^{-K_0\frac{H}{q^n}}} \times 100\% \tag{5-81}$$

式中:R 为回流比;其他符号意义同前。

由式(5-79)可见,当公式两侧取对数后,可得

$$\ln\frac{S_e}{S_0} = -\frac{K_0}{q^n}H \tag{5-82}$$

在半对数坐标纸上,以滤池深度 H 为横坐标、剩余 BOD 百分数(S_e/S_0)为纵坐标绘图,如图 5-55 所示。

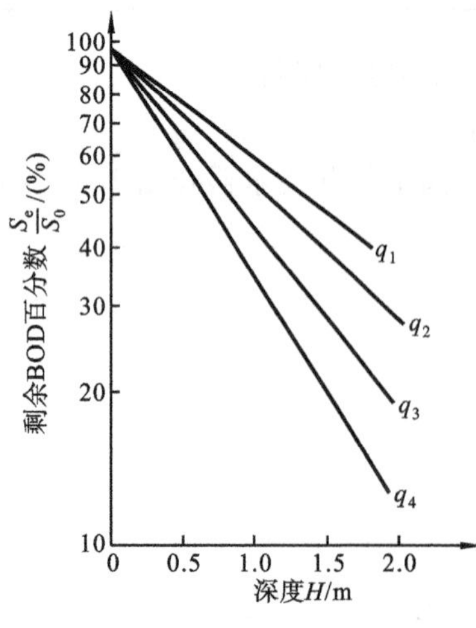

图 5-55　$\ln\frac{S_e}{S_0}$与 H 关系曲线

每一水力负荷 q 下可得一条直线,直线斜率 r 即为 $-\frac{K_0}{q^n}$。即

$$r = -\frac{K_0}{q^n} = -K_0 q^{-n}$$

两边取对数，得

$$\ln r = \ln(-K_0 q^{-n})$$

$$\ln r = -\ln K_0 + n\ln q \tag{5-83}$$

以 $\ln q$ 为横坐标、$\ln r$ 值为纵坐标绘图（见图 5-56），所得直线斜率即为 n 的值。

最后，按式（5-82），根据求得的 n 值，计算出各水力负荷下的不同滤料深度处的 H/q^n 值，并与实验所得相应的剩余 BOD 百分数在半对数坐标纸上作图，如图 5-57 所示，所得直线斜率即为 K_0 的值。

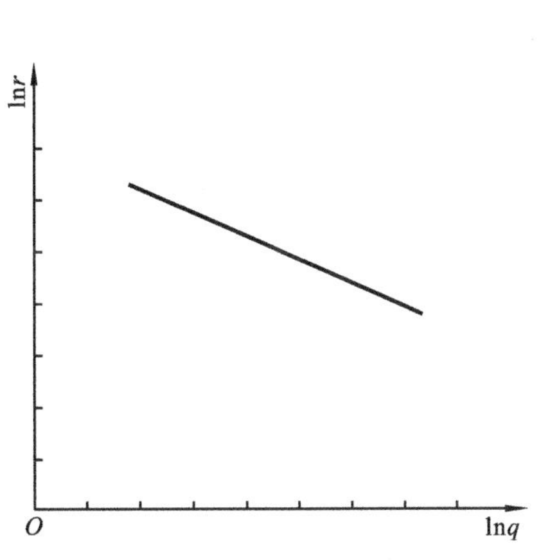

图 5-56　$\ln r$ 与 $\ln q$ 关系曲线

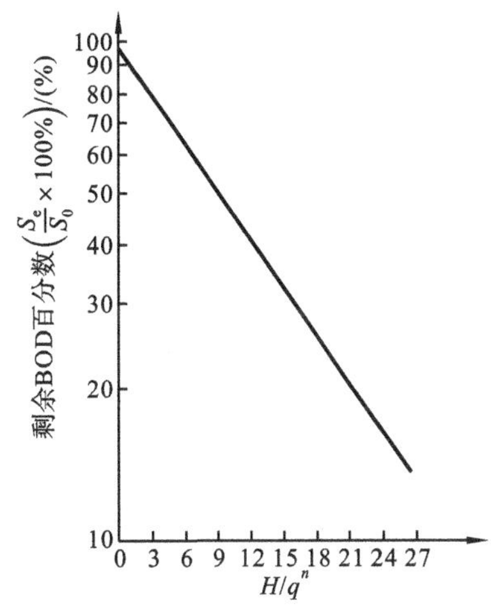

图 5-57　S_e/S_0 与 H/q^n 关系曲线

3. 实验装置与设备

（1）实验装置。

高负荷生物滤池，如图 5-58 所示。

（2）主要仪器及设备。

有机微生物滤池模型，直径 $D=230$ mm，高 $H=2.2$ m，内装瓷环或蜂窝式滤料（2.0 m 高）；贮水池、沉淀池（钢板或塑料板焊接制成）；计量泵；显微镜；测定 BOD 的玻璃器皿及相关药剂等。

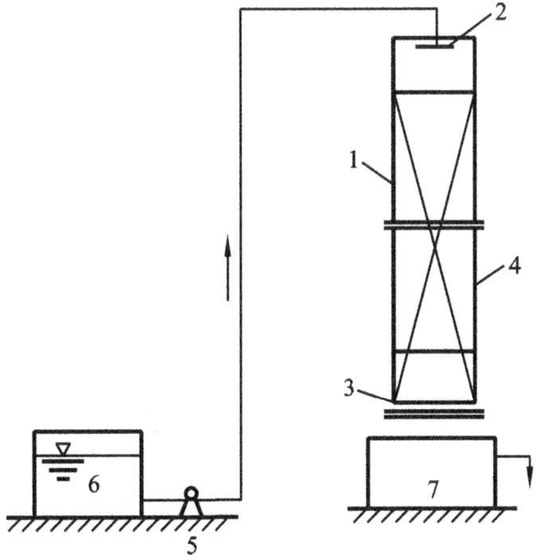

图 5-58　高负荷生物滤池实验装置

1—生物滤池模型；2—旋转布水器；3—格栅；4—取样口；5—计量泵；6—贮水池；7—沉淀池

4. 实验步骤

（1）生物膜培养：采用接种培养法，将某正常运行的污水处理厂的活性污泥与水样混合后，连续由滤池上部喷洒，经过半个月左右，滤料上即可出现薄而透明的生物膜。当沿滤池深度生物膜的垂直分布、生物膜上的细菌及微型动物所组成的生态系统达到了平衡，并对有机物有一定降解能力后，生物膜培养便结束，可进入正式实验阶段。

（2）选择 4 个不同的水力负荷，当进水 $BOD_5=200$ mg/L 左右时，可选 $q=10\sim40$ $m^3/(m^2\cdot d)$。

（3）各水力负荷在进入稳定运行状态后，分别由不同深度的取样口取样，测定进水、出水

的 BOD_5 值,进水流量 Q、pH 值、水温等。连续稳定运行 10 d 左右,再改变另一水力负荷。

(4) 将实验数据记入表 5-54 中。

表 5-54　高负荷生物滤池实验记录表

日期	进　水				出　水				
	流量 $Q/(m^3/h)$	pH 值	$BOD_5/(mg/L)$	水温/℃	$BOD_5/(mg/L)$				
					1	2	3	4	5

本实验有如下注意事项。

(1) 生物膜的培养最好采用接种法,当无菌种时,也可由生活污水自行培养,但时间要长些。

(2) 污水可用生活污水或城市污水,也可用某种工业污水。当采用工业污水时,生物膜要经过驯化阶段。

(3) 污水的投加设备可选用计量泵、输液泵、磁性泵等小型污水提升计量设备。

(4) 污水水质尽可能保持稳定。

5. 实验结果整理

(1) 根据原始记录数据,并按表 5-55 整理计算。

表 5-55　不同水力负荷、不同池深的剩余 BOD 百分数

滤池深度/m	水力负荷 $q/[m^3/(m^2 \cdot d)]$			
	q_1	q_2	q_3	q_4
H_1				
H_2				
H_3				
H_4				

(2) 根据式(5-82)绘制不同水力负荷的 $\ln \frac{S_e}{S_0}$-H 的关系曲线,并求出各直线斜率 $-\frac{K_0}{q^n}$ 值。

(3) 根据求得的各斜率值 $r=-\frac{K_0}{q^n}$,绘制 $\ln r$-$\ln q$ 关系曲线,所得直线斜率即为 n 的值。

(4) 将按式(5-83)求得的 n 值代入式(5-79)并计算各水力负荷时,所需不同池深处的 $\frac{H}{q^n}$ 的值和相应的 $\frac{S_e}{S_0}$ 的值,见表 5-56。

表 5-56　不同水力负荷、不同池深的 H/q^n 及相应 S_e/S_0 值

滤池深度/m	水力负荷 $q/[m^3/(m^2 \cdot d)]$	q^n	$\frac{H}{q^n}$	$\frac{S_e}{S_0}$

(5) 绘制 $\ln\frac{S_e}{S_0}$-$\frac{H}{q^n}$关系线，则直线的斜率即为 K_0的值。

6. 问题与讨论

(1) 利用有机物生化降解一级反应动力学关系式和污水在滤池内与滤料接触时间的经验式推求式(5-79)。

$$\frac{dS}{dt}=-K'X_VS$$

$$t=C\frac{H}{q^n}$$

(2) 本实验结果与工程设计有何关系？

(3) 影响生物滤池负荷率的因素有哪些？为什么？

(4) 说明生物滤池基本数学模式中常数 n、K_0的意义及其影响因素。

5.2.22　生物转盘实验

1. 实验目的

本实验希望达到以下目的。

(1) 了解盘片、氧化槽、转轴和驱动装置等各部分的构造及整套设备的工作情况。

(2) 进一步了解生物转盘运行的影响因素，加深对其构造和工作原理的认识。

(3) 熟悉生物转盘的运行操作方法。

(4) 通过配制模拟有机废水，对 3 组不同材质的生物转盘进行串联、并联运行，对比、分析挂膜、脱膜情况，对进水、出水进行检测，对比、分析去除效果。

2. 实验原理

生物转盘盘片浸没于污水中时，污水中的有机物被盘片上的生物膜吸附，当盘片离开污水时，盘片表面形成一薄层水膜。水膜从空气中吸收氧气，同时生物膜分解被吸附的有机物。这样，盘片每转动一圈，即进行一次吸附—吸氧—氧化分解过程。盘片不断转动，污水得到净化，同时盘片上的生物膜不断生长、增厚。老化的生物膜靠盘片旋转时产生的剪切力脱落下来，生物膜得到更新。

3. 实验装置与设备

(1) 实验装置。

根据转盘和盘片的布置形式，生物转盘可分为单轴单级式、单轴多级式和多轴多级式。级数多少主要取决于污水水量与水质、处理水应达到的清洁程度和现场条件等。

本实验装置为单轴三级生物转盘。生物转盘主体由盘片、转轴与驱动装置和氧化槽三部

分组成。生物转盘工艺流程如图 5-59 所示。

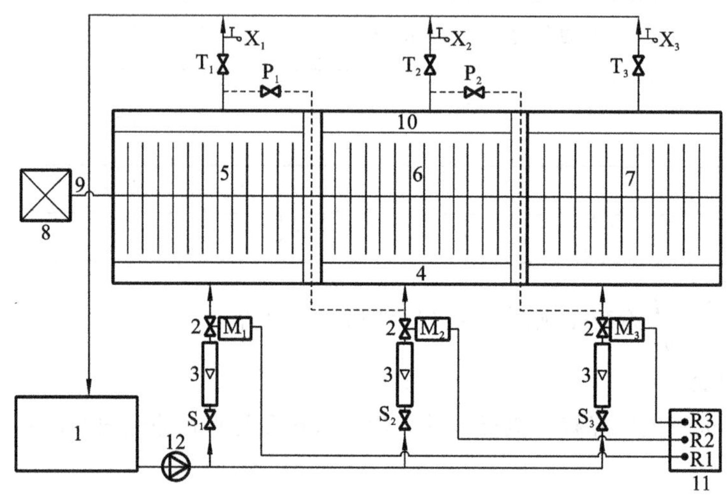

图 5-59 生物转盘工艺流程

1—贮水池；2—电磁阀；3—转子流量计；4—进水槽；5—PVC 盘片；6—切割砂轮盘片；7—活性炭纤维盘片；8—电动机；9—转轴；10—出水槽；11—PLC 控制柜；12—提升泵；S、T、P—不同位置的阀门；X—取样口

① 盘片:盘片的形状为圆形,盘片材料采用 3 种材料。一级转盘盘片材料为 PVC,盘片厚度为 2.5 mm,直径为 350 mm,盘片个数为 12。二级转盘盘片材料为切割砂轮,盘片厚度为 3.0 mm,直径为 350 mm,盘片个数为 12。三级转盘盘片材料为活性炭纤维,盘片厚度为 4.0 mm,直径为 350 mm,盘片个数为 11。盘片之间的安装间隙为 20 mm。盘片串联成组,形成盘体,中心贯以转轴,两端固定在氧化槽边的支座上。

② 转轴与驱动装置:转轴直径为 30 mm,材质为塑料,驱动装置为调速电动机,调速范围为 0～15 r/min,转盘的转速为 0～3 r/min,线速度为 15～18 m/min。驱动装置采用单相异步电动机,A02-5614 型。

③ 氧化槽:氧化槽的横断面呈半圆形,槽内水位达到转盘直径的 45%,转盘外缘与槽壁的间距为 20 mm,材质为 PVC。设置 3 个半圆形氧化槽,氧化槽直径为 390 mm。

④ 配水箱:配水箱为长方体形状,规格:长×宽×高＝700 mm×480 mm×330 mm。

(2) 实验仪器及用水。

葡萄糖模拟有机废水;接种活性污泥;生化培养箱;COD 快速测定仪;可见光分光光度计;水泵机组;烧杯,200 mL,6 个;量筒,500 mL,1 个;移液管,1 mL、2 mL、5 mL、10 mL,各 1 支;洗耳球,1 个。

4. 实验步骤

1) PVC＋切割砂轮片＋活性炭三级串联生物转盘实验

(1) 一级 PVC 生物转盘。

打开 S_1、P_1、P_2 阀门,关闭 S_2、S_3 和 T_1、T_2、T_3 阀门。启动电动机(8),带动生物转盘盘片随中心轴转动,启动提升泵(12),同时通过 PLC 控制柜中的按钮 R_1 打开电磁阀门 M_1,调节转子流量计(3),污水进入 PVC 盘片氧化槽,经一级 PVC 生物转盘反应器过程中,盘片开始挂膜,生物膜与大气和污水交替接触,浸没时吸附污水中的有机物,敞露时吸收大气中的氧气。转盘转动时带进空气,并引起水槽内污水紊动,使槽内污水的溶解氧分布均匀,同时污水中的有机物被生物膜上附着的微生物有效分解。

（2）二级切割砂轮生物转盘。

一级 PVC 生物转盘出水通过出水槽汇集后，通过 P_1 阀门和二级生物转盘进水槽进入切割砂轮生物转盘氧化槽，通过切割砂轮盘片上附着的微生物的新陈代谢作用进一步降解污水中的有机污染物质。

（3）三级活性炭纤维生物转盘。

二级切割砂轮生物转盘出水通过出水槽汇集后，通过 P_2 阀门和三级生物转盘进水槽进入活性炭纤维生物转盘氧化槽，通过活性炭纤维盘片上附着的微生物的新陈代谢作用进一步降解污水中的有机污染物质。

实验过程中可不断地改变进水浓度（ρ_{s0}）、进水量（q_0）。测定进水 BOD_5、COD_{Cr} 浓度。从取样口 X_3 取样，测定出水 BOD_5、COD_{Cr}、TN、TP 浓度（ρ_{se}），计算各水质指标的去除率。

待实验结束后，打开氧化槽底部排水阀即可排泥、排水或放空。

2）PVC＋切割砂轮＋活性炭纤维转盘并联实验

打开阀门 S_1、S_2、S_3，关闭阀门 P_1、P_2，启动电动机（8），带动生物转盘盘片随中心轴转动，启动提升泵（12），同时通过 PLC 控制柜中的按钮 R_1、R_2、R_3 打开电磁阀门 M_1、M_2、M_3，调节转子流量计（3），污水分别独立进入 PVC、切割砂轮、活性炭纤维生物转盘污水处理槽中，通过生物转盘生物膜上附着的微生物降解污水中的有机污染物质，污水得到净化，出水通过三角溢流堰排至出水槽，经出水管排至贮水箱。

实验过程中，分别同时从 PVC、切割砂轮、活性炭纤维生物转盘反应器取样口 X_1、X_2、X_3 取样，测定出水中 BOD_5、COD_{Cr}、TN、TP 浓度，比较三种材质盘片污水处理净化效果的优劣。

待实验结束后，打开氧化槽底部排水阀即可排泥、排水或放空。

3）PVC＋切割砂轮二级串联生物转盘实验

关闭阀门 S_2、S_3、P_2、T_1，启动电动机（8），带动生物转盘盘片随中心轴转动，启动提升泵（12），同时通过 PLC 控制柜中的按钮 R_1 打开电磁阀门 M_1，调节转子流量计（3），污水进入一级 PVC 生物转盘氧化槽中，通过生物转盘生物膜上附着的微生物降解污水中的有机污染物质，出水经阀门 P_1 和进水槽进入二级切割砂轮生物转盘氧化槽，通过切割砂轮盘片上附着的微生物的新陈代谢作用进一步降解污水中的有机污染物质。污水得到净化，经出水管排至贮水箱。

实验过程中，从二级切割砂轮生物转盘反应器取样口 X_2 取样，测定出水中 BOD_5、COD_{Cr}、TN、TP 浓度。

待实验结束后，打开氧化槽底部排水阀即可排泥、排水或放空。

4）切割砂轮＋活性炭纤维二级串联生物转盘实验

关闭阀门 S_1、S_3、T_2、P_1，打开阀门 S_2，启动电动机（8），带动生物转盘盘片随中心轴转动，启动提升泵（12），同时通过 PLC 控制柜中的按钮 R_2 打开电磁阀门 M_2，调节转子流量计（3），污水进入切割砂轮生物转盘氧化槽中，通过生物转盘生物膜上附着的微生物降解污水中的有机污染物质，出水经阀门 P_2 和进水槽进入活性炭纤维生物转盘氧化槽，通过活性炭纤维盘片上附着的微生物的新陈代谢作用进一步降解污水中的有机污染物质。污水得到净化，经出水管排至贮水箱。

实验过程中，从活性炭纤维生物转盘反应器取样口 X_3 取样，测定出水 BOD_5、COD_{Cr}、TN、

TP 浓度。

待实验结束后，打开氧化槽底部排水阀即可排泥、排水或放空。

5. 实验结果整理

将实验结果分别记录在表 5-57、表 5-58、表 5-59、表 5-60 中。

表 5-57　PVC＋切割砂轮＋活性炭纤维三级串联生物转盘实验数据

项　　目	ρ_{s0}	ρ_{se}	$\eta_{去除率}$
BOD_5			
COD_{Cr}			
TN			
TP			

表 5-58　PVC＋切割砂轮＋活性炭纤维生物转盘并联实验数据

项　　目	PVC 生物转盘			切割砂轮生物转盘			活性炭纤维生物转盘		
	ρ_{s0}	ρ_{sc}	$\eta_{去除率}$	ρ_{s0}	ρ_{sc}	$\eta_{去除率}$	ρ_{s0}	ρ_{sc}	$\eta_{去除率}$
BOD_5									
COD_{Cr}									
TN									
TP									

表 5-59　PVC＋切割砂轮二级串联生物转盘实验数据

项　　目	ρ_{s0}	ρ_{se}	$\eta_{去除率}$
BOD_5			
COD_{Cr}			
TN			
TP			

表 5-60　切割砂轮＋活性炭纤维二级串联生物转盘实验数据

项　　目	ρ_{s0}	ρ_{se}	$\eta_{去除率}$
BOD_5			
COD_{Cr}			
TN			
TP			

(1) 根据表 5-57 实验结果，以时间为横坐标，BOD_5、COD_{Cr}、TN、TP 去除率为纵坐标，绘制有机物去除率随时间的变化曲线，PVC＋切割砂轮片＋活性炭三级串联生物转盘工艺的挂膜情况及去除有机物的效果如何？

(2) 根据表 5-58 实验结果，以时间为横坐标，BOD_5、COD_{Cr}、TN、TP 去除率为纵坐标，分别绘制 PVC＋切割砂轮＋活性炭纤维生物转盘并联工艺有机物去除率随时间的变化曲线，对比三种盘片材料去除有机物的效果。

(3) 根据表 5-59 实验结果，以时间为横坐标，BOD_5、COD_{Cr}、TN、TP 去除率为纵坐标，绘制有机物去除率随时间的变化曲线，评价 PVC＋切割砂轮二级串联生物转盘工艺去除有机物的性能。

(4) 根据表 5-60 实验结果，以时间为横坐标，BOD_5、COD_{Cr}、TN、TP 去除率为纵坐标，绘制有机物去除率随时间的变化曲线，评价切割砂轮＋活性炭纤维二级串联生物转盘工艺去除有机物的性能。

(5) 通过配制模拟有机废水，对 3 组不同材质的生物转盘进行串联、并联运行，对比、分析挂膜、脱膜情况。

6. 问题与讨论

(1) 影响生物转盘处理效率的因素有哪些？它们是如何影响处理效果的？

(2) 生物转盘由哪些部分组成？

5.2.23　厌氧消化实验

1. 实验目的

厌氧消化，在传统上是指对城市污水处理厂产生的污泥进行厌氧稳定的过程。因污泥的厌氧稳定针对的是固态有机物，所以称为消化，厌氧消化也常作为厌氧处理的简称。厌氧消化用于处理有机污泥和有机废水（如酒精厂、食品加工厂等污水），是污水和污泥处理的主要方法之一，是环境工程和能源工程中的一项重要技术。传统的厌氧消化法存在着水力停留时间长、有机物负荷低等缺点，过去仅限于处理污水处理厂的污泥、粪便等。20 世纪 70 年代以来，世界能源短缺的问题日益突出，能产生能源的厌氧技术也逐渐受到重视。随着生物学、生物化学等学科的发展和工程实践经验的积累，新的厌氧处理工艺和构筑物不断开发，使处理时间大大缩短，效率大大提高。目前，厌氧消化法不仅可用于有机污泥和高浓度有机废水的处理，还可用于中、低浓度有机废水包括城市污水的生物处理。

厌氧消化法与好氧生物法相比具有以下优点。

(1) 应用范围广，可用于高、中、低浓度有机废水的处理。

(2) 能耗低，不需要充氧，产生的沼气可作为能源，动力消耗约为活性污泥法的 1/10。

(3) 负荷高，一般为 2～10 kg(COD)/(m^3 · d)，高的可达 50 kg(COD)/(m^3 · d)。

(4) 剩余污泥少（为好氧法的 5%～20%），污泥浓缩性与脱水性好。

(5) 可杀死病原体等，消化污泥卫生，且化学性质稳定。

(6) 对氮、磷营养需要量少，一般 BOD_5、N、P 的含量比为（200～300）：5：1，处理营养源缺乏的工业废水有利。

(7) 污泥可长期贮存，设备可间歇运转，功能恢复快。

厌氧消化的缺点有以下几点。

(1) 微生物世代时间长，处理设备启动时间长。

(2) 出水不能达标，还需进行好氧处理。

(3) 处理系统操作控制因素较为复杂。

由于厌氧消化过程受 pH 值、碱度、温度、负荷率等诸多因素影响，产气量又与操作条件、污染物种类等有关，因此，厌氧消化工艺设计前，一般要经过实验，以求得设计参数。为此，掌握厌氧消化的实验方法是很重要的。

本实验希望达到以下目的。

(1) 加深对厌氧消化机理的理解。

(2) 掌握厌氧消化实验方法。

(3) 了解厌氧消化过程中 pH 值、碱度、产气量、COD 去除率、MLVSS 的变化情况及测定方法。

2. 实验原理

厌氧消化是指在无分子氧条件下，通过兼性细菌和专性厌氧细菌的作用，使污水或污泥中各种复杂有机物分解转化成甲烷和二氧化碳等物质的过程。其最终产物与好氧处理不同：碳素大部分转化为甲烷，氮素转化为氨，硫素转化为硫化物，中间产物除了化合成细胞物质外，还合成复杂而稳定的腐殖质。

厌氧消化过程是一个极其复杂的生物化学过程。1997 年，伯力特(Bryant)等人根据微生物的生理种群提出的厌氧消化三阶段理论，是当前较为公认的理论模式，即水解酸化阶段、产氢产乙酸阶段和产甲烷阶段，如图 5-60 所示。

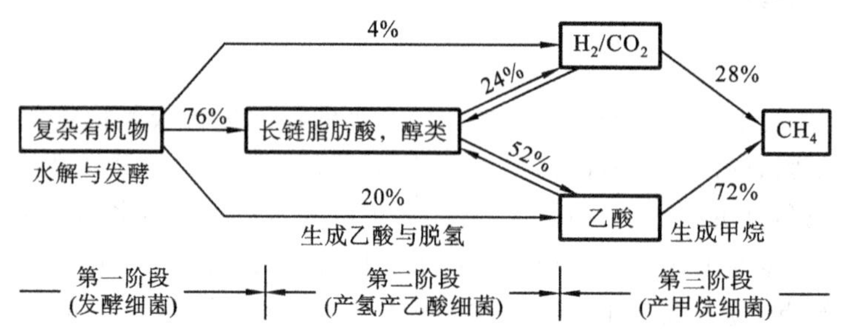

图 5-60 有机物厌氧消化模式图

第一阶段为水解酸化阶段。在此阶段，复杂的大分子、不溶性有机物先在细菌胞外酶的作用下水解为小分子、溶解性有机物，然后渗入细胞体内，分解产生挥发性有机酸、醇类、醛类等。这个阶段主要产生较高级的脂肪酸。碳水化合物、蛋白质和脂肪被分解为单糖、氨基酸、脂肪酸、甘油及 CO_2、H_2 等。这一过程在厌氧消化中不起控制作用。

如果污水或污泥中含有硫酸盐，另一组细菌——脱硫弧菌就利用有机物和 SO_4^{2-} 合成新的细胞，产生 H_2S 和 CO_2，在进行甲烷发酵前就代谢掉许多有机物，使甲烷产量降低。

第二阶段为产氢产乙酸阶段。在产氢产乙酸细菌的作用下，第一阶段产生的各种有机酸被分解转化成乙酸、CO_2 和 H_2S，例如：

$$\underset{\text{(戊酸)}}{CH_3CH_2CH_2CH_2COOH} + 2H_2O \longrightarrow \underset{\text{(丙酸)}}{CH_3CH_2COOH} + \underset{\text{(乙酸)}}{CH_3COOH} + 2H_2$$

$$\underset{\text{(丙酸)}}{CH_3CH_2COOH} + 2H_2O \longrightarrow \underset{\text{(乙酸)}}{CH_3COOH} + 3H_2 + CO_2$$

第三阶段为产甲烷阶段。产甲烷细菌将乙酸、乙酸盐、CO_2 和 H_2 等转化为甲烷。此过程由两组生理上不同的产甲烷细菌组成，一组把 H_2 和 CO_2 转化成甲烷，另一组从乙酸或乙酸盐脱烃产甲烷。前者约占总量的 1/3，后者约占 2/3，反应为

$$4H_2 + CO_2 \xrightarrow{\text{产甲烷细菌}} CH_4 + 2H_2O \qquad \text{(约占 1/3)}$$

$$\left.\begin{array}{l} CH_3COOH \xrightarrow{\text{产甲烷细菌}} CH_4 + CO_2 \\ CH_3COONH_4 + H_2O \xrightarrow{\text{产甲烷细菌}} CH_4 + NH_4HCO_3 \end{array}\right\} \text{(约占 2/3)}$$

产甲烷细菌由甲烷杆菌、甲烷球菌等绝对厌氧细菌组成。因为产甲烷细菌世代时间长、繁殖速度慢，所以这一阶段控制了整个厌氧消化过程。

虽然厌氧消化过程可分为上述三个阶段，但在厌氧反应器中，三个阶段是同时进行的，并保持某种程度的动态平衡。这种动态平衡一旦被某种外加因素打破，首先将使产甲烷阶段受到抑制，并导致低级脂肪酸的积存和厌氧进程的异常变化，甚至会导致整个厌氧消化过程的停滞。因此，为保证消化过程正常进行，必须建立这一动态平衡。实验时应注意下述实验条件。

（1）绝对厌氧。

由于产甲烷细菌是专性厌氧细菌，实验装置（或生产性设备）应保证绝对厌氧条件。

（2）pH 值。

实验系统的 pH 值宜控制在 6.5～7.5，碱度维持在 2 000～5 000 mg/L（$CaCO_3$）。当 pH 值低于 6.5 时，实验系统内可以投加碳酸氢钠调节碱度，生产性设备中则可投加石灰调节碱度。pH 值对产甲烷细菌活性的影响见图 5-61。

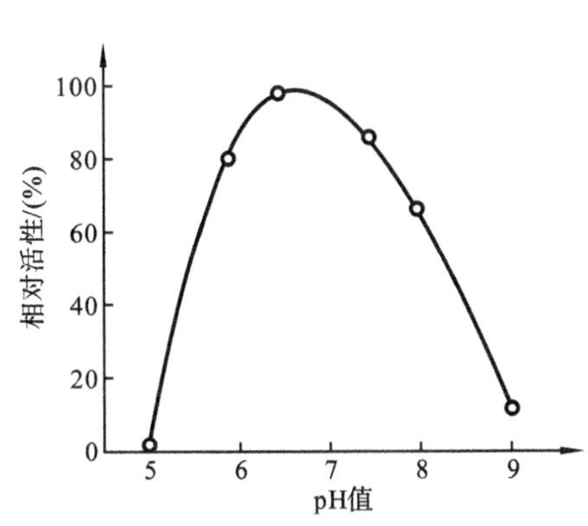

图 5-61　pH 值对产甲烷细菌活性的影响

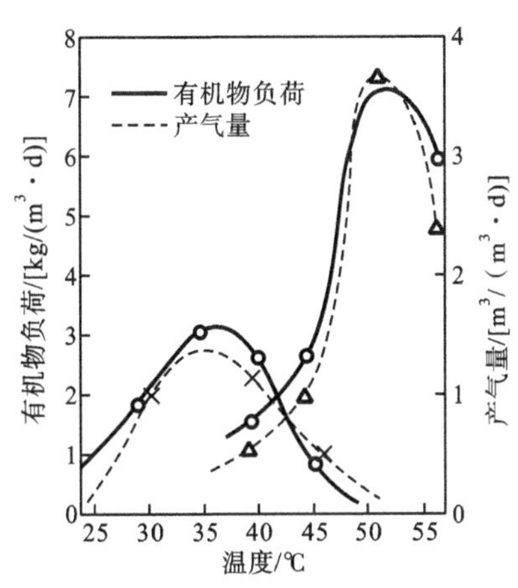

图 5-62　温度与有机物负荷、产气量的关系

兼性细菌、厌氧细菌与好氧细菌一样，需要氮、磷等营养元素以及各种微量元素，厌氧消化过程中氮、磷可按 BOD_5、N、P 的含量比为（200～300）：5：1 进行投加。如果实验污水或污泥含氮量不够，可以投加氯化铵作为氮源，但不能投加硫酸铵，因为脱硫弧菌会利用硫酸铵与产甲烷细菌争夺有机物，产生 H_2S、CO_2 并合成细胞，降低甲烷的产量。

（3）温度。

产甲烷菌根据对于温度的适应性，可分为两类，即中温产甲烷菌（适应温度区为 30～35 ℃）和高温产甲烷菌（适应温度区为 50～55 ℃）。两区之间，反应速率反而减慢。可见消化反应与温度之间的关系不是连续的。温度与有机物负荷、产气量的关系见图 5-62。厌氧消化允许的温度变化范围为±（1.5～2.0）℃，当有±3 ℃的变化时，就会抑制消化速率。

图 5-63 为温度与消化时间的关系，消化时间是指产气量达到总量的 90%所需的时间。从图 5-63 中可见，中温消化时间为 20～30 d，高温消化为 10～15 d。

（4）污泥龄与负荷。

厌氧消化效果的好坏与污泥龄有直接关系。在污泥厌氧消化工艺中，污泥龄（θ_c）等于水力停留时间（SRT）。消化池的容积负荷与水力停留时间的关系见图 5-64。

从图 5-64 可以看出，当 θ_c＝10～20 d 时，对于生污泥浓度为 4%，有机物负荷为 3.1～1.5

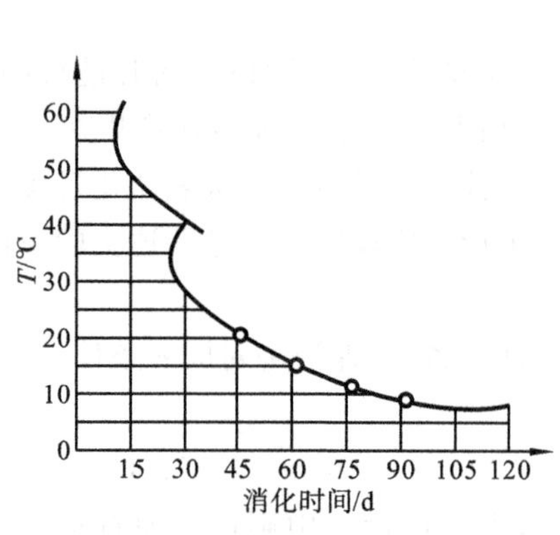

图 5-63　温度与消化时间的关系

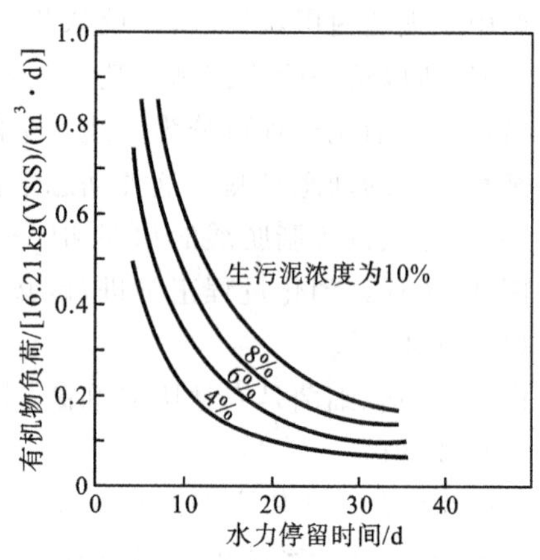

图 5-64　容积负荷和水力停留时间关系

kg(VSS)/(m^3·d);对于生污泥浓度为 6%,有机物负荷为 4.6～2.3 kg(VSS)/(m^3·d)。处理高浓度工业废水时,常规定有机物负荷为 2～3 kg(COD)/(m^3·d)(中温)和 4～6 kg(COD)/(m^3·d)(高温)。对于上流式厌氧污泥床,厌氧滤池和厌氧流化床等新型厌氧工艺的有机物负荷在中温时为 5～15 kg(COD)/(m^3·d),也可高达 30 kg(COD)/(m^3·d)。最好通过实验来确定最合适的有机物负荷。

污水或污泥在厌氧消化设备中的停留时间以不引起厌氧细菌流失为准,它与操作方式有关。当温度为 35 ℃时,对于间歇进料的实验,水力停留时间为 5～7 d。

(5) 混合与搅拌。

混合与搅拌是提高消化效率的工艺条件之一。适当的混合与搅拌可以使厌氧细菌与有机物充分接触,使有机物分解过程加快,增加产气量,还可打碎消化池面上的浮渣,使反应器内的环境因素保持均匀。实验室里间歇进料的厌氧消化实验,在温度为 35 ℃时,每日混合 2～3 次即可。

(6) 有毒物质。

与好氧处理相同,有毒物质会影响或破坏厌氧消化过程。例如,重金属、HS^-、NH_3、碱与碱土金属(Na^+、K^+、Ca^{2+}、Mg^{2+})等都会影响厌氧消化。

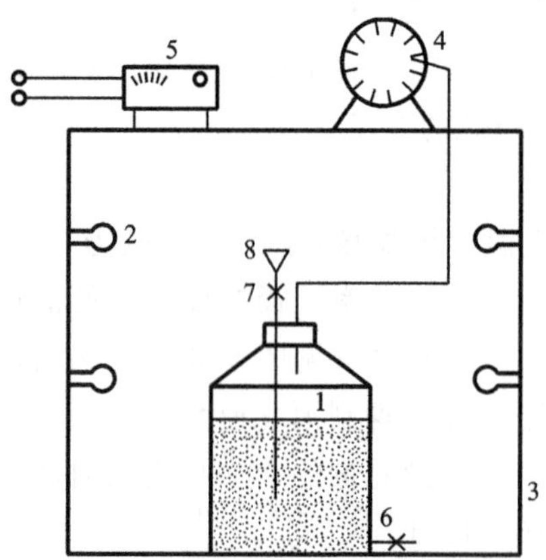

图 5-65　厌氧消化实验装置示意图

1—消化反应器;2—白炽灯;3—恒温箱;4—湿式气体流量计;5—温度指示控制仪;6、7—螺丝夹;8—进料漏斗

厌氧消化实验可以用污水、污泥、马粪等进行,也可以用已知成分的化学药品(如乙酸、乙酸钠、谷氨酸等)进行。本实验是在 35 ℃条件下,采用谷氨酸钠和磷酸氢二钾配制成的合成污水进行实验。

本实验采用间歇进料方式,进行厌氧消化研究时,一般采用连续进料的形式。

3. 实验装置与设备

(1) 实验装置。

实验装置由消化反应器、湿式气体流量计和恒温箱组成,如图 5-65 所示。

消化器放在恒温箱内,用普通白炽灯加热,并用温度控制仪控制恒温箱的温度。

(2) 实验设备和仪器仪表。

消化反应器,2 500 mL 的两口小口瓶,1 只;湿式气体流量计，BSD-0.5 型，1 台；白炽灯泡，100 W，6 个；温度指示控制仪，WMZK-01，2 台；COD 测定仪器，1 套；碱度测定仪器，1 套；烘箱，1 台；马弗炉，1 台；分析天平，1 台；气相色谱仪，1 台；pH 计，1 台；漏斗；螺丝夹等。

4. 实验步骤

(1) 从城市污水处理厂取回成熟的消化污泥，并测定 MLSS、MLVSS。

(2) 取消化污泥 2 L，装入消化反应器内(控制污泥浓度为 20 g/L 左右)。

(3) 密闭消化反应系统，放置 1 d，以便兼性细菌消耗消化反应器内的氧气。

(4) 配制 10 g/L 谷氨酸钠溶液。

(5) 第二天，将消化反应器内的混合液摇匀，按确定的水力停留时间由螺丝夹处排去消化反应器内的混合液。例如，水力停留时间为 5 d，应排去混合液 400 mL。

(6) 按确定的停留时间投加谷氨酸钠溶液和相应的磷酸二氢钾溶液，使消化反应器内混合液体积仍然是 2 L。具体操作为：①先倒少量谷氨酸钠溶液于进料漏斗，微微打开螺丝夹使溶液缓缓流入消化反应器，并继续加谷氨酸钠和磷酸二氢钾溶液；②当漏斗中溶液只剩很少量时，迅速关紧螺丝夹，以免空气进入实验装置。

(7) 摇匀消化反应器内的混合液，开始进行厌氧消化反应。

(8) 第二天记录湿式气体流量计读数，计算一天的产气量，测定排出混合液的 pH 值。

(9) 以后每天重复实验步骤(5)至步骤(8)。一般情况下，运行 1～2 个月可以得到稳定的消化系统。

(10) 实验系统稳定后连续 3 d 测定 pH 值、气体成分、碱度、进水 COD、出水 COD、MLSS 和 MLVSS。

本实验有如下注意事项。

(1) 为使实验装置不漏气，可用橡皮泥或聚四氟乙烯带等其他方法密封各接口。

(2) 每组宜做两个对比实验，一个为水力停留时间长于 7 d，另一个为短于 7 d，以观察 pH 值、碱度、产气量、COD 去除率的变化情况。停留时间短于 7 d 的装置可在实验开始后的 10～20 d 测定上述项目。

5. 实验结果整理

(1) 记录实验设备和操作基本参数。

实验开始日期________年________月________日

实验结束日期________年________月________日

消化器容积________L　实验温度________℃

泥龄 θ_1＝________d　θ_2＝________d

谷氨酸钠投加量________g/d

磷酸二氢钾投加量________g/d

(2) 参考表 5-61 记录产气量和 pH 值。

表 5-61　产气量和 pH 值

水力停留时间 θ_1＝________

日　期	湿式气体流量计读数	产气量/(mL/d)	pH 值

(3) 气相色谱仪测得的气体成分可参考表 5-62 记录。

表 5-62 厌氧消化气体成分

成 分		h_{CH_4}/cm	CH_4/(%)	h_{CO_2}/cm	CO_2/(%)	h_{H_2}/cm	H_2/(%)
标准样							
日期							

(4) 碱度测定数据可按表 5-63 记录,并计算碱度(以 $CaCO_3$ 计)。

表 5-63 碱度测定数据记录表

日 期	θ_1/d	H_2SO_4的用量			H_2SO_4浓度/(mol/L)
		后读数	初读数	差值	

(5) COD 测定数据可参考表 5-64 记录,并计算 COD。

表 5-64 COD 测定数据记录表

日期	θ_1/d	空 白				进水 COD				出水 COD				硫酸亚铁铵浓度/(mol/L)
		后读数	初读数	差值	水样体积/mL	后读数	初读数	差值	水样体积/mL	后读数	初读数	差值	水样体积/mL	

(6) MLSS 和 MLVSS 的测定数据可参考表 5-65 记录,并计算 MLSS 和 MLVSS。

表 5-65 MLSS 和 MLVSS 测定数据记录表

滤纸灰分________

日 期	θ_1/d	坩埚编号	坩埚加滤纸质量/g	坩埚、滤纸加污泥质量/g	灼烧后质量/g

6. 问题与讨论

(1) 试讨论泥龄对厌氧消化处理的影响。

(2) 根据实验结果讨论环境因素对厌氧消化的影响。

(3) 你认为厌氧消化池设计的主要参数是什么？为什么？

5.2.24　污泥比阻的测定

1. 实验目的

人们在日常生活和生产活动中产生了大量的生活污水和工业废水，这些污水和废水经过污水处理厂(站)的处理后都要产生大量的污泥。例如，城市污水处理厂每日产生的污泥量约为污水处理量的 0.5，数量极为可观。这些污泥都具有含水率高、体积膨大、流动性大等特点。为了便于污泥的运输、贮藏和堆放，在最终处置之前都要求进行污泥脱水。

污泥按来源可分为初沉污泥、剩余污泥、腐殖污泥、消化污泥和化学污泥。按性质又可分为有机污泥和无机污泥两大类。每种污泥的组成和性质不同，使污泥的脱水性能也各不相同。为了评价和比较各种污泥脱水性能的优劣，也为了确定污泥机械脱水前加药调理的投药量，常常需要通过实验来测定污泥脱水性能的指标——比阻(也称比阻抗)。比阻实验可以作为脱水工艺流程和脱水机选定的根据，也可作为确定药剂种类、用量及运行条件的依据。

本实验希望达到以下目的。

(1) 掌握用布氏漏斗测定污泥比阻的实验方法。

(2) 了解和掌握加药调理时选择混凝剂和确定投加量的实验方法。

2. 实验原理

污泥脱水是指以过滤介质(多孔性物质)的两面产生的压力差作为推动力，使水分强制通过过滤介质，固体颗粒被截留在介质上，从而达到脱水的目的。造成压力差的方法有以下四种。

(1) 依靠污泥本身厚度的静压力(如污泥自然干化物的渗透脱水)。

(2) 过滤介质的一面造成负压(如真空过滤脱水)。

(3) 加压污泥把水分压过过滤介质(如压滤脱水)。

(4) 造成离心力作为推动力(如离心脱水)。

影响污泥脱水性能的因素有污泥的性质和浓度、污泥和滤液的黏滞度、混凝剂的种类和投加量等。

根据推动力在脱水过程中的演变，过滤可分为定压过滤与恒速过滤两种。前者在过滤过程中压力保持不变，后者在过滤过程中过滤速度保持不变。一般的过滤操作为定压过滤。本实验是用抽真空的方法造成压力差，并用调节阀调节压力，使整个实验过程压力差恒定。

表征污泥脱水性能优劣的最常用指标是污泥比阻。污泥比阻的定义是：在一定压力下，单位过滤面积上单位干重的滤饼所具有的阻力。它在数值上等于黏滞度为 1 时，滤液通过单位质量的滤饼产生单位滤液流率所需要的压力差。比阻的大小一般采用布氏漏斗通过测定污泥滤液滤过介质的速率快慢来确定，并比较不同污泥的过滤性能，确定最佳混凝剂及其投加量。污泥比阻越大，污泥的脱水性能越差；反之，污泥脱水性能就越好。

过滤开始时，滤液只需克服过滤介质的阻力，当滤饼逐步形成后，滤液还需克服滤饼本身的阻力。滤饼是由污泥的颗粒堆积而成的，也可视为一种多孔性的过滤介质，孔道属于毛细管。因此，真正的过滤层包括滤饼与过滤介质。由于过滤介质的孔径远比污泥颗粒的粒径大，在过滤开始阶段，滤液往往是混浊的。随着滤饼的形成，阻力变大，滤液变清。

由于污泥悬浮颗粒的性质不同，滤饼的性质可分为两类。一类为不可压缩滤饼，如沉砂或其他无机沉渣，在压力的作用下，颗粒不会变形，因而滤饼中滤液的通道(如毛细管孔径与长度)不因压力的变化而改变,压力与比阻无关,增加压力不会增加比阻。因此,增压对提高过滤机的生产能力有较好效果。另一类为可压缩性滤饼,如初次沉淀池、二次沉淀池污泥,在压力的作用下,颗粒会变形,随着压力增加,颗粒被压缩并挤入孔道中,使滤液的通道变小,阻力增加,比阻随压力的增加而增大。因此,增压对提高生产能力效果不大。

过滤时,滤液体积 V 与过滤压力 p、过滤面积 A、过滤时间 t 成正比,而与过滤阻力 R、滤液黏度 μ 成反比,即滤液体积的表达式为

$$V=\frac{pAt}{\mu R} \tag{5-84}$$

式中:V 为滤液体积,mL;p 为过滤压力,Pa;A 为过滤面积,cm^2;t 为过滤时间,s;μ 为滤液黏度,Pa·s;R 为单位过滤面积上,通过单位体积的滤液所产生的过滤阻力,取决于滤饼性质,cm^{-1}。

过滤阻力 R 包括滤饼阻力 R_z 和过滤介质阻力 R_g 两部分,R 随滤饼厚度增加而增加,过滤速度则随滤饼厚度的增加而减小,可将式(5-84)改写成微分形式:

$$\frac{dV}{dt}=\frac{pA}{\mu R}=\frac{pA}{\mu(\delta R_z+R_g)} \tag{5-85}$$

式中:δ 为滤饼的厚度。

设每过滤单位体积的滤液,在过滤介质上截留的滤饼体积为 v,则当滤液体积为 V 时,滤饼体积为 vV,因此

$$\delta A = vV$$

$$\delta=\frac{vV}{A} \tag{5-86}$$

将式(5-86)代入式(5-85),得

$$\frac{dV}{dt}=\frac{pA^2}{\mu(vVR_z+R_gA)} \tag{5-87}$$

式(5-87)就是著名的卡门(Carman)过滤基本方程式。

若以过滤单位体积的滤液在过滤介质上截留的滤饼干固体质量 w 代替 v,并以单位质量的阻抗 r 代替 R_z,则式(5-87)可改写成

$$\frac{dV}{dt}=\frac{pA^2}{\mu(wVr+R_gA)} \tag{5-88}$$

式中:r 为污泥比阻。

定压过滤时,式(5-87)对时间积分,得

$$\int_0^t dt=\int_0^V\left(\frac{\mu wVr}{pA^2}+\frac{\mu R_g}{pA}\right)dV \tag{5-89}$$

$$t=\frac{\mu wrV^2}{2pA^2}+\frac{\mu R_gV}{pA}$$

$$\frac{t}{V}=\frac{\mu wrV}{2pA^2}+\frac{\mu R_g}{pA} \tag{5-90}$$

式(5-90)说明,在定压下过滤,t/V 与 V 呈直线关系,即

$$\frac{t}{V}=bV+a$$

斜率
$$b=\frac{\mu wr}{2pA^2}$$

截距
$$a=\frac{\mu R_g}{pA}$$

因此，比阻公式为

$$r = \frac{2pA^2}{\mu}\frac{b}{w} \tag{5-91}$$

从式(5-91)可以看出，要求污泥比阻 r，需在实验条件下求出斜率 b 和 w。b 可在定压下(真空度保持不变)通过测定一系列的 t-V 数据，用图解法求取，见图 5-66。w 可按下式计算：

$$w = \frac{(V_0 - V_y)\rho_b}{V_y} \tag{5-92}$$

式中：V_0 为原污泥体积，mL；ρ_b 为滤饼固体浓度，g/mL；V_y 为滤液体积，mL。

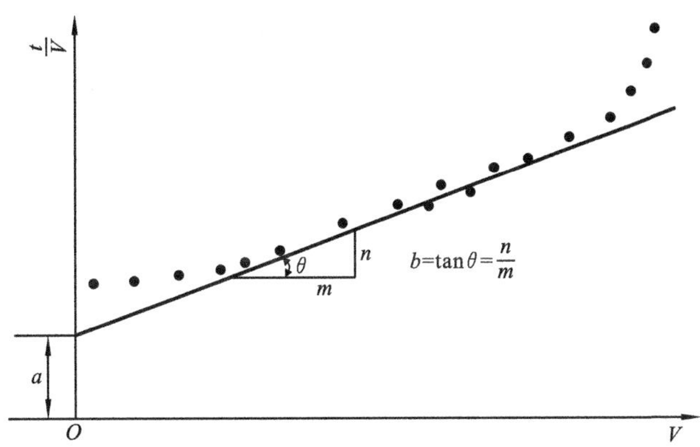

图 5-66　图解法求 b 示意图

$$V_0 = V_y + V_b$$

$$V_0\rho_0 = V_y\rho_y + V_b\rho_b$$

$$V_y = \frac{V_0(\rho_0 - \rho_b)}{\rho_y - \rho_b} \tag{5-93}$$

式中：ρ_0 为原污泥固体浓度，g/mL；ρ_b 为滤液固体浓度，g/mL；V_b 为滤饼体积，mL。

将式(5-93)代入式(5-92)，得

$$w = \frac{\rho_0(\rho_b - \rho_y)}{\rho_b - \rho_0} \tag{5-94}$$

因滤液固体浓度 ρ_y 相对污泥固体浓度 ρ_0 来说要小得多，可忽略不计，故

$$w = \frac{\rho_b\rho_0}{\rho_b - \rho_0} \tag{5-95}$$

将所得的 b、w 代入式(5-91)，即可求出比阻 r。在国际单位制(SI)中，比阻的单位为 m/kg或 cm/g。在 CGS 制(工程制)中，比阻的单位为 s^2/g。各单位的换算见表 5-66。

表 5-66　比阻各因素的单位换算

因　素	CGS 制单位	换成 SI 单位	乘以换算因子
比阻 r	s^2/g	m/kg	9.81×10^3
压力 p	g/cm^2	Pa 或 N/m^2	9.81×10
动力黏度 μ	P 或 g/(cm·s)	Pa·s 或 $(N\cdot s)/m^2$	1.00×10^{-1}

用式(5-95)求 w 在理论上是正确的，但在求式中 ρ_b 时要测量湿滤饼的体积，操作时误差很大。为此，根据 w 的定义，可将求 w 的方法改为

$$w = \frac{W}{V_y} = \frac{\rho_0 V_0}{V_y} \tag{5-96}$$

式中:W 为滤饼的干固体质量,g。

一般认为:比阻在 $10^{12} \sim 10^{13}$ cm/g 范围为难过滤污泥;在 $5.0\times10^{11} \sim 9.0\times10^{11}$ cm/g 范围为中等;小于 4.0×10^{11} cm/g 为易过滤污泥。初沉污泥的比阻一般为 $4.61\times10^{12} \sim 6.08\times10^{12}$ cm/g,活性污泥的比阻为 $1.65\times10^{13} \sim 2.83\times10^{13}$ cm/g,腐殖污泥的比阻为 $5.98\times10^{12} \sim 8.14\times10^{12}$ cm/g,消化污泥的比阻为 $1.24\times10^{13} \sim 1.39\times10^{13}$ cm/g。这四种污泥均属于难过滤污泥。一般认为,进行机械脱水时,较为经济和适宜的污泥比阻在 $9.81\times10^{10} \sim 3.92\times10^{11}$ cm/g,故这四种污泥在机械脱水前须进行调理。

加药调理(投加混凝剂)是减小污泥比阻、改善污泥脱水性能最常用的方法。对于上述污泥,无机混凝剂(如 $FeCl_3$、$Al_2(SO_4)_3$)的投加量一般为污泥干重的 5%～10%,消石灰的投加量为 20%～40%;聚合氯化铝(PAC)和聚合硫酸铁(PFS)的投加量为 1%～3%;有机高分子(PAM)的投加量为 0.1%～0.3%。投加石灰的作用是在 $pH>12$ 的条件下产生大量的 $Ca(OH)_2$ 絮体物,使污泥颗粒产生凝聚作用。

评价污泥脱水性能的指标除比阻外,还有毛细吸水时间(CST)。这是巴斯克维尔(Baskerville)和加尔(Cale)于 1968 年提出的。毛细吸水时间是指污泥与滤纸接触时,在毛细管作用下,污泥中水分在滤纸上渗透 1 cm 所需要的时间,单位为 s。这个方法与布氏漏斗法相比,具有快速、简便、重现性好等优点。但此法对滤纸的要求很高,要求滤纸的质量均匀、湿润边界清晰、流速适当并有足够的吸水量等,一般国产滤纸较难做到。

3. 实验装置与设备

(1) 实验装置。

实验装置由真空泵、吸滤筒、计量筒、抽气接管、布氏漏斗等组成,如图 5-67 所示。

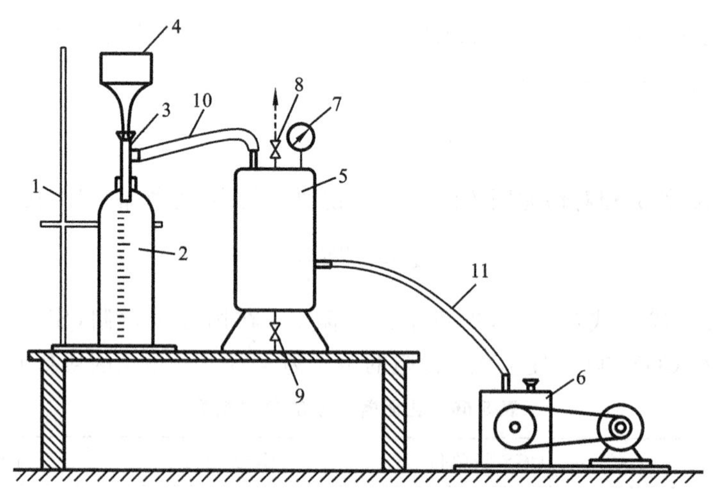

图 5-67　比阻抗实验装置示意图

1—固定铁架;2—计量筒;3—抽气接管;4—布氏漏斗;5—吸滤筒;6—真空泵;7—真空表;8—调节阀;9—放空阀;10、11—硬塑料管

计量筒为具塞玻璃量筒,用铁架固定夹住,上接抽气接管和布氏漏斗。吸滤筒作为真空室及盛水之用,用有机玻璃制成,它上有真空表和调节阀,下有放空阀;一端用硬塑料管接抽气接

管，另一端用硬塑料管接真空泵。真空泵抽吸吸滤筒内的空气，使筒内形成一定真空度。

(2) 实验设备和仪器仪表。

真空泵，2X2-0.5 型旋片式，1 台；铁制固定架，1 个；具塞玻璃量筒，100 mL，1 个；抽气接管，玻璃三通，标准磨口 19 mm，1 根；布氏漏斗，ϕ80 mm，1 个；调节阀、放空阀，煤气开关，各 1 个；真空表，0.1 MPa，1 个；秒表，30 s/圈，1 只；烘箱，电热鼓风箱，1 台；分析天平，FA1604，1 台；吸滤筒，自制有机玻璃，ϕ15 cm×25 cm，1 个；硬塑料管，ϕ10 mm×1.5 m，1 根。

4. 实验步骤

(1) 配制 $FeCl_3$(10 g/L)和 $Al_2(SO_4)_3$(10 g/L)混凝剂溶液。

(2) 在布氏漏斗中放置 ϕ15 cm 的定量中速滤纸，用水湿润后贴紧周边和底部。

(3) 将布氏漏斗插在抽气接管的大口中，启动真空泵，用调节阀调节真空度为实验压力的 1/3。实验压力为 0.035 MPa 或 0.071 MPa。吸滤 0.5 min 左右，关闭真空泵，倒掉计量筒内的抽滤水。

(4) 取 90 mL 污泥倒进漏斗，重力过滤 1 min，启动真空泵，调节真空度至实验压力，记下此时计量筒内的滤液体积 V_0。

(5) 启动秒表，定时(开始 10～15 s，以后 30 s～2 min)记录计量筒内滤液的体积 V'。

(6) 定压过滤至滤饼破裂，真空破坏，或过滤 30～40 min 停止实验。测量滤液的温度并记录。

(7) 另取污泥 90 mL，加混凝剂(污泥干重的 5%～10%)$FeCl_3$ 或 $Al_2(SO_4)_3$，重复实验步骤(2)至步骤(6)。

(8) 将过滤后的滤饼放入烘箱，在 103～105 ℃的温度下烘干，称重。

本实验有如下注意事项。

(1) 实验时，抽真空装置的各个接头均不应漏气。

(2) 在整个过滤过程中，真空度应始终保持一致。

(3) 在污泥中加混凝剂时，应充分搅拌后立即进行实验。

(4) 做对比实验时，每次取样污泥浓度应一致。

5. 实验结果整理

(1) 测定并记录实验基本参数。

实验日期________年________月________日

实验真空度________MPa

加 $Al_2(SO_4)_3$________mg/L　滤饼干重 W_1=________g　ρ_{b1}=________g/L

加 $FeCl_3$________mg/L　滤饼干重 W_2=________g　ρ_{b2}=________g/L

未加混凝剂的滤饼干重 W_3=________g　ρ_{b3}=________g/L

污泥固体浓度 ρ_0=________g/L

(2) 根据测得的滤液温度 T(℃)计算动力黏滞度 μ(Pa·s)。

$$\mu=\frac{0.00178}{1+0.337T+0.000221T^2}$$

(3) 将实验测得的数据按表 5-67 记录并计算。

表 5-67　实验记录计算表

不加混凝剂的污泥				加 $FeCl_3$ 的污泥				加 $Al_2(SO_4)_3$ 的污泥			
t/s	计量筒内滤液 V'/mL	滤液量 $V=V'-V_0$ /mL	$\frac{t}{V}$ /(s/mL)	t/s	计量筒内滤液 V'/mL	滤液量 $V=V'-V_0$ /mL	$\frac{t}{V}$ /(s/mL)	t/s	计量筒内滤液 V'/mL	滤液量 $V=V'-V_0$ /mL	$\frac{t}{V}$ /(s/mL)
0				0				0			
15				15				15			
30				30				30			
45				45				45			
60				60				60			
75				75				75			
90				90				90			
105				105				105			
120				120				120			
130				130				130			
⋮				⋮				⋮			

(4) 以 t/V 为纵坐标、V 为横坐标作图，求 b。

(5) 根据式(5-92)求 w。

(6) 计算实验条件下的比阻 r。

6. 问题与讨论

(1) 比阻的大小与污泥的固体浓度是否有关系？如有关系，有怎样的关系？

(2) 活性污泥在真空过滤时，能否说真空度越大，滤饼的固体浓度就越大？为什么？

(3) 做过滤实验时，重力过滤时间的长短对 b 的值是否有影响？如有影响，是怎样的影响？

(4) 对实验中发现的问题加以讨论。

5.2.25　自来水深度处理实验

1. 实验目的

国内外的实验研究和生产实践表明，受污染的原水经常规处理工艺只能去除水中 20%～30%的有机物。在常规的絮凝、沉淀、过滤、消毒净水工艺难以满足要求的情况下，深度处理技术在给水处理中发展潜力巨大，应用前景广阔。通过深度处理，可大大减少水中有毒有害有机物和“三致”(致癌、致畸、致突变)物质，使对人体有害的有机物减少至长期饮用致病的阈值以下，并使自来水的观感、口感得到较大改观。因此，研究开发饮用水深度处理新技术与新工艺，保障饮用水水质安全十分必要。

通过本实验，希望达到下述目的。

(1) 掌握自来水深度处理工艺的原理和方法。

(2) 加深对臭氧-活性炭过滤、超滤和紫外消毒原理的了解。

(3) 掌握饮用水水质标准及测定方法。

2. 实验原理

饮用水深度净化技术除强化常规净水工艺和在常规工艺前加设生物预处理工艺外，后续深度处理工艺研究主要有以下几方面的进展：①超声空化技术；②深度氧化技术(AOP)；③膜分离技术；④臭氧-生物活性炭（O_3- BAC）技术及组合工艺。

臭氧-生物活性炭、膜处理、紫外消毒组合深度处理技术的国内外研究较多。臭氧氧化、生物活性炭吸附、紫外消毒单元的主要功能如下：①臭氧氧化可以使大部分有机物转化为臭氧氧化中间产物；②生物活性炭既有活性炭的吸附功能，又有生物降解的功能；③超滤膜过滤能有效去除水中的色度物质、悬浮物及病原菌（如贾第虫孢囊、隐孢子虫卵囊和大肠杆菌）；④紫外消毒可杀死微生物病菌。

（1）O_3- BAC 是先采用 O_3 氧化，后采用活性炭吸附、生物降解的饮用水深度处理工艺。O_3-BAC 对有机物的去除包括三个阶段，即 O_3 氧化、活性炭吸附和活性炭生物降解。在对有机物的去除上，先发挥 O_3 的强氧化能力，将大分子有机物氧化成可被生物降解的小分子有机物，接着利用活性炭良好的吸附能力将其吸附，再由吸附在活性炭上的生物对吸附的物质进行生物降解，而 O_3 分解后产生的氧，提高了水中溶解氧含量，使水中溶解氧呈饱和状态或接近饱和状态，这又为活性炭处理中的生物降解提供了必要条件。

（2）超滤膜过滤饮用水深度净化工艺是近年发展起来的一种新兴工艺。活性炭处理出水中常含有一定量的细菌而影响出水的水质；超滤膜则存在膜阻塞和膜污染的问题，水中的有机物、无机物、悬浮固体颗粒、微生物和胶体物质等在膜表面和膜孔内累积将破坏膜的运行性能，并极大地缩短膜的使用寿命。活性炭与超滤膜的组合系统克服了单用任何一种处理手段时的弱点。在组合系统中，利用活性炭对进水进行必要的前处理，如去除水中大部分的浊度物质、各种类型的有机化合物和色度物质，这些物质的去除为后续的膜过滤提供了必要的保障，从而缓解了膜阻塞和膜污染问题，延长了膜的使用寿命。用膜进行后处理有效地解决了出水中含有一定量细菌的问题，保证了出水水质。

（3）水的消毒方法主要有物理法（加热法、紫外线照射法、高压静电场法、高频场法）和化学法（氯、臭氧、一氧化氯、次氯酸钠）。化学法所用药剂均可产生有害副产物，不宜用于一次消毒。紫外线照射法不会对水体及周围环境造成一次污染，消毒效率高，设备操作简单，便于运行管理，消毒成本低。20 世纪 90 年代以后，紫外线广泛用于饮用水消毒。

紫外线对于水的消毒灭菌主要是通过紫外线对微生物的辐射，生物体内的核酸（包括 RNA 和 DNA）吸收了紫外线的光能，改变了生物学活性，导致核酸键和链的断裂、股间交联，形成光化产物，使微生物不能复制，造成致死性损伤。大量研究表明，波长在 250～270 nm 范围内的紫外线会使细菌、病毒、芽孢及其他病原菌的 DNA 丧失活性，破坏其复制能力而造成微生物死亡。

3. 实验装置与设备

（1）自来水深度处理设备 1 套，如图 5-68 所示。

（2）浊度仪 1 台，紫外分光光度计 1 台。

（3）COD 测定仪及水质测定装置和相关药剂。

4. 实验步骤

（1）熟悉工艺流程及装置，检查各管路是否按工艺要求接妥，电器线路是否完整，接线是否可靠。检查高、低压控制电接点压力表上、下限控制指针的位置，高压泵进口的低压控制电接点压力表下限指针应在 0.1 MPa，高压泵出口的高压控制电接点压力表上限指针应在 2.0 MPa。

（2）将原水箱灌满自来水，取样进行水质测定。开启预处理系统，打开过滤器的放气阀门，待放气阀门出水后，关闭放气阀门，给水压力应在 0.15～0.35 MPa 范围内。

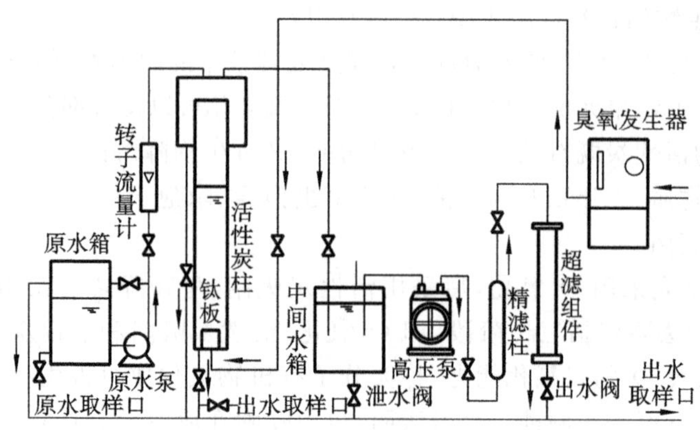

图 5-68　自来水深度处理实验装置

(3) 启动原水泵,调节进水流量计,保持进水流量为 50 L/h。

(4) 启动臭氧发生器空气泵电源,调节进气流量为 10 L/ min。开启臭氧投加混合泵,待运转正常后打开臭氧发生器的制臭氧开关。

(5) 在任何情况下,臭氧发生器周围的臭氧浓度不得高于 0.2 mg/m^3。

(6) 待中间水箱内水位达到要求时,打开高压泵进、出水阀门,关闭各取样阀门。

(7) 检查高压泵转动部分是否灵活,油位是否在规定的位置上,如发现异常,应采取必要的措施予以处理。

(8) 开启超滤装置的电源开关。

(9) 开启高压泵,小流量(20～30 L/ h)运行 3～5 min,以冲洗膜元件,然后逐渐调节进水阀门,使流量缓慢上升。当流量升至 50 L/h 时使压力稳定下来,设备正常运转。

(10) 打开紫外消毒开关。检查各段压力及流量,检查活性炭柱出水和高压泵进水的流量是否正常,调整阀门,使中间水箱内的水位基本保持平衡。

(11) 本装置停机时,首先要关闭臭氧发生器开关,然后关闭紫外消毒开关,之后逐渐降低超滤膜工作压力。关机时严禁突然降压,避免超滤膜元件损坏,压力每下降 0.1 MPa 保压运行 3 min,压力下降至 0.1 MPa 时关高压泵,最后关闭所有阀门。

(12) 关闭本装置电源开关。

(13) 调整装置进水流量,重复上述实验。

5. 实验结果整理

将相关实验数据记入表 5-68 中。

表 5-68　自来水深度处理实验数据记录

项　目	原水	O_3-BAC 出水	微滤出水	超滤出水	总出水
浊度/NTU					
肉眼可见物					
pH 值					
$UV_{254}/(cm^{-1})$					
氨氮含量/(mg/L)					
$COD_{Mn}/(mg/L)$					

续表

项　　目	原水	O_3-BAC出水	微滤出水	超滤出水	总出水
细菌总数/(cfu/mL)					
三卤甲烷含量/(mg/L)					
游离氯含量(以Cl^{-1}计)/(mg/L)					
挥发酚类含量/(mg/L)					
亚硝酸盐含量/(mg/L)					

(1) 计算O_3-BAC、微滤、超滤处理工艺对挥发酚的去除率。

(2) 计算O_3-BAF处理工艺对游离氯的去除率。

本实验有如下注意事项。

(1) 开启设备前,应认真、仔细阅读仪器使用说明书,严格按照操作步骤进行。

(2) 设备启用前,先打开排水阀门2 min,以排尽管内积垢。

(3) 调整好预处理给水流量。

(4) 严禁水倒流至臭氧发生器内,以免损坏机器。

6. 问题与讨论

(1) 利用此设备对自来水进行深度处理有何特点?

(2) 与反渗透装置比较,超滤设备在运行上有何特点?

(3) 臭氧消毒后管网内有无剩余O_3? 会不会出现二次污染?

5.2.26　城市污水深度处理及回用技术与研究

1. 研究的背景与方向

我国水资源的总量为2.8×10^{12} m^3,位居世界第四,但人均水量仅为世界水量的1/4,是全球13个人均水资源最贫乏的国家之一。而水资源分布在不同地区的不同季节又极不均匀,再加上主要江、河、湖泊的水体污染,更加剧了我国的水资源危机。污水深度处理及回用是解决缺水的可靠途径之一,既体现了可持续发展的基本理念,又符合我国国民经济和社会发展总体规划。开展污水处理与回用的研究及应用,对于我国经济的良性发展,解决水资源匮乏,促进生态环境的逐步恢复和平衡十分必要。

2. 实验内容

化学生物絮凝协同作用工艺是一种新的一级强化处理工艺。该工艺在传统的化学混凝的基础上将沉淀池内的污泥回流至化学生物絮凝池,利用化学混凝和污泥吸附的协同作用去除污水中的污染物。这种组合工艺充分发挥物化和生化的优势,达到了去除有机污染物、悬浮物、总磷及氨氮的目的。研究结果表明,加药量比传统化学混凝的加药量要少,产泥量也少,而投资和运行成本比传统二级生物处理要低得多。石化行业废水处理回用技术研究结果表明,石化企业水质净化厂出水经处理后,其COD_{Cr}、浊度、氨氮和细菌总数等指标均能达到回用水的标准,因此开展城市污水深度处理及回用技术研究对大学生即有创新性,又无风险性。

3. 实验目的

通过本创新实验要求达到下述目的。

(1) 学习和掌握文献资料的检索和应用。

(2) 巩固实验操作技能,学习运用所学知识,结合研究计划根据自己设计的路线安装研究装置。

(3) 熟练掌握几种常规水质指标的测试方法,如COD、浊度、SS等。

(4) 通过对实验结果的分析评价和理论探讨,巩固所学的化学、物理、生物等学科的基础知识和有关的专业知识,培养和提高学生的科技创新意识。

(5) 通过创新实验,培养和锻炼学生发现问题、分析问题和解决问题的综合能力,使学生的主观能动性和创新思维能力得到启发和提高。

4. 实验步骤

第一阶段:学生通过检索和查阅有关文献资料,设计出实验方案,包括实验目的,原理,装置构思,所需设备仪器、试剂,操作步骤。

第二阶段:指导教师审查学生提交的实验设计方案后,根据实验室环境条件等具体情况,与学生讨论并修正设计方案,确定实验计划,提供相关装置设备。

第三阶段:学生按自己设计的方案进行全过程操作(包括溶液配制、安装实验装置、采样等),实验完成后整理实验数据,对实验结果进行分析评价,提交正式实验报告。

第四阶段:教师对实验报告进行评价,并将评价意见反馈给学生。

*5.2.27 工业废水处理实验与研究

1. 研究的背景与方向

中国作为发展中国家,工业生产在国民经济中占有十分重要、不可替代的地位。纺织、食品、制革、化工、钢铁等行业是中国的传统产业,机械制造、家用电器、信息产品等新兴产业正处于迅速发展的阶段。工业企业的发展和进步,是中国经济发展的支柱,是实现现代化的重要基础之一。

随着现代有机化学工业的高速发展,工业污水中成千上万的难生物降解有机化合物排入水体,这包括大量的"三致"物质,比如有致癌潜在危险的物质如多氯联苯、多环芳烃和有机农药等。污水中的重金属可以通过食物链逐级富集,日本的骨痛病、水俣病就是由水体中的镉、汞经过食物链而对人类造成危害的。

工业废水对水环境产生的危害主要表现为水质恶化、降低水体的功能等级和改变水体用途、污染饮用水源和危害人体健康等。工业废水主要特点如下。

(1) 工业废水种类繁多,工业废水污染防治远比城市污水污染防治复杂。

(2) 工业废水的成分十分复杂,一般用单一的处理技术难以达到排放标准。

(3) 工业废水的污染物浓度远高于生活污水的污染物浓度,污染负荷重。

(4) 许多工业部门排放多种有毒有害污染物,对人体健康和环境危害严重。

(5) 各工厂污水的水质水量变化幅度大,处理工艺复杂。

因此,在工业生产发展的同时,积极控制和治理好工业废水,推广实施清洁生产,实现工业废水达标排放,使经济效益、社会效益和环境效益相统一,是中国社会经济可持续发展的必要条件。

对于工业废水的治理,国家已有一系列的法规和政策,近三十多年来开展了大量的研究和实践,取得了一系列的成果。目前,工业废水治理的难点主要有以下几方面。

(1) 部分工业废水成分复杂、治理难度高,还缺乏有效的治理工艺,如造纸黑液、染化废水等，需要继续研究经济合理、效果显著的治理技术。

(2) 部分工业废水的个别指标离达标排放还有一定的距离，需要继续研究这些工业废水的深度处理技术，使之能全面达到排放标准。

(3) 工业废水的再生利用率低，同发达国家相比有很大的差距，加剧了我国的水资源短缺矛盾和水环境污染，需要积极研究适合中国国情的工业废水资源化技术。

工业废水治理历来是我国环境科技研究和实践的重点，在中国经济快速发展、环境要求不断提高的背景下，研究工业废水的深度处理和资源化技术，提升工业废水治理的质量和深度，对我国的水环境质量提高、工业生产和社会经济的可持续发展有着重要的现实和历史意义，也是当前水污染控制研究的重点和热点之一。

2. 实验内容

选择几种典型工业废水(印染废水、电镀废水、化工废水、高浓度有机废水等)，分析废水性质，要求处理后的废水有机物指标、色度指标、悬浮物等达到国家综合污水排放二级标准，制定处理方案，要求工艺技术上可行，经济上合理，具有可操作性，选择处理装置，组装成为动态实验系统，完成废水处理。

3. 实验目的

通过本实验要求达到下述目的。

(1) 学习和掌握文献资料的检索和应用。

(2) 巩固实验操作技能，学习运用混凝、氧化、吸附、电解等处理技术。熟练并灵活使用检测色度和 COD 等指标的方法。

(3) 经过对实验结果的分析评价和理论探讨，巩固所学的化学、物理、生物等学科的基础知识和有关的专业知识，培养和提高科学研究能力。

(4) 通过整个实验过程，培养和锻炼学生发现问题、分析问题和解决问题的综合能力，使学生的主观能动性和创新思维能力得到启发和提高。

4. 实验步骤

可参考“城市污水深度处理及回用技术与研究”。

第6章　大气污染控制实验及指标分析

6.1　常用指标及分析方法

在大气污染控制工程中，空气或废气中颗粒物（如总悬浮颗粒物、飘尘等）浓度、某些气态污染物浓度的分析测定直接关系到相关净化设备的选型与正常的维护、运转。对于测定废气中的颗粒物浓度，采用较多的是重量法；对于测定空气中的总悬浮颗粒物（total suspended particles，TSP）浓度，通常采用过滤捕集法，该法的实质也是重量法。气态污染物质的种类较多，如含氮化合物（氮氧化物、氨等）、含硫化合物（如二氧化硫、二硫化碳、硫化氢等）、卤素化合物（氟化物、氯化氢等）以及一些有机化合物（如甲醛）等。在环境工程实验中，二氧化硫和甲醛浓度是经常需要测定的。

6.1.1　颗粒物浓度

对于废气中的颗粒物浓度，可以采用颗粒物浓度测定仪或重量法进行测定，而后者也是目前国内外认为唯一准确的方法。

重量法测定颗粒物浓度的基本原理如下：按等速原则用已知质量的滤筒从管道中采集一定体积的含尘气体，根据滤筒在采样前后的质量差和采气体积来计算废气中的颗粒物浓度。测试中所需要的主要仪器为普通采样管测尘仪，气体温度、压力、相对湿度、流速等测试仪器，玻璃纤维滤筒，分析天平等。整个测定步骤的关键在于采样。一般的废气采样系统可参见图6-1。

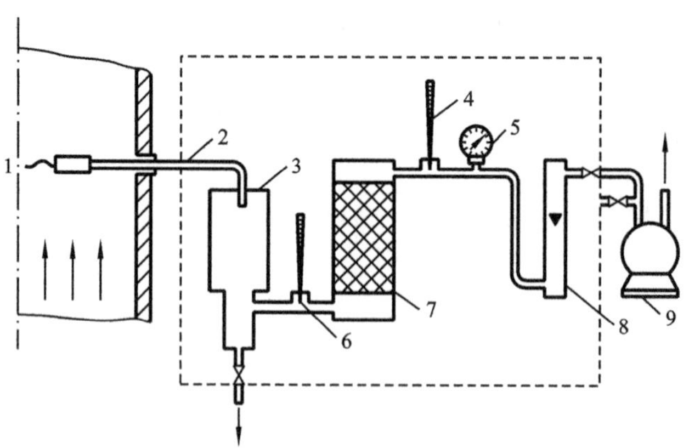

图6-1　废气采样系统

1—废气管道；2—带滤筒的采样管；3—冷凝器；4、6—温度计；5—压力表；7—干燥器；8—转子流量计；9—抽气泵

废气中颗粒物浓度的计算公式为

$$\rho_{\mathrm{p}}=\frac{m-m_0}{Qt}\times 10^5 \tag{6-1}$$

式中：ρ_p为废气中颗粒物浓度，mg/m^3；m_0、m 分别为滤筒采样前、后的质量，g；Q 为采样时的气体流量，L/min；t 为采样时间，min。

如需比较，则统一将气体体积（即 Qt）换算成标准状态的气体体积。

大气中的总悬浮颗粒物（TSP）的测定见后文。

6.1.2　二氧化硫浓度

废气处理的主要气态污染物之一是二氧化硫（SO_2）。由于其排放量大、腐蚀性强、危害大，因此，SO_2浓度的监测对于控制大气污染、检验气体净化设备性能、规范企业的环境行为等具有重要意义。

SO_2的测定有仪器分析方法和人工分析方法。仪器分析方法中主要应用了 SO_2本身或与某一特定吸收液的反应产物在电导率、红外线吸收、紫外线吸收、火焰光度等方面有特征变化或特征吸收的原理。目前有许多市售的 SO_2浓度测定分析仪可供选择。在实验中，主要进行的是人工分析方法。常用的人工分析法有盐酸副玫瑰苯胺分光光度法、过氧化氢-高氯酸钡-钍试剂法、碘量法等。

碘量法测定 SO_2的基本原理如下：用氨基磺酸铵和硫酸铵混合吸收液吸收从废气管道中抽出的 SO_2气体后，再用碘标准溶液进行滴定，按滴定量计算出 SO_2浓度。其采样系统可参见图 6-2。该法的测定范围为 140～5 700 mg/m^3。主要反应方程式为

$$SO_2 + 2H_2O + I_2 = H_2SO_4 + 2HI$$

$$I_2\text{（过量）} + \text{淀粉} \longrightarrow \text{显蓝色}$$

在测定过程中所需的主要仪器设备为采样系统（如图 6-2 所示）。需要配制如下化学试剂。

（1）氨基磺酸铵和硫酸铵混合吸收液。称取 11 g 氨基磺酸铵和 7 g 硫酸铵，溶于 1 L 纯水中，并以 0.05 mol/L 硫酸和 0.1 mol/L 氨水调节其 pH 值至 5.4 即为吸收液。

（2）碘标准贮备液（c_{I_2} = 0.1 mol/L）。将 40 g 碘化钾溶入 250 mL 纯水中，加入 12.7 g 碘溶解后用纯水配成1 L溶液，并加 3 滴浓盐酸后贮存于棕色瓶内，即为碘标准贮备液，其浓度用 0.10 mol/L 硫代硫酸钠溶液标定。

（3）碘标准使用液（c_{I_2} = 0.01 mol/L）。将碘标准贮备液稀释 10 倍即得碘标准使用液，其浓度用 0.10 mol/L 硫代硫酸钠溶液标定。

测定步骤主要包括采样和样品分析。在采样过程中，应注意整个系统的密封性，并记录好

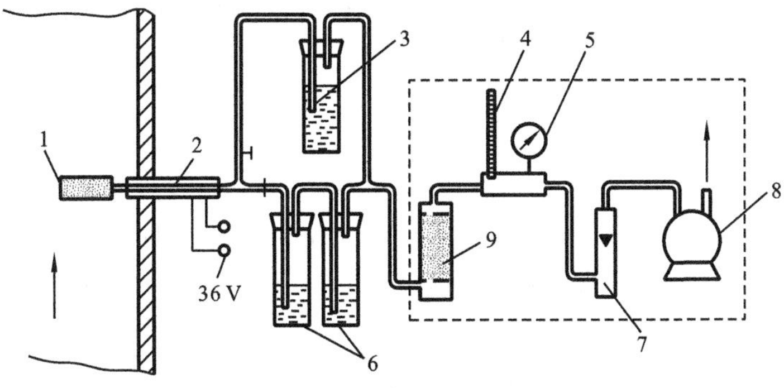

图 6-2　吸收法测定 SO_2的采样系统

1—滤料；2—加热采样管；3—旁路吸收瓶；4—温度计；5—压力表；
6—吸收瓶；7—流量计；8—抽气泵；9—干燥瓶

采样时的温度、压力、采样持续时间和流量。样品分析时,将两吸收瓶的吸收液合并,用吸收液冲洗,定容至 250 mL,摇匀。滴定时可取适量(10～25 mL)吸收液,加入 5 mL 5 g/L 淀粉溶液,以 0.01 mol/L 碘标准使用液进行滴定,直至蓝色出现。

碘量法中 SO_2 浓度 c_{SO_2}(mg/m³)的计算公式为

$$c_{SO_2} = \frac{(V - V_0)c_{I_2} \times 250}{V_1 V_2} \times 64 \times 1\,000 \tag{6-2}$$

式中:V_0、V 分别为碘标准使用液滴定空白样品和所采样品的耗用体积,mL;V_1 为所采气体体积,L;V_2 为定容后吸收液作为碘标准使用液滴定用时的样品体积,mL;c_{I_2} 为碘标准使用液浓度,mol/L。

SO_2 排放量 G_{SO_2}(kg/h)的计算公式为

$$G_{SO_2} = c_{SO_2} \times Q \times 10^{-6} \tag{6-3}$$

式中:Q 为废气排放量,m³/h。

如果要进行比较,则将气体体积换算成标准状态下体积即可。

6.1.3 甲醛浓度

甲醛的测定方法主要有乙酰丙酮分光光度法、变色酸分光光度法、酚试剂分光光度法和离子色谱法、电化学电极法等。其中,酚试剂分光光度法选择性稍差,但因其灵敏度高,在室温下即可显色,所以该法仍为目前测定甲醛浓度的较好方法。

酚试剂分光光度法的基本原理如下:甲醛与酚试剂反应生成嗪,在铁离子存在下,嗪与酚试剂发生氧化反应生成蓝绿色化合物,可用分光光度计在 630 nm 波长处测定。主要仪器有 10 mL 气泡吸收管、0～2 mL/min 空气采样器、10 mL 具塞比色管和分光光度计。

酚试剂分光光度法测定甲醛一般需要如下化学试剂。

(1) 酚试剂吸收液。称取 0.10 g 酚试剂 3-甲基-苯并噻唑腙(简称 MBTH),溶于纯水中,定容至100 mL,贮存于棕色瓶内(冰箱内可稳定保存三天),此为吸收贮备液。采样时取 5.0 mL 贮备液稀释至 100 mL 即为吸收液。

(2) 10 g/L 硫酸铁铵溶液。称取 1.0 g 硫酸铁铵,用 0.10 mol/L HCL 溶液溶解,并稀释至100 mL。

(3) 甲醛标准溶液。取 10 mL 36%～38%甲醛,用纯水稀释至 500 mL;用碘量法标定甲醛溶液。作标准曲线时,先用水稀释成 10.0 μg/mL 甲醛溶液,然后立即吸取 10.00 mL 此稀释溶液于 100 mL 容量瓶中,加 5.0 mL 吸收贮备液,再用纯水稀释至标线。此溶液每毫升含 1.0 μg 甲醛。放置 30 min 后用此溶液配制标准色列(此标准溶液可稳定 24 h)。

甲醛标准溶液浓度的标定方法如下:吸取 5.00 mL 甲醛溶液(或空白纯水)于 250 mL 碘量瓶中,加入 40.00 mL 0.05 mol/L 碘溶液,立即逐滴加入 300 g/L NaOH 溶液至颜色变为淡黄色为止。放置 10 min 后用 5.0 mL HCl(1+5)酸化(测定空白时需多加 2 mL),于暗处再放置 10 min,加入 100～150 mL 纯水,用 0.1 mol/L 硫代硫酸钠标准溶液滴定至淡黄色,加 1.0 mL 新配制的 5 g/L 淀粉指示剂,继续滴定至蓝色刚刚褪去。甲醛浓度的计算公式为

$$\rho = \frac{(V_0 - V) \times c_{Na_2S_2O_3} \times 15.0}{5.00} \tag{6-4}$$

式中:V_0、V 分别为滴定空白溶液、甲醛溶液所消耗的硫代硫酸钠标准溶液体积,mL;$c_{Na_2S_2O_3}$ 为硫代硫酸钠标准溶液的浓度,mol/L;15.0 为 1 L 1 mol/L 硫代硫酸钠标准溶液的甲醛质

量，g；5.00 为甲醛标准溶液的取样量，mL。

测定时，先绘制标准曲线：取 8 支 10 mL 比色管，用甲醛标准溶液和吸收液按甲醛含量分别为 0 μg、0.10 μg、0.20 μg、0.40 μg、0.60 μg、0.80 μg、1.00 μg、1.50 μg 配制 5.00 mL 溶液，然后在各比色管中加入硫酸铁溶液 0.40 mL，摇匀。于室温（8～35 ℃）下显色 20 min 后，在 630 nm 波长处，用 1 cm 比色皿，以纯水为参比，测定其吸光度，并作出吸光度相对于甲醛含量（μg）的标准曲线。样品测定时，需采样后将样品溶液移入比色皿中，用少量吸收液洗涤吸收管，并将洗涤液并入比色管，使其总体积为 5.0 mL。室温下放置 80 min 后，按标准曲线的操作进行吸光度测定。

样品中甲醛浓度计算公式为

$$\rho = \frac{m}{V_n} \tag{6-5}$$

式中：m 为样品中甲醛质量，根据吸光度值可在标准曲线上查得，μg；V_n 为标准状态下的采样体积，L。

6.2　大气污染物监测

6.2.1　大气中总悬浮颗粒物的测定

1. 实验目的

悬浮颗粒物是我国环境空气中的首要污染物，一般将空气动力学直径小于 100 μm 的颗粒物称为总悬浮颗粒物（简称 TSP），它呈粒子状态（微小液滴或固体粒子）分散在空气中。

随着工业、交通运输、城市建设的迅速发展及城市市政施工、裸露地面的大量存在，大量的颗粒物存在于空气中，当其浓度超过了环境所能允许的浓度并持续一段时间后，会危害人们的生活、工作和健康，损害自然资源与财产等，即造成了空气总悬浮颗粒物污染。本实验采用中流量-重量法对总悬浮颗粒物进行测定，通过本实验希望达到以下目的。

（1）掌握中流量-重量法测定空气中总悬浮颗粒物的原理和方法。

（2）了解监测区域的环境空气质量。

（3）了解空气中总悬浮颗粒物的来源和有关分析方法。

2. 实验原理

空气中总悬浮颗粒物被抽进采样器时，被收集在已称量好的清洁滤膜上，采样后将样品滤膜按使用前的条件下再次称量，取其采样前、后滤膜质量之差除以采样体积，即为空气中总悬浮颗粒物的质量浓度。

3. 实验仪器及材料

（1）采样仪器。

总悬浮颗粒物采样器，流量 50～150 L/min，1 台；流量计，1 个；温度计和气压计，各 1 个；秒表，1 只；干燥器，1 个；采样泵，100 L/min，1 台；滤膜贮存袋，若干；镊子，1 把；平衡室，要求温度在 20～25 ℃，温度变化在±3 ℃以内，相对湿度小于 50%，湿度变化小于 5%，1 间。

（2）分析仪器。

分析天平，感量 0.1 mg，1 台；经罗茨流量计校核的孔口校准器，1 台。

（3）实验材料。

玻璃纤维滤膜,80～100 mm,根据采样器托盘大小选择合适的滤膜,不允许过大或过小。

4. 实验步骤

1）采样前阶段

(1）称量滤膜。

① 滤膜检查。将滤膜透光检查,确认无针孔或其他缺陷并去除滤膜周边的绒毛后,放入平衡室内平衡 24 h。

② 标准滤膜的称量。取滤膜若干,在平衡室内称量,每张滤膜至少称量 10 次,计算每张滤膜的平均值得该张滤膜的原始质量,即得标准滤膜的质量。

③ 滤膜的称量。在平衡室内迅速称量已平衡 24 h 的滤膜,读数准确至 0.1 mg,并迅速称量标准滤膜两张,若此时称量的质量与标准滤膜的质量两者之差小于 5 mg,记下滤膜贮存袋的编号和相应滤膜的质量,并将其平展地放入滤膜贮存袋中,然后贮存于盒内备用;若质量差大于 5 mg,应检查称量环境是否符合要求,并重新称量该滤膜。

(2）流量计的校准。

流量计用孔口校准器进行校准。

(3）采样点的设置。

设置采样点的原则如下。①采样点应设在整个监测区的高、中、低三种不同污染物浓度的地方。②在污染源比较集中且主导风向较明显的区域,应将下风向作为主要监测范围,并设置相对较多的采样点,上风向设置相对较少的采样点。③污染物浓度超标地区要适当增设采样点,污染物浓度小的地区要适当少设采样点。④采样点周围应无局部污染源,且要避开树木和建筑物。⑤采样点周围应开阔,采样口水平线与周围建筑物高度夹角应小于 30°。⑥各采样点的设置条件尽可能一致或标准化,使获得的监测数据有可比性。⑦采样高度应根据监测目的确定:研究大气污染对人体的危害,采样口应距地面 1.2～1.5 m;研究大气污染对植物等的影响,采样高度应与植物等的高度相近;特殊地区应根据实际情况确定采样高度。

(4）采样点的数目。

在一个监测区内的采样点数目应根据监测目的和监测区域特点具体确定。一般情况下,采样点数目是与经济投资和精度要求相关的效益函数。

(5）布点方法。

常见的布点方法有功能区布点法、网格布点法、同心圆布点法和扇形布点法等。在实际工作中,应因地制宜,使采样点的设置趋于合理,往往采用以一种布点方法为主,其他方法为辅的综合布点方法。

2）采样阶段

(1）采样系统的组装。按图 6-3 的连接方式将采样器在选定的位置上安装,采样器高度距地面高 1.2 m,再连接气路和电路,在未确认连接正确之前不得接通电源。

(2）安装滤膜。将已称量好的清洁滤膜从滤膜贮存袋中取出,“毛面”向上迎对气流方向,平放在采样器的托盘上,按紧加固圈和密封圈后,拧紧采样夹(见图 6-4)。

(3）按预定流量(一般为 100 L/min)开始采样时,开启秒表计时,并记录环境空气中大气压力、温度、风向和风速等参数。

(4）采样期间,应随时调整流量,使之保持预定的采样流量。

3）采样后阶段

(1）首先关闭采样泵的电源和秒表,记录好采样时间。

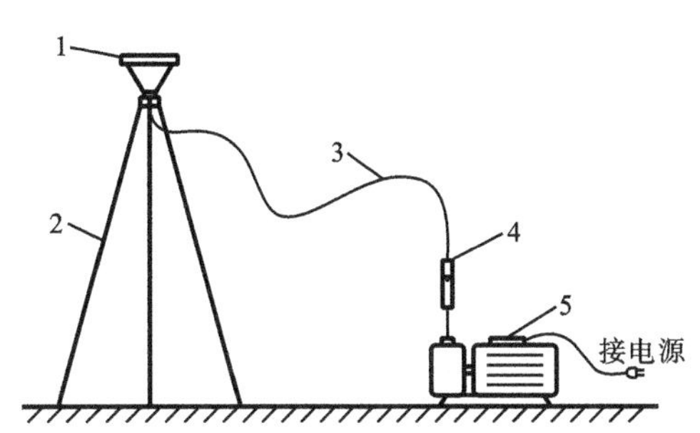

图 6-3　总悬浮颗粒物采样系统示意图

1—总悬浮颗粒物采样器；2—三角支架；3—连接软管；
4—转子流量计；5—抽气泵

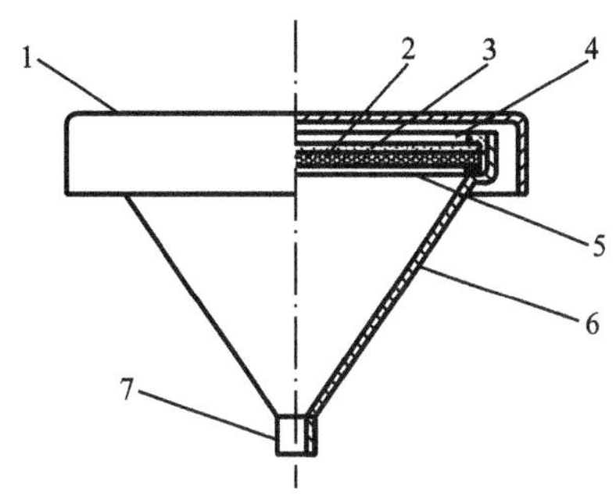

图 6-4　XP-100 型总悬浮颗粒物采样器示意图

1—采样夹；2—托盘；3—滤膜；4—加固圈；
5—密封圈；6—采样器底盘；7—抽气口

(2) 轻轻拧开采样夹，用镊子小心取下滤膜，使滤膜"毛面"朝内，以采样有效面积的长边为中线两次对叠成四分之一圆的形状(见图 6-5)后，放入滤膜贮存袋中。

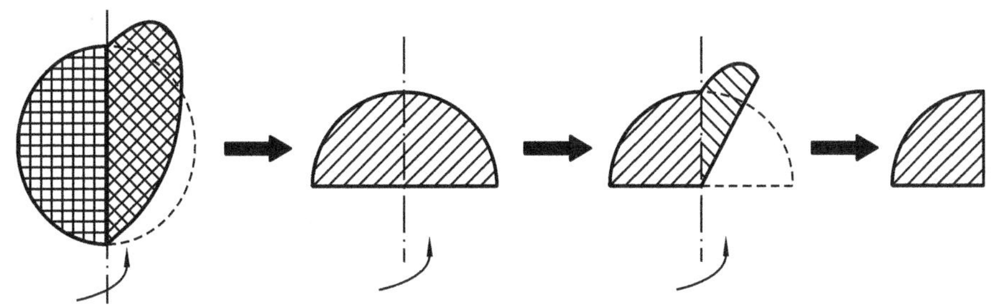

图 6-5　样品滤膜折叠方法示意图

滤膜毛面；滤膜光面

(3) 采样后的样品滤膜称量方法与采样前的相同。

5. 实验数据整理

总悬浮颗粒物采样记录表见表 6-1。

表 6-1　总悬浮颗粒物采样记录表

实验时间________年______月______日　　　　采样地点____________________

实 验 编 号	1	2	3
滤料编号			
流量计现场校准时的大气压力 p_2/kPa			
现场采样时的大气压力 p_3/kPa			
流量计现场校准时的大气温度 T_2/K			
现场采样时的大气温度 T_3/K			
风向			
风速/(m/s)			
采样流量 Q_2/(L/min)			
采样时间 t/min			

续表

实验编号	1	2	3
滤膜采样前质量 m_1/g			
滤膜采样后质量 m_2/g			
样品质量 m/g			
标准状态下总悬浮颗粒物浓度 c_{TSP}/(mg/m³)			

空气中总悬浮颗粒物浓度按式(6-6)和式(6-7)计算。

$$\rho_{TSP} = \frac{m}{Q_n t} \tag{6-6}$$

式中：ρ_{TSP}为标准状态下空气中总悬浮颗粒物的浓度，mg/m³；m 为采集在滤膜上的总悬浮颗粒物的质量，$m=m_2-m_1$，mg；Q_n为标准状态下的采样流量，m³/min；t 为采样时间，min。

$$Q_n = Q_2\sqrt{\frac{T_3 p_2}{T_2 p_3}} \times \frac{273 p_3}{101.3 T_3} = 2.69 \times Q_2\sqrt{\frac{p_3 p_2}{T_2 T_3}} \tag{6-7}$$

式中：Q_2为现场采样流量，m³/min；T_2为流量计现场校准时的大气温度，K；T_3为现场采样时的大气温度，K；p_2为流量计现场校准时的大气压力，kPa；p_3为现场采样时的大气压力，kPa。

注：若 T_3、p_3与 T_2、p_2相近，可用 T_2、p_2代之。

6. 问题与讨论

(1) 环境空气中总悬浮颗粒物的来源有哪些？

(2) 现有的测定总悬浮颗粒物的方法有哪些？优缺点各是什么？

(3) 若采样流量不稳定，对实验结果有何影响？

(4) 对污染源进行测定时，是否需要背景值的测量？如何测量？

(5) 采样后的滤膜四周白边与颗粒物边界模糊，说明什么？怎样解决？

(6) 安装滤膜时，“毛面”向下背向气流方向可以吗？为什么？

6.2.2　气体中可吸入颗粒物的测定

1. 实验目的

可吸入颗粒物是我国环境空气中的主要污染物，一般将空气动力学直径小于 10 μm 的颗粒物称为可吸入颗粒物(PM_{10})，它呈悬浮状态(微小液滴或粒子)分散在空气中。

可吸入颗粒物具有气溶胶性质，它易随呼吸道进入人体肺部，进而在呼吸道或肺泡内积累，并可进入血液循环，对人体健康危害极大。本实验采用旋风式-重量法进行测定，通过本实验希望达到以下目的。

(1) 掌握旋风式-重量法测定空气中可吸入颗粒物(PM_{10})的原理和方法。

(2) 了解空气中可吸入颗粒物的来源和有关分析方法。

(3) 了解空气中可吸入颗粒物的危害性。

2. 实验原理

应用分割粒径为 10 μm 的旋风式分级个体采样器，按规定流量采样，空气中悬浮颗粒物按照空气动力学特性分级，PM_{10}被收集在已称量好的滤膜上，根据采样前、后滤膜质量的差值和采样体积，即可计算空气中可吸入颗粒物的质量浓度。

3. 实验仪器及试剂

(1) 采样仪器。

旋风式可吸入颗粒物采样器，流量 50～150 L/min，1 台；流量计，1 个；温度计和气压计，各 1 个；秒表，1 只；干燥器，1 个；采样泵，100 L/min，1 台；滤膜贮存袋，若干；镊子，1 把；平衡室，要求温度在 20～25 ℃，温度变化在±3 ℃以内，相对湿度小于 50%，湿度变化小于 5%，1 间。

(2) 分析仪器。

分析天平，感量 0.01 mg，1 台；经罗茨流量计校核的孔口校准器，1 台。

(3) 实验材料。

玻璃纤维滤膜，ϕ80～100 mm，根据采样器托盘大小选择合适的滤膜，不允许过大或过小。

4. 实验步骤

1) 采样前阶段

(1) 称量滤膜。

① 滤膜检查。将滤膜透光检查，确认无针孔或其他缺陷并去除滤膜周边的绒毛后，放入平衡室内平衡 24 h。

② 标准滤膜的称量。取滤膜若干，在平衡室内称量，每张滤膜至少称量 10 次，计算每张滤膜的平均值得该张滤膜的原始质量，即得标准滤膜的质量。

③ 膜的称量。在平衡室内迅速称量已平衡 24 h 的滤膜，读数准确至 0.1 mg，并迅速称量标准滤膜两张，若此时称量的质量与标准滤膜的质量两者之差小于 5 mg，记下滤膜贮存袋的编号和相应滤膜质量，并将其平展地放入滤膜贮存袋中，然后贮存于盒内备用；若质量差大于 5 mg，应检查称量环境是否符合要求，并重新称量该滤膜。

(2) 流量计的校准。

流量计用孔口校准器进行校准。

(3) 采样点的设置(同前述“大气中总悬浮颗粒物的测定”)。

2) 采样阶段

(1) 采样器的组装。按图 6-6 的连接方式将采样器在选定的位置上安装，采样高度距地面 1.2 m，连接气路和电路，在未确认连接正确之前不得接通电源。

(2) 安装滤膜。将已称量好的滤膜从滤膜贮存袋中取出，“毛面”向上迎对气流方向，平放

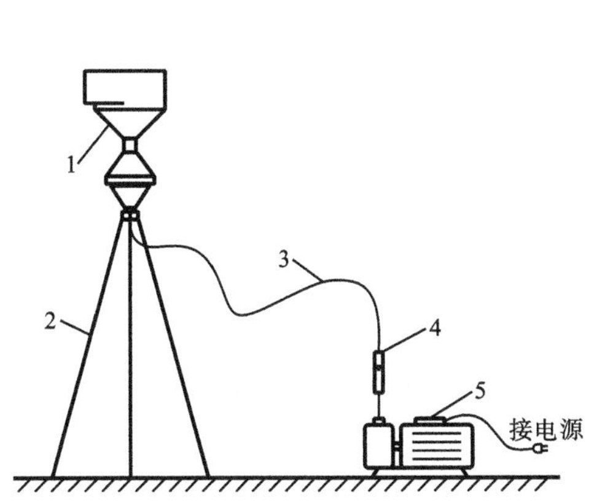

图 6-6　PM_{10} 采样系统示意图

1—PM_{10} 采样器；2—三角支架；3—连接软管；4—转子流量计；5—抽气泵

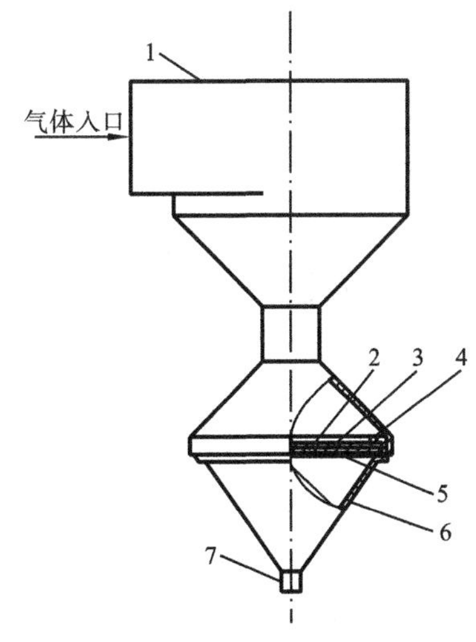

图 6-7　PM_{10} 采样器示意图

1—旋风气体进口装置；2—托盘；3—滤膜；4—加固圈；5—密封圈；6—采样器底盘；7—抽气口

在采样器的托盘上，按紧加固圈和密封圈后，拧紧采样夹(见图 6-7)。

注意：有些 PM_{10} 采样器的抽气口在采样器的上方，安装滤膜时不要安装错误。

(3) 按预定流量(一般为 100 L/min)开始采样，并开启秒表计时，记录环境空气中大气压力、温度、风向和风速等参数。

(4) 采样期间，应随时调整流量，使之保持预定的采样流量。

(5) 测定日平均浓度一般从当日 8:00 开始采样至次日 8:00 结束，若污染严重可用几张滤膜分段采样，合并计算日平均浓度。

3) 采样后阶段

(1) 首先同时关闭采样泵的电源和秒表，记录采样时间。

(2) 轻轻拧开采样夹，用镊子小心取下滤膜，使滤膜“毛面”朝内，以采样有效面积的长边为中线两次对叠形成四分之一圆的形状(见图 6-5)后，放入滤膜贮存袋中。

5. 实验数据整理

可吸入颗粒物采样记录表见表 6-2。

表 6-2 可吸入颗粒物采样记录表

实验时间________年______月______日　　　　采样地点____________________

实 验 编 号	1	2	3
滤料编号			
流量计现场校准时的大气压力 p_2/kPa			
现场采样时的大气压力 p_3/kPa			
流量计现场校准时的大气温度 T_2/K			
现场采样时的大气温度 T_3/K			
风向			
风速/(m/s)			
采样流量 Q_2/(L/min)			
采样时间 t/min			
滤膜采样前质量 m_1/g			
滤膜采样后质量 m_2/g			
样品质量 m/g			
标准状态下 PM_{10} 浓度 $\rho_{PM_{10}}$/(mg/m^3)			

空气中 PM_{10} 浓度按式(6-8)计算。

$$\rho_{PM_{10}} = \frac{m}{Q_n t} \tag{6-8}$$

式中：$\rho_{PM_{10}}$ 为标准状态下空气中 PM_{10} 浓度，mg/m^3；m 为采集在滤膜上的可吸入颗粒物的质量 $m = m_2 - m_1$，mg；Q_n 为标准状态下的采样流量，m^3/min；t 为采样时间，min。

6. 问题与讨论

(1) 环境空气中可吸入颗粒物的来源有哪些？对人体的危害有哪些？

(2) 现有的测定可吸入颗粒物的方法有哪些？优缺点各是什么？

(3) 可吸入颗粒物的浓度大小与能见度的好坏有何关系？

（4）城市空气中可吸入颗粒物成为主要污染物并持续污染的原因有哪些？

6.2.3　气体中 SO_2 的测定

1. 实验目的

二氧化硫是环境空气中的重要污染物之一，是导致酸雨形成的主要物质之一。我国受酸雨危害的面积占国土面积的 40%以上，酸雨控制区内已有 90%以上的城市出现了酸雨。二氧化硫污染严重的城市主要分布在山西、河北、贵州、重庆及甘肃、陕西、四川、湖南、广西、内蒙古的部分地区。本实验采用四氯汞盐副玫瑰苯胺分光光度法进行测定，通过本实验希望达到以下目的。

（1）掌握四氯汞盐副玫瑰苯胺分光光度法测定二氧化硫的方法和原理。

（2）掌握试剂配制及二氧化硫的分析和计算方法。

（3）掌握标准曲线的制作及用最小二乘法处理数据的方法。

（4）了解空气中二氧化硫的来源和有关分析方法。

（5）了解监测区域的二氧化硫污染程度。

2. 实验原理

二氧化硫被四氯汞钾（TCM）溶液吸收后，生成稳定的二氯亚硫酸盐配合物，再与甲醛及盐酸副玫瑰苯胺作用，生成紫红色配合物，用分光光度法比色定量测定。检出限为 0.004 mg/m^3。当浓度低于 0.025 $\mu g/mL$ 时，需增大采样体积，但必须检查及校正采样的吸收效率。二氧化硫浓度高于 0.025 $\mu g/mL$ 时，吸收效率大于 98%。

3. 实验仪器及试剂

（1）采样仪器。

吸收管：① 多孔玻板吸收管、小型冲击式吸收管，用于短时间采样（一般为 30 min～1 h），1 根；② 5～125 mL 多孔玻板吸收瓶或 125 mL 洗气瓶，用于 24 h 采样，1 个。干燥器，1 个；测量装置，包括转子流量计、温度计、压力计，1 套；采样泵，0～1 L/min，1 台。

（2）分析仪器。

分光光度计，1 台；分析天平，感量 0.1 mg，1 台；具塞比色管，10 mL，10 支；滴定管，10 mL 2 个，25 mL 2 个；锥形瓶，250 mL，4 个；容量瓶，100 mL、500 mL、1 000 mL，分别为 1 个、1 个、3 个；移液管；胶头滴管等。

（3）实验试剂。

所用水为除去氧化剂的蒸馏水。

① 0.04 mol/L 四氯汞钾吸收液：称取 10.9 g 氯化汞、6 g 氯化钾和 0.07 g 乙二胺四乙酸二钠盐（Na_2-EDTA），溶于水中，稀释至 1 000 mL（pH≈4），并用氢氧化钠溶液调节 pH 值为 5.2 左右，将其保存在密闭容器中可稳定 6 个月，若发现有沉淀出现，溶液不能使用。

② 6.0 g/L 氨基磺酸铵溶液：称取 0.6 g 氨基磺酸铵，溶于水中，并稀释到 100 mL，应现用现配。

③ 2.0 g/L 甲醛溶液：量取 1.4 mL 36%～38%甲醛，溶解于水中，并稀释至 100 mL，待用。

④ 0.10 mol/L 碘贮备液：称取 12.7 g 碘（I_2），置于烧杯中，加入 40 g 碘化钾（KI）和 25 mL 水，并搅拌至全部溶解后，再用水稀释至 1 000 mL，贮于棕色试剂瓶中。

⑤ 0.01 mol/L 碘溶液：量取 50 mL 0.10 mol/L 碘贮备液，用水稀释至 500 mL，贮于棕色

试剂瓶中。

⑥ 淀粉指示剂：称取 0.2 g 可溶性淀粉(可加 0.4 g 二氯化锌防腐)，用少量水调成糊状物，倒入 100 mL 沸水中，继续煮沸直到溶液澄清。冷却后贮存于试剂瓶中。

⑦ 碘酸钾标准溶液($c_{\frac{1}{6}KIO_3}$=0.100 0 mol/L)：称取 3.566 7 g 碘酸钾(优级纯)，溶于水中，移入1 000 mL 容量瓶中，用水稀释至标线。

⑧ 0.10 mol/L 硫代硫酸钠贮备液：称取 25 g 硫代硫酸钠，置于 1 L 新煮沸但已冷却的水中，加 0.2 g 无水碳酸钠，贮于棕色试剂瓶中，放置一周后标定其浓度，若溶液呈现混浊，应该过滤。其标定方法如下。

吸取碘酸钾标准溶液 10.00 mL，置于 250 mL 碘量瓶中，加 70 mL 新煮沸但已冷却的水和 1.0 g 碘化钾，振荡至完全溶解后，再加 1 mol/L HCl 溶液 10 mL，立即盖好瓶塞，混匀。在暗处放置 5 min 后，用 0.1 mol/L 硫代硫酸钠溶液滴定至淡黄色，加 5 mL 淀粉指示剂，溶液呈现蓝色，再继续滴定至蓝色刚刚消失为止。平行滴定所用硫代硫酸钠溶液体积之差应不大于 0.05 mL。

计算硫代硫酸钠溶液的浓度可采纳下式：

$$c=\frac{0.100\,0\times 10.00}{V} \tag{6-9}$$

式中：c 为硫代硫酸钠溶液物质的量浓度，mol/L；V 为滴定时消耗硫代硫酸钠溶液的体积，mL。

⑨ 0.01 mol/L 硫化硫酸钠标准溶液：取 50.00 mL 标定过的 0.1 mol/L 硫代硫酸钠溶液，置于 500 mL 容量瓶中，用新煮沸但已冷却的水稀释至标线。

⑩ 亚硫酸钠标准溶液：称取 0.200 g 亚硫酸钠(Na_2SO_3)及 0.010 g 乙二胺四乙酸二钠，将其溶于 200 mL 新煮沸但已冷却的水中，轻轻摇匀(避免振荡，以防充氧)。放置 2～3 h 后标定。1 mL 此溶液相当于含 320～400 μg 二氧化硫。其标定方法如下。

a. 取 4 个 250 mL 碘量瓶(A_1、A_2、B_1、B_2)，分别加入 50.00 mL 0.01 mol/L 碘溶液。

b. 在 A_1、A_2瓶内各加入 25 mL 水，在 B_1瓶内加入 25.0 mL 亚硫酸钠标准溶液，盖好瓶塞。

c. 立即吸取 2.00 mL 亚硫酸钠标准溶液，加入已加有 40～50 mL 四氯汞钾溶液的 100 mL容量瓶中，使其生成稳定的二氯亚硫酸盐配合物。

d. 再吸取 25.00 mL 亚硫酸钠标准溶液于 B_2 瓶中，盖好瓶塞，用四氯汞钾吸收液将 100 mL容量瓶中的溶液稀释至标线。

e. A_1、A_2、B_1、B_2四个容量瓶在暗处放置 5 min 后，用 0.01 mol/L 硫代硫酸钠溶液滴定至淡黄色，加 5 mL 淀粉指示剂，继续滴定至蓝色刚好褪去。平行滴定所用硫代硫酸钠溶液体积之差应不大于 0.05 mL，取平均值计算浓度。

100 mL 容量瓶中亚硫酸钠标准溶液浓度由下式计算：

$$\rho_{SO_2}=\frac{(V_0-V)\times c\times 32.02\times 1\,000}{25.00}\times\frac{2.00}{100} \tag{6-10}$$

式中：ρ_{SO_2} 为相当于二氧化硫的浓度，μg/mL；V_0为滴定空白(A 瓶)时消耗硫代硫酸钠标准溶液的体积平均值，mL；V 为滴定样品(B 瓶)时消耗硫代硫酸钠标准溶液的体积平均值，mL；c 为硫代硫酸钠标准溶液物质的量浓度，mol/L；32.02 为相当于 1 mmol/L 硫代硫酸钠溶液的二氧化硫($1/2SO_2$)的质量，mg。

根据以上计算的二氧化硫浓度，再用四氯汞钾吸收液稀释成每毫升含 2.0 μg 二氧化硫的标准溶液，此溶液用于绘制标准曲线，可在冰箱中存放 20 d。

⑪ 0.2%盐酸副玫瑰苯胺（也称对品红，PRA）贮备液：称取 0.20 g 已提纯的盐酸副玫瑰苯胺，溶解于 100 mL HCl 溶液（1.0 mol/L）中。

⑫ 3 mol/L 磷酸溶液：量取 41 mL85%的浓磷酸，用水稀释至 200 mL。

⑬ 0.015 盐酸副玫瑰苯胺使用液：吸取 0.2%盐酸副玫瑰苯胺贮备液 20.00 mL，置于 250 mL 容量瓶中，加入 3 mol/L 磷酸溶液 25 mL，用水稀释至标线，至少放置 24 h 后才可以使用。

4. 实验步骤

1）采样

（1）当采样时间为 30 min 或 60 min 时，用 10 mL 四氯汞钾吸收液吸收，采样流量为 0.5 L/min；当采样时间为 24 h 时，用 50 mL 四氯汞钾吸收液吸收，采样流量为 0.2 L/min，并保持采样温度为 10～16 ℃。

（2）调节采样流量，保持流量为 1 L/min，并记录温度、压力、采样时间等参数。

2）绘制标准曲线

（1）取 7 支 25 mL 具塞比色管，按表 6-3 所列参数配制标准色列。

表 6-3　亚硫酸钠标准色列

项　目	比色管编号						
	0	1	2	3	4	5	6
亚硫酸钠标准溶液（2.0 μg/mL）体积/mL	0	0.60	1.00	1.40	1.60	1.80	2.20
四氯汞钾溶液体积/mL	5.00	4.40	4.00	3.60	3.40	3.20	2.80
二氧化硫含量/μg	0	1.2	2.0	2.8	3.2	3.6	4.4
吸光度							

（2）在以上各管中加入 6.0 g/L 氨基磺酸铵溶液 0.50 mL 后摇匀，加入 2.0 g/L 甲醛溶液 0.50 mL 及 0.2 盐酸副玫瑰苯胺溶液 1.50 mL。

（3）当室温为 15～20 ℃时，进行显色反应 30 min；当室温为 25～30 ℃时，进行显色反应 15 min。并用 1 cm 比色皿在 575 nm 波长处以水为参比分别测定吸光度，将结果填入表 6-3。以表 6-3 中的吸光度对二氧化硫含量绘制标准曲线，用最小二乘法计算回归方程式。

$$y = bx + a \tag{6-11}$$

式中：y 为标准溶液的吸光度 A 与试剂空白液吸光度 A_0 之差；x 为二氧化硫含量，μg；b 为标准曲线的斜率；a 为标准曲线的截距。

3）样品分析

（1）样品中若有混浊物，应离心分离去除。

（2）当采样时间为 30 min 或 60 min 时，将吸收管中的吸收液全部移入 10 mL 具塞比色管内，并用少量水洗涤吸收管，洗涤液并入具塞比色管中，使总体积为 5 mL，加入 6.0 g/L 氨基磺酸铵溶液 0.50 mL，摇匀后放置 10 min，以去除氮氧化物的干扰；测定吸光度的方法与绘制标准曲线步骤中的步骤(2)和(3)相同；对照标准曲线可知样品中的二氧化硫含量。

（3）当采样时间为 24 h 时，首先将采集样品后的吸收液全部移入 50 mL 容量瓶中，用少量水洗涤吸收管,洗涤液并大容量瓶中,并稀释到标线,摇匀;吸取适量样品溶液置于 10 mL 具塞比色管中,用吸收液定容至 5.00 mL;以下步骤与 30 min 或 60 min 采样样品测定方法相同。

本实验有如下注意事项。

(1) 样品采集、运输和贮存过程中,应避免日光直接照射。

(2) 样品采集后若不能当天测定,需将样品保存在冰箱中。

(3) 品红试剂必须提纯后才可以使用,避免所含杂质引起的试剂空白值增加,降低灵敏度。

(4) 温度对显色影响较大,当温度升高时空白值增加。

(5) 六价铬对实验有干扰,它能使紫红色配合物褪色,应避免使用硫酸-铬酸洗液洗涤器皿。

(6) 四氯化汞溶液剧毒,使用时必须小心,防止污染皮肤或环境。

5. 实验数据整理

样品中二氧化硫浓度按式(6-12)计算。

$$\rho_{SO_2} = k\frac{(A - A_0) - a}{bV_n} \tag{6-12}$$

式中:ρ_{SO_2} 为标准状态下样品中二氧化硫浓度,mg/m^3;k 为稀释系数,当采样时间为 30 min 或 60 min 时,$k=1$,当采样时间为 24 h 时,$k=7.5$ 或 10;b 为标准曲线的斜率;a 为标准曲线的截距;A 为样品溶液吸光度;A_0 为试剂空白液吸光度;V_n 为标准状态下的采样体积,L。

6. 问题与讨论

(1) 环境空气中二氧化硫的来源有哪些?

(2) 现有的测定二氧化硫的方法有哪些?其优缺点各是什么?

(3) 绘制标准曲线的作用是什么?对实验结果有什么影响?

(4) 若采样样品中有 NO_x 被吸收,会不会对实验测定产生干扰?如果会,应采用什么方法加以消除?

6.2.4 气体中 NO_x 的测定

1. 实验目的

空气中的氮氧化物是空气的重要污染物质之一,是形成酸雨的重要物质之一。本实验采用盐酸萘乙二胺分光光度法对空气中的氮氧化物进行测定,通过本实验达到以下目的。

(1) 掌握盐酸萘乙二胺分光光度法测定氮氧化物的方法和原理。

(2) 掌握测定氮氧化物所需试剂的配制方法。

(3) 了解空气中氮氧化物的来源和有关分析方法。

2. 实验原理

氮氧化物经氧化管后,以二氧化氮的形式吸收在水中,生成的亚硝酸与对氨基苯磺酸溶液起重氮化反应,然后与盐酸萘乙二胺耦合生成玫瑰红色偶氮化合物,比色定量。检出下限为 0.05 mg/L。

3. 实验仪器及试剂

(1) 采样仪器。

多孔玻板吸收管,1 根;双球玻璃氧化管(内装三氧化铬-沙子),1 根;测量装置,包括转子流量计、温度计、压力计,1 套;采样泵,0~1 L/min,1 台。

(2) 分析仪器。

分光光度计，1 台；具塞比色管，10 mL，10 支；滴定管，1 个；容量瓶，100 mL、1 000 mL，各 1 个；锥形瓶，250 mL，4 个；分析天平，感量 0.1 mg，1 台；移液管；胶头滴管等。

(3) 实验试剂。

所有试剂均需用不含亚硝酸根（NO_2^-）的水配制。其校验方法如下：所配制的吸收液对 540 nm 光的吸光度不超过 0.005。

① 配制吸收液。

将 50 mL 冰乙酸与 900 mL 水在 1 000 mL 容量瓶中混合后，加入 5.0 g 对氨基苯磺酸，搅拌至全部溶解，再加入 0.05 g 盐酸萘乙二胺，用水稀释至 1 000 mL，贮于棕色瓶中，并应密封瓶口，在冰箱中可保存 1 个月。

采样时，取 4 份上述原液和 1 份水混合均匀即为吸收液。

② 配制氧化剂。

筛取 20～40 目沙子，用 HCl 溶液(1 : 2)浸泡一夜后，再用水洗至中性烘干。将三氧化铬与沙子按质量比(1 : 20)混合，加少量水调匀，于 105 ℃下烘干，在烘干过程中应搅拌几次。称量 8 g 三氧化铬-沙子，装入双球玻璃管内，两端用少量脱脂棉塞好，并将两端用胶管密封以备用。

③ 配制亚硝酸钠标准溶液。

准确称量 0.150 0 g 已干燥好的亚硝酸钠（一级），用少量水溶解，移入 1 000 mL 容量瓶中，并加水至刻度，制成亚硝酸钠贮备液。每毫升此溶液含有 100.0 μg NO_2^-，贮存于棕色瓶中，冰箱内可保存一个月。使用时，吸取 5 mL 亚硝酸钠贮备液于 100 mL 容量瓶中，加水至标线，制成亚硝酸钠标准溶液。

4. 实验步骤

1) 采样

(1) 将内装 5.00 mL 吸收液的多孔玻板吸收管进气口接三氧化铬-沙子氧化管，并使管口略微向下倾斜，以免潮湿空气将氧化剂弄湿，而污染后面的吸收液。

(2) 将吸收管的出气口与空气采样泵连接，以 0.3 L/min 的流量避光采样，至吸收液变为淡玫瑰红色为止。如不变色，采气应不少于 5 L。采样时记录好采样现场的大气温度和压力。

(3) 采样完毕后，关机并记录好采样时间，密封好采样管，带回实验室，当日测定。

2) 实验分析

(1) 绘制标准曲线。取 7 支 10 mL 具塞比色管，按表 6-4 所列参数配制标准色列。

表 6-4　亚硝酸钠标准色列

项　　目	比色管编号						
	0	1	2	3	4	5	6
亚硝酸钠标准溶液体积/mL	0	0.10	0.20	0.30	0.40	0.50	0.60
吸收液体积/mL	4.0	4.0	4.0	4.0	4.0	4.0	4.0
水体积/mL	1.0	0.90	0.80	0.70	0.60	0.50	0.40
NO_2^- 含量/μg	0	0.5	1.0	1.5	2.0	2.5	3.0
吸光度							

将以上各管中溶液摇匀,避开阳光直射放置15 min后,在540 nm波长处用1 cm比色皿,以水为参比,测定吸光度,将结果填入表6-4中。

(2) 样品的测定。采样后,将样品放置15 min,将吸收液移入比色皿中,同绘制标准曲线的方法测定吸光度,对照标准曲线可知样品中的氮氧化物浓度。若样品溶液的吸光度超过标准曲线的测定上限,可将吸收液稀释一定倍数后再进行测定。计算结果应乘以稀释倍数。

本实验有如下注意事项。

(1) 吸收液不能长时间暴露在空气中,并应避光。

(2) 当空气相对湿度小于30%时,在使用前用经过水面的空气通过氧化管1 h,当空气相对湿度大于70%时,应勤换氧化管。

(3) 当氧化管变为绿色时,说明氧化管已失效;当氧化管因吸湿而板结时,会使采样阻力增大,影响流量。

(4) 溶液若呈现黄色,吸收液可能已受三氧化铬污染,应重新进行采样。

5. 实验数据整理

以吸光度值为纵坐标,标准溶液中NO_2^-含量为横坐标,绘制标准曲线。

空气中氮氧化物浓度按式(6-13)计算。

$$\rho_{NO_2} = \frac{(A - A_0)}{0.76V_N}\frac{1}{b} \tag{6-13}$$

式中:ρ_{NO_2}为标准状态下空气中氮氧化物浓度,mg/m^3;$1/b$为标准曲线斜率的倒数,即单位吸光度对应的NO_2^-的质量(mg);A为样品溶液吸光度;A_0为试剂空白液吸光度;V_0为标准状态下的采样体积,L;0.76为NO_2气体转换为NO_2^-液体的系数。

6. 问题与讨论

(1) 环境空气中氮氧化物的来源有哪些?对环境的危害有哪些?

(2) 现有的测定氮氧化物的方法有哪些?优缺点各是什么?

(3) 吸收液为什么要避光保存或使用,且不能长时间暴露在空气中?

6.3　粉尘物理性质的测定

6.3.1　粉尘真密度测定

1. 实验目的

真密度是粉尘重要的物理性质之一,粉尘真密度的大小直接影响其在气体中的沉降或悬浮。在设计选用除尘器、设计粉料的气力输送装置以及测定粉尘的质量分散度时,粉尘的真密度都是必不可少的基础数据。在缺少资料的情况下,粉尘真密度可以通过测定来获得。

通过本实验,希望达到以下目的。

(1) 了解测定粉尘真密度的原理并掌握真空法测定粉尘真密度的方法。

(2) 了解引起真密度测量误差的因素及消除方法,提高实验技能。

2. 实验原理

物质的密度ρ(即单位体积的质量)的表达式为

$$\rho = \frac{m}{V_c} \tag{6-14}$$

式中：m 为物质的质量，kg；V_c 为该物质的体积，m^3。

粉尘真密度的测定原理如下：先将一定量的试样用天平称量（即求它的质量），然后放在比重瓶中，用液体浸润粉尘，再放入真空干燥器中抽真空，排除粉尘颗粒间隙的空气，从而得到该粉尘试样在真密度条件下的体积。根据式(6-14)即可计算得到粉尘的真密度。

设比重瓶的质量为 m_0，容积为 V_s，瓶内充满已知密度为 ρ_s 的液体，则总质量为

$$m_1 = m_0 + \rho_s V_s \tag{6-15}$$

在瓶内加入质量为 m_c、体积为 V_c 的粉尘试样后，瓶中减少了 V_c 体积的液体，故有

$$m_2 = m_0 + \rho_s (V_s - V_c) + m_c \tag{6-16}$$

粉尘试样体积 V_c 可根据上述两式表示为

$$V_c = \frac{m_1 - m_2 + m_c}{\rho_s} \tag{6-17}$$

所以粉尘试样的真密度 ρ_c 为

$$\rho_c = \frac{m_c}{V_c} = \frac{m_c \rho_s}{m_1 - m_2 + m_c} = \frac{m_c \rho_s}{m_s} \tag{6-18}$$

式中：m_s 为排出液体的质量，kg 或 g；m_c 为粉尘质量，kg 或 g；m_1 为比重瓶加液体的质量，kg 或 g；m_2 为比重瓶加液体和粉尘的质量，kg 或 g；V_c 为粉尘真体积，m^3 或 cm^3。

以上关系可用图 6-8 表示。

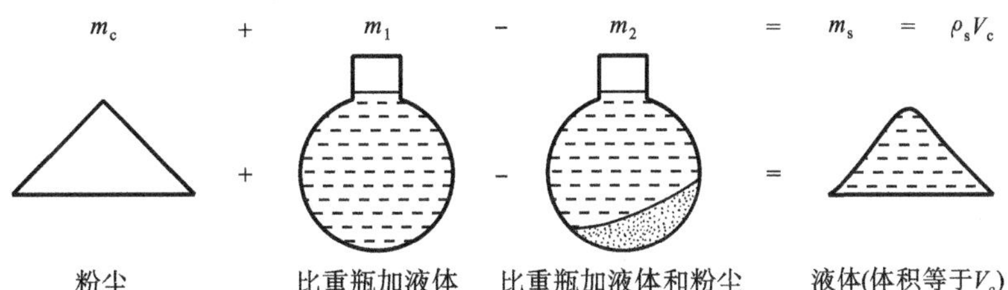

图 6-8　测定粉尘真密度示意图

3. 实验装置与设备

(1) 实验装置。

测定装置示意图如图 6-9 所示。

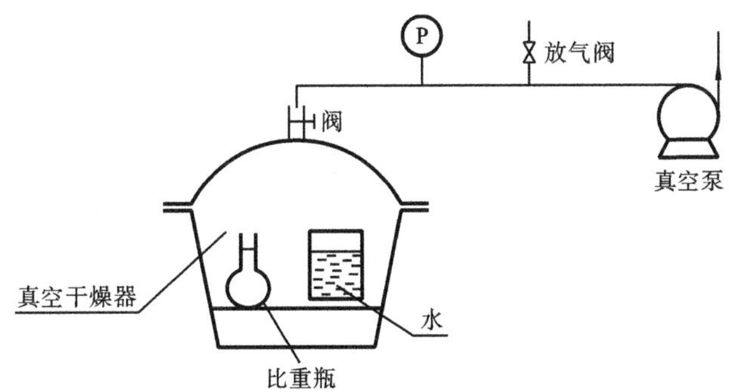

图 6-9　粉尘真密度测定用抽真空装置示意图

(2) 实验设备及仪器。

比重瓶，100 mL，3 只；分析天平，0.1 mg，1 台；真空泵，真空度大于 0.9×10^5 Pa，1 台；烘

箱,0～150 ℃,1 台;真空干燥器,300 mm,1 个;滴管,1 支;烧杯,250 mL,1 个;滑石粉试样;蒸馏水;滤纸若干。

4. 实验步骤

(1) 将粉尘试样约 25 g 放在烘箱内,于 105 ℃下烘干至恒重(每次称重前必须将粉尘试样放在干燥器中冷却到常温)。

(2) 将上述粉尘试样用分析天平称重,记下粉尘质量 m_c。

(3) 将比重瓶洗净,编号,烘干至恒重,用分析天平称重,记下质量 m_0。

(4) 将比重瓶加蒸馏水至标记(即毛细孔的液面与瓶塞顶平),擦干瓶外表面的水再称重,记下瓶和水的质量 m_1。

(5) 将比重瓶中的水倒去,加入粉尘 m_c(比重瓶中粉尘试样不少于 20 g)。

(6) 用滴管向装有粉尘试样的比重瓶内加入蒸馏水至比重瓶容积的一半左右使粉尘润湿。

(7) 把装有粉尘试样的比重瓶和装有蒸馏水的烧杯一同放入真空干燥器中,盖好盖,抽真空(见图 6-9)。保持真空度在 98 kPa 下 15～20 min,以便把粉尘颗粒间隙的空气全部排除,使粉尘能够全部被水湿润,即使水充满所有间隙,同时去除烧杯内蒸馏水中可能存在的气泡。

(8) 停止抽气,通过放气阀向真空干燥器缓慢进气,待真空表恢复常压指示后打开真空干燥器盖,取出比重瓶和蒸馏水杯,将蒸馏水加入比重瓶至标记处,擦干瓶外表面的水后称重,记下其质量 m_2。

(9) 按以上步骤测定 3 个平行样品。

5. 实验数据整理

测定数据记录在表 6-5 中,按式(6-18)计算粉尘的真密度。

表 6-5　粉尘真密度测定数据记录表

粉尘名称________

比重瓶编号	粉尘质量 m_c/g	比重瓶质量 m_0/g	比重瓶加水质量 m_1/g	比重瓶加粉尘和水质量 m_2/g	粉尘真密度 /(kg/m^3)
平均值					

取 3 个平行样品的平均值作为粉尘真密度的报告值,数值取至小数点后第二位,并用式(6-19)计算误差,要求平行测定误差 $\sigma \leqslant 0.2\%$。若平行测定误差 $\sigma > 0.2\%$,则应检查记录和测定装置,找出原因。如不是计算错误,应重新做实验。

$$\sigma = \frac{\rho_c - \overline{\rho_c}}{\rho_c} \times 100\% \tag{6-19}$$

6. 问题与讨论

(1) 对实验用浸液有哪些要求? 为什么?

(2) 浸液为什么要抽真空脱气?

(3) 实验过程中可能产生误差的原因及可能的改进措施有哪些?

6.3.2 粉尘比电阻的测定

1. 实验目的

粉尘的比电阻是一项有实用意义的参数，如考虑将电除尘器和电强化布袋除尘器作为某烟气控制工程的待选除尘装置时，必须取得烟气中粉尘的比电阻值。粉尘比电阻的测试方法可分成两类。第一类方法是将比电阻测试仪放进烟道，用电力使气体中的粉尘沉淀在测试仪的两个电极之间，再通过电气仪表测出流过粉尘沉积层的电流和电压，换算后可得到比电阻值。这类方法的特点是利用一种装置在烟道中采集粉尘试样，而这个装置又可在采样位置完成对采得尘样的比电阻测量。第二类方法是在实验室控制的条件下测量尘样的比电阻。本实验采用第二类方法。

要求通过此实验掌握粉尘比电阻的测量方法。

2. 实验原理

两块平行的导体板之间堆积某种粉尘，两导体施加一定电压 U 时，将有电流通过堆积的粉尘层。电流 I 的大小正比于电流通过粉尘层的面积，反比于粉尘层的厚度。此外，I 还与粉尘的介电性质、粉尘的堆积密实程度有关。但是，通过堆积尘层的电流 I 和施加电压 U 的关系不符合欧姆定律，即 U/I 的比值不等于定值，它随 U 的大小而改变。粉尘比电阻的定义式为

$$\rho = \frac{UA}{Id} \tag{6-20}$$

式中：ρ 为比电阻，$\Omega \cdot cm$；U 为加在粉尘层两端面间的电压，V；I 为尘层中通过的电流，A；A 为粉尘层端面面积，cm^2；d 为粉尘层厚度，cm。

3. 实验装置

(1) 比电阻测试皿。

比电阻测试皿由两个不锈钢电极组成。安装时处于下方的固定电极做成平底敞口浅碟形，底面直径为 7.6 cm，深 0.5 cm，它也是盛待测粉尘的器皿。固定电极的上方设一个可升降的活动电极，它是一块圆板，直径为 2.5 cm。活动电极底面的面积也就是粉尘层通电流的端面面积。为了消除电极边缘通电流的边缘效应，活动电极周围装有保护环，保护环与活动电极之间有一狭窄的空隙。比电阻的测量值与加在粉尘层的压力有关。一般规定该压力为 1 kPa，达到这一要求的活动电极的设计如图 6-10 所示。

(2) 高压直流电源。

这一电源是供测量时施加电压用的，它应能连续地调节输出电压。调压范围为 0～10 kV。高压电压表是测量粉尘层两端面间的电压的。粉尘层的介电常数可能出现很高的值，因此与它并联的电压表必须具有很高的内阻，如采用 Q5-V 型静电电压表。测量通过粉尘层电流的电流表可用 C46-μA 型。供电和仪表的连接见图 6-11。

(3) 恒温箱。

粉尘比电阻随温度改变而改变。在没有提出指定测试温度的情况下，一般报告中给出的是 150 ℃时测得的比电阻值。而测量环境中水汽体积分数规定为 0.05。为此，应装备可调温调湿的恒温箱。将比电阻测试皿装在恒温箱中，活动电极的升降通过伸出箱外的轴进行操作。

4. 实验步骤

(1) 取待测层样 300 g 左右，置于一耐高温浅盘内，并将其放入恒温箱内烘 2 h，恒温箱的

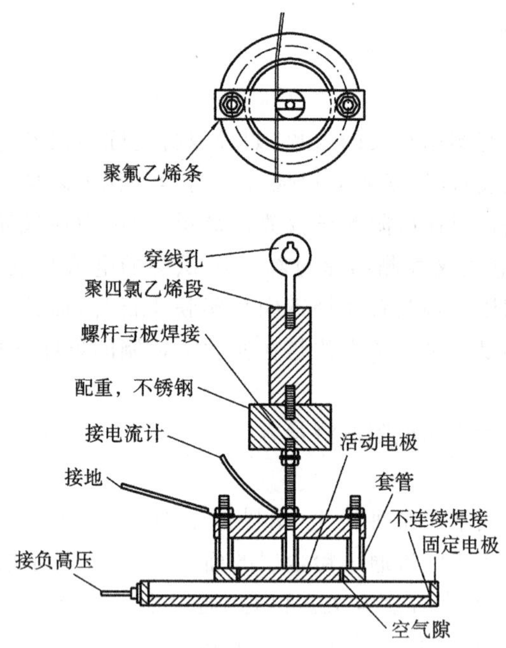

图 6-10　比电阻测试皿

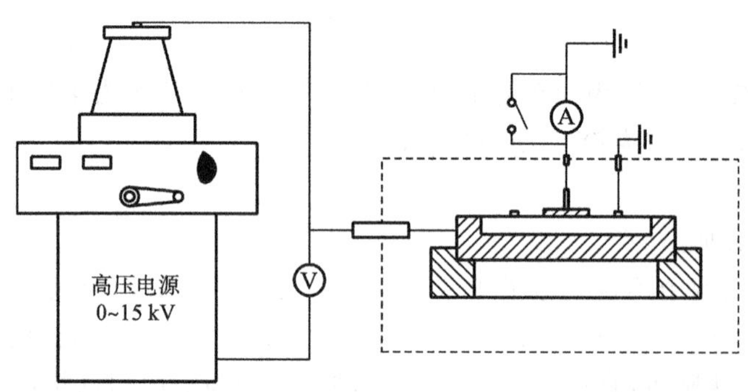

图 6-11　测量线路

温度调到 150 ℃。

(2) 用小勺取待测粉尘装满比电阻测试皿的下盘，取一直边刮板从盘的顶端刮过，使层面平整。小心地将盘放到绝缘底座上。注意：勿过猛震动灰盘，避免烫伤。通过活动电极调节轴的手轮将活动电极缓慢下降，使它以自重压在灰盘中的粉尘的表面上。

(3) 接通高压电源，调节电压输出旋钮，逐步升高电压，每步升 50 V 左右，记录通过尘层的电流和施加的电压。如出现电流值突然大幅度上升，高压电压表读数下降或摇摆时，表明粉尘层内发生了电击穿，应立即停止升压，并记录击穿电压。然后将输出电压调回到零，关断高压电源。

(4) 将活动电极升高，取出灰盘，小心地搅拌盘中粉尘使击穿时粉尘层出现的通道得到弥合，再刮平(或重新换粉尘)。重复步骤(2)和(3)，测量击穿电压三次。取三次测量值 U_{B1}、U_{B2}、U_{B3} 的平均值 U_B。

(5) 关断高压。按照步骤(2)，在盘中重装一份粉尘。按照步骤(3)调节电压输出旋钮，使电压升高到击穿电压 U_B 的 0.85～0.95 倍。记录高压电压表和微电流表的读数。根据式

(6-20)计算比电阻 ρ。

(6) 另装两份粉尘，按以上步骤重复测量 ρ 的值。

5. 实验数据整理

(1) 粉尘来源________　恒温箱烘尘温度________℃　恒温箱水汽体积分数________

(2) 将击穿电压测量记录填入表 6-6，并计算平均击穿电压 U_B。

表 6-6　击穿电压测量记录表

测量项目		1	2	3	4	5	6	击穿电压/V	平均击穿电压 U_B/V
第一次	U/kV							$U_{B1}=$	
	$I/\mu A$								
第二次	U/kV							$U_{B1}=$	
	$I/\mu A$								
第三次	U/kV							$U_{B1}=$	
	$I/\mu A$								

(3) 将比电阻测定记录填入表 6-7，并计算平均比电阻 $\bar{\rho}$。

表 6-7　比电阻测定记录表

项　目	尘样 1	尘样 2	尘样 3
U/V			
I/A			
$\rho/(\Omega \cdot cm)$			

平均比电阻 $\bar{\rho}$=________

6. 问题与讨论

(1) 本实验采用的方法仅适合比电阻超过 $1\times10^7\ \Omega \cdot cm$ 的粉尘。假若用这种方法测量 $1\times10^7\ \Omega \cdot cm$ 以下的粉尘比电阻，可能遇到什么困难？

(2) 假若先将待测粉尘放在较高温度下烘烤，再让它冷却到规定温度时测量比电阻，是否得到按本实验指定程序测得的同样结果？

6.3.3　粉尘分散度测定

1. 实验目的

除尘系统处理的粉尘均由粒径不同的颗粒组成。粉尘的粒径分布又称分散度。不同分散度的粉尘，对人体的危害以及除尘机理都不相同。掌握粉尘的粒径分布是设计、选择除尘器的基本条件之一。在工程实践中，如果忽视对粉尘分散度的测定和研究，就有可能造成除尘器选用不当、除尘系统运转效果不良、达不到预期的设计要求等后果。

本实验的目的是学会采用巴柯(Bahco)离心式粉尘分级仪测定粉尘分散度的方法。

2. 实验原理

本实验采用离心沉降法(Bahco 法)进行测定，离心式粉尘分级仪的结构示意图见图 6-12。将粉尘试样倒入金属筛，由于振捣器的振动，粉尘从金属筛落入斗内，然后通过调节闸板、

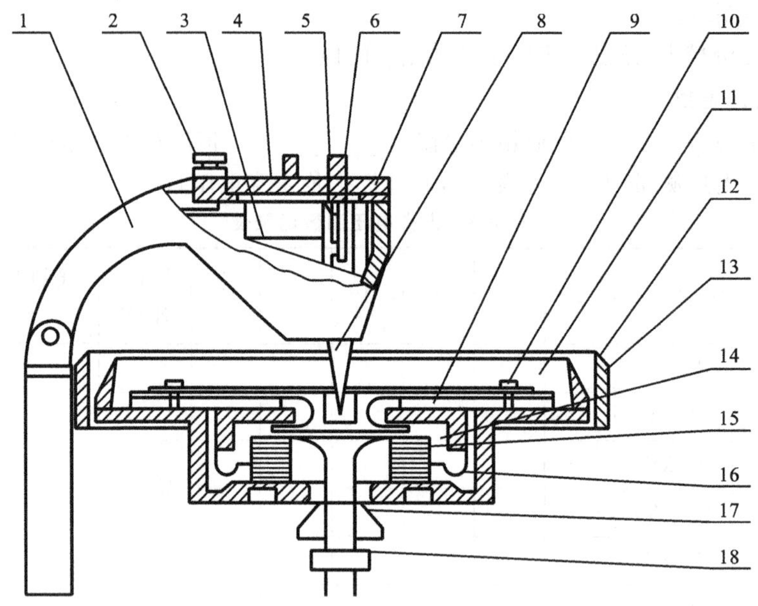

图 6-12　YFJ 型离心式粉尘分级仪结构示意图

1—给定器；2—调节螺钉；3—金属筛；4—透明盖板；5—调节闸板；6—调节螺钉；7—振捣器；8—给料斗；9—风扇叶轮；10—闭锁螺钉；11—挡圈；12—保护圈；13—转盘护圈；14—分级室；15—均流片；16—贮尘容器；17—风挡；18—定位螺母

给料斗落到高速旋转的圆盘上，尘粒在离心力的作用下向外侧运动落入分级室。

电动机同时带动风扇叶轮旋转，由于风扇叶轮的旋转，将空气从仪器下部的吸入口吸入，经过均流片、分级室，最后经风扇叶轮排出。因此，尘粒由旋转圆盘到分级室时，既受到离心力的作用，又受到向心气流的作用。当作用在尘粒上的离心力大于气流作用力时，尘粒向外壁运动，最后落入分级室；若离心力小于气流作用力，尘粒向圆心方向运动，被气流吹出离心式粉尘分级仪。当旋转速度、尘粒密度和通过分级室的风量一定时，被气流带出分级仪的粒径也是一定的。

离心式粉尘分级仪配有一套不同厚度的节流片(共 7 片)，改变节流片可以调节离心式粉尘分级仪的吸入风量。测试过程中，由最厚的 18 号片开始选择安装节流片，逐级减薄，从而控制吸入的风量逐级变大，使得试样中的尘粒由小到大逐级被离心式粉尘分级仪吹出。每次把分级室内残留的粉尘刷出、称重，则两次分级的质量差就是被吹出去的尘粒质量。由此达到使粉尘试样分级的目的。

Bahco 离心式粉尘分级仪的构造简单，操作方便，分析时间短(分析一个样品约需 2 h)，同时分级是在气体中进行的，粉尘运动接近于旋风除尘器的工作工况，因而在工业测定中应用较广。美国机械工程师协会(AMSE)的粉尘性能测定规范(PTC-28)中推荐采用 Bahco 法作为粉尘粒度测定的标准方法。Bahco 式粉尘分级仪的缺点如下：电动机的转速、分级室内温度、湿度和压力的波动等都将影响到测定精度；此外，某些粉尘在潮湿空气中会凝聚，不易分散。Bahco 法也不适用于分析黏性大的粉尘和粒径很小(如 3 μm 以下)的粉尘。

每台仪器出厂时都给出了与每个节流片号码相对应的尘粒的分级粒径(粉尘密度 ρ_p' 为 1 g/cm^{3}时的粒径)。本实验所用仪器的数据见表 6-8。

表 6-8　节流片号相应颗粒的粒径

节流片的片号	18	17	16	14	12	8	4	0
尘粒的分级粒径 $d'_p/\mu m$	31	51	12.4	25.9	39.3	55.5	60.1	74.3

实验粉尘的分级粒径可按下式求出：

$$d_s = d'_p\sqrt{\frac{\rho'_p}{\rho_p}} = \frac{d'_p}{\sqrt{\rho_p}} \tag{6-21}$$

式中：d_s 为实验粉尘的直径，μm；ρ'_p 取 1 g/cm^3；ρ_p 为实验粉尘的密度，g/cm^3；d'_p 为仪器给出的节流片号相应的粒径（见表 6-8），μm。

3. 实验装置与设备

（1）实验装置。

YFJ 型离心式粉尘分级仪，结构如图 6-12 所示。

（2）实验设备。

天平，感量为 0.1 mg，1 台；烘箱，150 ℃，1 台；干燥器，300 mm，1 个。

4. 实验步骤

（1）粉尘取样。实践证明，并不是任意取一定数量的粉尘就可以作为试样的，必须考虑试样的代表性。例如，对于成堆、成袋的粉尘，必须使其从漏斗卸落成锥堆状，然后严格按照四分法取样。

（2）制备试样。任意取四分法试样的一份或对角线方向的两份作为粉尘试样放入烘箱内，在 105 ℃下烘干至恒重，然后取出放在干燥器内冷却至室温。烘干后的粉尘吸湿性很强，在分级和称重过程中往往会不断增重，所以粉尘烘干之后也可放在空气中，让其回潮至自然状态再操作。

（3）称样。用感量为 0.1 mg 的天平称取试样 10 g。

（4）清扫仪器。①打开有机玻璃盖，用毛刷和清洁擦布把金属筛、尘斗、调节闸板、给料斗清理干净，然后将给定器打开；②用三爪扳手卸下转盘上的挡圈；③用塑料手柄小心卸下转盘，再卸下转盘下的贮尘容器，然后将转盘（使风扇叶轮朝上）放在台上；④用毛刷、清洁擦布将各部件清理干净，然后组装恢复原状，特别是挡圈一定要旋到底，然后取下三爪扳手；⑤给定器恢复原位，并使给料斗的尖嘴对准转盘的小孔，尖嘴与小孔相距约 3 nm，关闭尘斗的调节闸板。

（5）旋动风挡。压紧节流片（第一次用 18 号节流片），装节流片时一定要与轴同心，再倒旋风挡。必须使节流片压紧在定位螺母上，否则甩出来会造成事故。

（6）将试样倒进金属筛。用毛刷将盛器内可能有的残留试样刷干净后将试样倒入金属筛。

（7）将 Bahco 离心式粉尘分级仪接通电源。启动电动机，使仪器运转。

（8）待电动机转速达到常速后启动振捣器。通常 3 min 后，仪器即可正常工作。

（9）打开调节闸板。使粉尘的落尘量第一次保持在 8～10 min 内送完。以后各次保持在 3～5 min 内送完。

（10）粉尘称重。等到尘斗的粉尘即将送完而金属筛网上的粉尘又不再落下时，取下金属筛，将筛上粉尘倒在尼龙薄纸上，并将金属筛清理干净，然后将尼龙薄纸上收集的粉尘放到天平上称量，得到金属筛的筛上粉尘质量。

（11）将粉尘刷入给料斗内。用毛刷将尘斗、调节闸板的粉尘全部刷入给料斗内，并送入小孔，然后关闭振捣器。

(12) 过 2～3 min 后，估计旋转圆盘上的粉尘已全部送入分级室后，关闭电动机开关，转盘减速运转，待转盘将要停止转动时，切断制动器开关和仪器电源。

(13) 仪器停止转动时，首先应当明确哪一部分粉尘属于筛上要计量的粉尘。从小孔到风扇叶片的导入口之间所有残留的粉尘连同金属筛上残留的粉尘加在一起习惯上称为筛上粉尘，都是应当计量的；而从风扇叶片的导入口到排到空气中的粉尘习惯上称为筛下粉尘，这部分粉尘无法收集，所以是由试样总量减去筛上粉尘求出。因此，在取出转盘的时候要十分小心地将转盘拎在手上，另一只手取下贮尘容器，再用毛刷将应当计量的粉尘全部扫到尼龙薄膜纸上，然后，连同贮尘容器内的粉尘一起用天平计量。

筛上粉尘质量分数 R_x 为

$$R_x = \frac{\text{筛上粉尘残留量(g)}}{\text{试样量(10 g)}} \times 100\% \tag{6-22}$$

筛下粉尘质量分数 S_x 为

$$S_x = 100\% - R_x \tag{6-23}$$

(14) 从第二次分级开始，金属筛及筛网上的粉尘放在一旁，只将其残留量再倒入尘斗，并且依次更换节流片(17，16，…，4)。最后一次不放节流片，使风挡下旋到底，这样逐次进行分级，可得到各次相应的 R_x。

(15) 重复步骤(4)。将仪器、器具清理干净，仪器恢复原状，切断电源，测试完毕。

将各数据填入表 6-9，并将数据描绘在罗辛-拉姆勒(Rosin-Rammler)坐标纸上，就得到所测粉尘的分布曲线。

表 6-9　实验数据记录表

片　号	分级粒径 d'_p/μm	筛上残留量 G/g	筛上累计质量分数 R_x/(%)	筛下累计质量分数 S_x/(%)
18				
17				
16				
14				
12				
8				
4				
0				

5. 实验结果整理

一般来说，破碎性粉尘比较符合罗辛-拉姆勒(Rosin-Rammler)分布规律，因此上述测定数据绘在罗辛-拉姆勒坐标纸上，应当是一条直线。但由于取样误差、操作错误、仪器误差的影响，各测点的连线并不一定是直线。为了得到比较好的结果，必须对测定数据进行处理。可用最小二乘法对测定数据进行线性回归。

罗辛-拉姆勒经验公式：

$$R_x = 100e^{-\alpha(d'_p)^\beta} \tag{6-24}$$

将上式取二次对数,可得

$$\lg\left(\ln\frac{100}{R_x}\right)=\lg\alpha+\beta\lg d'_{\mathrm{p}} \tag{6-25}$$

式中:R_x 为筛上累计百分数;α、β 为经验系数;d'_{p} 为粉尘分级粒径,μm。

若

$$y=\lg\left(\ln\frac{100}{R_x}\right)$$

$$a=\lg\alpha,\quad b=\beta$$

$$x=\lg d'_{\mathrm{p}}$$

则式(6-25)可改写为直线方程

$$y=bx+a \tag{6-26}$$

式中

$$b=\frac{\sum x_i y_i-\frac{\sum x_i\sum y_i}{N}}{\sum x_i^2-\frac{\left(\sum x_i\right)^2}{N}} \tag{6-27}$$

$$a=\frac{\sum y_i-N\sum x_i}{N} \tag{6-28}$$

其中,N 为测定次数。

为了计算方便,式中各项计算值可填入表 6-10,代入公式便可求出斜率 b 和回归方程的截距 a(可通过 Excel 进行)。

表 6-10　数据记录表

序　　号	粒径 d'_{p}/μm	筛上累计百分数 R_x/(%)	x	x^2	y	xy
$\sum$			$\sum x$	$\sum x^2$	$\sum y$	$\sum xy$

由 a 和 b 求出 α、β,代入罗辛-拉姆勒经验公式,可得被测粉尘的罗辛-拉姆勒分布公式。将按照这个分布公式计算的各粒径的对应值在罗辛-拉姆勒坐标纸上描点,可得到一条代表各测点的直线。

6. 实验要求

(1) 按实验步骤中所指示的操作要点,正确测出各个粒径及所对应的粉尘质量分数。

(2) 求出被测粉尘的粒度分布公式。

(3) 将按分布公式计算出的结果描绘在罗辛-拉姆勒坐标纸上。

(4) 求出标准偏差。

7. 问题与讨论

(1) Bahco法用于分析黏性大或粒径小的粉尘(8 μm以下)是否合适？为什么？

(2) 测定时空气的温度、湿度和压力对测定结果有何影响？

(3) 测定过程中粉尘的结块对测定结果有何影响？

6.4　除尘器性能的实验

6.4.1　电除尘器电晕放电特性实验

1. 实验目的

本实验希望达到以下目的。

(1) 了解电除尘器的电极装置和供电装置。

(2) 观察电晕放电的外观形态。

(3) 测量管线式和板线式电除尘器电晕放电的电压-电流特性。

2. 实验装置、供电装置和测量仪表

(1) 实验装置。

管线式电除尘器(单管)，如图6-13所示。

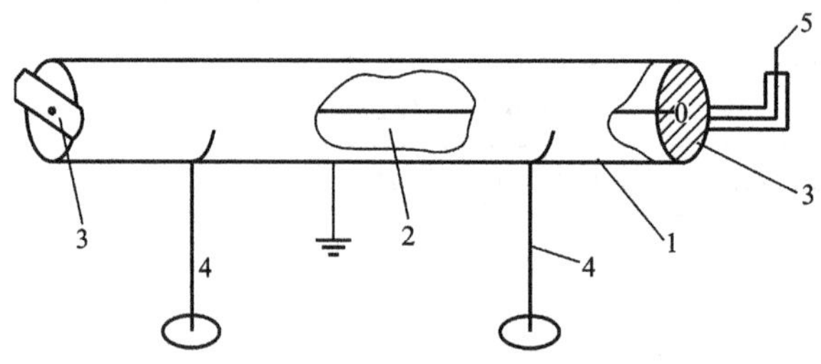

图6-13　管线式电除尘器示意图

1—阳极圆管(管径300 mm)；2—阴极线(光圆线直径2 mm)；
3—阴、阳极绝缘板；4—支架；5—高压引线

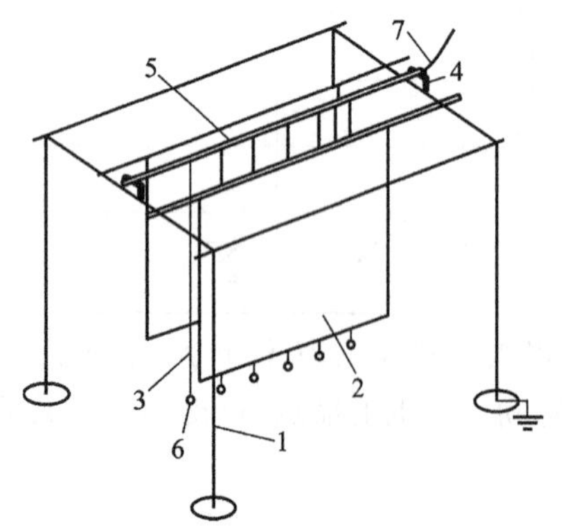

图6-14　板线式电除尘器示意图

1—支架；2—阳极板(极板面积0.98 m^2)；
3—阴极线(光圆线直径1 mm)；4—绝缘支架；
5—电晕线吊挂钢管；6—重锤；7—高压引线

板线式电除尘器，如图6-14所示。阳极板悬挂在接地的支架上，可左右移动改变板间距。电晕线悬挂在接有高压引线的水平钢管上，且可在钢管上前后移动，以改变线间距。

(2) 供电设备。

本实验供电设备采用CGD——尘源控制高压电源，由控制器、升压变压器和高压硅堆桥式整流器等组成。见图6-15。

控制器由自耦变压器、过电流保护环节、电压表、电流表、信号灯及开关线路等组成。将220 V、50 Hz的交流电压送入控制器，经过自耦变压器后，输出0～220 V的可调电压。

升压变压器和高压硅堆桥式整流器共同装在油

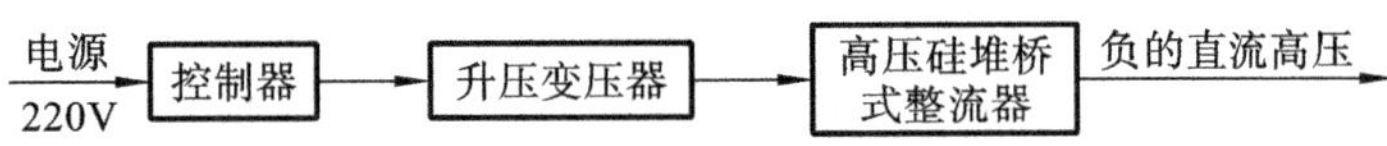

图 6-15　供电设备方框图

箱中。升压变压器将由控制器送来的交流电压升压后，由高压硅堆桥式整流器整流，输出负的直流电压。电路原理图见图 6-16。

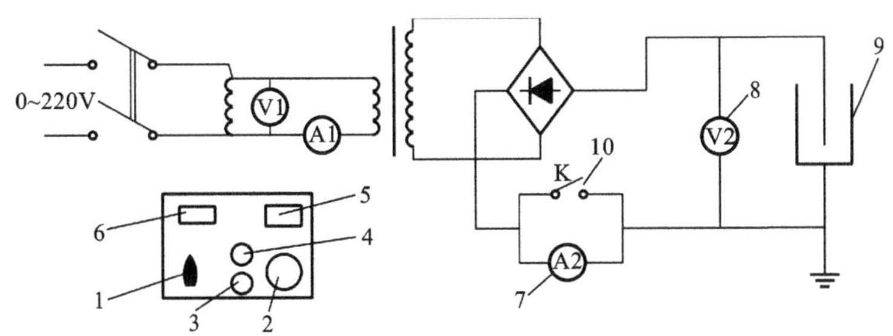

图 6-16　电路原理图

1—电源开关；2—调压器手柄；3—低压指示灯和高压关闭按钮；4—高压指示灯和高压启动按钮；5—交流电流表；6—交流电压表；7—高压电流表；8—高压电压表；9—阳极；10—保护开关

(3) 实验仪表。

实验仪表如图 6-16 所示。A1 为交流输入电流表，85L1 型；V1 为交流电压表，85L1 型，通过变比显示高压值；A2 为高压电流表(毫安表)；V2 为高压电压表(Q4 直流静电电压表)。

3. 实验步骤

1) 测量管线式电除尘器的电压-电流特性

(1) 按照电路原理图连接高压引线，接地线及电压表、电流表等。检查无误后，所有人员撤到安全网外。

(2) 将控制器的电流插头插入交流 220 V 插座中。将“电源开关”旋柄扳于“开”的位置。控制器接通电源后，低压绿色信号灯亮。

(3) 将电压调节手柄逆时针转到零位，轻轻按动高压“启动”按钮，高压变压器输入端主回路接通电源。这时高压红色信号灯亮，低压绿色信号灯灭。

(4) 顺时针缓慢旋转电压调节手柄，使电压慢慢升高。待电压升至 5 kV 时，打开保护开关 K，读取并记录 U_2、I_2。读完后立即将保护开关 K 闭合，继续升压。以后每升高 5 kV 读取并记录一组数据，读数时操作方法和第一次相同，当开始出现火花时停止升压。

(5) 停机时将调压手柄旋回零位，按动停止按钮，则主回路电源切断。这时高压红色信号灯灭，低压绿色信号灯亮。再将电源“开关”关闭，即切断电源。

(6) 断电后，高压部分仍有残留电荷，必须使高压部分与地短路，消去残留电荷，再按要求做下一组的实验。

2) 测量板线式电除尘器的电压-电流特性

(1) 将两板(一侧板面积为 1 m^2，悬挂 3 根电晕线)距离调到 20 cm，测量电压-电流特性的方法同“管线式电除尘器”。

(2) 将两极板的距离调到 30 cm 和 40 cm，重复上述步骤。

3) 研究板线式电除尘器电压板间距一定时电晕电流与电晕线根数的关系

(1) 将板间距离调到 40 cm，板中心放一根电晕线，电流测量方法同管式除尘器。将电压调到 50 kV,测量电晕电流,记录完后将高压关掉。

(2) 板间距仍是 40 cm,将通道内的电晕线分别从 1 根调到 3 根、5 根、7 根、9 根、11 根,重复测量电压固定到 50 kV 时的电晕电流。

本实验有如下注意事项。

(1) 实验准备就绪后,经指导教师检查后才能启动高压。

(2) 电流表与被测点牢靠连接,严禁开路运行。

(3) 实验进行时,严禁进入高压区。

4. 实验数据整理

将实验数据分别记入表 6-11 至表 6-15 中。

表 6-11　管线式电除尘器电压-电流特性实验数据表

U_1/kV									
U_2/kV									
I_2/mV									

表 6-12　板线式电除尘器电压-电流特性实验数据(板间距 200 mm、线数 3 根)表

U_1/kV									
U_2/kV									
I_2/mV									

表 6-13　板线式电除尘器电压-电流特性实验数据(板间距 300 mm、线数 3 根)表

U_1/kV									
U_2/kV									
I_2/mV									

表 6-14　板线式电除尘器电压-电流特性实验数据(板间距 400 mm、线数 3 根)表

U_1/kV									
U_2/kV									
I_2/mV									

表 6-15　固定电压、板距的电晕电流与电晕线根数实验数据表

电晕线根数	1	3	5	7	9	11
电晕电流						

(1) 绘制管线式放电装置的电压-电流特性曲线。

(2) 绘制板间距分别为 200 mm、300 mm、400 mm 时的板-线式放电装置的电压-电流特性曲线。

(3) 绘制板间距为 400 mm,电压为 50 kV 时,电晕电流随电晕线根数变化的关系曲线。

5. 问题与讨论

(1) 管线式电除尘器的电压-电流特性曲线是否符合欧姆定律? 为什么?

(2) 当板线式电除尘器的线距、供电电压一定时,电流随板距怎样变化?

(3) 当板线式电除尘器的板距和供电电压一定时,电流随线距怎样变化?

(4) 影响起始电晕电压和火花电压的主要因素是什么?

(5) 简述对这次实验的体会和建议。

6.4.2　旋风除尘器性能测定

1. 实验目的

通过本实验,希望达到以下目的。

(1) 掌握旋风除尘器性能测定的主要内容和方法,并对影响旋风除尘器性能的主要因素有较全面的了解。

(2) 掌握旋风除尘器入口风速与阻力、全效率、分级效率之间的关系,了解进口浓度对除尘效率的影响。

(3) 通过对分级效率的测定与计算,进一步了解粉尘粒径等因素对旋风除尘器效率的影响,熟悉除尘器的应用条件。

2. 实验装置与设备

(1) 实验装置。

本实验装置如图 6-17 所示。含尘气体由双扭线集流器流量计进入系统,通过旋风除尘器将粉尘从气体中分离,净化后的气体由风机经过排气管排入大气。所需含尘气体浓度由发尘装置配制。

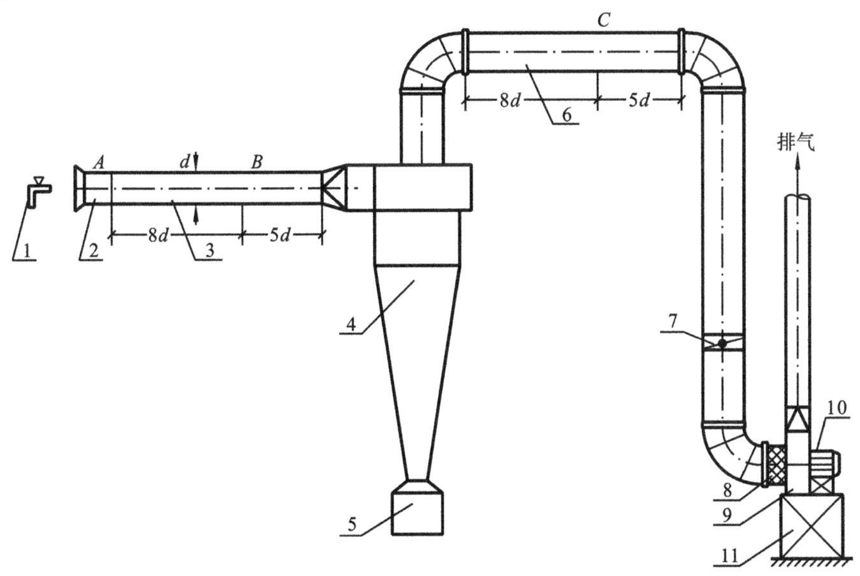

图 6-17　旋风除尘器性能测定实验装置示意图

1—发尘装置;2—双扭线集流器流量计;3—进气管道;4—旋风除尘器;5—灰斗;6—排气管道;7—调节阀;8—软接头;9—风机;10—电动机;11—支架

(2) 实验仪器。

手持式 DP2000 数字微压计,1 台;干湿球温度计,1 支;空盒气压计,DYM-3,1 台;分析天平,感量 0.000 1 g,1 台;天平,感量 0.1 g,1 台;秒表,1 只;钢卷尺,1 个;组合工具,1 套。

3. 旋风除尘器测定项目和计算

(1) 气象参数测定。

气象参数包括空气的温度、密度、相对湿度和大气压力。空气的温度和湿度用干湿球温度计测定,大气压力由大气压力计测定,干空气密度由下式计算:

$$\rho_g = \frac{p}{RT} = \frac{101\ 325}{287T} = \frac{353}{273 + t} \tag{6-29}$$

式中：ρ_g 为空气密度，kg/m^3；t 为空气温度，℃；p 为大气压力，Pa；T 为空气绝对温度，K；R 为通用气体常数，J/(kg·K)。

实验过程中，要求空气相对湿度不大于75%。

(2) 除尘器处理风量测定和计算。

在含尘浓度较高和气流不太稳定时，用毕托管测定风速有一定困难，故本实验采用双扭线集流器流量计测定气体流量。该流量计利用将空气动压能转化为静压能的原理，将流量计入口气体动压转化成静压(转化率接近100%)，通过测定静压并换算成管内气体动压，得到管道内的气体流速和流量。另外，气体静压比较稳定且有自平均作用，因而测量结果比较稳定、可靠。流量计的流量系数 φ 由实验方法标定得出，通常接近1。本实验中，流量系数：

$$\varphi = \frac{\overline{p}_d}{|p_s|} = 0.997 \tag{6-30}$$

式中：$\overline{p}_d$ 为用毕托管法测量的管道截面平均动压；$|p_s|$ 为双扭线集流器的静压值，用绝对值 $|p_s|$ 表示。

管内流速 v_1 (m/s)：

$$v_1 = \sqrt{\frac{2}{\rho_g}|p_s|\varphi} \tag{6-31}$$

除尘器处理风量 Q(m^3/h)：

$$Q = 3\ 600 f_1 \sqrt{\frac{2}{\rho_g}|p_s|\varphi} \tag{6-32}$$

式中：f_1 为风管面积，m^2。

由于XZZ型旋风除尘器进风口为渐缩形，进风口流速是指内进口处断面流速。

除尘器入口流速 v_2 (m/s)按下式计算：

$$v_2 = \frac{Q}{3\ 600 f_2} \tag{6-33}$$

式中：f_2 为除尘器内进口面积，m^2。

(3) 除尘器阻力测定和计算。

由于实验装置中除尘器进、出口管径相同，可用 A、C 之间的静压差(扣除管道沿程阻力与局部阻力)求得：

$$\Delta p = \Delta H - \sum \Delta h = \Delta H - (R_m L + z) \tag{6-34}$$

式中：Δp 为除尘器阻力，Pa；ΔH 为前后测量断面上的静压差，Pa；$\sum \Delta h$ 为测点断面之间系统阻力，Pa；R_m 为比摩阻(查相关气体管道计算手册)，Pa/m；L 为管道长度，m；z 为异形接头的局部阻力，Pa。z 的表达式为

$$z = \sum \frac{\xi_i \rho_g v_i^2}{2} \tag{6-35}$$

其中，ξ_i 为 i 异形接头的局部阻力系数(可查相关手册获得)；v_i 为 i 异形接头入口断面风速，m/s。

将 Δp 换成标准状态(101 325 Pa、0 ℃)下的阻力 Δp_n(Pa)：

$$\Delta p_n = \Delta p \frac{p_n T}{p T_n} \tag{6-36}$$

式中：T_n、T 分别为标准状态和实验状态下的空气温度，K；p_n、p 分别为标准状态和实验状态下的空气压力，Pa。

除尘器阻力系数 ζ 按下式计算：

$$\zeta = \frac{\Delta p_{\mathrm{n}}}{p_{\mathrm{di}}} \tag{6-37}$$

式中：ζ 为除尘器阻力系数；Δp_{n} 为标准状态下的除尘器阻力，Pa；p_{di} 为除尘器内进口截面处动压，Pa。

（4）除尘器进、出口浓度计算。

$$\rho_1 = \frac{G_1}{Q_1 \tau} \times 6 \times 10^2 \tag{6-38}$$

$$\rho_2 = \frac{G_1 - G_2}{Q_2 \tau} \times 6 \times 10^2 \tag{6-39}$$

式中：ρ_1、ρ_2 分别为除尘器进口与出口的气体粉尘浓度，$\mathrm{g/m^3}$；G_1、G_2 分别为发尘量和收尘量，kg；Q_1、Q_2 分别为除尘器进口和出口空气量，$\mathrm{m^3/h}$；τ 为发尘时间，min。

（5）除尘效率计算。

① 重量法。

$$\eta = \frac{G_1}{G_2} \times 100\% \tag{6-40}$$

式中：η 为除尘效率；G_2 为实验粉尘收尘量，kg；G_1 为实验粉尘发尘量，kg。

② 浓度法。

当系统中漏风率小于 3%时，可认为 $Q_1 \approx Q_2$，上式可化简为

$$\eta = \left(1 - \frac{Q_2 G_2}{Q_1 G_1}\right) \times 100\% \tag{6-41}$$

（6）粉尘分散度测定。

粉尘分散度可根据除尘机理采用离心沉降法、移液管法、计数法等进行测定，并可选用 YFC 粒度分析仪、库尔特（Coulter）计数仪、KF-9 型颗粒分析计数器等仪器。本实验中讨论的是旋风除尘器，所以采用巴柯（Bahco）法，详见实验“粉尘分散度测定”。

（7）分级效率计算。

$$\eta_i = \eta \frac{g_{si}}{g_{fi}} \times 100\% \tag{6-42}$$

式中：η_i 为粉尘某一粒径范围的分级效率；g_{si} 为收尘某一粒径范围的质量分数；g_{fi} 为发尘某一粒径范围的质量分数。

（8）除尘器动力消耗计算。

$$N = 2.78 \times \Delta p_{\mathrm{n}} Q + \Delta N \tag{6-43}$$

式中：N 为动力消耗，kW；p_{n} 为标准状态下除尘器阻力，kPa；Q 为除尘器进口的气体流量，$\mathrm{m^3/h}$；N 为辅助设备动力消耗，kW。

（9）除尘器负荷适应系数计算。

负荷适应系数分为高负荷和低负荷两种：

$$\varepsilon_{\mathrm{g}} = \frac{\eta_{\mathrm{g}}}{\eta}, \quad \varepsilon_{\mathrm{d}} = \frac{\eta_{\mathrm{d}}}{\eta} \tag{6-44}$$

式中：ε_{g}、ε_{d} 分别为高负荷和低负荷下的适应系数；η 为额定风量下的除尘效率；η_{g} 为风量为额定风量的 1.1 倍时的除尘效率；η_{d} 为风量为额定风量的 0.7 倍时的除尘效率。

4. 实验步骤

1）除尘器处理风量的测定

（1）用干湿球温度计和空盒气压计测定室内空气的温度、相对湿度和气压，按式（6-29）计

算管内的气体密度。

(2) 启动风机,在管道 A 断面处(见图 6-17),利用双扭线集流器和手持式 DP2000 数字微压计测定该段面的静压,并从微压计中读出静压值 $|p_s|$,按式(6-32)计算管内的气体流量(即除尘器的处理风量),并计算断面的平均动压值 $\overline{p}_d$。

2) 除尘器阻力的测定

(1) 用 DP2000 数字微压计测量管道 B、C 断面(见图 6-17)间的静压差(ΔH)。

(2) 量出 B、C 断面间的直管长度(L)以及异形接头规格和个数,求出 B、C 断面间的沿程阻力和局部阻力。

(3) 按式(6-34)和式(6-36)计算除尘器的阻力。

注:本实验中,取弯头 $\zeta=0.25$,直管 $\lambda/d=0.30$,$R_m=\lambda/d\times p_d$。由于实验系统管道截面积基本相同,系统中管道的动压基本相同,计算时可取平均值。

3) 除尘器效率的测定

(1) 用托盘天平称出发尘量(G_1)。

(2) 通过发尘装置均匀地加入发尘量(G_1),记下发尘时间(τ),按式(6-38)计算除尘器入口气体的含尘浓度(ρ_1)。

(3) 称出收尘量(G_2),按式(6-39)计算除尘器出口气体的含尘浓度(ρ_2)。

(4) 按式(6-40)计算除尘器的全效率(η)。

改变调节阀开启程度,重复以上实验步骤(1)至步骤(3),测定除尘器各种不同的工况下的性能。

每个实验小组选择一组工况,通过本章实验"粉尘分散度测定"测定本实验用尘和收集灰斗中所收集粉尘的粒径分布,并根据式(6-40)由总效率和实验用尘、收集粉尘的粒径分布求出分级效率。

5. 实验结果整理

(1) 除尘器处理风量的测定。

实验时间________年______月______日

空气干球温度 t_d=______℃　空气湿球温度 t_w=______℃

空气相对湿度 Φ=______

环境空气压力 p=______ Pa　空气密度 ρ_g =______ kg/m³

将测定结果整理成表(见表 6-16)。

表 6-16　除尘器处理风量测定结果记录表

测定次数	静压(微压计读数)p_s/Pa	流量系数 φ	管内流速 v_1/(m/s)	风管横截面积 f_1/m²	风量 Q/(m³/h)	除尘器进口面积 f_2/m²	除尘器进口气速 v_2/(m/s)

(2) 除尘器阻力的测定。

将除尘器阻力测定结果填入表 6-17。

表 6-17　除尘器阻力测定结果记录表

测定次数	管道 B、C 断面间的静压差 ΔH/Pa	比摩阻 R_m /(Pa/m)	直管长度 L/m	管内平均动压 $\overline{p}_d$ /Pa	管间的总局部阻力系数 $\sum \zeta_i$	管间的局部阻力 Δp_m/Pa	除尘器阻力 Δp/Pa	除尘器在标准状态下的阻力 Δp_n/Pa	除尘器进口截面处动压 p_{di}/Pa	除尘器阻力系数 ζ

(3) 除尘器全效率的测定。

将除尘器全效率测定结果填入表 6-18。

表 6-18　除尘器全效率测定结果记录表

测定次数	发尘量 G_1/g	发尘时间 τ/s	除尘器进口气体粉尘浓度 ρ_1 /(g/m^3)	收尘量 G_2/g	除尘器出口气体粉尘浓度 ρ_2 /(g/m^3)	除尘器全效率 η/(%)

以 v_1 为横坐标、Δp 为纵坐标，以 ρ_1 为横坐标、η 为纵坐标，以 v_1 为横坐标、η 为纵坐标，将上述实验结果标绘成曲线(见图 6-18)。

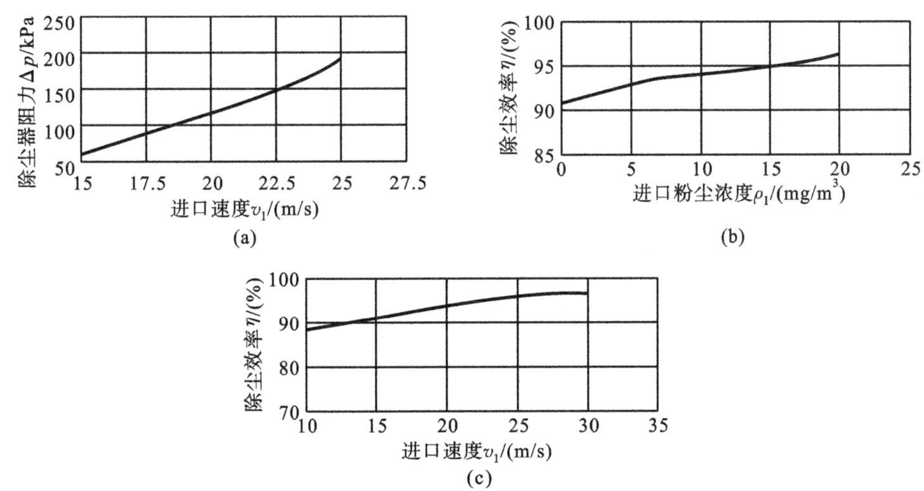

图 6-18　旋风除尘器性能曲线 1

(4) 除尘器分级处理效率。

将粒径分布测定结果列于表 6-19 中，对各工况条件下发尘和收尘的粒径分布测定结果计算分级效率，列于表 6-20 中。

表 6-19 粒径分布测试数据记录表

样品名称__________ 测试工况__________

序号	分级粒径 $d_{pi}/\mu m$	筛上残留量 G/g	筛上累计质量分数 $R_x/(\%)$	质量频率 $S/(\%)$
18				
17				
16				
14				
12				
8				
4				
0				

表 6-20 工况分级效率数据计算表

工况全效率__________

序号	粒径 $d_{pi}/\mu m$	入口颗粒质量分数/(%)	出口颗粒质量分数/(%)	分级效率 $\eta_i/(\%)$
1				
2				
3				
4				
5				
6				
7				
8				

根据表 6-20 作如图 6-19 所示的分级效率曲线。

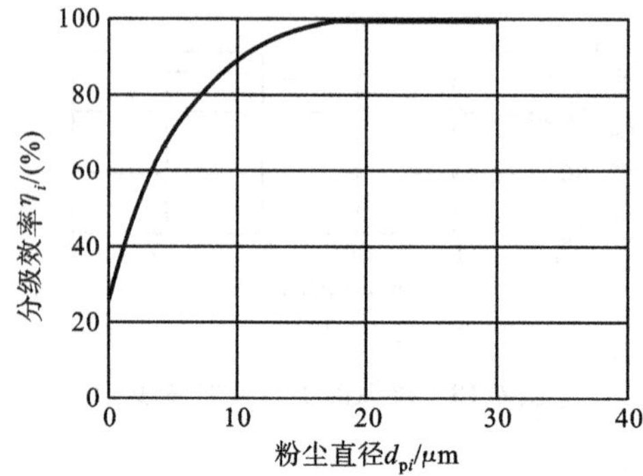

图 6-19 旋风除尘器性能曲线 2(分级效率曲线)

（5）除尘器技术性能表达。

旋风除尘器的主要性能曲线（冷态）Δp-v_1、η-v_1、η-ρ_1、η_i-d_{pi}，如图6-18和图6-19所示。这些性能曲线是在下列测试条件下测出的。

实验用除尘器规格：XZZ-Ⅲ型，$D=$________ mm

实验粉尘：医用滑石粉（$d_{pm}=$________ μm，$\sigma=$________）

实验环境：气温 $t=$________ ℃　相对湿度 $\varphi=$________

空气密度：$\rho_g=$________ kg/m^3

6．问题与讨论

（1）用动压法和用静压法测得的气体流量是否相同？哪种方法更准确些？为什么？

（2）当用静压法测定风量时，在清洁气流中测定和在含尘气流中测定的数值是否相等？哪一个数值更接近除尘器的运行工况？为什么？

（3）用质量法和采样浓度计算的除尘效率，哪一个更准确些？为什么？

（4）通过实验，从旋风除尘器全效率 η 与运行阻力 Δp 随入口气速 v_1 变化的规律中可得到什么结论？它对除尘器的选择和运行有何意义？

（5）对于目前关注的 PM_{10} 的净化，旋风除尘器能否达到较好的净化效果？

（6）如果用于压力测定的 B、C 管段截面积不同，除尘器的压降又应该如何计算？

6.4.3　袋式除尘器性能测定

1．实验目的

袋式除尘器又称为过滤式除尘器，是使含尘气流通过过滤材料将粉尘分离捕集的装置。采用纤维织物作滤料的袋式除尘器，在工业废气除尘方面应用广泛，本实验主要研究这类除尘器的性能。

袋式除尘器的性能与其结构形式、滤料种类、清灰方式、粉尘特性及其运行参数等因素有关。袋式除尘器性能的测定和计算，是袋式除尘器选择、设计和运行管理的基础，是环境工程专业学生必须具备的基本能力。为此，要求学生在认真了解本实验原理、装置、方法、内容和要求的基础上，综合应用已掌握的基本知识和技能，自行完成实验方案步骤和实验测定记录表的设计，独立完成本实验。

通过本实验，希望达到以下目的。

（1）提高对袋式除尘器结构形式和除尘机理的认识。

（2）掌握袋式除尘器主要性能的实验研究方法。

（3）了解过滤速度对袋式除尘器压力损失及除尘效率的影响。

（4）提高对除尘技术基本知识和实验技能的综合应用能力。

2．实验原理

本实验是在除尘器结构形式、滤料种类、清灰方式和粉尘特性一定的前提下，测定袋式除尘器的主要性能指标，并在此基础上，测定处理气体量 Q、过滤速度 v_F 对袋式除尘器压力损失（Δp）和除尘效率（η）的影响。

（1）处理气体量和过滤速度的测定和计算。

① 动压法测定。测定袋式除尘器处理气体流量（Q），应同时测出除尘器进、出口连接管道中的气体流量，取其平均值作为除尘器处理气体流量。

$$Q = \frac{1}{2}(Q_1 + Q_2) \tag{6-45}$$

式中：Q_1、Q_2分别为袋式除尘器进、出口连接管道中的气体流量，m^3/s。

除尘器漏风率(δ)按下式计算：

$$\delta = \frac{Q_1 - Q_2}{Q_1} \times 100\% \tag{6-46}$$

一般要求除尘器的漏风率在±5%以内。

② 静压法测定。采用静压法测定袋式除尘器进口气体流量(Q_1)，根据在测孔 4(见图 6-20)测得的系统入口均流管处的平均静压，按下式求得：

$$Q_1 = \varphi_V A \sqrt{2 \frac{|p_s|}{\rho}} \tag{6-47}$$

式中：$|p_s|$ 为入口均流管处气流平均静压的绝对值，Pa；φ_V 为均流管入口的流量系数；A 为除尘器进口测定断面的面积，m^2；ρ 为测定断面管道中气体密度，kg/m^3。

③ 过滤速度的计算。若袋式除尘器总过滤面积为(F)，则其过滤速度(v_F)按下式计算：

$$v_F = \frac{60Q_1}{F} \tag{6-48}$$

(2) 压力损失的测定和计算。

袋式除尘器压力损失(Δp)由通过气体通过进、出口和灰斗内挡板等部位的压力损失(Δp_c)、通过清洁滤料的压力损失(Δp_f)和通过粉尘层的压力损失(Δp_p)组成。袋式除尘器压力损失(Δp)为除尘器进、出口管中气流的平均全压之差。当袋式除尘器进、出口管的断面面积相等时，则可采用其进、出口管中气体的平均静压之差计算，即

$$\Delta p = \Delta p_{s12} - \Sigma \Delta p_i \tag{6-49}$$

式中：Δp 为袋式除尘器压力损失，Pa；Δp_{s12} 为袋式除尘器进、出口管道中气体的平均静压差，Pa；$\Sigma\Delta p_i$ 为袋式除尘器实验系统压力损失之和(包括实验系统管道的摩擦压力损失之和 $\Sigma\Delta p_L$ 和实验系统局部压力损失之和 $\Sigma\Delta p_m$)，Pa。

袋式除尘器的压力损失与其清灰方式和清灰制度有关。当采用新滤料时，应预先发尘运行一段时间，使新滤料在反复过滤和清灰过程中，残余粉尘基本达到稳定后再开始实验。

考虑到袋式除尘器在运行过程中，其压力损失随运行时间会产生一定变化。因此，在测定压力损失时，应每隔一定时间，连续测定(一般可考虑 5 次)，并取其平均值作为除尘器的压力损失($\overline{\Delta p}$)。

(3) 除尘效率的测定和计算。

除尘效率采用质量浓度法测定，即用等速采样法同时测出除尘器进、出口管道中气流平均含尘浓度 ρ_1 和 ρ_2，按下式计算：

$$\eta = \left(1 - \frac{\rho_2 Q_2}{\rho_1 Q_1}\right) \times 100\% \tag{6-50}$$

由于袋式除尘器效率高，除尘器进、出口气体含尘浓度相差较大，为保证测定精度，可在除尘器出口采样中，适当加大采样流量。

(4) 压力损失、除尘效率与过滤速度关系的分析测定。

脉冲袋式除尘器的过滤速度一般为 2～4 m/min，可在此范围内确定 5 个值进行实验。过滤速度的调整，可通过改变风机入口阀门开度，按静压法确定。当然，应要求在各组实验中，保持除尘器清灰制度固定，除尘器进口气体含尘浓度(ρ_1)基本不变。

为保持实验过程中 ρ_1 基本不变，可根据发尘量(S)、发尘时间(τ)和进口气体流量(Q_1)，按

下式估算除尘入口粉尘浓度 ρ_1(g/m^3)：

$$\rho_1 = \frac{S}{\tau Q_1} \tag{6-51}$$

3. 实验装置、流程和仪器

(1) 实验装置和流程。

本实验选用MC24-D型脉冲袋式除尘器。该除尘器共24条滤袋，总过滤面积为18 m^2。实验滤料可选用208工业涤纶绒布。本实验系统流程如图6-20所示。

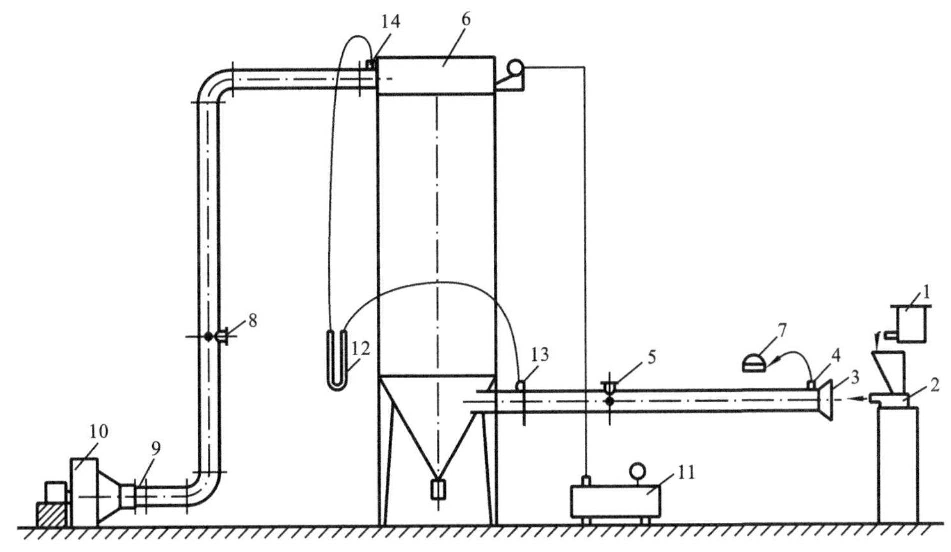

图6-20　袋式除尘器性能实验装置流程图

1—粉尘定量供给装置；2—粉尘分散装置；3—喇叭形均流管；4—静压测孔；5—除尘器进口测定断面Ⅰ；6—袋式除尘器；7—倾斜式微压计；8—除尘器出口测定断面Ⅱ；9—阀门；10—通风机；11—空气压缩机；12—U形管压差计；13—除尘器进口静压测孔；14—除尘器出口静压测孔

脉冲喷吹清灰是利用(4～7)×10^5 Pa的压缩空气进行反吹，故配制一台小型空气压缩机，脉冲喷吹耗用空气量为0.03～0.1 m^3/min。

为在实验过程中能定量地连续供给粉尘，控制发尘浓度，实验系统设有粉尘定量供给装置和粉尘分散装置。粉尘定量供给装置可选用ZGP-Φ200微量盘式给料机，通过改变刮板半径位置及圆盘转速调节粉尘流量而实现定量加料。粉尘分散装置可采用吹尘器(VC-40)或压缩空气作为动力，将定量供给的粉尘分散成实验所需粉尘浓度的气溶胶状态。

通风机是实验系统的动力装置，本实验选用4-72-11No4A型离心通风机，转速约为2 900 r/min，全压为1 290～2 040 Pa，所配电动机功率为5.5 kW。

除尘系统入口的喇叭形均流管处的静压测孔用于测定除尘器入口气体流量，亦可用于在实验过程中连续测定和监控除尘系统的气体流量。在实验前应预先测量确定喇叭形均流管的流量系数(φ_V)，通风机入口前设有阀门，用来调节除尘器处理气体量和过滤速度。

(2) 实验仪器。

干湿球温度计，1支；空盒式气压表，1个；钢卷尺，2个；U形管压差计，1个；倾斜式微压计，3台；毕托管，2支；烟尘采样管，2支；烟尘测试仪，2台；旋片式真空泵，2台；秒表，2只；光电分析天平，感量为0.000 1 g，1台；托盘天平，感量为0.1 g，1台；干燥器，2个；鼓风干燥箱，1台；超细玻璃纤维无胶滤筒，20个。

4. 实验内容

(1) 室内空气环境参数的测定。包括空气干球温度、湿球温度、相对湿度、当地大气压力等环境参数的测定,在表 6-21 至表 6-23 中记录相关数据。

(2) 袋式除尘器的调试及特征参数的测定。固定袋式除尘器清灰制度,包括选择适当压力的压缩空气、适当的清灰周期和脉冲时间,测定除尘系统入口喇叭形均流管流量系数(φ_V),在表 6-21 至表 6-23 中记录相关数据。

(3) 袋式除尘器性能的测定。固定袋式除尘器进口发尘量,使进口气体含尘浓度保持不变,进行除尘运行,按照表 6-21 至表 6-23 中列出的项目分别测定和记录管道内气体动压值、管道内气体静压值、各测点气体流速(v)、各测点流量计读数等数据。

本实验有如下注意事项。

(1) 除尘器进、出口风管中气体含尘浓度采样过程中,要注意监控均流管 3 处的静压值,使之保持不变,并记录之。考虑到出口含尘浓度较低,每次采样时间不宜少于 30 min。进、出口风管中含尘浓度测定可连续采样 3～4 次,并取其平均值。

(2) 压力损失的相关测定应在除尘器处于稳定运行状态下,每间隔一定时间,连续测定并记录 5 次数据,取其平均值作为除尘器的压力损失。

5. 实验数据整理

(1) 处理气体量和过滤速度。

按表 6-21 记录整理数据。按式(6-45)计算除尘器处理气体量,按式(6-46)计算除尘器漏风率,按式(6-48)计算除尘器过滤速度。

(2) 压力损失。

按表 6-22 记录整理数据。按式(6-49)计算压力损失,并取 5 次测定数据的平均值($\overline{\Delta p}$)作为除尘器压力损失。

(3) 除尘效率。

按表 6-23 记录整理数据。按式(6-50)计算除尘效率。

表 6-21　袋式除尘器处理气体流量及过滤速度测定记录表

除尘器型号规格	除尘器过滤面积 A/m^2	当地大气压力 p_a/kPa	空气湿球温度/℃	空气干球温度/℃	空气相对湿度 φ/(%)	空气中水蒸气体积分数 y_w/(%)	均流管流量系数 φ_V	均流管处静压 $\lvert p_s \rvert$/Pa	测定日期	测定人员

项目		除尘器进口测定断面				除尘器出口测定断面				备注
测定点		A_1	A_2	A_3	A_4	B_1	B_2	B_3	B_4	
管道内气体动压	微压计初读数 l_0									
	微压计终读数 l									
	差值 $\Delta l = l - l_0$									
	微压计系数 K									
	各测点气体动压 p_d/Pa									

续表

项目		除尘器进口测定断面				除尘器出口测定断面				备注
管道内气体静压	微压计初读数 l_0									
	微压计终读数 l									
	差值 $\Delta l = l - l_0$									
	微压计系数 K									
	各测点气体动压 p_d/Pa									
	测定断面气体平均静压 $\overline{p}_s$ /Pa									
毕托管系数 K_p										
管道内气体密度 ρ/(kg/m³)										
各测点气体流速 v/(m/s)										
测定断面平均流速 $\overline{v}$ /(m/s)										
测定断面面积 F/m²										
测定断面气体流量 Q_i/(m³/s)										
除尘器处理气体流量 Q/(m³/s)										
除尘器过滤速度 v_F/(m/min)										
除尘器漏风率 δ/(%)										

表 6-22　袋式除尘器压力损失测定记录表

袋式除尘器			清灰制度			粉尘特性		过滤速度/(m/min)	测定日期	测定人
型号规格	滤料种类	过滤面积/m²	喷吹压力/Pa	脉冲周期/min	脉冲时间/s	种类	d_{50}/μm			

测定序号	每次间隔时间 t/min	除尘器处理气体流量(静压法)：均流管流量系数 φ_V	均流管处静压 $\vert p_s \vert$/Pa	处理气体流量 Q/(m³/s)	除尘器进、出口平均静压差 Δp_{s12}/Pa	测定断面至除尘器进、出口压力损失之和：摩擦压力损失 $\sum \Delta p_L$/Pa	局部压力损失 $\sum \Delta p_m$/Pa	压力损失之和 $\sum \Delta p_i$/Pa	除尘器压力损失各组测定值 $(\Delta p = \Delta p_{s12} - \sum \Delta p_i)$/Pa	除尘器压力损失平均值 $\overline{\Delta p}$/Pa
1										
2										
3										
4										
5										

(4) 压力损失、除尘效率与过滤速度的关系。

本项是继压力损失(Δp)、除尘效率(η)和过滤速度(v_F)测定完成后,自行设计记录表,整理五组不同 v_F 下的 Δp 和 η 数据,并独立设计分析图,绘制 v_F-Δp 和 v_F-η 实验性能曲线。

6. 问题与讨论

(1) 用动压法和静压法测得的气体流量是否相同?哪一种方法更准确些?为什么?

(2) 如何确立系统入口均流管处的流量系数 φ_V?

(3) 用发尘量求得的入口含尘浓度和用等速采样法测得的入口含尘浓度,哪个更准确些?为什么?

(4) 测定袋式除尘器压力损失,为什么要固定其清灰制度?为什么要在除尘器稳定运行状态下连续读数5次并取其平均值作为除尘器压力损失?

(5) 试根据实验性能曲线 v_F-Δp、v_F-η,分析过滤速度对袋式除尘器压力损失和除尘效率的影响。

表 6-23　袋式除尘器净化效率测定记录表

除尘器规格型号	清灰制度			处理气体流量			过滤速度 v_F/(m/min)	粉尘特性		大气压力 p_a/kPa	测定日期	测定人
	喷吹压力/Pa	脉冲周期/min	脉冲时间/s	φ_V	$\lvert P_s\rvert$/Pa	Q/(m^3/s)		种类	d_{50}/μm			

项目		除尘器进口测定断面				除尘器出口测定断面				备注
测定点		A_1	A_2	A_3	A_4	B_1	B_2	B_3	B_4	
流量计读数 q_m/(L/min)	控制值									
	实测值									
滤筒号										
采样头直径 d/mm										
采样头时间 τ/min										
采样头流量 V/L										
流量计前的气体参数	温度 t_m/℃									
	压力 p_m/kPa									
标准采样流量 V_{ad}/L										
标准状态下干气体采气总体积 $\sum V_{Nd}$/L										
捕集尘量($\Delta G=G_2-G_1$)/mg	滤筒初重 G_1									
	滤筒终重 G_2									
	捕集尘量 ΔG									
粉尘浓度(标准状态)ρ/(g/m^3)										
除尘器净化效率 η/(%)										

*6.4.4　文丘里洗涤器性能实验

1. 实验目的

湿式除尘器是使含尘气体与液体密切接触，利用水滴和颗粒的惯性碰撞及其他作用捕集粉尘或使粒径增大的装置。文丘里洗涤器是湿式除尘器的一种，属高效除尘器，常用于高温烟气降温和除尘。影响文丘里洗涤器性能的因素较多，为了使其在合理的操作条件下达到高除尘效率，需要通过实验研究各因素影响其性能的规律。

通过本实验，希望达到以下目的。

(1) 提高对文丘里洗涤器结构形式和除尘机理的认识。

(2) 掌握文丘里洗涤器主要性能指标的测定方法。

(3) 掌握湿式除尘器动力消耗的测定方法。

(4) 了解湿法除尘与干法除尘在除尘性能测定中的不同实验方法。

2. 实验原理和方法

文丘里洗涤器性能(处理气体流量、压力损失、除尘效率及喉口速度、液气比、动力消耗等)与其结构形式和运行条件密切相关。本实验是在除尘器结构形式和运行条件已定的前提下，完成除尘器性能的测定。

(1) 处理气体量及喉口速度的测定和计算。

① 处理气体量的测定和计算。

测定文丘里洗涤器处理气体量，应同时测出除尘器进、出口的气体流量 Q_{G1}、Q_{G2}(m^3/s)，取其平均值作为除尘器的处理气体量 Q_G(m^3/s)。这类测定 Q_G 的方法称为动压法，其计算式如下：

$$Q_G = \frac{1}{2}(Q_{G1} + Q_{G2}) \tag{6-52}$$

除尘器漏风率(δ)按下式计算：

$$\delta = \frac{Q_{G1} - Q_{G2}}{Q_{G1}} \times 100\% \tag{6-53}$$

当实验系统漏风率小于 5%时，还可采用静压法测定 Q_G，即根据测得的系统喇叭形入口均流管处平均静压 $|p_s|$，按下式计算：

$$Q_G = \varphi_V A \sqrt{2|p_s|/\rho} \tag{6-54}$$

式中：φ_V 为喇叭形入口均流管的流量系数；A 为测定断面的面积，m^2；ρ 为管道中气体密度，kg/m^3。

② 喉口速度的测定和计算。若文丘里洗涤器喉口断面面积为 A_T，则其喉口平均气流速率 v_T(m/s)为

$$v_T = \frac{Q_G}{A_T} \tag{6-55}$$

(2) 压力损失的测定和计算。

文丘里洗涤器压力损失(Δp_G)为除尘器进、出口气体平均全压差。若实验装置中除尘器进、出口连接管道的断面面积相等，则其压力损失可用除尘器进、出口管道中气体的平均静压差(Δp_{s12})表示，即

$$\Delta p_G = \Delta p_{s12} - \sum \Delta p_i \tag{6-56}$$

$$\Delta p_G = \Delta p_{s12} - (lR_L + \Delta p_m) \tag{6-57}$$

式中：Δp_G为文丘里洗涤器压力损失，Pa；Δp_{s12}为文丘里洗涤器进、出口管道中气体的平均静压差，Pa；Δp_i为文丘里洗涤器实验系统压力损失之和，Pa；l为文丘里洗涤器实验系统管道长度，m；R_L为单位长度管道的摩擦阻力，即比摩阻，Pa；Δp_m为文丘里洗涤器实验系统局部阻力，Pa。

应该指出，洗涤器压力损失随操作条件变化而改变，本实验的压力损失测定应在洗涤器稳定运行（v_T、L保持不变）的条件下进行，并同时测定、记录v_T、L的值。

(3) 耗水量及液气比的测定和计算。

文丘里洗涤器的耗水量（Q_L），可通过设在洗涤器进水管上的流量计（见图 6-21）直接读得。在同时测得洗涤器处理气体流量（Q_G）后，即可由下式求出液气比L（L/m³）：

$$L = \frac{Q_L}{Q_G} \tag{6-58}$$

(4) 除尘效率的测定和计算。

文丘里洗涤器除尘效率（η）的测定，亦应在除尘器稳定运行的条件下进行，并同时记录v_T、L等操作指标。

文丘里除尘器的除尘效率常用质量浓度法测定，即在除尘器进、出口测定断面上，用等速采样法同时测出气流含尘浓度，并按下式计算：

$$\eta = \left(1 - \frac{\rho_2 Q_{G2}}{\rho_1 Q_{G1}}\right) \times 100\% \tag{6-59}$$

式中：ρ_1、ρ_2分别为文丘里洗涤器进、出口气流粉尘浓度，g/m³。

考虑到雾沫分离器不可能捕集全部液滴，文丘里洗涤器出口气体中水分含量一般偏高，故在进、出口测定断面同时采样时，宜使用湿式冲击瓶作为集尘装置。

(5) 除尘器动力消耗的测定和计算。

文丘里洗涤器动力消耗（E）等于通过洗涤器气体的动力消耗与加入液体的动力消耗之和，计算式如下：

$$E = \frac{1}{3\,600}\left(\Delta p_G + \Delta p_L \frac{Q_L}{Q_G}\right) \tag{6-60}$$

式中：Δp_G为通过文丘里洗涤器气体的压力损失，Pa（3 600 Pa＝1 kW·h/1 000 m³）；Δp_L为加入洗涤器液体的压力损失，即供水压力，Pa；Q_L为文丘里洗涤器耗水量，m³/s；Q_G为文丘里洗涤器处理气体量，m³/s。

上式中所列的Δp_G、Q_L、Q_G已在实验中测得。因此，只要在除尘器进水管上的压力表读得Δp_L，便可按式(6-60)计算除尘器动力消耗（E）。

应当注意的是，由于操作指标v_T、L对动力消耗（E）影响很大，所以本实验所测得的动力消耗（E）是针对某一操作状况而言的。

3. 实验装置、流程和仪器

(1) 实验装置和流程。

文丘里除尘器性能实验装置流程如图 6-21 所示。其主要由文丘里凝聚器、旋风雾沫分离器、粉尘定量供给装置、粉尘分散装置、通风机、水泵和管道及其附件所组成。

粉尘定量供给装置可采用 ZGP-Φ200 微量盘式给料机，粉尘流量调节主要通过改变刮板半径位置及圆盘转速而实现定量加料。

粉尘分散装置采用吹尘器（VC-40）或压缩空气作为动力，将粉尘定量供给装置定量供给

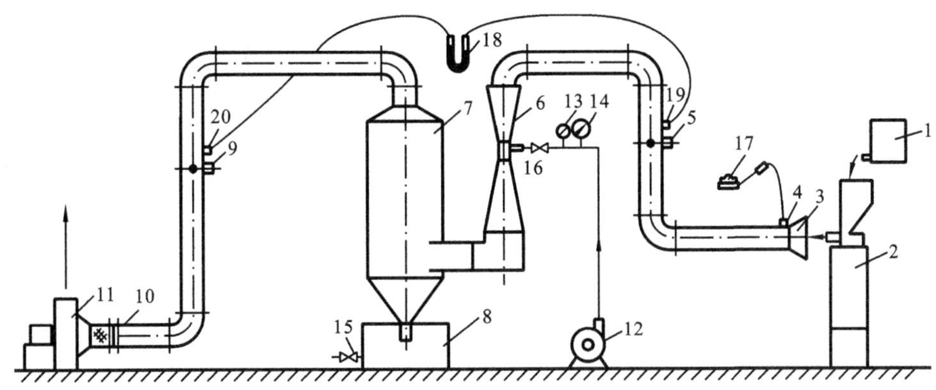

图 6-21　文丘里洗涤器性能实验装置流程图

1—粉尘定量供给装置；2—粉尘分散装置；3—喇叭形均流管；4—均流管处静压测孔；5—除尘器进口测定断面Ⅰ；6—文丘里凝聚器；7—旋风雾沫分离器；8—水槽；9—除尘器出口测定断面Ⅱ；10—调节阀；11—通风机；12—水泵；13—流量计；14—水压表；15—排污阀；16—供水调节阀；17—倾斜式微压计；18—U 形管压差计；19—除尘器进口管道静压测孔；20—除尘器出口管道静压测孔

的粉尘试样分散成实验所需含尘浓度的气溶胶状态。

通风机是实验系统的动力装置，由于文丘里洗涤器压力损失较大，本实验宜选用高压离心通风机。入口喇叭形均流管要求加工光滑，并预先测得其流量系数(φ_V)。在系统入口喇叭形均流管管壁上开有静压测孔，可用来连续测量和监控除尘器入口气体流量。

文丘里洗涤器由文丘里凝聚器和旋风雾沫分离器组成。由于目前尚无标准系列设计，可根据文丘里洗涤器结构设计的一般规定及实验的具体要求，自行设计和加工。

除尘器进、出口连接管道宜选择相同的管径，以便采用静压法测定气体流量。除尘器处理气体流量是通过调整通风机入口前阀门(10)的开度而进行调节的。除尘器供水调节阀(16)为内螺纹暗杆闸阀。水槽排污阀(15)为快速排污阀。

(2) 实验仪器。

干湿球温度计，1 支；空盒式气压表，1 个；钢卷尺，2 个；U 形管压差计，1 个；倾斜式微压计，3 台；毕托管，2 支；烟尘采样管，2 支；烟尘测试仪，2 台；湿式冲击瓶，2 个；旋片式真空泵，2 台；秒表，2 只；光电分析天平，感量为 0.000 1 g，1 台；托盘天平，感量为 0.1 g，1 台；鼓风干燥箱，1 台；干燥器，2 个；弹簧压力表，1 支；转子流量计，1 支。

4. 实验内容和要求

1) 实验内容

(1) 室内空气环境参数的测定。包括室内空气的干球温度、湿球温度、相对湿度、当地大气压力等参数测定，计算空气中水蒸气的体积分数(除尘系统中气体含湿量)。

(2) 文丘里洗涤器实验装置的测定。包括测量文丘里洗涤器进、出口测定断面直径和喉口直径，确定采样断面分环数和测点数；测定除尘系统入口喇叭形均流管流量系数 φ_V；调节文丘里洗涤器供水系统和发尘系统，保证实验系统在液气比 $L=0.7\sim1.0\ \mathrm{L/m^3}$ 和进口气流粉尘浓度为 $3\sim10\ \mathrm{g/m^3}$ 范围内稳定运行。

(3) 文丘里洗涤器性能的测定和计算。在固定文丘里洗涤器实验系统进口发尘浓度和液气比的条件下，测定和计算文丘里洗涤器处理气体量(Q_G)、漏风率(δ)、喉口速度(v_T)、压力损失(Δp)和除尘效率(η)。

(4) 实验结果分析。认真记录文丘里洗涤器处理气体量和喉口速度、液气比、压力损失和除尘效率(通过率)等性能参数测定数据,分析文丘里洗涤器除尘效率(通过率)、压力损失和喉口速度的关系。

2) 实验要求

(1) 本实验为研究性实验,根据教学需要也可以由学生重新设计实验系统,转变为设计性实验。因此,本实验应安排在除尘装置课堂教学以后进行。学生应在完成本教程前述实验且熟悉文丘里洗涤器的基础上参加本实验。

(2) 本实验要求学生在了解实验原理和方法、实验装置和流程、实验内容和要求的基础上,自行编制实验程序和步骤,自行设计各类实验数据记录表和分析图,独立完成文丘里洗涤器 v_T-Δp 和 v_T-$\eta(P)$ 性能曲线分析。

(3) 在上述实验内容(2)中要求本实验在固定液气比 L 和发尘浓度 ρ_1 的条件下进行。实际上,液气比 L 和喉口速度 v_T 均为影响文丘里洗涤器压力损失 Δp 和除尘效率 η 的重要因素。为了加深学生对文丘里洗涤器性能的了解,亦可通过改变 L 和 v_T,测定压力损失,并要求学生采用回归分析方法,提出实验用文丘里洗涤器的压力损失 Δp 计算模型。

(4) 本实验测定中,气体压力损失 Δp_G、液体压力损失 Δp_L、处理气体量 Q_G、耗水量 Q_L、喉口速度 v_T、除尘效率 η、通过率 P 和动力消耗 E 等参数皆应取三组以上实验数据,并取其平均值作为实验结果。

5. 实验数据整理

(1) 室内空气环境参数的测定。

本实验中有关空气的温度、压力、含湿量等环境参数记录和整理参见各实验指导书,并由学生自行设计记录表汇总。表 6-24 可作为学生设计记录表的参考。

表 6-24 文丘里洗涤器性能测定记录表

大气压力 p_A/kPa	室内空气参数			测定断面面积		喉口面积 A_T/m^2	粉尘特性		均流管流量系数(φ_V)	测定日期	测定人
	干球温度/°C	湿球温度/°C	相对湿度/(%)	进口/m^2	出口/m^2		种类	$d_{50}/\mu m$			

序号	测定项目			符号	单位	测定数据			
						1	2	3	平均值
1	处理气体流量和喉口速度	进口气体	温度	T_1	℃				
			静压	p_{s1}	Pa				
			断面平均流速	$\bar{v}_1$	m/s				
			流量	Q_{G1}	m^3/s				
		出口气体	温度	T_2	℃				
			静压	p_{s2}	Pa				
			断面平均流速	$\bar{v}_2$	m/s				
			流量	Q_{G2}	m^3/s				
		除尘器处理气体流量		Q_G	m^3/s				
		除尘器喉口速度		v_T	m/s				

续表

<table>
<tr><th rowspan="2">序号</th><th rowspan="2" colspan="3">测定项目</th><th rowspan="2">符号</th><th rowspan="2">单位</th><th colspan="4">测定数据</th></tr>
<tr><th>1</th><th>2</th><th>3</th><th>平均值</th></tr>
<tr><td rowspan="2">2</td><td rowspan="2">耗水量、液气比</td><td colspan="2">耗水量</td><td>Q_L</td><td>L/h</td><td></td><td></td><td></td><td></td></tr>
<tr><td colspan="2">液气比</td><td>L</td><td>L/m^3</td><td></td><td></td><td></td><td></td></tr>
<tr><td rowspan="7">3</td><td rowspan="7">压力损失及凝聚器内静压差</td><td colspan="2">收缩管气体入口静压</td><td>p_{sA}</td><td>Pa</td><td></td><td></td><td></td><td></td></tr>
<tr><td colspan="2">喉管内气体静压</td><td>p_{sBC}</td><td>Pa</td><td></td><td></td><td></td><td></td></tr>
<tr><td colspan="2">扩散管气体出口静压</td><td>p_{sD}</td><td>Pa</td><td></td><td></td><td></td><td></td></tr>
<tr><td colspan="2">文丘里凝聚器压力损失</td><td>Δp_s</td><td>Pa</td><td></td><td></td><td></td><td></td></tr>
<tr><td colspan="2">除尘器进、出口气体平均静压差</td><td>Δp_{s12}</td><td>Pa</td><td></td><td></td><td></td><td></td></tr>
<tr><td colspan="2">除尘器进、出口连接管道压力损失之和</td><td>$\sum \Delta p_i$</td><td>Pa</td><td></td><td></td><td></td><td></td></tr>
<tr><td colspan="2">除尘器压力损失</td><td>Δp_G</td><td>Pa</td><td></td><td></td><td></td><td></td></tr>
<tr><td rowspan="7">4</td><td rowspan="7">除尘效率</td><td rowspan="3">进口</td><td>集尘量</td><td>ΔG_1</td><td>mg</td><td></td><td></td><td></td><td></td></tr>
<tr><td>采气总体积(标准状态)</td><td>$\sum V_{Nd2}$</td><td>L</td><td></td><td></td><td></td><td></td></tr>
<tr><td>粉尘浓度</td><td>ρ_1</td><td>g/m^3</td><td></td><td></td><td></td><td></td></tr>
<tr><td rowspan="3">出口</td><td>集尘量</td><td>ΔG_2</td><td>mg</td><td></td><td></td><td></td><td></td></tr>
<tr><td>采气总体积(标准状态)</td><td>$\sum V_{Nd2}$</td><td>L</td><td></td><td></td><td></td><td></td></tr>
<tr><td>粉尘浓度</td><td>ρ_2</td><td>g/m^3</td><td></td><td></td><td></td><td></td></tr>
<tr><td colspan="2">除尘器净化效率</td><td>η</td><td>%</td><td></td><td></td><td></td><td></td></tr>
<tr><td rowspan="2">5</td><td rowspan="2">动力消耗</td><td colspan="2">除尘器供水压力</td><td>Δp_L</td><td>kPa</td><td></td><td></td><td></td><td></td></tr>
<tr><td colspan="2">除尘器动力消耗</td><td>E</td><td>kW · h/m^3</td><td></td><td></td><td></td><td></td></tr>
</table>

(2) 文丘里洗涤器实验装置有关参数的测定。

文丘里洗涤器结构参数在实验装置上测量取得，耗水量 Q_L 在系统流量计读取，并同时记录供水压力 Δp_L，在入口均流管静压测孔连接的微压计读取静压 $|p_s|$。自行设计实验记录表并将上述数据汇总。

(3) 文丘里洗涤器性能的测定和计算。

文丘里洗涤器处理气体量 Q_G 按式(6-52)或式(6-54)计算，除尘器漏风率按式(6-53)计算，压力损失 Δp_G 按式(6-56)计算，喉口速度 v_T 按式(6-55)计算，液气比 L 按式(6-58)计算，除尘效率按式(6-59)计算，动力消耗 E 按式(6-60)计算。自行设计文丘里洗涤器性能测定计算表并汇总数据。

(4) 实验结果分析。

实验结果分析是在完成压力损失(Δp)、除尘效率(η)或通过率(P)和喉口速度(v_T)、液气比(L)等性能参数测定后进行，应至少取得五组不同 v_T(或 L)下的 Δp 和 $\eta(P)$ 数据，再开展分析研究。可视实验教学安排在两个方面选择一项完成。

① 压力损失、除尘效率和喉口速度的关系。分析 Δp、$\eta(P)$ 与 v_T 的相互关系，并绘制 v_T-Δp 和 v_T-$\eta(P)$ 实验性能曲线。

② 压力损失和喉口速度、液气比的关系。根据取得的实验数据，分析 Δp 与 v_T、L 的相关

关系,采用回归分析方法,建立 $\Delta p=f(v_T,L)$ 的计算模型。

6. 问题与讨论

(1) 分析文丘里洗涤器的结构,说明收缩管、喉管和扩散管的长度、直径、扩张角度等几何尺寸对除尘效率和压力损失的影响。

(2) 试比较采用动压法和静压法测定文丘里洗涤器处理气体量的差别,并分析其原因。

(3) 为什么文丘里洗涤器性能实验应该在操作指标 v_T、L 固定的运行状态下进行测定?

(4) 根据实验结果,试分析影响文丘里洗涤器效率的主要因素。

(5) 根据实验结果,试说明降低文丘里洗涤器动力消耗的主要途径。

6.5　气态污染物控制实验

6.5.1　碱液吸收法净化气体中的 SO_2

1. 实验目的

本实验采用填料吸收塔,用 5%NaOH 或 Na_2CO_3 溶液吸收 SO_2。通过实验可进一步了解用填料塔吸收净化有害气体的方法,同时还有助于深入理解在填料塔内气液接触状况及吸收过程的基本原理。

通过实验希望达到以下目的。

(1) 了解用吸收法净化废气中 SO_2 的原理和效果。

(2) 改变空塔速度,观察填料塔内气液接触状况和液泛现象。

(3) 掌握测定填料吸收塔的吸收效率及压降的方法。

(4) 测定化学吸收体系(碱液吸收 SO_2)的体积吸收系数。

2. 实验原理

含 SO_2 的气体可采用吸收法净化。由于 SO_2 在水中溶解度不高,常采用化学吸收法。SO_2 的吸收剂种类较多,本实验采用 NaOH 或 Na_2CO_3 溶液作吸收剂,吸收过程发生的主要化学反应为

$$2NaOH+SO_2 = Na_2SO_3+H_2O$$

$$Na_2CO_3+SO_2 = Na_2SO_3+CO_2$$

$$Na_2SO_3+SO_2+H_2O = 2NaHSO_3$$

实验过程中通过测定填料吸收塔进、出口气体中 SO_2 的含量,即可近似计算出吸收塔的平均净化效率,进而了解吸收效果。气体中 SO_2 含量的测定可采用碘量法或 SO_2 测定仪。

实验中通过测出填料塔进、出口气体的全压,即可计算出填料塔的压降;若填料塔的进、出口管道直径相等,用 U 形管压差计测出其静压差即可求出压降。对于碱液吸收 SO_2 的化学吸收体系,还可通过实验测出体积吸收系数。

3. 实验装置、仪器设备和试剂

(1) 实验装置和流程。

实验装置如图 6-22 所示。

吸收液从高位液槽通过转子流量计,由填料塔上部经喷淋装置喷入塔内,流经填料表面由塔下部排出,进入受液槽。空气由空气压缩机经缓冲罐后,通过转子流量计进入混合缓冲器,

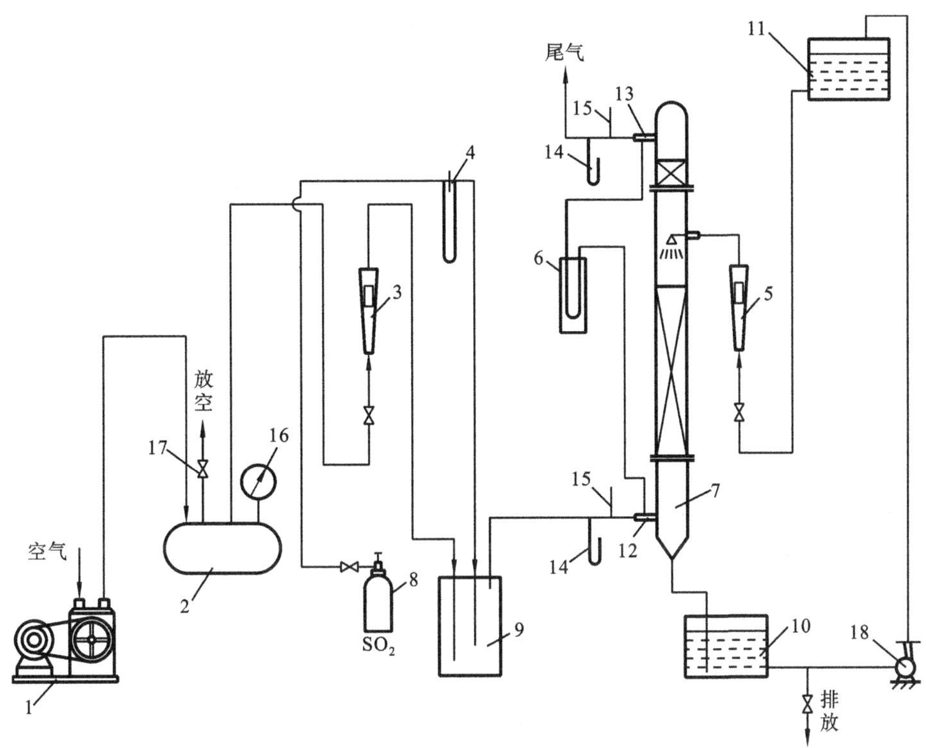

图 6-22　吸收实验装置流程图

1—空气压缩机；2—缓冲罐；3—转子流量计(气)；4—毛细管流量计；5—转子流量计(水)；6—U 形管压差计；7—填料塔；8—SO_2钢瓶；9—混合缓冲器；10—受液槽；11—高位液槽；12、13—取样口；14—空盒式大气压力计；15—温度计；16—压力表；17—放空阀；18—水泵

并与 SO_2气体混合，配制成一定浓度的混合气。SO_2来自钢瓶，并经毛细管流量计计量后进入混合缓冲器。含 SO_2的空气从塔底进气口进入填料塔内，通过填料层后，经除雾器由塔顶排出。

(2) 实验仪器与设备。

空气压缩机，压力 3 kg/cm^2(294 kPa)，气量 3.6 m^3/h，1 台；液体 SO_2钢瓶，1 瓶；填料塔，D=70 mm，H=650 mm，1 台；填料，ϕ5～8 mm 瓷环，若干；泵，扬程 3 m，流量 400 L/h，1 台；缓冲罐，容积 1 m^3，1 个；高位槽，500 mm×400 mm×600 mm，1 个；混合缓冲槽，0.5 m^3，1 个；受液槽，500 mm×400 mm×600 mm，1 个；转子流量计(水)LZB-10，10～100 L/h，1 个；转子流量计，LZB-40，4～40 m^3/h，1 个；毛细管流量计，0.1～0.3 mm，1 个；U 形管压差计，200 mm，3 只；压力表，0～3 kg/cm^2，1 只；温度计，0～100 ℃，2 支；空盒式大气压力计，1 只；玻璃筛板吸收瓶，125 mL，20 个；锥形瓶，250 mL，20 个；烟气测试仪(采样用)，YQ-1 型，2 台(或综合烟气分析仪，英国 KM9106，2 台)。

(3) 试剂。

① 采样吸收液。取 11 g 氨基磺酸铵、7 g 硫酸铵，加入少量水，搅拌使其溶解，继续加水至 1 000 mL，以硫酸($c_{H_2SO_4}$=0.05 mol/L)和氨水($c_{NH_3 \cdot H_2O}$=0.1 mol/L)调节 pH 值至 5.4。

② 碘贮备液(c_{I_2}=0.05 mol/L)。称取 12.7 g 碘，放入烧杯中，加入 40 g 碘化钾，加 25 mL 水，搅拌至全部溶解后，用水稀释至 1 L，贮于棕色试剂瓶中。

标定：准确吸取 25 mL 碘贮备液，以硫代硫酸钠溶液($c_{Na_2S_2O_3}$=0.1 mol/L)滴定溶液由红

棕色变为淡黄色后，加 5 mL 5%淀粉溶液，继续用硫代硫酸钠溶液滴定至蓝色恰好消失为止，记下滴定用量，则

$$c_{I_2}=\frac{c_{Na_2S_2O_3}V}{25\times 2} \tag{6-61}$$

式中：c_{I_2} 为碘溶液的实际浓度，mol/L；$c_{Na_2S_2O_3}$ 为硫代硫酸钠溶液实际浓度，mol/L；V 为消耗硫代硫酸钠溶液的体积，mL。

③ 碘溶液（$c_{I_2}=0.005$ mol/L）。准确吸取 100 mL 碘贮备液（$c_{I_2}=0.05$ mol/L）于 1 000 mL 容量瓶中，用水稀释至标线，摇匀，贮存于棕色瓶内。保存于暗处。

④ 硫代硫酸钠溶液（$c_{Na_2S_2O_3}=0.1$ mol/L）。取 26 g 硫代硫酸钠（$Na_2S_2O_3\cdot 5H_2O$）和 0.2 g 无水碳酸钠，溶于 1 000 mL 新煮沸并已冷却的水中，加 10 mL 异戊醇，充分混匀，贮于棕色瓶中。放置 3 天后进行标定。若混浊，应过滤。

标定：将碘酸钾（优级纯）于 120～140 ℃干燥 1.5～2 h，在干燥器中冷却至室温。称取 0.9～1.1 g（准确至 0.1 mg），溶于水，移入 250 mL 容量瓶中，稀释至标线，摇匀。吸取 25 mL 此溶液，放入 250 mL 碘量瓶中，加 2 g 碘化钾，溶解后，加 10 mL HCl 溶液（$c_{HCl}=2$ mol/L），轻轻摇匀。于暗处放置 5 min，加 75 mL 水，以硫代硫酸钠溶液（$c_{Na_2S_2O_3}=0.1$ mol/L）滴定。至溶液为淡黄色后，加 5 mL 淀粉溶液，继续用硫代硫酸钠溶液滴定至蓝色，恰好消失为止，记下消耗量（V）。

另外取 25 mL 蒸馏水，以同样的条件进行空白滴定，记下消耗量（V_0）。

硫代硫酸钠溶液浓度可用下式计算：

$$c_{Na_2S_2O_3}=\frac{m\times\frac{25.00}{250}}{(V-V_0)\times\frac{214}{1\,000\times 6}}=\frac{m\times 100}{(V-V_0)\times 35.67} \tag{6-62}$$

式中：$c_{Na_2S_2O_3}$ 为硫代硫酸钠溶液实际物质的量浓度，mol/L；m 为碘酸钾的质量，g；V 为滴定 I_2 消耗的硫代硫酸钠溶液体积，mL；V_0 为滴定空白溶液消耗的硫代硫酸钠溶液的体积，mL；214 为碘酸钾相对分子质量。

⑤ 0.5%淀粉溶液。取 0.5 g 可溶性淀粉，用少量水调成糊状，倒入 100 mL 煮沸的饱和氯化钠溶液中，继续煮沸直至溶液澄清（放置时间不能超过 1 个月）。

⑥ 5%烧碱或纯碱溶液。称取工业用烧碱或纯碱 5 kg，溶于 100 L 水中，作为吸收系统的吸收液。

4. 实验步骤

(1) 按图 6-22 正确连接实验装置，并检查系统是否漏气。关严吸收塔的进气阀，打开缓冲罐上的放空阀，并在高位液槽中注入配制好的 5%的碱溶液。

(2) 在玻璃筛板吸收瓶内装入采样用的吸收液 50 mL。

(3) 打开吸收塔的进液阀，并调节液体流量，使液体均匀喷淋，并沿填料表面缓慢流下，以充分润湿填料表面，当液体由塔底流出后，将液体流量调节至 35 L/h 左右。

(4) 开启空气压缩机，逐渐关小放空阀，并逐渐打开吸收塔的进气阀。调节气体流量，使塔内出现液泛。仔细观察此时的气液接触状况，并记录下液泛时的气速（由气体流量计算）。

(5) 逐渐减小气体流量，在液泛现象消失后。即在接近液泛现象，吸收塔能正常工作时，开启 SO_2 气瓶，并调节其流量，使气体中 SO_2 的含量为 0.1～0.5（体积分数）。

(6) 经数分钟，待塔内操作完全稳定后，按表 6-26 的要求开始测量并记录有关数据。

(7) 在吸收塔的上、下取样口用烟气测试仪(或综合烟气分析仪,下同)同时采样。采样时,先将装入吸收液的吸收瓶放在烟气测试仪的金属架上。吸收瓶上和玻璃筛板相连的接口与取样口相连;吸收瓶上另一接口与烟气测试仪的进气口相连(注意:不能接反)。然后,开启烟气测试仪,以 0.5 L/min 的采样流量采样 5~10 min(视气体中 SO_2 浓度大小而定),取样 2 次。

(8) 在液体流量不变,并保持气体中 SO_2 浓度大致相同的情况下,改变气体的流量,按上述方法,测取 4~5 组数据。

(9) 实验完毕后,先关掉 SO_2 气瓶,待 1~2 min 后再停止供液,最后停止鼓入空气。

(10) 样品分析。将采过样的吸收瓶内的吸收液倒入锥形瓶中,并用 15 mL 吸收液洗涤吸收瓶 2 次,洗涤液并入锥形瓶中,加 5 mL 淀粉溶液,以碘溶液($c_{I_2}=0.005$ mol/L)滴定至蓝色,记下消耗量(V)。另取相同体积的吸收液,进行空白滴定,记下消耗量(V_0)。

5. 实验数据整理

(1) 实验数据的处理。

① 由样品分析数据计算标准状态下气体中 SO_2 的浓度。

$$\rho_{SO_2}=\frac{(V-V_0)c_{I_2}\times 64}{V_{Nd}}\times 1\,000 \tag{6-63}$$

式中:ρ_{SO_2} 为标准状态下二氧化硫浓度,mg/m^3;c_{I_2} 为碘溶液物质的量浓度,mol/L;V 为滴定样品消耗碘溶液的体积,mL;V_0 为滴定空白消耗碘溶液的体积,mL;64 为 SO_2 的相对分子质量;V_{Nd} 为标准状态下的采样体积,L。

V_{Nd} 可用下式计算:

$$V_{Nd}=1.58q'_m\tau\sqrt{\frac{p_m+p_a}{T_m}} \tag{6-64}$$

式中:q'_m 为采样流量,L/min;τ 为采样时间,min;T_m 为流量计前气体的绝对温度,K;p_m 为流量计前气体的压力,kPa;p_a 为当地大气压力,kPa。

② 吸收塔的平均净化效率(η)可由下式近似求出:

$$\eta=\left(1-\frac{\rho_2}{\rho_1}\right)\times 100\% \tag{6-65}$$

式中:ρ_1 为标准状态下吸收塔入口处气体中 SO_2 的质量浓度,mg/m^3;ρ_2 为标准状态下吸收塔出口处气体中 SO_2 的质量浓度,mg/m^3。

③ 吸收塔压降(Δp)的计算。

$$\Delta p=p_1-p_2 \tag{6-66}$$

式中:p_1 为吸收塔入口处气体的全压或静压,Pa;p_2 为吸收塔出口处气体的全压或静压,Pa。

④ 气体中 SO_2 的分压(p_{SO_2})的计算。

$$p_{SO_2}=\frac{\rho\times 10^{-3}/32}{1\,000/22.4}\times p \tag{6-67}$$

式中:ρ 为标准状态下气体中 SO_2 的质量浓度,mg/m^3;32 为 $1/2SO_2$ 的相对分子质量;p 为气体的总压,Pa。

⑤ 体积吸收系数的计算。

以浓度差为推动力的体积吸收系数(K_ya)可通过下式计算:

$$K_ya=\frac{Q(y_1-y_2)}{hA\Delta y_m} \tag{6-68}$$

式中：Q 为通过填料塔的气体量，kmol/h；h 为填料层高度，m；A 为填料塔的截面积，m^2；y_1、y_2 分别为进、出填料塔气体中 SO_2 的摩尔分数；Δy_m 为对数平均推动力。

$$\Delta y_m = \frac{(y_1 - y_1^*) - (y_2 - y_2^*)}{\ln \dfrac{y_1 - y_1^*}{y_2 - y_2^*}} \tag{6-69}$$

对于碱液吸收 SO_2 系统，其吸收反应为极快不可逆反应，吸收液面上 SO_2 平衡浓度 y^* 可视为零。因此，对数平均推动力(Δy_m)可表示为

$$\Delta y_m = \frac{y_1 - y_2}{\ln \dfrac{y_1}{y_2}} \tag{6-70}$$

由于实验气体中 SO_2 浓度较低，则摩尔分数 y_1、y_2 可用下式表示：

$$y_1 = \frac{p_{A1}}{p}, \quad y_2 = \frac{p_{A2}}{p} \tag{6-71}$$

式中：p_{A1}、p_{A2} 分别为进、出塔气体中 SO_2 的分压力，Pa；p 为吸收塔气体的平均压力，Pa。

将式(6-70)和式(6-71)代入式(6-68)中，可得到以分压差为推动力的体积吸收系数($K_G a$)的计算式。

$$K_G a = \frac{Q}{pAh} \ln \frac{p_{A1}}{p_{A2}} \tag{6-72}$$

(2) 将实验测得数据和计算的结果等填入表 6-25 至表 6-27 中。

实验时间________年________月________日

实验小组人员____________

大气压力________ kPa

室温________℃

液泛气速________ m/s

表 6-25　气体浓度测定记录表

测定次数	空塔气速 v/(m/s)	I_2液浓度/(mg/L)	塔前				塔后				净化效率 η/(%)
			标准状态下采样体积 V_{Nd}/L	样品耗 I_2液 V/L	空白耗 I_2液 V_0/L	标准状态下 SO_2 浓度/(mg/m³)	标准状态下采样体积 V_{Nd}/L	样品耗 I_2液 V/L	空白耗 I_2液 V_0/L	标准状态下 SO_2 浓度/(mg/m³)	

表 6-26 吸收实验系统测定结果记录表

测定次数	液体流量/(L/min)	空气流量		SO_2 流量		气体状态				标准状态下气体中 SO_2 浓度				填料层高度 h/m	塔截面积 m^2	压降 Δp/Pa
						塔前		塔后		塔前		塔后				
		体积流量/(L/min)	摩尔流量 Q/(kmol/h)	体积流量/(L/min)	摩尔流量 Q/(kmol/h)	温度 t_1/℃	压力 p_1/Pa	温度 t_2/℃	压力 p_2/Pa	质量浓度/(mg/m^3)	分压力 p_{A1}/Pa	质量浓度/(mg/m^3)	分压力 p_{A2}/Pa			

表 6-27 吸收实验结果汇总表

测定次数	液体流量/(L/min)	气体流量 Q/(kmol/h)	液气比 L	空塔气速 v/(m/s)	塔内气体平均压力 p/Pa	体积吸收系数 $K_G a$/[kmol/(m^3 · h · Pa)]	吸收效率 η/(%)	压降 Δp/Pa

(3) 根据实验结果,以空塔气速为横坐标、分别以吸收效率和压降为纵坐标,标绘出曲线。

6. 问题与讨论

(1) 从实验结果标绘出的曲线,你可以得出哪些结论?

(2) 通过该实验,你认为实验中还存在什么问题?应作哪些改进?

(3) 还有哪些比本实验中的脱硫方法更好的脱硫方法?

6.5.2 活性炭吸附法净化气体中的 NO_x

1. 实验目的

吸附法广泛应用于有机、石油化工等生产部门,成为不可缺少的分离手段,由于吸附过程能有效地捕集浓度很低的有害物质,因此,在环境保护方面的应用越来越广泛。活性炭吸附主要用于大气污染、水质污染和有害气体净化领域。用活性炭净化氮氧化物废气是一种简便、有效的方法,通过吸附剂的物理吸附性能和较大的比表面积将废气中的气体分子吸附在吸附剂上,经过一定时间,吸附达到饱和,通过吸附剂温度、压力等吸附条件的改变,使吸附质从吸附剂中解析下来,达到净化回收的目的,吸附剂解析后可重复循环利用。

本实验采用有机玻璃吸附塔、以活性炭作为吸附剂,通过模拟氮氧化物废气,得出吸附净化效率、空塔气速和失效时间等数据。通过本实验希望达到以下目的。

(1) 深入理解吸附法净化有害废气的原理和特点。

(2) 掌握活性炭吸附法的工艺流程和吸附装置的特点。

(3) 训练工艺实验的操作技能,掌握主要仪器设备的安装和使用。

(4) 掌握活性炭吸附法中的样品分析和数据处理的技术。

2. 实验原理

吸附是利用多孔性固体吸附剂处理流体混合物,使其中所含的一种或几种组分浓集在固体表面,而与其他组分分开的过程。产生吸附作用的力可以是分子间的引力,也可以是表面分子与气体分子的化学键力,前者称为物理吸附,后者则称为化学吸附。

活性炭吸附气体中的氮氧化物是基于其较大的比表面积和较高的物理吸附性能。活性炭吸附氮氧化物是可逆过程,在一定温度和压力下达到吸附平衡,而在高温、减压下被吸附的氮氧化物又被解吸出来,使活性炭得到再生而能被重复使用。

3. 实验装置、仪器设备和试剂

(1) 实验装置。

实验装置如图 6-23 所示,主要包括酸雾发生器、吸附塔、尾气净化装置、真空泵及流量计、冷凝器等部分。

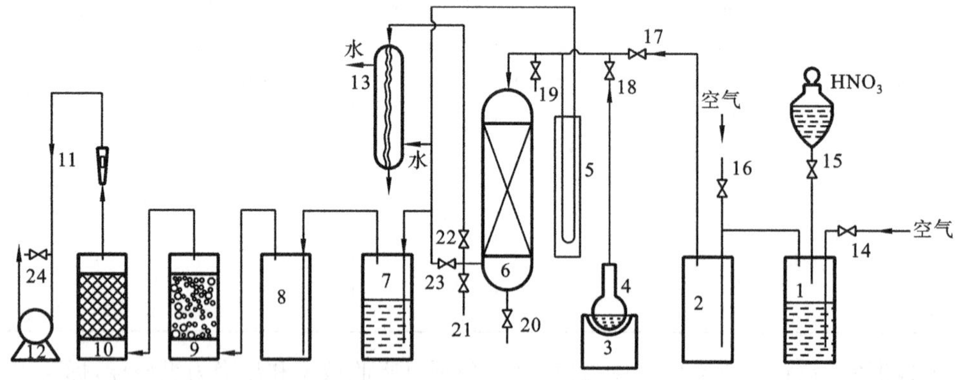

图 6-23 活性炭吸附装置流程图

1—酸雾发生器;2—缓冲瓶;3—电热器;4—蒸气瓶;5—压差计;6—吸附塔;7—液体吸收瓶;8—缓冲瓶;9—固体吸收瓶;10—干燥瓶;11—转子流量计;12—真空泵;13—冷凝器;14—关闭阀;15、17、18、20、22、23—控制阀;16—进气调节阀;19—进口采样点;21—出口采样点;24—气量调节阀

(2) 仪器设备。

有机玻璃吸附塔,$D=40$ mm,$H=380$ mm,1 台;真空泵,流量 30 L/min,1 台;气体转子流量计,0~40 L/min,1 个;玻璃洗气瓶,500 mL,2 个;玻璃干燥瓶,500 mL,2 个;玻璃细口瓶,2 个;分光光度计,1 台;电热器,1 台;冷凝器,2 支;双球玻璃氧化管,2 支;采样用注射器,2 支;玻璃三通管,2 个;玻璃四通管,1 个;溶气瓶,100 mL,20 个;具塞比色管,10 mL,7 支。

(3) 试剂。

活性炭；硝酸，分析纯，1 瓶；NaOH 溶液，10%；固体 NaOH，分析纯，1 瓶；铁丝或铜丝；三氧化铬，分析纯，1 瓶；对氨基苯磺酸，分析纯，1 瓶；盐酸萘乙二胺，分析纯，1 瓶；冰乙酸，分析纯，1 瓶；浓盐酸，分析纯，1 瓶；亚硝酸钠，分析纯，1 瓶。

4. 实验步骤

1) 实验准备

(1) 三氧化铬氧化管的制作。

筛取 20～40 目沙子，用 HCl 溶液(1+2)浸泡一晚，用水洗至中性、烘干。把三氧化铬及沙子按质量比(1∶20)混合，加少量水调匀，放在红外灯下或烘箱里于 15 ℃烘干，称取约 8 g 三氧化铬-沙子装入双球玻璃管，两端用少量脱脂棉塞紧即可使用，使用前用乳胶管或用塑料管制成的小帽将氧化管两端密封。

(2) 吸收液的配制。

所用试剂均用不含亚硝酸根的重蒸水配制，即所配吸收液的吸光度不超过 0.005。配制时称取 5.0 g 对氨基苯磺酸，通过玻璃小漏斗直接加入 1 000 mL 容量瓶中，加入 50 mL 冰乙酸和 900 mL 混合溶液，盖塞振摇使其溶解，待对氨基苯磺酸完全溶解，再加入 0.050 g 盐酸萘乙二胺，溶解后，用水稀释至标线。此为吸收原液，贮于棕色瓶中，在冰箱中可保存两个月，保存时可用聚四氟乙烯生胶密封瓶口，以防止空气与吸收液接触。采样时按 4 份吸收原液和 1 份水的比例混合。

(3) 亚硝酸钠标准溶液的配制。

称取 0.150 0 g 粒状亚硝酸钠($NaNO_2$，预先在干燥器内放置 24 h 以上)，溶解于水，移入 1 000 mL 容量瓶中，用水稀释至标线，此溶液每毫升含 100.0 μg 亚硝酸根(NO_2^-)，贮于棕色瓶保存在冰箱中，可稳定 3 个月。临用前，吸取贮备液 5.00 mL 于 100 mL 容量瓶中，用水稀释至标线。此溶液每毫升含 5.0 μg 亚硝酸根(NO_2^-)。

(4) 标准曲线的绘制。

在 7 支 10 mL 具塞比色管中分别准确加入 0 mL、0.10 mL、0.20 mL、0.30 mL、0.40 mL、0.50 mL、0.60 mL 亚硝酸钠标准溶液，然后在每支比色管中分别加入 4 mL 吸收原液和 1.00 mL、0.90 mL、0.80 mL、0.70 mL、0.60 mL、0.50 mL、0.40 mL 蒸馏水，摇匀，避光放置 15 min，在 540 nm 波长处，用 1 cm 比色皿，以水为参比，测定吸光度，根据测定结果，绘制吸光度对 NO_2^- 含量的标准曲线。

2) 实验操作

(1) 按图 6-23 所示的流程图连接好实验装置。

(2) 将铜丝或铁丝(块)放入酸雾发生器中，配制 40% HNO_3 溶液，装入分液漏斗中，洗气瓶中装入 10%NaOH 溶液，干燥塔中装入固体 NaOH。

(3) 检查管路系统是否漏气，开动真空泵，使压差计有一定压力差，并将各调节阀关死，保持一段时间，看压力是否有变化，如有漏气，可以压差计为中心向远处逐步检查，查到整个系统不漏气为止。

(4) 将铜丝或铁丝放入酸雾发生器中，配制 40% HNO_3 溶液，装入分液漏斗中，将分液漏斗的阀门打开，酸雾发生器中便有氮氧化物放出。

(5) 关闭阀门 15、18、20 和 22，开动真空泵，调节气量调节阀 24 及转子流量计，使流量达到一定值。

(6) 开启阀门 15,调节进气调节阀 16,观察缓冲瓶中黄烟的变化情况,并调节转子流量计,使其回到规定值,保持气流稳定。

(7) 在整个系统稳定 2～5 min 后取样分析,以后每 30 min 取样一次,每次取三个。

(8) 当吸附净化效率低于 80%时,停止吸附操作,将气量调节阀 24 打开,停止真空泵,关闭阀门 14、15、16、17 和 23。

(9) 开启阀门 18 和 22,使管路系统处于解吸状态,打开冷水管开关,向吸附塔通入水蒸气进行解吸。

(10) 当解吸液 pH 值小于 6 时,关闭阀门 18 和 22,停止解吸。

3) 采样与分析

分析氮氧化物采用盐酸萘乙二胺比色法。

(1) 准确吸取 10 mL 采样用的吸收液,装入干净的溶气瓶中,用于取净化后的气体(取原气体样品时,吸收液量为 40 mL)样品。用翻口塞和弹簧夹封好瓶口和支管口,并用注射器抽出瓶内空气,使瓶内保持负压。

(2) 用 5 mL 的医用注射器在出口气体取样口取样 5 mL(在原气体样品进气口取样 2 mL)缓慢注射到溶气瓶中(注意要将针头插入液体内),并不断摇动溶气瓶。注射完样气后,继续摇动 2～3 min。静置 30 min 后可进行分析。每次取样品三个,结果取平均值。

(3) 比色测定,用分光光度计在 540 nm 波长处测得样品的吸光度值,并在标准曲线上查出相应的 NO_2^- 含量。若 NO_2^- 浓度过高,可稀释后进行测定。

5. 实验数据整理

(1) 实验数据的处理。

① 标准状态下气体中 NO_2 浓度的计算。

$$\rho_{NO_2}=\frac{aV_s}{V_N V_1\times 0.76} \tag{6-73}$$

式中:a 为样品溶液中 NO_2 的含量,μg;V_s 为样品溶液的总体积,mL;V_1 为分析时所取样品溶液的体积,mL;0.76 为转换系数,气体中 NO_2 被吸收转换为 NO_2^- 的系数;V_N 为标准状态下的采样体积,L。V_N 可用下式计算:

$$V_N=V_f\times\frac{23}{273+t_f}\times\frac{p_a}{101.3} \tag{6-74}$$

式中:y 为注射器采样体积,L;t_f 为室温,℃;p_a 为大气压力,kPa。

② 吸附塔的平均净化效率(η)。

$$\eta=\left(1-\frac{\rho_{2NO_2}}{\rho_{1NO_2}}\right)\times 100\% \tag{6-75}$$

式中:ρ_{1NO_2} 为标准状态下吸附塔入口处气体中 NO_2 的浓度,mg/m^3;ρ_{2NO_2} 为标准状态下吸附塔出口处气体中 NO_2 的浓度,mg/m^3。

③ 空塔气速。

$$W=\frac{Q}{F} \tag{6-76}$$

式中:Q 为气体体积流量,m^3/s;F 为床层横截面积,m^2。

(2) 实验基本参数记录。

吸附器:直径 D=________ mm 高度 H=________ mm 床层横截面积 F=________ m^2

活性炭:种类________ 粒径 d=________ mm 装填高度________ mm 装填量________ g

操作条件：气体浓度________ mg/L　室温________ ℃　气体流量________ L/min

(3) 实验结果及整理。

① 将实验数据及分析结果记入表6-28中。

表6-28　实验数据记录及分析表

实验时间	1号吸光度	2号吸光度	3号吸光度	1号净化率/(%)	2号净化率/(%)	3号净化率/(%)	平均净化率/(%)	空塔气速/(m/s)

② 根据实验结果给出净化效率随吸附操作时间的变化曲线。

6. 问题与讨论

(1) 从实验结果得到的曲线，你可以得出哪些结论？

(2) 空塔气速与吸附效率有何关系？通常吸附操作空塔气速为多少？

(3) 对于长时间使用的活性炭，采用什么方法进行活化处理？

(4) 通过实验，你有什么体会？对实验有何改进意见？

6.5.3　活性炭吸附法净化VOCs废气

1. 实验目的

活性炭是由各种含碳物质如煤、木材、石油焦、果壳、果核等炭化后，再用水蒸气或化学药品进行活化处理，制成的孔穴十分丰富的吸附剂。它具有非极性表面，为疏水性和亲有机物的吸附剂，因此常用于某些特定生产工艺(化学工业、石油化工等)的废气处理。在这些生产工艺中，常排放出不同浓度的苯、甲苯等挥发性有机污染物(VOCs)。苯类物质大多易燃、有毒，通过呼吸系统进入人体易损害人的中枢神经，造成神经系统障碍，其被摄入人体后，会危及血液及造血器官。因此，含苯有机废气不经处理直接排放，不仅危害人体健康，同时还会造成严重的环境污染。

活性炭吸附法处理低浓度VOCs是工业上较为常用的方法。本实验通过气体发生器产生的苯蒸气作为VOCs，用活性炭对其进行吸附。通过本实验进一步提高对吸附机理的认识，了解影响吸附效率的主要因素。

2. 实验原理

气体吸附是用多孔固体吸附剂将气体混合物中的一种或数种组合浓集于固体表面，而与其他组分分离的过程。根据吸附剂与吸附质之间发生吸附作用力的性质不同，吸附过程可分为物理吸附与化学吸附。物理吸附是由于气相吸附质的分子与固体吸附剂的表面分子间存在的范德华力所引起的，它是一个可逆过程；化学吸附则是由吸附质分子与吸附剂表面的分子发生化学反应而引起的，化学吸附的强弱由两种分子的化学键的亲和力大小决定，化学吸附是不可逆的。用吸附法净化有机废气时，在多数情况下发生的是物理吸附。吸附了有机组分的吸附剂，在温度、压力等条件改变时，被吸附组分可以脱离吸附剂表面，而得到纯度较高的产物，使有机废气得以回收利用，同时利用这一点，使吸附剂得到净化而能被重复使用。

3. 实验装置、仪器设备和试剂

(1) 实验装置。

实验装置如图 6-24 所示。该流程可分为如下几部分。

① 配气部分。气体压缩机送出的空气进入缓冲瓶,然后通过放空阀调节进入转子流量计的气体流量。气体经转子流量计计量后分成两股:一股进入装有苯的气体发生器,将气体发生器中挥发的苯带出;另一股不经气体发生器直接通过。两股气体在进入吸附柱前混合,混合气的苯浓度通过调节两股气的流量比例来控制,两股气的流量比例则是通过控制阀 6、7 来调节的。

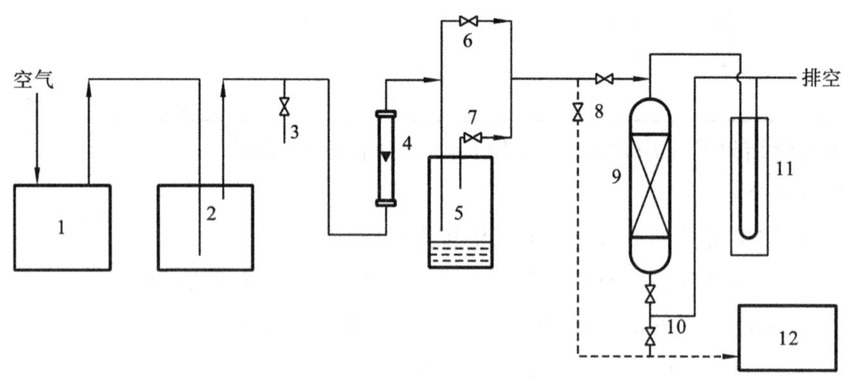

图 6-24 吸附实验装置流程图

1—气体压缩机;2—缓冲瓶;3—放空阀;4—转子流量计;5—气体发生器;6、7—控制阀;8、10—取样口;9—吸附柱;11—U 形管压差计;12—气质联机

② 吸附部分。混合后气体通过阀门进入吸附柱,吸附柱中装有一定高度的活性炭。吸附净化后的气体排空。

③ 取样部分。在吸附柱前、后设置两个取样点,实验时按需要将取样点分别与气质联机相连(或用针筒从两处取样,再用气质联机分析取出的样品),以测定吸附柱进、出口气体的苯浓度。

(2) 主要仪器设备及规格。

压缩机,压力 3 kg/cm^2(294 kPa),1 台;转子流量计,1 只;U 形管压差计,1 只;三口瓶,500 mL,1 个;广口瓶,10 000 mL,1 个;吸附柱,有机玻璃 ϕ 40 mm×400 mm,2 个;气质联机,TRACE MS,1 台。

(3) 实验用吸附剂。

活性炭。

4. 实验方法与步骤

1) 实验准备

实验准备工作在学生进行实验之前由实验室工作人员完成。

(1) 按图 6-24 所示的流程图连接好装置并检查气密性。

(2) 校定转子流量计并给出流量曲线图。

(3) 将活性炭放入烘箱中,在 100 ℃以下烘 1～2 h,过筛备用。

2) 实验步骤

(1) 标准曲线的绘制。用 5 支 100 mL 注射器分别抽取 5 mL、10 mL、20 mL、40 mL、80

mL 浓度为1 mg/L的苯标准气，用清洁空气稀释至 100 mL，其浓度分别为 50 mg/m³、100 mg/m³、200 mg/m³、400 mg/m³、800 mg/m³。按气质联机操作方法进样、测量峰面积，绘制标准曲线。

（2）取三根吸附柱测量管径，然后分别向吸附柱中装入 14 cm、12 cm 和 10 cm 高已烘干的活性炭，然后把 14 cm 炭层的吸附柱装在流程上，另两根柱备用。

（3）根据测定的管径，计算出空塔气速为 0.3 m/s 时所应通的气量，并根据流量曲线认准该空塔气速下的流量计刻度值。

（4）打开放空阀 3，关闭控制阀 7，开启压缩机，然后利用放空阀 3 将气体流量调节到所需流量值。

（5）打开取样口 10，将气体接通气质联机，逐渐开启控制阀 7，关小控制阀 6，并保持流量计所示刻度值不变，调节混合气苯浓度为 250 mg/m³，并记下时间。

（6）关闭取样口 10，使气体全部通过吸附柱，并保持上述条件连续通气。通过取样口不断将气体导入气质联机，测定吸附柱出口气体的苯浓度，至出口气体中有微量苯浓度显示时停止通气，记下时间。

（7）将 14 cm 炭层柱由流程上卸下，并分别将装有 12 cm 和 10 cm 炭层吸附柱装入流程，重复（3）、（4）、（5）、（6）的操作，在操作中保持相同的条件。

（8）实验完毕后，关闭压缩机，切断电源，清洗仪器，整理仪器药品。

5. 实验数据整理

（1）实验数据的处理。

① 气体中苯浓度的计算。

$$\rho = \frac{\rho_0}{\phi} \tag{6-77}$$

式中：ρ 为苯的浓度，mg/m³；ρ_0 为由标准曲线上查出的样品浓度，mg/m³；ϕ 为将样品体积换算成标准状况下体积的换算系数。

② 希洛夫公式中 K、τ_0 的求取。

依据所得实验结果，计算希洛夫公式中的常数 K 和 τ_0 值：

$$\tau = KL - \tau_0 \tag{6-78}$$

式中：τ 为保持作用时间；L 为炭层高度。

③ 吸附容量的计算。

活性炭的吸附容量按下式计算：

$$a = \frac{KV\rho}{\rho_b} \tag{6-79}$$

式中：a 为活性炭吸附容量，kg/kg；K 为吸附层保护作用系数，s/m；V 为空塔气速，m/s；ρ_b 为吸附剂的堆积密度，kg/m³；ρ 为气流中污染物入口浓度，kg/m³。

（2）实验基本参数记录。

吸附柱：直径 D=________

活性炭：种类________　粒径 d=________ mm　堆积密度________ kg/m³

操作条件：室温________℃　气压________ kPa　气体流量________ L/min　空塔气速________ m/s

（3）实验结果与整理。

将实验条件、结果及其计算值记入表 6-29。

表 6-29 实验条件、结果及其计算值

序 号	吸 附 柱 号	1	2	3
1	炭层高度/m			
2	进气浓度/(mg/m^3)			
3	保护作用时间/min			
4	吸附容量/(kg/kg)			
希洛夫公式的 K、τ_0 值		K=________ min/m τ_0=________ min		

6. 问题与讨论

(1) 影响吸附容量的因素有哪些？在实验中若空塔气速、气体进口浓度的值发生变化，将会对吸附容量的值产生什么影响？

(2) 若要测定气体进口浓度的变化对吸附容量的影响，应该怎样设计实验？

(3) 在什么样的条件下可以使用希洛夫公式进行吸附床层的计算？根据实验结果，若设计一个炭层高度为 0.5 m 的吸附床层，它的保护作用时间为多少？

6.5.4 机动车尾气的测定

1. 实验目的

随着经济的发展及人民生活水平的不断提高，汽车的数量越来越多，在汽车给人们带来交通便利的同时，它对环境空气的污染及其危害也越来越受到人们的重视。

汽车主要使用内燃机作为动力源，在行驶过程中，内燃机燃烧所产生的有害气体是汽车的主要污染源，由于是从汽车后部通过排气管排出的，所以汽车排放的废气常称为尾气。汽车尾气中的有害成分主要是 CO、HC(碳氢化合物)、NO_x 和炭烟，它们也是目前汽车排污标准及净化措施主要针对的成分。尾气中各有害成分产生的原因是不同的。CO 是因燃烧时供氧不足造成的，在汽油机中，主要是由于混合气较浓，在柴油机中是由于局部缺氧造成的。HC 是由于燃烧不完全，以及低温缸壁使火焰受冷熄灭，电火花微弱，混合气形成条件不良而造成的。NO_x 是燃烧过程中，在高温、高压条件下，原子氧和氮化合的结果。炭烟是燃油在高温缺氧条件下裂解生成的，汽油机正常工作时很少出现炭烟，柴油机因局部混合气很浓，易产生炭烟。

目前，在国外大部分汽车及国内部分汽车上装有空气喷射装置——热反应器或催化反应器，使 HC、NO_x、CO 降到最低程度。其中催化反应器是目前采用最多的，也是未来汽车尾气净化的方向，它使废气通过催化反应器时，在催化剂的作用下，与空气产生化学反应，其结果是 CO 氧化为 CO_2，HC 氧化为 CO_2 和 H_2O，NO_x 还原为 N_2。炭烟是柴油机尾气中的重要组成部分，它由多孔性碳粒构成，常黏带有 SO_2。炭烟的处理可采用过滤的方法，使高温废气通过蒸发器水层使水蒸发，冷却后形成以碳粒为核心的水滴，被过滤器过滤，而水流回到蒸发器重复利用，过滤材料采用氨基甲酸乙酯。

本实验拟采用 NDIR 法(不分光红外线吸收法)测定 CO、HC 的浓度。用盐酸萘乙二胺比色法测定 NO_x 的浓度，采用过滤称量法测定颗粒物的含量。

2. 实验原理

(1) NDIR 法测定 CO、HC 的原理。

当具有电极性的气体分子受到红外线照射时产生振动能级的跃迁，吸收一部分其频率对应于气体分子固定振动频率的红外线，从而在红外光谱上形成吸收带，不同的气体分子具有不同的吸收波长，利用这一点可对气体进行定性分析。CO 对波长为4.6 μm的红外线有选择性吸收。HC 对波长为3.3 μm的红外线有选择性吸收。

测量时，光源的两束相等的红外光被切光电动机周期性地打开切断。若工作室流过的气体 CO 或 HC 浓度为零，在光束打开时，到达左、右两个检测室的红外光能量相等，室内气体吸收相同的光能量后热膨胀产生的压力也相等，薄膜无位移，电容量不变化，在光束被切断时，两个检测室均不接收能量，电容量也不变化。若工作室流过一定浓度的待测气体，在光束打开时，由于到达两个检测室的红外光量不相等(左室大于右室)。左室压力大于右室压力，在这一压差作用下，金属箔向右鼓起，极间距离增大，电容量变小，在光束被切断后，金属箔复位，电容量还原。这样，当切光片旋转时，检测器的电容量就产生了周期性变化，其变化量与气体浓度呈一定函数关系(见图 6-25)。

(2) 盐酸萘乙二胺比色法测定 NO 的原理。

尾气中的 NO_x 主要是 NO 和 NO_2。测定时先将气体通过三氧化铬氧化管把 NO 氧化成 NO_2。然后将 NO_2 吸收在用冰乙酸、对氨基苯磺酸和盐酸萘乙二胺配制成的吸收液中形成亚硝酸，与对氨基苯磺酸起重氮化反应，再与盐酸萘乙二胺耦合，生成玫瑰红色偶氮燃料。根据颜色的深浅，进行比色测定。

3. 实验装置、仪器设备和试剂

红外线气体分析仪(见图 6-25)；采样器；分光光度计；具塞比色管，10 mL；三氧化铬氧化管；注射器；吸收管；冰乙酸；对氨基苯磺酸；盐酸萘乙二胺；亚硝酸钠；标准 CO 气体；标准 HC 气体；标准 NO_2 气体；干燥滤纸。

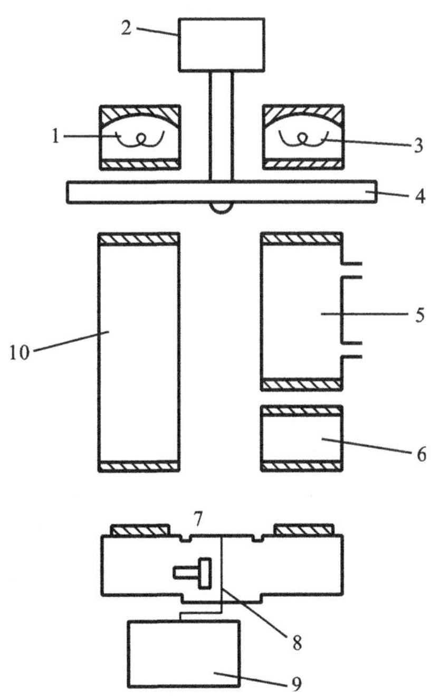

图 6-25　红外线气体分析仪原理图

1、3—光源；2—同步电动机；4—截光器；5—试样室；6—过滤室；7—检测室；8—电容器动极膜片；9—前置放大器；10—比较室

4. 实验步骤

1) 取样

本实验采用直接取样法，在汽车尾气排气管处用取样探头将废气引出，探头插入的深度不得小于 300 mm。因为废气中含有水分、烟尘、油污等，为防止其影响分析结果，故要经冰冷(凝汽除水)、玻璃棉过滤(滤除油尘等)，经取样泵将气体引出。取样时，用 100 mL 注射器直接抽取，抽取前先用样气冲洗 3 遍，然后再取样。气样要避光放置，以备分析用。由于废气成分复杂，互相易起化学反应，因而取样器内废气成分很易变化，尤其是 NO_x，在光的影响下，取样后约半天再分析，NO_x 浓度减少近 5%～10%，所以取样后应尽快地进行分析（采样流程见图 6-26)。

2) CO、HC 浓度的测定

(1) CO 浓度的测定。向红外线气体分析仪分析室内通入浓度为 ρ_s(mg/m^3)的 CO 标准气，由指示仪表读取分度值 U_s(格数或毫伏数)，再向分析室通入待测气样，读取分度值 U_x。气样中 CO 的浓度 ρ_x(mg/m^3)

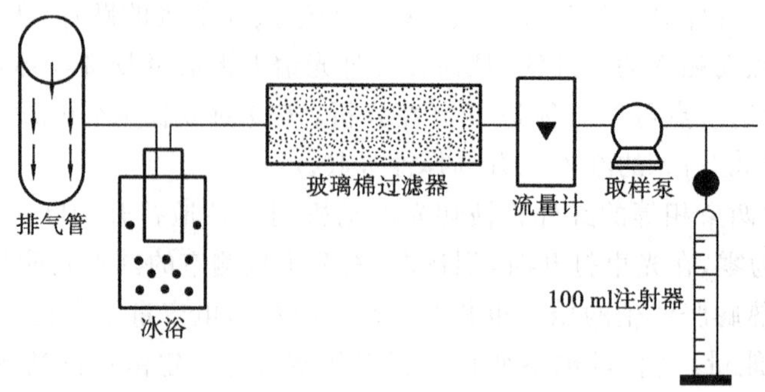

图 6-26 采样流程图

可由下式求得:

$$\rho_x = \rho_s \times \frac{U_x}{U_s}$$

(2) HC 浓度的测定。向红外线气体分析仪分析室内通入浓度为 ρ_s(mg/m^3)的 HC 标准气,由指示仪表读取分度值(格数或毫伏数),再向分析室通入待测气样,读取分度值 U_x。气样中 HC 的浓度 ρ_x 可由上式求得。用来测定 HC 的红外线气体分析仪和用来测定 CO 的红外线气体分析仪不同之处在于要采用不同的干涉滤光片,使其分别可以允许 3.3 μm 和 4.6 μm 波长的红外光透过。

3) NO_x 浓度的测定

测定按下列步骤进行。

(1) 配制吸收液。称取 5.0 g 对氨基苯磺酸,通过玻璃小漏斗直接加入 1 000 mL 容量瓶中。加入 50 mL 冰乙酸和 900 mL 水,盖塞振摇使其溶解,待对氨基苯磺酸完全溶解后,加入 0.050 g 盐酸萘乙二胺溶解后,用水稀释至标线。此为吸收原液。贮于棕色瓶中,在冰箱中可保存两个月。使用时按四份吸收原液和一份水的比例混合。

(2) 配制亚硝酸钠标准溶液。称取 0.150 0 g 粒状亚硝酸钠(预先在干燥器内放置 24 h 以上),溶解于水。移入 1 000 mL 容量瓶中,用水稀释至标线。此溶液每毫升含 100.0 μg 亚硝酸根离子,贮于棕色瓶中,在冰箱中可保存三个月。临用前,吸取贮备液 5.00 mL 于 100 mL 容量瓶中,用水稀释至标线。此溶液每毫升含 5.0 μg 亚硝酸根离子。

(3) 取两个各装有 4 mL 吸收液的 U 形多孔玻板吸收管,中间串联一个氧化管,如图 6-27 所示。将 A 中的气样以 100 mL/min 的速度注入吸收管 1 中,经氧化管再进入吸收管 2 中。此时,为克服阻力,在排气口处连有注射器 B,以缓慢速度往外抽,A 中的气样进量应视进入吸收液后颜色变粉红色而定。记下进样量体积。

(4) 将吸收管 1 的进口和吸收管 2 的出口夹死,然后将 B 注射器中的气体再注入系统中,

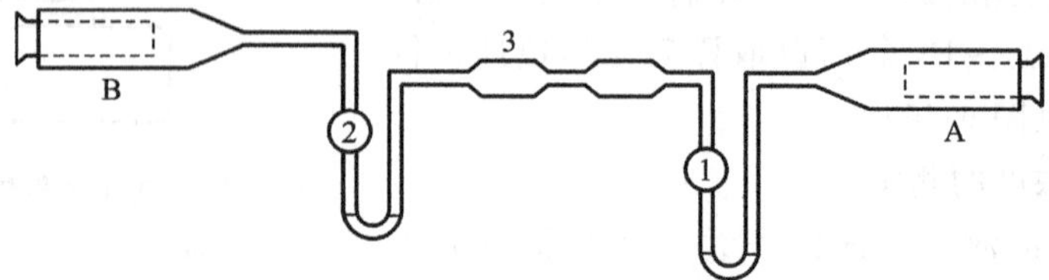

图 6-27 比色分析流程图

1、2—吸收管;3—氧化管;A、B—注射器

吸收管 2 的出口处仍用一新注射器抽，此操作重复两次。

(5) 最后用 100～200 mL 新鲜空气冲洗系统，将残存在管道及氧化管中的样气都冲洗至吸收液中，使吸收更完全。

(6) 将吸收管 1、2 避光放置 15 min，待吸收液颜色稳定后倾入比色皿中进行比色，前管测得 NO_2 的含量，后管测得 NO 的含量，两个含量之和即为 NO_x 的含量。如果吸收液颜色太浓，可再将溶液用吸收液稀释若干倍再测定。但最好采用进气量适当的办法来解决比色液颜色过浓的问题，以免稀释后造成误差。

(7) 其中比色测定按以下步骤进行。

① 标准曲线的绘制：取 7 支 10 mL 具塞比色管，按表 6-30 配制标准色列。各管摇匀后，避开直射阳光，放置 15 min，在 540 nm 波长处，用 1 cm 比色皿，以水为参比，测定吸光度。以吸光度对亚硝酸根含量(μg)，绘制标准曲线。

② 样品测定：采样后，放置 15 min，将样品溶液移入 1 cm 比色皿中，用绘制标准曲线的方法测定试剂空白液和样品溶液的吸光度。若样品溶液的吸光度超过标准曲线的测定上限，可用吸收液稀释后再测定吸光度。计算结果时应乘以稀释倍数。

表 6-30　亚硝酸钠溶液的标准色列

管　　号	0	1	2	3	4	5	6
亚硝酸钠标准溶液体积	0	0.10	0.20	0.30	0.40	0.50	0.60
吸收原液体积/mL	4.00	4.00	4.00	4.00	4.00	4.00	4.00
水体积/mL	1.00	0.90	0.80	0.70	0.60	0.50	0.40
亚硝酸根离子含量/μg	0	0.5	1.0	1.5	2.0	2.5	3.0

(8) 计算。

$$\rho_{NO_2} = \frac{m}{V_0 \times 0.76 \times 1\,000} \tag{6-80}$$

式中：ρ_{NO_2} 为被分析气体中 NO_2 的浓度，mg/m³；V_0 为进样量的体积换算成标准状态下的体积，m³；m 为 NO_2 的质量，μg；0.76 为二氧化氮和亚硝酸根离子的转换系数。

$$\rho_{NO_x} = \rho_{NO_2} + \rho_{NO}$$

式中：ρ_{NO_x} 为排气中总的 NO_x 浓度，mg/m³；ρ_{NO_2} 为排气中 NO_2 的浓度，mg/m³；ρ_{NO} 为排气中 NO 的浓度，mg/m³。

4) 颗粒物含量的测定

(1) 用分析天平预先称量已干燥的滤筒的质量，记为 m_1。

(2) 将称量后的滤筒放在采样器中的过滤器内，开动采样泵用适当的流量进行采样，并记下流量 Q 与采样时间 t。

(3) 停止取样后，取出过滤器内的滤筒，放在 105 ℃的烘箱内烘 2 h，取出置于玻璃干燥器内冷却 20 min 后用分析天平称量，质量记为 m_2。

(4) 采用下式计算被采气体中颗粒物的浓度：

$$\rho_p = \frac{m_2 - m_1}{Qt} \tag{6-81}$$

式中：ρ_p 为颗粒物质量浓度，mg/m³；m_1 为采样前滤筒经恒重后的质量，mg；m_2 为采样后滤筒经恒重后的质量,mg;Q 为采样器的流量,m^3/min;t 为采样时间,min。

5. 实验数据整理

将所测数据及计算结果填入表 6-31。

表 6-31 实验数据记录表

<table>
<tr><td>项　目</td><td colspan="2">$\rho_s/(mg/m^3)$</td><td>U_s</td><td>U_x</td><td>$\rho_x/(mg/m^3)$</td></tr>
<tr><td>CO</td><td colspan="2"></td><td></td><td></td><td></td></tr>
<tr><td>HC</td><td colspan="2"></td><td></td><td></td><td></td></tr>
<tr><td rowspan="2">NO_x</td><td>A_1</td><td>A_2</td><td>$\rho_{NO}/(mg/m^3)$</td><td>$\rho_{NO_2}/(mg/m^3)$</td><td>$\rho_{NO_x}/(mg/m^3)$</td></tr>
<tr><td></td><td></td><td></td><td></td><td></td></tr>
<tr><td rowspan="2">颗粒物</td><td>m_1/mg</td><td>m_2/mg</td><td>$Q/(m^3/min)$</td><td>t/min</td><td>$\rho_p/(m^3/min)$</td></tr>
<tr><td></td><td></td><td></td><td></td><td></td></tr>
</table>

6. 问题与讨论

(1) 机动车尾气中对环境危害最大的是哪一种?为什么?

(2) 实验中哪些操作步骤易带来测量误差?实验中如何减小误差?

(3) 你认为实验中还存在哪些问题?应如何解决?

第 7 章　固体废物处理与处置实验及指标分析

7.1　常用指标及分析方法

对于普通的固体废物，其物化性质通常涉及其物理组成、含水率、粒度、密度与相应的化学成分分析，如挥发性物质、灰分、热值以及固体废物中 C、H、O、N 和 S 等元素的质量分数等。而对于有毒有害固体废物，还需要了解其易燃性、腐蚀性和化学反应性。

7.1.1　物理组成

固体废物的物理组成是指组成固体废物的各单一物理组分如食品、废纸、塑料、橡胶、皮革、纺织、废木料、玻璃等占固体废物总质量的百分比。对于城市生活垃圾的物理组成的实验室分析，应用较多的是手工采样分选法。

手工采样分选法具有简便、快速、直观性好、准确性相对较高的特点。实验中的分析步骤如下。

(1) 在堆放好的固体废物中选定具有代表性的废物(对混合均匀后堆放的固体废物进行取样就相对简单)。

(2) 以四分法逐级分割上述废物，直到每份废物质量在 3～5 kg 为止。

(3) 将其中一份按预定物理组分的类别进行手工分选。

(4) 将分选好的每一组分装入已知质量的容器中。

(5) 根据测定结果分别计算出各物理组分所占百分比。

7.1.2　含水率

如果固体废物为无机物，则在测定含水率时，取 20 g 样品在 105 ℃下干燥，恒重至±0.1 g；如果固体废物中有有机物，则取 20 g 样品在 60 ℃下干燥 24 h。根据干燥前后的质量差计算含水率 M。

$$M=\frac{m-m'}{m}\times 100\% \tag{7-1}$$

式中：m 为样品初始湿态质量，g；m' 为样品干燥后的质量，g。

7.1.3　挥发性物质与灰分

这两类指标的获取可参考水样中挥发性悬浮固体浓度和灰分的测定方法，也可采用以下简单操作进行分析。

准确称取在 60 ℃干燥 24 h 后的样品，将其放在电炉上灼烧，直至不冒烟；放冷后再在(105±2) ℃烘箱内烘半小时，取出，放入干燥器内冷却，恒重后称量。则

$$固体废物中挥发性物质含量=\frac{m_1-m_2}{m_1}\times 100\% \tag{7-2}$$

式中:m_1、m_2分别为灼烧前、后固体废物的质量,g。

$$固体废物中灰分含量=\frac{m_2}{m_1}\times 100\% \tag{7-3}$$

式中:m_1、m_2的含义同式(7-2)。

7.1.4 元素分析

固体废物中的各元素如C、H、O、N、S等含量的分析对废物的有效利用和综合处理具有重要意义。如C/N分析结果就直接影响着固体废物在堆肥工艺中物料配比的调控,而废物中蕴含的热值估算则更离不开元素分析。此类分析相对较简单,可以借助元素分析仪来完成。

7.1.5 热值

热值是焚烧法处理固体废物的一项重要指标。热值的获取常常采用量热计法和经验估算法。

量热计法可参见"有机固体废物热值测定"。

经验估算法通常借助于固体废物中物理组成或元素分析的结果来进行。由固体废物中各单一组分的热值以及该组分在废物中的质量分数来估算热值的方法通常称为统计计算法,即

$$Q=Q_1n_1+Q_2n_2+\cdots+Q_in_i \tag{7-4}$$

式中:Q为湿态下统计计算的热值,kJ/kg;Q_1,Q_2,…,Q_i分别为各单一组分的热值,kJ/kg;n_1,n_2,…,n_i分别为有关物理组成的质量分数。

根据固体废物中元素分析结果来进行热值估算的方法很多。式(7-5)即为经常采用的Dulong公式。

$$Q_w=337m(\mathrm{C})+1\ 428\left(m(\mathrm{H})-\frac{m(\mathrm{O})}{8}\right)+95m(\mathrm{S}) \tag{7-5}$$

式中:Q_w为湿态热值,kJ/kg;$m(\mathrm{C})$、$m(\mathrm{H})$、$m(\mathrm{O})$、$m(\mathrm{S})$分别为这几种元素在湿态下的质量分数,%。

虽然经验估算法获取的热值有一定误差,但在某些场合、一定条件下,这些估算的热值仍然具有较高的参考价值。

7.1.6 容重与孔隙率

容重是指在实际的堆放条件下单位体积固体废物的质量,单位为kg/m^3。孔隙率则为堆放条件下孔隙体积占废物体积的百分比。

在采用手工采样分选法分析固体废物的物理组成时,将具有代表性的一份装入一已知容积的容器中,并压实到与原废物堆放条件相似的堆放状态,测量其体积和质量;也可分别测定密实状态下每一组分的体积和质量。根据测量结果计算出在原堆放条件下的总容量以及每一种组分的容重。

由固体废物的堆放体积和密实状态下的真体积可以计算其在堆放容器内的孔隙率,即

$$孔隙率=\frac{V-V_p}{V}\times 100\% \tag{7-6}$$

式中:V、V_p分别为固体废物在堆放状态下和密实状态下的体积。孔隙率的获取对固体废物可能采取的预处理手段具有指导性意义。

7.1.7 耗氧速率

在好氧堆肥法处理固体废物的工艺过程中，堆层中耗氧速率（velocity of oxygen consumption）的测定非常重要。它可以通过不同时间堆层内氧浓度的下降值来求得。具体步骤为：测定前应先向堆层通风，在堆层氧浓度达到最高值时（O_2含量为 20%左右），记录该测定值。然后停止通风，间隔一定时间测量氧浓度值，同时记录每次的测量时间。在堆层中可以取有代表性的测试点，以每一测试点的氧浓度为纵坐标、时间为横坐标，绘制该层中氧浓度随时间的变化曲线。取氧浓度下降呈直线状的两次测试值，按式（7-7）计算，即可得到该堆层中的耗氧速率。

$$\Delta v(O_2) = \frac{\varphi_i^0 - \varphi_i}{t} \tag{7-7}$$

式中：$\Delta v(O_2)$为耗氧速率，min^{-1}；φ_i^0、φ_i 分别为某测试点线段变化的起始和终了氧浓度（体积分数），%；t 为两次测试值相隔的时间，min。

7.2 固体废物处理与处置实验

7.2.1 有机固体废物热值测定

1. 实验目的

固体废物热值是固体废物的一个重要物理化学指标。固体废物热值的大小直接影响着固体废物处理处置方法的选择。通过本实验，希望达到以下目的。

（1）掌握固体废物热值的测定方法。

（2）培养学生动手能力，使其熟悉相关仪器设备的使用方法。

2. 实验原理

热化学中定义，1 mol 物质完全氧化时的反应热称为燃烧热。对生活垃圾固体废物和无法确定相对分子质量的混合物，其单位质量完全氧化时的反应热称为热值。

测量热效应的仪器称为量热计（卡计）。卡计的种类很多，本实验用氧弹卡计，图 7-1 为氧弹卡计外形图，图 7-2 为氧弹卡计剖面图。测量基本原理如下：根据能量守恒定律，样品完全

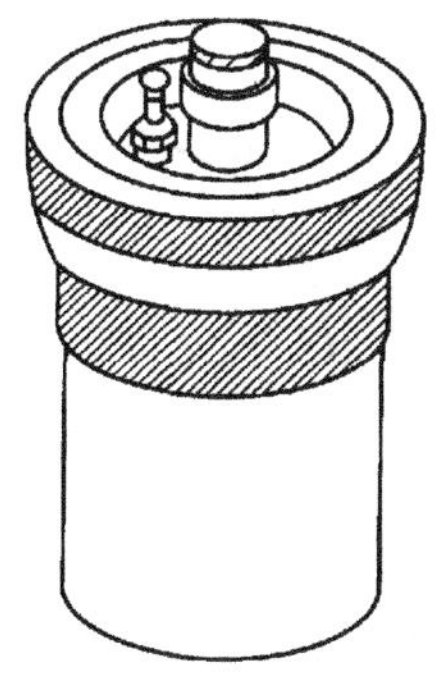

图 7-1　氧弹卡计外形图

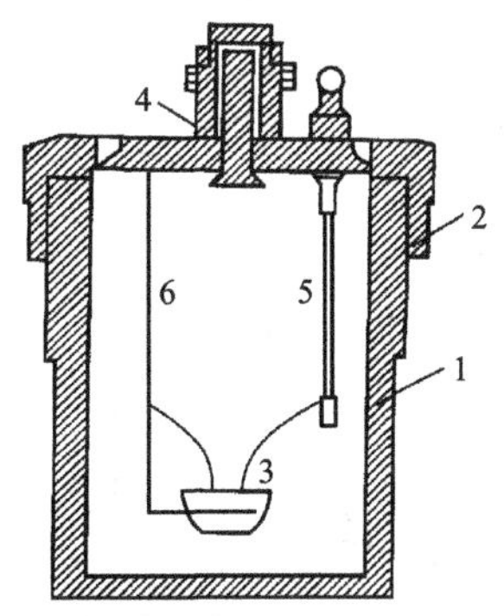

图 7-2　氧弹卡计剖面图

1—筒；2—盖；3—小皿；4—出气道；5—进气管（作为电极）；6—另一根电极

燃烧放出的能量促使氧弹卡计本身及其周围的介质(本实验用水)温度升高,通过测量介质燃烧前后温度的变化,就可以求算该样品的燃烧热值。其计算式为

$$mQ_V = (3\,000\rho C + C_{卡})\Delta T - 2.9L \tag{7-8}$$

式中:Q_V 为燃烧热,J/g;ρ 为水的密度,g/cm^3;C 为水的比热容,J/(℃·g);m 为样品的质量,kg;$C_{卡}$ 为卡计的水当量,J/℃;L 为铁丝(其燃烧值为 2.9 J/cm)的长度,cm;3 000 为实验用水量,mL。

氧弹卡计的水当量 $C_{卡}$ 一般用纯净苯甲酸的燃烧热来标定,苯甲酸的恒容燃烧热 Q_V = 26 460 J/g。

为确保实验的准确性,完全燃烧是实验成功的第一步。要保证样品完全燃烧,氧弹中必须充足高压氧气(或者其他氧化剂),因此要求氧弹密封、耐高压、耐腐蚀,同时粉末样品必须压成片状,以免充气时冲散样品,使燃烧不完全而引进实验误差。第二步还必须使燃烧后放出的热量不散失,不与周围环境发生热交换而全部传递给卡计本身和其中盛放的水,促使卡计和水的温度升高。为了减少卡计与环境的热交换,卡计放在一恒温的套壳中,故称环境恒温卡计或外壳恒温卡计。卡计壁须高度抛光,这也是为了减少热辐射。卡计和套壳中间有一层挡屏,以减少空气的对流量。虽然如此,热漏还是无法完全避免,因此燃烧前后温度变化的测量值必须经过雷诺图法校正。其校正方法如下。

称适量待测物质,使燃烧后水温升高 1.5～2.0 ℃。预先调节水温低于室温 0.5～1.0 ℃,然后将燃烧前后历次观察的水温对时间作图,连成 $FHIDG$ 折线(见图 7-3),图中 H 相当于开始燃烧之点,D 为观察到最高的温度读数点,作相当于室温之平行线 JI 交折线于 I 点,过 I 点作 JI 的垂线 ab,然后将 FH 线和 GD 线外延交 ab 线于 A、C 两点,A 点与 C 点所表示的温度差即为欲求温度的升高值 ΔT。图中 AA' 为开始燃烧到温度上升至室温这一段时间 Δt_1 内,由环境辐射进来和搅拌引进的能量而造成卡计温度的升高值,必须扣除。CC' 为温度由室温升高到最高点 D 这一段时间 Δt_2 内,卡计向环境辐射出能量而造成卡计温度的降低,因此需要加上。由此可见,A、C 两点的温度差较客观地表示了由于样品燃烧促使卡计温度升高的数值。

有时卡计的绝热情况良好,热漏小,而搅拌器功率大,不断引进微量能量使得燃烧后的最高点不出现(见图 7-4)。这种情况下 ΔT 仍然可以按照同法校正。

温度测量采用贝克曼温度计,其工作原理和调节方法参阅其说明书。

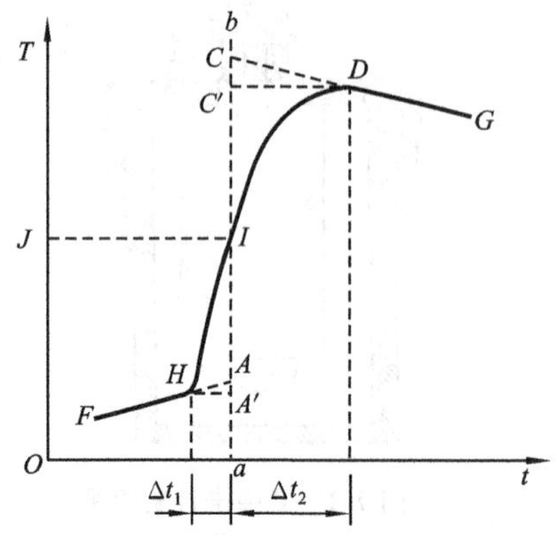

图 7-3 绝热较差时的雷诺校正图

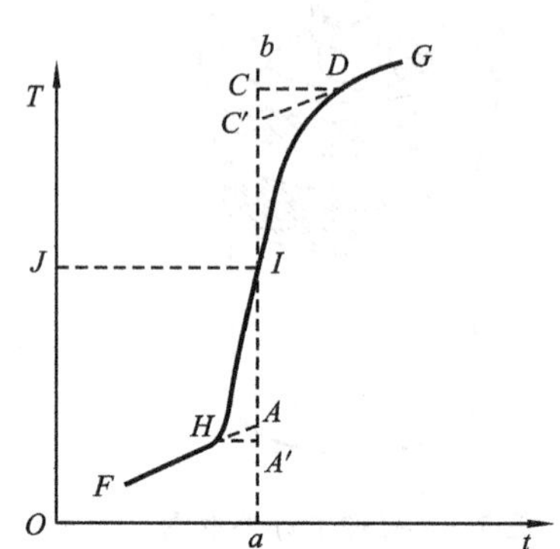

图 7-4 绝热良好时的雷诺校正图

3. 实验仪器和试剂

氧弹卡计，1 支；放大镜，1 个；氧气钢瓶，1 个；贝克曼温度计，1 支；氧气表，1 块；0～100 ℃温度计，1 支；压片机，1 台；万用电表，1 只；变压器，1 台；托盘天平，1 台；苯甲酸（分析纯或燃烧热专用），若干；铁丝，若干。

4. 实验步骤

1) 测定卡计的水当量 $C_{卡}$

(1) 样品压片。用托盘天平称取约 1 g 的苯甲酸（切勿超过 1.1 g）。用分析天平准确称量长度为 15 cm 的铁丝。按照图 7-5(a)所示，将铁丝穿在模子的底板内，下面填以托板，徐徐旋紧压片机的螺丝，直到压紧样品为止（压得太过分会压断铁丝，以致造成样品点火不能燃烧起来）。抽去模底下的托板，再继续向下压，则样品和模底一起脱落。压好的样品形状如图 7-5(c)所示，将此样品在分析天平上准确称量后即可供燃烧用。

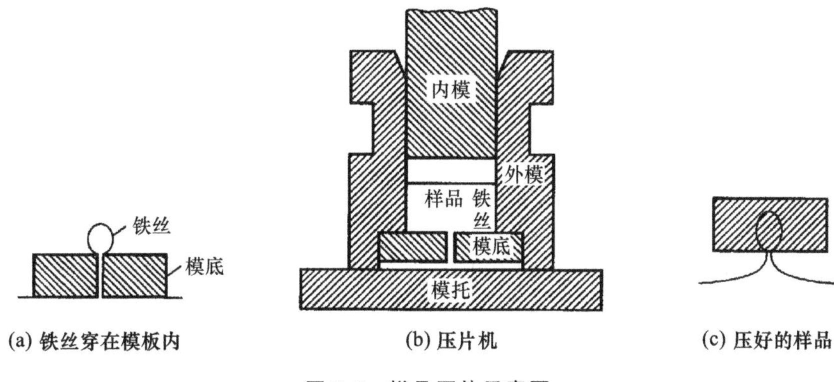

图 7-5　样品压片示意图

(2) 充氧气。在氧弹中加入 1 mL 蒸馏水，再将样品片上的铁丝绑牢于氧弹中的两根电极上（见图 7-2 氧弹卡计剖面图）。打开氧弹出气道，旋紧氧弹盖。用万用电表检查进气管电极与另一根电极是否连通。若为通路，则旋紧出气道后就可以充氧气了。充气如图7-6所示。充氧气程序如下：将氧气表头的导管和氧弹的进气管接通，此时减压阀门 2 应逆时针旋松（即关紧）。打开阀门 1，直至表 1 指针指在表压100 kg/cm^2（1 kg/cm^2＝98.0665 kPa）左右，然后渐渐旋紧减压阀门 2（即渐渐打开），使表 2 指针指在表压20 kg/cm^2，此时氧气已充入氧弹中。1～2 min 后旋松（即关闭）减压阀门 2，关闭阀门 1，再松开导气管，氧弹已充有 21 atm（1 atm＝101 325 Pa）的氧气（注意不可超过 30 atm），可作燃烧之用。但阀门 2 到阀门 1 之间尚有余气。因此要旋紧减压阀门 2 以放掉余气，再旋松阀门 1，使钢瓶和氧气表头恢复原状。

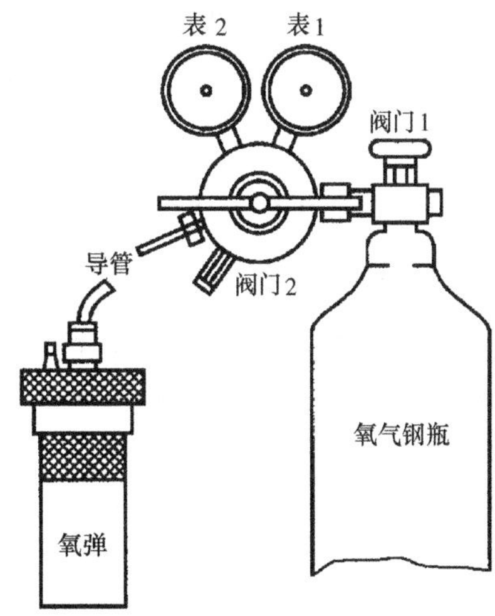

图 7-6　充气示意图

(3) 燃烧和测量温度。将充好氧气的氧弹再用万用电表检查是否为通路，若为通路则将氧弹放入恒温套层内。用容量瓶准确量取已被调节到低于室温 0.5～1.0 ℃的自来水 3 000 mL，并倒入盛水桶内。装好搅拌电动机，盖上盖子，将已调节好的贝克曼温度计插入水中，将氧弹两电极用电极线连接在点火变压器上。接着开动搅拌电动机,待温度稳定上升后,每隔 1 min 读取贝克曼温度计一次(读数时用放大镜准确读至 0.001 ℃),这样继续 10 min,然后按下变压器上电键,通电点火。若变压器上指示灯亮后熄掉而温度迅速上升,则表示氧弹内样品已燃烧,可以停止按键;若指示灯亮后不熄,表示铁丝没有烧断,应立即加大电流引发燃烧;若指示灯根本不亮或者虽加大电流也不熄灭,而且温度也不见迅速上升,则可以当温度升到最高点以后,读数仍改为 1 min 一次,共继续 10 min,方可停止实验。

实验停止后,小心取下温度计,拿出氧弹,打开氧弹出气口,放出余气,最后旋出氧弹盖,检查样品燃烧的结果。若氧弹中无燃烧的残渣,表示燃烧完全;若氧弹中有许多黑色的残渣,表示燃烧不完全,实验失败。燃烧后剩下的铁丝长度必须用尺测量,并记录数据。最后倒去自来水,擦干盛水桶待下次实验用。

2) 样品热值的测定

(1) 固体样品的测定。将混匀具有代表性的生活垃圾或固体废物粉碎成粒径为 2 mm 的碎粒;若含水率高,则应于 105 ℃下烘干,并记录水分含量,然后称取 1.0 g 左右,同法进行上述实验。

(2) 流动性样品的测定。对于流动性污泥或不能压成片状物的样品,则称取 1.0 g 左右样品置于小皿,铁丝中间部分浸在样品中,两端与电极相连,同上法进行实验。

5. 实验数据处理

(1) 用图解法求出由苯甲酸燃烧引起的卡计温度变化值 ΔT_1,并根据公式计算卡计的水当量。

(2) 用图解法求出样品燃烧引起的卡计温度变化值 ΔT_2,并根据公式计算样品的热值。

6. 问题与讨论

(1) 本实验中测出的热值与高热值及低热值的关系是什么?

(2) 固体样品与流动性样品的热值测量方法有何不同?

(3) 在利用氧弹卡计测量废物的热值中,有哪些因素可能影响测量分析的精度?

7.2.2 固体废物的风力分选实验

1. 实验目的

风力分选是垃圾分选中常用的方法之一,是以空气为分选介质,将轻物料从较重物料中分离出来的一种方法。风选实质上包含两个分离步骤:一是分离具有低密度、空气阻力大的轻质部分(提取物)和具有高密度、空气阻力小的重质部分(排出物);二是进一步将轻颗粒从气流中分离出来。后一分离步骤常由旋流器完成。

本实验测定在不同风速条件下,不同粒径颗粒的分选效果与风速的关系。通过本实验,希望达到以下目的。

(1) 初步了解风力分选的基本原理和基本方法。

(2) 了解水平风力分选机的构造与原理。

2. 实验原理

空气与水相比较,其密度和黏度都较小,并具有可压缩性。当压力为 1 MPa、温度为 20 ℃时,空气密度为 0.001 18 g/cm^3,黏度为 0.018 mPa·s。因为在风选过程中采用的风压不超过 1 MPa,所以实际上可以忽略空气的压缩性,而将其视为具有液体性质的介质。颗粒在水中的沉降规律同样适用于在空气中的沉降。但由于空气密度较小，其密度与颗粒相比可忽略不计，所以颗粒在空气中的沉降末速(v_0)可用下式计算：

$$v_0 = \sqrt{\frac{\pi d \rho_s g}{6\psi\rho}} \tag{7-9}$$

式中：d 为颗粒的直径；ρ_s 为颗粒的密度；ρ 为空气的密度；ψ 为阻力系数；g 为重力加速度。

从上式可以明显地看出，颗粒粒度一定时，密度大的颗粒沉降末速大；颗粒密度相同时，直径大的颗粒沉降末速大。颗粒的沉降末速同时与颗粒的密度、粒度及形状有关，因而在同一介质中，密度、粒度和形状不同的颗粒在特定的条件下可以具有相同的沉降速率，这样的颗粒称为等降颗粒。其中，密度小的颗粒粒度(d_{r1})与密度大的颗粒粒度(d_{r2})之比，称为等降比，以 e_0 表示，即

$$e_0 = \frac{d_{r1}}{d_{r2}} > 1 \tag{7-10}$$

等降比的大小可由沉降末速的个别公式或通式写出，如两颗粒等降，则 $v_{01} = v_{02}$，那么

$$\sqrt{\frac{\pi d_1 \rho_{s1} g}{6\psi_1 \rho}} = \sqrt{\frac{\pi d_2 \rho_{s2} g}{6\psi_2 \rho}}$$

$$\frac{d_1 \rho_{s1}}{\psi_1} = \frac{d_2 \rho_{s2}}{\psi_2}$$

所以

$$e_0 = \frac{d_1}{d_2} = \frac{\psi_1 \rho_{s2}}{\psi_2 \rho_{s1}} \tag{7-11}$$

式(7-11)即为自由沉降等降比(e_0)的通式。从该式可见，等降比(e_0)随两种颗粒密度差($\rho_{s1} - \rho_{s2}$)的增大而增大；e_0 同时还是阻力系数(ψ)的函数。理论与实践都表明，e_0 随颗粒粒度变细而减小。颗粒在空气中的等降比远远小于在水中的等降比，为其 1/5～1/2。因此，为了提高分选效率，在风选之前需要将废物进行窄分级，或通过破碎使粒度均匀，再按密度差异进行分选。

颗粒在空气中沉降时所受到的阻力远小于在水中沉降时所受到的阻力。因此，颗粒在静止空气中沉降到达末速所需的时间和沉降距离都较长。颗粒在上升气流中达到沉降末速时，其沉降速率(v_0')等于颗粒对介质的相对速率(v_0)与上升气流速率(u_a)之差，即

$$v_0' = v_0 - u_a \tag{7-12}$$

上升气流可以缩短颗粒达到沉降末速的时间和距离。因此，在风选过程中常采用上升气流。

颗粒在实际的风选过程中的运动是干涉沉降。在干涉条件下，当上升气流速率远小于颗粒的自由沉降末速时，颗粒群就呈悬浮状态。颗粒群的干涉末速(v_{hs})为

$$v_{hs} = v_0\ (1 - \lambda)^n \tag{7-13}$$

式中：λ 为物料的容积浓度；n 为与物料的粒度及状态有关的系数，大多在 2.33～4.65。

在颗粒达到末速并保持悬浮状态时，上升气流速率(u_a)和颗粒的干涉末速(v_{hs})相等。使颗粒群开始松散和悬浮的最小上升气流速率(u_{min})为

$$u_{min} = 0.125 v_0 \tag{7-14}$$

在干涉沉降条件下，使颗粒群按密度分选时，上升气流速率的大小应根据固体废物中各种成分的性质通过实验确定。

在风选中还常采用水平气流。在水平气流分选器中，物料是在空气动压力和本身重力的作用下按粒度或密度进行分选的。由图 7-7 可以看出，若在缝隙处有一直径为 d 的球形颗粒，

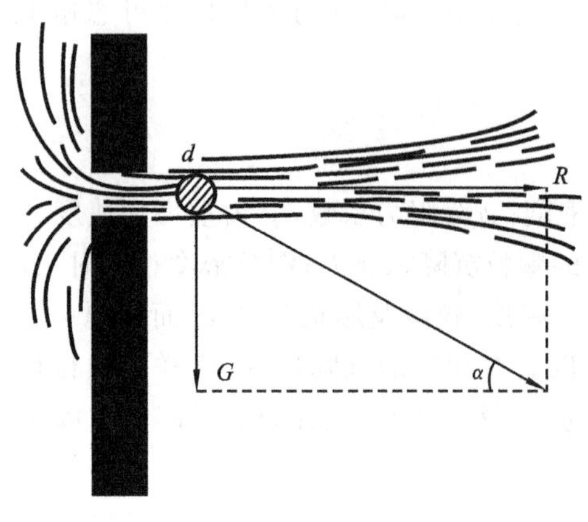

图 7-7　颗粒(直径为 d)的受力分析

并且通过缝隙的水平气流速率为 u,那么,颗粒将受到以下两个力的作用。

(1) 空气的动压力(R)。

$$R = \psi d^2 u^2 \rho \tag{7-15}$$

式中:ψ 为阻力系数;ρ 为空气的密度;u 为水平气流速率。

(2) 颗粒本身的重力(G)。

$$G = mg = \frac{\pi d^3 \rho_s}{6} g \tag{7-16}$$

式中:m 为颗粒的质量;ρ_s 为颗粒的密度。

颗粒的运动方向将与两力的合力方向一致,并且由合力与水平方向夹角(α)的正切值来确定:

$$\tan \alpha = \frac{G}{R} = \frac{\pi d^3 \rho_s g}{6\psi d^2 u^2 \rho} = \frac{\pi d \rho_s g}{6\psi u^2 \rho} \tag{7-17}$$

由上式可知,当水平气流速率一定、颗粒粒度相同时,密度大的颗粒沿与水平方向夹角较大的方向运动;密度较小的颗粒则沿夹角较小的方向运动,从而达到按密度差异分选的目的。

风选方法工艺简单。作为一种传统的分选方式,风选在国外主要用于城市垃圾的分选,将城市垃圾中以可燃性物料为主的轻组分和以无机物为主的重组分分离,以便分别回收利用或处置。

3. 实验装置与设备

图 7-8 是水平气流分选机工作原理示意图,生活垃圾卧式分选机(图 7-9)即采用此工作原理,该机从侧面送风,固体废物经破碎机破碎和圆筒筛筛分至粒度均匀后,定量给入机内,当废物在机内下落时,被鼓风机鼓入的水平气流吹散固体废物中的各种组分,使其沿着不同的运动轨迹分别落入重物质、中重物质和轻物质槽中。要使物料在分选机内达到较好的分选效果,就要使气流在分选筒内产生湍流和剪切力,从而把物料团块分散。水平气流分选机的最佳风速为 20 m/s。

选取功率为 1.5 kW 的涡流式风机,其风压范围是 250～380 kPa,风速范围是 7.5～

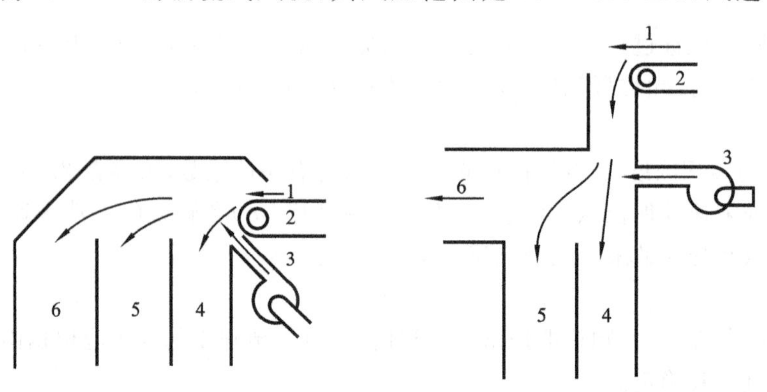

图 7-8　水平气流分选机工作原理示意图

1—给料;2—给料机;3—空气;4—重颗粒;5—中等颗粒;6—轻颗粒

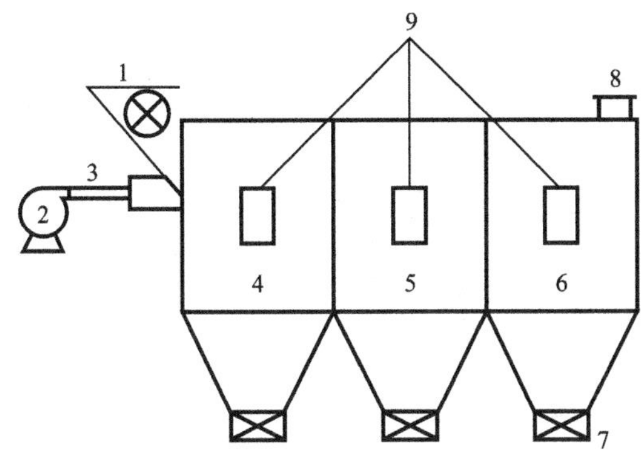

图 7-9　生活垃圾卧式分选机设备示意图

1—进料口；2—风机；3—进风口；4—轻物质槽(长×宽=0.6 m×0.8 m)；5—中重物质槽(长×宽=0.6 m×0.8 m)；6—重物质槽(长×宽=0.4 m×0.8 m)；7—出料口；8—出风口；9—观察窗

17.4 m/s。风选设备主体的尺寸为长×高×宽=1.6 m×1.8 m×0.6 m。

4. 实验步骤

本实验要测定不同密度的混合垃圾在不同的风速条件下的分选效果。不同密度的垃圾混合物在不同风速下的分离比例就是其分离效率。实验步骤如下。

(1) 进行单一组分的风选。选取纸类、金属(尺寸小于 15 cm)等密度不同的物质，每种物质先单独进行风选实验。

(2) 开启风机后，首先利用风速测定仪测定风机出口的风速，然后将单一物质均匀地投入进料口中，通过观察窗观察物料在风选机内的运行状态。收集各槽中的物料并称重。

(3) 风速在 7.5～17.4 m/s 每隔 1 m/s 选取，测定不同风速下轻物质、中重物质、重物质槽中该物质颗粒的分布比例，从而了解单一组分的风选情况。收集各槽中的物料并称重。

(4) 将选取的单一物质混合均匀。开启风机后，利用风速测定仪测定风机出口的风速，然后将混合物质(X 和 Y)(无比例要求)均匀地投入进料口，通过观察窗观察物料在风选机内的运行状态。收集各槽中的物料并称取混合物中各单一物质的质量。

(5) 重复步骤(4)，风速在 7.5～17.4 m/s 每隔 1 m/s 选取，测定不同风速下轻物质、中重物质、重物质槽中物质颗粒的分布比例，从而了解混合物料风选情况。收集各槽中的物料并称取混合物中各单一物质的质量。

(6) 利用公式

$$\text{Purity}\ (X_i)=\frac{X_i}{X_i+Y_i}\times 100\% \quad 及 \quad E=\left|\frac{X_i}{X_0}-\frac{Y_i}{Y_0}\right|\times 100\%$$

计算分选物料的纯度和分选效率。其中：X_0 和 Y_0 表示进料物 X 和 Y 的质量，g；X_i 和 Y_i 表示同一槽中出料物 X 和 Y 的质量，g。

本实验有如下注意事项。

(1) 风机速率应逐渐增大，开始时速率不宜过大。

(2) 根据分选精度，及时调整风机速率。

5. 实验数据整理

按表 7-1 记录实验数据。

表 7-1 风选实验数据记录表

实验日期________年____月____日

序号	风速/(m/s)	进料量/g		重颗粒/g		中颗粒/g		轻颗粒/g	
		X_0	Y_0	X_i	Y_i	X_i	Y_i	X_i	Y_i
1									
2									
3									
⋮									

6. 问题与讨论

(1) 与立式分选相比,水平分选有什么优缺点?如何加以改进?水平风选机的分选效率与什么因素有关?怎样提高分选效率?

(2) 根据实验及计算结果,确定水平分选的最佳风速。

7.2.3 固体废物的重介质分选实验

1. 实验目的

在重介质中使固体废物中的颗粒群按密度分开的方法称为重介质分选。通过本实验,希望达到以下目的。

(1) 了解重介质分选方法的原理。

(2) 了解重介质分选中重介质的正确制备方法。

(3) 了解重介质密度的准确测定方法。

(4) 掌握重介质分选实验的操作过程和实验数据的整理。

2. 实验原理

为使分选过程有效地进行,需选择重介质密度(ρ_C)使其介于固体废物中轻物料密度(ρ_L)和重物料密度(ρ_W)之间,即

$$\rho_L < \rho_C < \rho_W$$

在重介质中,颗粒密度大于重介质密度的重物料将下沉,并集中于分选设备底部成为重产物;颗粒密度小于重介质密度的轻物料将上浮,并集中于分选设备的上部成为轻产物,从而重产物和轻产物可以分别排出,实现分选的目的。

3. 实验设备及物料

(1) 实验设备。

浓度壶,1 个;玻璃杯,250 mL 以上,10 个;量筒,高和直径均大于 200 mm,10 个;玻璃棒,10 根;漏勺,4 把;重介质加重剂(硅铁或磁铁矿),1 kg;托盘天平,2 kg,1 台;烘箱,1 台;筛子,标准筛,8 mm、5 mm、3 mm、1 mm、0.074 mm,各 1 个;铁铲,2 把。

(2) 实验物料。

根据各地的具体情况确定实验的物料,物料中的成分有一定的密度差异,能满足按密度分离即可,如可以选用煤矸石、含磷灰石的矿山尾矿、含铜铅锌的矿山尾矿等作为实验的物料。

4. 实验步骤

(1) 实验物料的制备。

将物料进行破碎,并按筛孔尺寸 8 mm、5 mm、3 mm、1 mm、0.074 mm 进行分级,然后将其分成不同的级别并分别称量。

（2）重介质的制备。

按照分选要求制备不同密度的重介质，所需加重剂的质量为

$$m=\frac{\rho_p-\rho_1}{\rho_s-\rho_1}V \tag{7-18}$$

式中：m 为加重剂的质量；V 为重介质的体积；ρ_s 为加重剂的密度；ρ_1 为水的密度。

（3）重介质悬浮液密度的测定。

采用浓度壶测定，测定的原理和方法如下：设空比重瓶的质量为 m_1，注满水后比重瓶与水的总质量为 m_2，注满待测液后比重瓶与待测重介质悬浮液的总质量为 m_3，待测重介质悬浮液的密度为 ρ，水的密度为 ρ_1，则

$$\rho=\frac{m_3-m_1}{m_2-m_1}\times\rho_1 \tag{7-19}$$

同时，也可采用浓度壶测定待测重介质的密度。

（4）实验过程。

① 按照实验的要求破碎物料，进行分级并称量。

② 按照分选要求配制重介质悬浮液。

③ 用配制好的悬浮液浸润物料。

④ 将配制好的悬浮液注入分离容器，不断搅拌，保证悬浮液的密度不变。在缓慢搅拌的同时，加入用同样悬浮液浸润过的试样。

⑤ 停止搅拌，5～10 s 后用漏勺从悬浮液表面（插入深度约相当于最大块物料的尺寸）捞出浮物，然后取出沉物。如果有大量密度与悬浮物相近的物料，则单独取出收集。

⑥ 取出的产品分别置于筛子上用水冲洗，必要时再利用带筛网的盛器置清水桶中淘洗。待完全洗净黏附于物料上的重介质后，分别烘干、称量、磨细、取样、化验。

⑦ 记录整理实验数据，并进行计算。

5. 实验数据的记录和处理

（1）实验数据的处理。

① 计算固体废物分选后各产品的质量分数。

$$\text{产品的质量分数}=\frac{\text{某产品的质量}}{\text{给入作业的总质量}}\times 100\%$$

② 计算分选效率（回收率）。

$$\text{回收率}=\frac{\text{某密度组分中某种成分的质量}}{\text{某种成分的质量}}\times 100\%$$

（2）将实验数据和计算结果记录在表 7-2 中。

表 7-2　实验记录表

实验时间________年____月____日　　　实验试样名称____________

密度组分	各单元组分				沉物累计			浮物累计		
	质量/g	产率/(%)	品位/(%)	分布率/(%)	产率/(%)	品位/(%)	分布率/(%)	产率/(%)	品位/(%)	分布率/(%)
共计										

(3) 以实验结果为依据分别绘制沉物和浮物的“产率-品位”、“产率-回收率”曲线。

6. 问题与讨论

(1) 探讨物料按密度分离的可能性和难易程度,并分析重介质分选方法的原理。

(2) 掌握重介质分选实验中重介质的正确制备方法。

(3) 根据实验结果分析重介质分选法进行分级的重要性。

7.2.4 好氧堆肥模拟实验

1. 实验目的

有机固体废物的堆肥化技术是一种最常用的固体废物生物转换技术,是对固体废物进行稳定化、无害化处理的重要方式之一。

通过本实验,希望达到下述目的。

(1) 加深对好氧堆肥化的了解。

(2) 了解好氧堆肥化过程的各种影响因素和控制措施。

2. 实验原理

好氧堆肥化是在有氧条件下,依靠好氧微生物的作用来转化有机废物。有机废物中的可溶性有机物质可透过微生物的细胞壁和细胞膜被微生物直接吸收,不溶性的胶体有机物质则先吸附在微生物体外,依靠微生物分泌的胞外酶分解为可溶性物质,再渗入细胞。微生物通过自身的生命活动进行分解代谢和合成代谢,把一部分被吸收的有机物氧化成简单的无机物,并释放生物生长、活动所需要的能量;把另一部分有机物转化合成为新的细胞物质,使微生物繁殖,产生更多的生物体。

3. 实验装置与设备

实验装置由反应器主体、供气系统和渗滤液分离收集系统三部分组成,如图 7-10 所示。

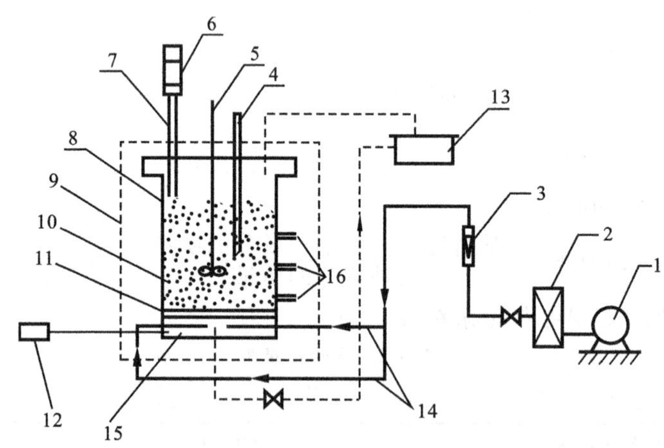

图 7-10 好氧堆肥实验装置示意图

1—空气压缩机;2—缓冲器;3—转子流量计;4—测温装置;5—恒速搅拌装置;6—取样器;7—气体收集管;8—反应器主体;9—保温材料;10—堆料;11—渗滤层;12—温控仪;13—渗滤液收集槽;14—进气管;15—集水区;16—取样口

(1) 反应器主体。

实验的核心装置是一次发酵反应器,如图 7-10 中 8 所示。采用有机玻璃制成罐:内径 390 mm,高 480 mm,总容积 57.32 L。反应器侧面设有采样口,可定期采样。反应器顶部设有气体收集管(图7-10中7),用医用注射器作取样器(图7-10中6),定时收集反应器内的气体样本。此外,反应器上还配有测温装置(图7-10中4)、恒速搅拌装置(图7-10中5)等。

(2) 供气系统。

气体由空气压缩机(图7-10中1)产生后可暂时储存在缓冲器(图7-10中2)中,经过气体流量计(图7-10中3)定量后从反应器底部供气。供气管为直径5 mm的蛇皮管。为了达到相对均匀供气,把供气管在反应器内的部分加工为多孔管,并采用双路供气的方式。

(3) 渗滤液分离收集系统。

反应器底部设有多孔板(图7-11中2)以分离渗滤液。多孔板用有机玻璃制成,板上布满直径为4 mm的小孔。多孔板下部的集水区底部为倾斜的锥面,可随时排出渗滤液。渗滤液储存在渗滤液收集槽(图7-10中13)中,需要时可进行回灌,以调节堆肥物含水率。

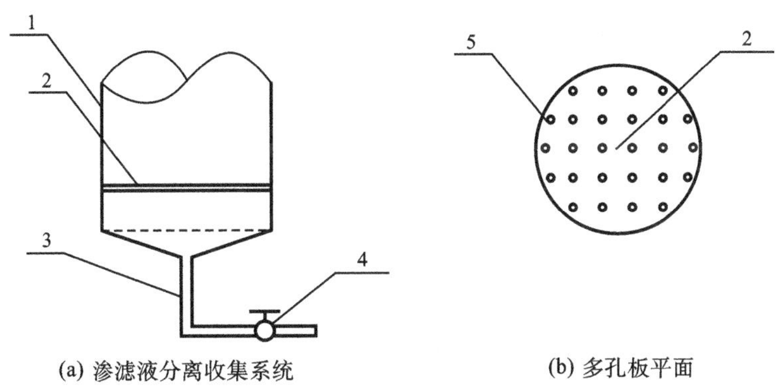

图7-11　渗滤液分离收集系统示意图

1—反应器;2—多孔板;3—出水收集管;4—球阀;5—导排孔

实验设备规格如表7-3所示。

表7-3　实验设备规格表

图7-10中序号	名　　称	型号规格	备　　注
1	空气压缩机	Z-0.29/7	
2	缓冲器	H/ϕ=380 mm/260 mm	最高压力:0.5 MPa
3	转子流量计	LZB-6,量程0～0.6 m^3/h	20 ℃,101.3 kPa
4	温度计	量程0～100 ℃	
5	恒速搅拌装置	直径10 mm,有机玻璃棍	搅拌速率恒定
6	注射器	ZQ.B41A.55 mL	
8	反应器主体	H/ϕ=480 mm/390 mm	材料:有机玻璃
12	温控仪	WMZK-01,量程0～50 ℃	

4. 实验步骤

(1) 将40 kg有机垃圾进行人工剪切破碎,并过筛,使垃圾粒度小于10 mm。

(2) 测定有机垃圾的含水率。

(3) 将破碎后的有机垃圾投加到反应器中,控制供气流量为1 $m^3/(h \cdot t)$。

(4) 在堆肥开始第1、3、5、8、10、15天分别取样测定堆体的含水率,记录堆体中央温度,从气体取样口取样测定CO_2和O_2浓度(摩尔分数)。

(5) 再调节供气流量分别为5 $m^3/(h \cdot t)$和8 $m^3/(h \cdot t)$,重复上述实验步骤。

5. 实验结果整理

(1) 记录实验主体设备的尺寸、实验温度、气体流量等基本参数。

(2) 实验数据可参考表 7-4 记录。

表 7-4 好氧堆肥实验数据记录表

项目	供气流量为 1 $m^3/(h \cdot t)$				供气流量为 5 $m^3/(h \cdot t)$				供气流量为 8 $m^3/(h \cdot t)$			
	含水率/(%)	温度/℃	CO_2浓度/(%)	O_2浓度/(%)	含水率/(%)	温度/℃	CO_2浓度/(%)	O_2浓度/(%)	含水率/(%)	温度/℃	CO_2浓度/(%)	O_2浓度/(%)
原始垃圾		—	—	—		—	—	—		—	—	—
第 1 天												
第 3 天												
第 5 天												
第 8 天												
第 10 天												
第 15 天												

6. 问题与讨论

(1) 分析影响堆肥过程堆体含水率的主要因素。

(2) 分析堆肥中通气量对堆肥过程的影响。

(3) 绘制堆体温度随时间变化的曲线。

7.2.5 工业废渣渗滤模型实验

1. 实验目的

工业固体废物在堆放过程中由于雨水的冲淋和自身关系,可能通过渗滤而污染周围土地和地下水,因此需要对渗滤液进行测定。通过本实验,希望达到以下目的。

(1) 掌握工业废渣渗滤液的渗滤特性。

(2) 掌握工业废渣渗滤液的研究方法。

2. 实验原理

实验采用模拟的手段,在玻璃管内填装经粉碎的固体废渣,以一定的流速滴加蒸馏水,从测定渗滤水中有害物质的流出时间和浓度变化规律,推断固体废物在堆放时的渗滤情况和危害程度。

3. 实验装置与设备

实验装置如图 7-12 所示。

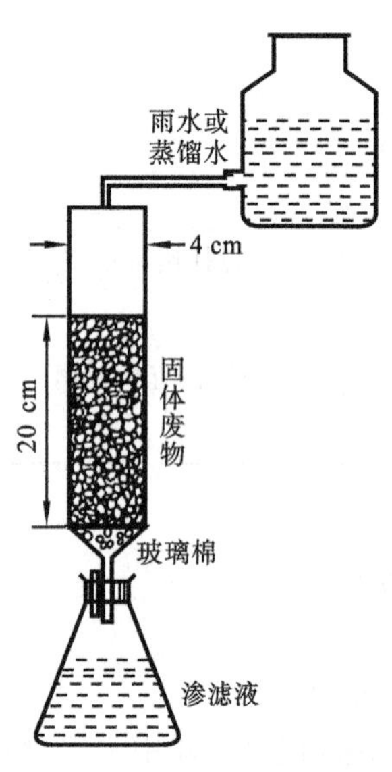

图 7-12 工业废渣渗滤模型实验装置

色谱柱,ϕ25 mm×1 300 mm,1 个;带活塞试剂瓶,1 000 mL,1 个;锥形瓶,500 mL,1 个。

4. 实验步骤

将去除草木、砖石等异物的含镉工业废渣置于阴凉通风处,使之风干。压碎后,用四分法缩分,然后通过 0.5 mm 孔径的筛,制备样品量约 1 000 g,装入色谱柱,约高 200 mm。试剂瓶中装蒸馏水,以4.5 mL/min的速度通过色谱柱流入锥形瓶,待滤液收集至400 mL时，关闭活塞，摇匀滤液，取适量样品，按水中镉的分析方法测定镉的浓度。同时测定废渣中镉含量。

本实验也可根据实际情况测定铬、锌等。

5. 问题与讨论

(1) 根据测定结果推算，如果这种废渣堆放在河边土地上，可能产生什么后果？

(2) 这类废渣应如何处置？

7.2.6 生活垃圾的渗滤实验及渗滤液的处理方案设计

1. 实验目的

生活垃圾在堆放、填埋过程中，由于废弃物本身含水以及环境中的降水等作用，其中的液体部分可通过固体废物层并携带废物中的溶解性物质和悬浮物质形成一种成分复杂的高浓度有机废水，即渗滤液。通过本实验，希望达到以下目的。

(1) 进一步掌握有机废水的全分析过程及各水质指标的分析方法。

(2) 了解固体废物堆放过程中渗滤液的形成过程。

(3) 掌握渗滤液处理方案的设计思路。

2. 实验原理

渗滤液的主要成分典型值见表7-5。

表7-5　新、老填埋场垃圾渗滤液主要成分的典型值

主要成分或指标	新填埋场(2年以下)		老填埋场(10年以上)
	范围	典型值	
BOD_5/(mg/L)	2 000～30 000	10 000	100～200
TOC/(mg/L)	1 500～20 000	6 000	80～160
COD/(mg/L)	3 000～60 000	18 000	100～500
TSS/(mg/L)	200～2 000	500	100～400
有机氮/(mg/L)	10～800	200	80～120
氨氮/(mg/L)	10～800	200	20～40
硝酸盐/(mg/L)	5～40	25	5～10
总磷/(mg/L)	5～100	30	5～10
碱度/(mg($CaCO_3$)/L)	1 000～10 000	3 000	200～1 000
pH值	4.5～7.5	6	6.6～7.5
总硬度/(mg($CaCO_3$)/L)	300～10 000	3 500	200～500
Ca^{2+}/(mg/L)	200～3 000	1 000	100～400
Mg^{2+}/(mg/L)	50～1 500	250	50～200
K^+/(mg/L)	200～1 000	300	50～400
Na^+/(mg/L)	200～2 500	500	100～200
Cl^-/(mg/L)	200～3 000	500	100～400
SO_4^{2-}/(mg/L)	50～1 000	300	20～50
总铁/(mg/L)	50～1 200	60	20～200

从表7-5中渗滤液的水质变化可知，填埋场的初期渗滤液中虽然含有高浓度有机物，但其生化性较好，可以采用厌氧生物处理以降低其有机污染负荷，再进行常规的生物、物理化学处理。而填埋场稳定后的渗滤液宜于采用物化处理、自然生物处理或采用一定的管道系统输送

到附近的二级污水处理厂。正在研究的渗滤液回灌技术,是依靠土壤的吸附、过滤以及土壤中微生物的分解作用,使其水质能够达到稳定。所有这些都是为了完成渗滤液的妥善收集与处理,大大减少其对土壤、水体的潜在危害。

3. 实验装置与设备

渗滤模型装置:见图 7-13,铁皮制,高约 1.5 m,直径约 1 m,1 套。

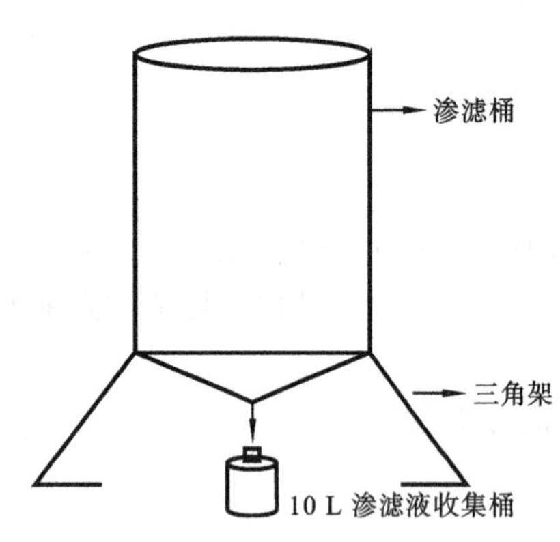

图 7-13 生活垃圾渗滤模型装置

BOD、COD、SS 配套分析装置,1 台;光电式浊度仪或分光光度计,1 台;pH 计,1 台;锥形瓶,500 mL,若干;量筒,1 000 mL,2 个;渗滤液收集桶(塑料桶),10 L,2 只;计时钟,1 个;其他。

4. 实验步骤

(1) 运取生活垃圾,记录垃圾的来源与大致的物理组成。

(2) 将生活垃圾除去砖石等异物后,利用手工分选的方法进行垃圾分类、取样并分析其物化性质,主要为含水率、挥发性物质与不可燃物质含量等。

(3) 将去除异物的垃圾加工至一定粒度范围后,混合均匀,分批填入渗滤装置,并添加适量表土压实;至一定高度(堆积高度约 1 m)后,盖上顶盖。记下开始时间。

(4) 用渗滤液收集桶收集渗滤液,定时记录环境温度、堆温、渗滤液产生量;定时取样、分析其水质(第 1、2 天每天分析两次,以后每天一次)。

(5) 根据收集的渗滤液水质及处理要求确定 2～3 种渗滤液处理方案(自行设计),并将各方案进行实验室模拟运行,以确认方案之间的优越性和可行性。

(6) 渗滤实验结束后,再次对垃圾进行主要物化性质分析,并妥善处置这些废弃物。

5. 实验数据整理

(1) 整理垃圾的来源与物理组成数据。

(2) 渗滤处理前后垃圾的物化性质变化记录表如表 7-6 所示。

表 7-6 垃圾的主要物化性质(单位:%)

物化性质	渗滤处理前	渗滤处理后
含水率		
挥发性物质含量		
不可燃物质含量		
⋮		

(3) 渗滤过程中渗滤液的水量、水质变化情况记录表如表 7-7 所示,作出各分析指标随时间的变化曲线。

表 7-7 渗滤液的水量水质变化情况

日期	环境温度/℃	堆温/℃	渗滤液产生量/L	渗滤液水质状况					
				pH 值	SS	TDS	COD	BOD	…

(4) 绘制渗滤液处理的流程框图，并说明每个工序的处理目标以及采用此工序的主要原因。

(5) 将渗滤液处理模拟实验的运行效果记录于表 7-8。

表 7-8　渗滤液处理模拟实验中水质及运行效果记录

方案	水质指标	进水	工序 1		工序 2		…	总出水	总去除效率/(%)
			出水 1	去除率/(%)	出水 2	去除率/(%)			
Ⅰ	pH 值 SS COD ⋮								
Ⅱ									

6. 问题与讨论

(1) 分析垃圾在渗滤处理前、后物化性质变化的原因。

(2) 渗滤液的水质与垃圾的哪些性质有关？该实验所得渗滤液是否可以采用生物处理？为什么？

(3) 试对拟采用的几种渗滤液处理方案进行比较分析，并确定该渗滤液的有效处理途径。

7.2.7　浸出毒性鉴别实验

1. 实验目的

危险废物是指具有腐蚀性、急性毒性、浸出毒性、反应性、传染性、放射性等一种或一种以上危害特性的废物。浸出毒性是指固态的危险废物遇水浸滤，其中的有害物质迁移转化而污染环境的特性。生产及生活过程所产生的固态危险废物浸出毒性的鉴别方法如下：在实验室中，用蒸馏水在特定条件下对危险废物进行浸取，并分析浸出液的毒性，从而测定危险废物的浸出毒性。

通过本实验，希望达到下述目的。

(1) 加深对危险废物和浸出毒性基本概念的理解。

(2) 了解测定危险废物浸出毒性的方法。

2. 实验原理

汞、砷等及其化合物以及铅、镉、铬、铜等重金属及其化合物等有害物质遇水后，可通过浸滤作用从危险废物中迁移转化到水溶液中。

延长接触时间、采用水平振荡器等强化可溶性物质的浸出，测定强化条件下浸出的有害物质浓度，可以表征危险废物的浸出毒性。

3. 实验装置与设备

广口聚乙烯瓶，2 L，2 个；烘箱，1 台；电子天平，精度 0.01 g，1 台；双层回旋振荡器，1 台；原子吸收分光光度计，1 台；漏斗、漏斗架，若干；量筒，1 000 mL，1 个；微孔滤膜，45 μm，若干；定时钟，1 只。

4. 实验步骤

(1) 取固体废物试样 100 g(干基)(无法采用干基的样本则先测水分加以换算),放入 2 L 具盖广口聚乙烯瓶中。

(2) 另取一个 2 L 的广口聚乙烯瓶,作为空白对照。

(3) 将蒸馏水用氢氧化钠或浓盐酸调 pH 值至 5.8～6.3,分别取 1 L 加入上述两个聚乙烯瓶中。

(4) 盖紧瓶盖后固定于水平振荡机上,于室温下振荡 8 h((110±10) r/min,单向振幅 20 mm)。

(5) 取下广口瓶,静置 16 h。

(6) 用 0.45 μm 微孔滤膜抽滤(0.035 MPa 真空度),收集全部滤液即浸出液,供分析用。

(7) 用火焰原子吸收分光光度法分别测定两个瓶的浸出液中 Cr、Cd、Cu、Ni、Pb 和 Zn 的浓度。

5. 实验结果整理

按表 7-9 记录实验数据。

表 7-9　浸出毒性测定结果记录表

金　属	Cr	Cd	Cu	Ni	Pb	Zn
空白浓度/(mg/L)						
样本浓度/(mg/L)						

6. 问题与讨论

(1) 论述本实验方法和实验结果。

(2) 以双因素实验设计法拟订一个测定不同浸取时间的实验方案。

(3) 分析哪些因素会影响危险废物在自然界中的浸出浓度。

7.2.8　热解焚烧条件实验

1. 实验目的

废物热解焚烧过程中,有机成分在高温条件下被分解破坏,可实现快速、显著减容。与生化法相比,热解焚烧方法处理周期短、占地面积小、可实现最大限度的减容并可延长填埋场使用寿命;与普通焚烧法相比,热解过程产生的二次污染少。热解生成的气体或液体燃料在空气中燃烧与固体废物直接燃烧相比,不仅燃烧效率高,而且产生的气态污染物相对量少。

通过本实验,希望达到下述目的。

(1) 了解热解焚烧的概念。

(2) 熟悉热解过程的控制参数。

2. 实验原理

热解是指有机物在无氧或缺氧状态下受热而分解为气、液、固三种状态的混合物的化学分解过程。其中,气体是以氢气、一氧化碳、甲烷等低分子碳氢化合物为主的可燃性气体,液体为在常温下为液态的包括乙酸、丙酮、甲醇等化合物在内的燃料油,固体为纯碳与玻璃、金属、土沙等混合形成的炭黑。

热解反应可表示如下:

$$\text{有机物}+\text{热}\xrightarrow{\text{无氧或缺氧}}gG+lL+sS$$

式中:g 为气态产物的化学计量数;G 为气态产物的化学式;l 为液态产物的化学计量数;L 为液态产物的化学式;s 为固态产物的化学计量数;S 为固态产物的化学式。

3. 实验装置、设备与材料

(1) 实验装置。

实验装置主要由控制柜、热解炉和气体净化收集系统三部分组成,如图 7-14 所示。

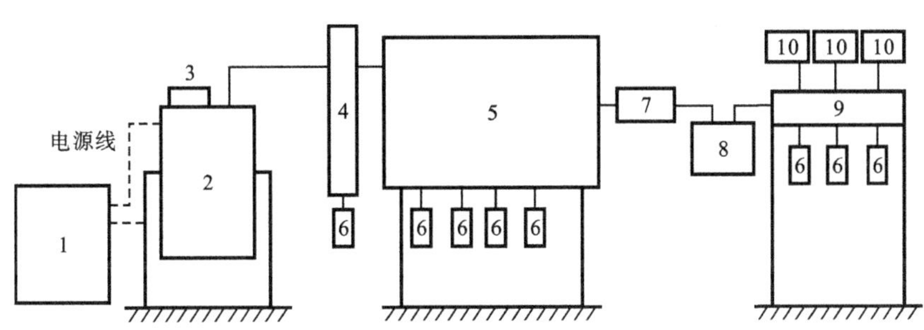

图 7-14　热解实验装置示意图

1—控制柜;2—固定床热解炉;3—投料口;4—旋风分离器;5—冷凝器;6—焦油收集瓶;7—过滤器;8—煤气表;9—取样装置;10—气体收集瓶

热解炉可选取卧式或立式电炉,要求炉管能耐受 800 ℃的高温,炉膛密闭。

要求气体净化收集系统密闭性好,有一定的耐气体腐蚀能力。气体净化收集系统主要由旋风分离器、冷凝器、过滤器和煤气表组成。

(2) 实验材料和仪器仪表。

实验材料:可以选取普通混合收集的城市有机生活垃圾,也可以选取纸张、秸秆等单类别的有机垃圾。

烘箱,1 台;漏斗、漏斗架,若干;量筒,1 000 mL,1 个;定时钟,1 只;破碎机,1 台;电子天平,1 台。

4. 实验步骤

(1) 称取 1 000 g 物料,采用破碎机或其他破碎方法将物料破碎至粒度小于 10 mm。

(2) 从顶部投料口将炉料装入热解炉。

(3) 接通电源,升高炉温,升温速度为 25 ℃/min,将炉温升到 400 ℃。

(4) 恒温,并每隔 15 min 记录产气流量,总共记录 8 h。

(5) 在可能的条件下收集气体,进行气相色谱分析。

(6) 测定收集焦油的量。

(7) 测定热解后固体残渣的质量。

(8) 温度分别升高到 500 ℃、600 ℃、700 ℃、800 ℃,重复步骤(1)至步骤(7)。

本实验有如下注意事项。

(1) 原料不同,产气率会有很大差别,因此,应根据实际情况,适当调整记录气体流量的时间间隔。

(2) 收集气体时注意安全,避免煤气中毒。

5. 实验结果整理

(1) 记录实验设备基本参数,包括热解炉功率,旋风分离器的型号、风量、总高、直径等,以及气体流量计的量程和最小刻度。

(2) 记录反应床初始温度和升温时间。

(3) 参考表 7-10 记录实验数据。

表 7-10 不同终温下产气量记录表

热解炉功率__________

气体流量计量程__________最小刻度__________

旋风分离器型号__________风量________总高________直径________

实验序号	1	2	3	4	5
初始温度/℃					
升温时间/min					
恒温温度/℃	400	500	600	700	800
恒温后 15 min 气体流量/(m^3/h)					
恒温后 30 min 气体流量/(m^3/h)					
⋮					
恒温后 8 h 气体流量/(m^3/h)					

(4) 根据实验数据,以产气流量为纵坐标、热解时间为横坐标作图,分析产气量与时间的关系。

6. 问题与讨论

(1) 分析不同终温对产气率的影响。

(2) 若能测定气体成分,分析不同终温对气体成分的影响。

7.3 固体废物资源化、减量化和无害化技术研究实验

7.3.1 污泥浓缩实验

1. 实验目的

从一级处理或二级处理过程中产生的污泥在进行脱水前常需加以浓缩,而最常用的方式是重力浓缩。在污泥浓缩池里,悬浮颗粒的浓度比较高,颗粒的沉淀作用主要为成层沉淀和压缩沉淀。该浓缩过程受悬浮固体浓度、性质和浓缩池的水力条件等因素的影响。因此,在有条件的情况下,一般需要通过相应的实验来确定工艺中的主要设计参数。

通过本实验,希望达到下述目的。

(1) 加深对成层沉淀和压缩沉淀的理解。

(2) 了解运用固体通量设计、计算浓缩池面积的方法。

2. 实验原理

浓缩池固体通量(G)的定义为单位时间内通过浓缩池任一横断面上单位面积的固体质

量（kg/(m^2 · d)或 kg/(m^2 · h)）。在二次沉淀池和连续流污泥重力浓缩池里，污泥颗粒的沉降主要由两个因素决定：①污泥自身的重力；②污泥回流和排泥产生的底流。因此，浓缩池的固体通量 G 应由污泥自重压密固体通量 G_i 和底流引起的向下流固体通量 G_u 组成。即

$$G = G_i + G_u \tag{7-20}$$

而

$$G_u = u\rho_i \tag{7-21}$$

$$G_i = v_i\rho_i \tag{7-22}$$

式中：u 为向下流速度，即由于底部排泥导致产生的界面下降速度，m/h。ρ_i 为断面 i-i 处的污泥浓度，kg/m^3。

若底部排泥量为 Q_u（m^3/h），浓缩池断面面积为 A（m^2），则 $u = Q_u/A$。设计时，u 一般采用经验值，如活性污泥浓缩池的 u 取 0.25～0.51 m/h。v_i 为污泥固体浓度为 ρ_i 时的界面沉速，单位为 m/h，其值可通过同一种污泥的不同固体浓度的静态实验，从沉降时间与界面高度的关系曲线求得（见图 7-15(a)）。例如，对于污泥浓度 ρ_i（设其起始界面高度为 H_0），通过该条浓缩曲线的起点作切线与横坐标相交，可得沉降时间 t_i，则该污泥浓度 ρ_i 下浓缩池的界面沉速 $v_i = H_0/t_i$（即为此污泥浓度下成层沉降时泥水界面的等速沉降速率）。

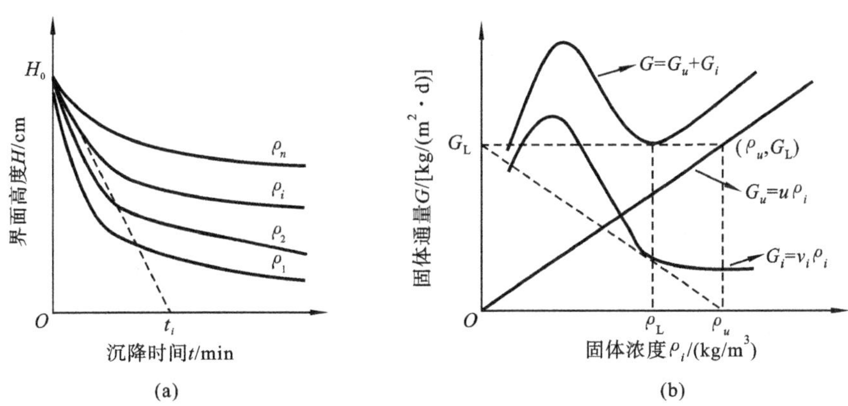

图 7-15　污泥静态浓缩实验中各物理量间的相互关系

G、G_u 与 G_i 随断面固体浓度 ρ_i 的变化情况如图 7-15(b)所示。由于浓缩池各断面处固体浓度 ρ_i 是变化的，而 G 随 ρ_i 而变，且有一极小值即极限固体通量 G_L。由固体通量的定义可得浓缩池的设计面积 A 为

$$A \geqslant \frac{Q_0\rho_0}{G_L} \tag{7-23}$$

式中：Q_0、ρ_0 分别为入流污泥流量和固体浓度，单位分别为 m^3/h 和 kg/m^3。

可以看出，G_L 的值对于浓缩池面积的设计计算是至关重要的。在实际工作中，一般先根据污泥的静态沉降实验数据作出 G_i-ρ_i 的关系曲线，根据设计的底流排泥浓度 ρ_0，自横坐标上的点 ρ_u 作该曲线的切线并与纵轴相交，其截距即为 G_L。

3. 实验装置与设备

(1) 实验装置的主要组成部分为沉淀柱和高位水箱，如图 7-16 所示。

(2) 实验仪器与设备。

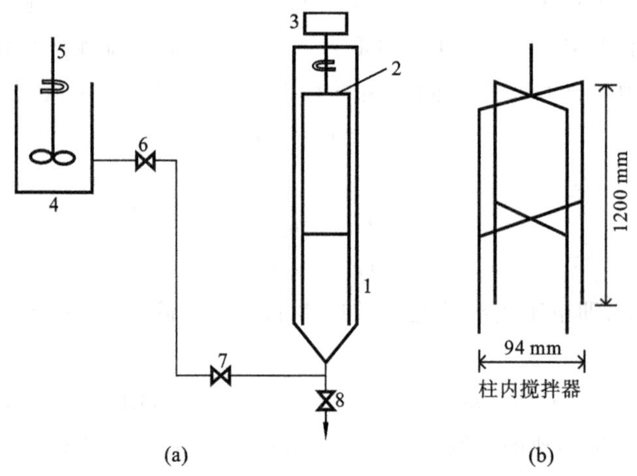

图 7-16 污泥的静态沉降实验装置示意图

1—沉淀柱；2、5—搅拌器；3—电动机；4—高位水箱；6、7—进泥阀；8—排泥阀

沉淀柱，有机玻璃制（柱身自上而下标有刻度），高 H＝1 500～2 000 mm，直径 D＝100 mm，1 根；柱内搅拌器，不锈钢管或铜管制，长 1 200 mm，宽 94 mm，管径 3 mm，4 根；电动机，TYC 型同步电动机，220 V/24 mA，1 台；高位水箱，硬塑料制，高 H＝300～400 mm，直径 D＝300 mm，1 只；连接管，水煤气管，直径 D＝20 mm，若干；分析 MLSS 用烘箱；分析天平；称量瓶；量筒；烧杯；漏斗等。

4. 实验步骤

本实验采用多次静态沉淀实验的方法。具体操作如下。

(1) 从城市污水处理厂取回剩余污泥和二次沉淀池出水，测取污泥的 SVI 与 MLSS。

(2) 将剩余污泥用二次沉淀池出水配制成不同 MLSS 的悬浮液，可以分别为 4 kg/m^3、5 kg/m^3、6 kg/m^3、8 kg/m^3、10 kg/m^3、15 kg/m^3、20 kg/m^3、25 kg/m^3、30 kg/m^3 等，然后进行不同 MLSS 浓度下的静态沉降实验。

(3) 将已配好的悬浮液倒入高位水箱，并加以搅拌使其混合、保持均匀。

(4) 把悬浮液注入沉淀柱至一定高度，启动沉淀柱的搅拌器(转速约 1 r/min)，搅拌 10 min。

(5) 观察污泥沉降现象。当出现泥水分界面时定期读出界面高度。开始时 0.5～1 min 读取一次，以后 1～2 min 读取一次；当界面高度随时间变化缓慢时，停止读数。

本实验有如下注意事项。

(1) 污泥的注入速度不宜过快或过慢。过快会引起严重紊乱，过慢则会使沉降过早发生，两者均会影响实验结果。另外，污泥注入时应尽量避免空气泡进入沉降柱。

(2) 重新进行下一次污泥浓度的沉降实验时，应将原有污泥排去，并将沉淀柱清洗干净后再开始。

(3) 整个实验可由 6～8 个组完成。每组完成 1～2 个污泥浓度的沉淀实验，然后综合整理所有实验数据，完成实验报告。

5. 实验数据整理

(1) 记录起始污泥浓度、起始界面高度以及不同沉降时间对应的界面高度，可整理如表 7-11所示。

表 7-11　污泥的静态沉降实验记录表

沉淀柱高 H=______ cm　直径 D=______ cm　搅拌器转速=______ r/min

污泥来源____________　污泥的 SVI=________

沉降时间/min	起始污泥浓度__ kg/m^3		起始污泥浓度__ kg/m^3		起始污泥浓度__ kg/m^3		…
	界面高度/cm	界面高度/cm	界面高度/cm	界面高度/cm	界面高度/cm	界面高度/cm	…
0							
0.5							
1.0							
1.5							
2.0							
2.5							
⋮							
80							

（2）根据上述实验数据，可得到不同污泥浓度沉降时的平均界面高度与沉降时间的关系曲线（即 H-t），通过起始界面高度作各曲线的切线，求得相应的沉降时间，从而求出不同污泥浓度下沉降曲线初始直线段时的界面沉速 v_i（即污泥发生成层沉降时的等速沉降速率）。

（3）求自重压密固体浓度 G_i，并整理如表 7-12 所示，画出 G_i-ρ_i 关系图。

表 7-12　污泥沉降过程中界面沉速 v_i 与自重压密固体浓度 G_i

起始固体浓度 ρ_i/(kg/m)	初始界面沉速 v_i/(m/h)	自重压密固体浓度 G_i/[kg/(m^2·h)]
4.0		
5.0		
6.0		
8.0		
⋮		

（4）根据设计污泥浓缩后需达到的固体浓度即 ρ_u，求出 G_L，即可计算出浓缩池的设计断面面积 A。

6. 问题与讨论

（1）本实验中污泥浓度的最低值应取多少？

（2）污泥浓缩池中污泥发生的是成层沉淀和压缩沉淀，试阐述将泥水界面视为等速沉降来估算自重压密固体通量的优缺点。

7.3.2　污泥压滤实验

1. 实验目的

压滤机是一种间歇性过滤设备，可分离各种悬浊液，除适用于污泥脱水外，还广泛用于冶金、石油、化工、染料、医药、食品、纺织、造纸、皮革工业及城市污水处理等领域。

通过本实验，希望达到下述目的。

（1）熟悉板框压滤机的结构和操作方法。

（2）学会测定恒压压滤操作时的过滤常数。

(3) 掌握压滤问题的简化工程处理方法。

(4) 了解不同压差、流速及悬浮液浓度对过滤速度的影响。

2. 实验原理

压滤是利用能让液体通过而截留固体颗粒的多孔介质(滤布和滤渣),使悬浮液中的固体、液体得到分离的单元操作。压滤操作本质上是流体通过固体床层的流动,所不同的是,该固体颗粒床层的厚度随着压滤过程的进行不断增加。过滤操作分为恒压过滤和恒速过滤。恒压过滤时,过滤介质两侧的压差维持不变,单位时间通过过滤介质的滤液量不断下降;恒速过滤即保持压滤速率不变。

压滤速率基本方程的一般形式为

$$\frac{\mathrm{d}V}{\mathrm{d}\tau}=\frac{A^2\Delta p^{1-s}}{\mu r'\upsilon(V+V_e)}$$

式中:V 为 τ 时间内的滤液量,m^3;V_c 为过滤介质的当量滤液体积,相当于滤布阻力的一层滤渣所得的滤液体积,m^3;A 为过滤面积,m^2;Δp 为过滤的压差,Pa;μ 为滤液黏度,g/(cm · s);υ 为滤饼体积与相应滤液体积之比,量纲为 1;r' 为单位压差下滤饼的比阻,s^2/ g;s 为滤饼的压缩指数,量纲为 1,一般情况下 $s=0\sim1$,而对于不可压缩滤饼,$s=0$。

恒压过滤时,对上式积分可得

$$(q+q_e)^2=K(\tau+\tau_e)$$

式中:q 为单位过滤面积的滤液量,m^3;q_e 为单位过滤面积的虚拟滤液量,m^3;K 为过滤常数,$K=\frac{2\Delta p^{1-s}}{\mu r'\upsilon}$,$m^2/s$;$\tau$ 为过滤介质获得滤液体积所需时间,s;τ_e 为过滤介质获得单位滤液体积所需时间,s。

对上式微分可得

$$\frac{\mathrm{d}\tau}{\mathrm{d}q}=\frac{2q}{K}+\frac{2q_e}{K}$$

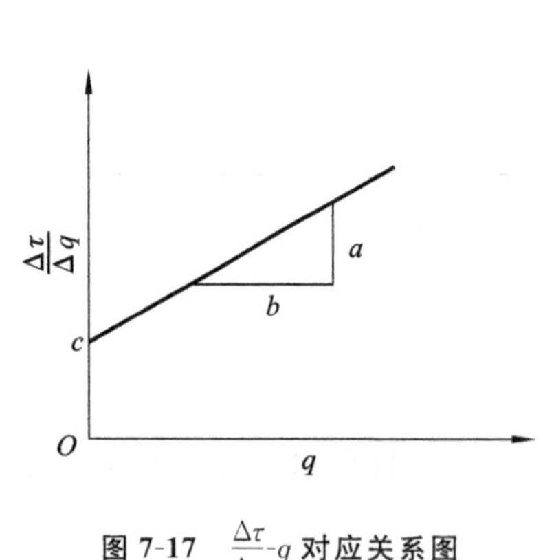

图 7-17　$\frac{\Delta\tau}{\Delta q}$-$q$ 对应关系图

该式表明 $\frac{\mathrm{d}\tau}{\mathrm{d}q}$-$q$ 为直线,其斜率为 $2/K$,截距为 $\frac{2q_e}{K}$。为了便于测定数据以计算速率常数,可用 $\Delta\tau/\Delta q$ 代替 $\frac{\mathrm{d}t}{\mathrm{d}q}$,则式 $\frac{\mathrm{d}\tau}{\mathrm{d}q}=\frac{2q}{K}+\frac{2q_e}{K}$ 可写成 $\frac{\Delta\tau}{\Delta q}=\frac{2q}{K}+\frac{2q_e}{K}$。

将 $\Delta\tau/\Delta q$ 对 q 作图,在正常情况下,各点均应在同一直线上,则 $\frac{\Delta\tau}{\Delta q}$-$q$ 对应关系为一条直线(图 7-17),直线斜率 $a/b=2/K$,截距 $c=\frac{2q_e}{K}$。

3. 实验设备与材料

板框过滤实验设备及流程如图 7-18 所示。

碳酸钙悬浮液在配料釜内配制,搅拌均匀后,用供料泵送至板框过滤机进行过滤,滤液流入计量筒,碳酸钙则在滤布上形成滤饼。为调节不同操作压力,管路上还装有旁路阀。板框过滤机厚度为 12 mm,每个滤板的面积(双面)为 0.021 6 m^2。

表 7-13 列出了示例过滤机型号与规格参数。

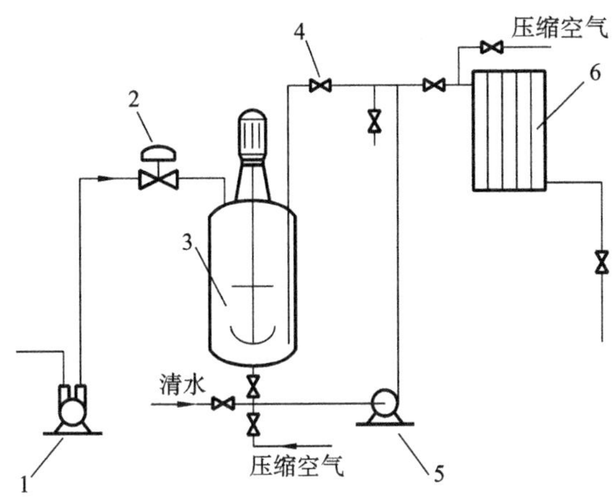

图 7-18　板框过滤实验设备及流程

1—压缩机；2—压力控制阀；3—配料釜；4—旁路阀；5—供料泵；6—板框过滤机

表 7-13　过滤机的型号与规格(示例)

型　号	过滤面积/m^2	框内尺寸/mm	框　数	框内总容积/ L	工作压力/MPa
BMS20/635—25	20	635×635×25	26	260	0.8
BMS30/635—25	30	635×635×25	38	380	0.8
BMS40/635—25	40	635×635×25	50	500	0.8

表 7-13 中板框过滤机型号如 BMS20/635—25 的意义如下：B 表示板框过滤机；M 表示明流式(若为 A，则表示暗流式)；S 表示手动压紧(若为 Y，则表示液压压紧)；20 表示过滤面积为 20 m^2；635 表示正方形滤框边长为 635 mm；25 表示滤框的厚度为 25 mm。

4．实验步骤

(1) 按要求排好板和框的位置和次序，装好滤布，不同的板和框用橡胶垫隔开，然后压紧板框。装滤布前将滤布浸湿。

(2) 清水实验。将过滤机的进、出口阀按需要打开或关闭，用清水进行实验，检查设备是否泄漏，并以清水练习计量及调节压力的操作。通过计算机采集数据，作出一条平行于横轴的直线，由此得到 q_e。

(3) 过滤实验。打开管线最低处的旋塞，放出管内积水。启动板框过滤机后打开进口阀，将压力调至指定的工作压力。一位同学在电子称量器前负责换装滤液，另一位同学在计算机前操作数据采集软件以获得实验数据。前 3 组数据每隔 10 s 采集 1 次，以后每加 1 组时间递增 10 s。采集 10 组数据即可。

(4) 实验结束，关闭板框过滤机进口阀，清洗板框、滤布等。

本实验有如下注意事项。

(1) 如果采用的不是碳酸钙悬浮液而是从污水处理厂取回的生化污泥，必须在配料釜中加入药剂进行絮凝。

(2) 在实验时要避免滤板受到损伤而使滤液质量达不到要求。

5．实验结果整理

将实验数据整理在表 7-14 中。

表 7-14　实验数据整理

原料温度/℃									
板框滤压/kPa									
搅拌釜压/kPa									
产品质量/mg									
时间 t/s									
水的密度/(kg/m³)									
水的体积 V/m³									
单位面积滤液量 q/(m³/m²)									
$\frac{\Delta\tau}{\Delta q}$/(s·m²/m³)									

根据实验结果,以单位面积滤液量 q 为横坐标,以 $\Delta\tau/\Delta q$ 为纵坐标,绘制关系曲线。

6. 问题与讨论

(1) 论述动态过滤速度的趋势。

(2) 分析并讨论操作压力、流体速率及悬浮液含量对过滤速度的影响。

*7.3.3　废旧轮胎热解资源化研究实验

1. 研究的背景与方向

随着我国汽车工业的迅猛发展,越来越多的废旧轮胎形成“黑色污染”,正在威胁着人们的日常生活。由于没有科学的处理方法,作坊式的废旧轮胎“土法炼油”呈现蔓延之势。土法炼油过程中排放的大量硫化氢、苯类、多环芳烃等有毒有害气体以及废弃物造成了巨大的环境污染和生态灾难。废旧轮胎属于不溶或难溶的高分子弹性材料,有着较高的弹性和韧性,在－500～1 500 ℃范围内不会发生变化,它们的大分子分解到不影响土壤中植物生长的程度需要数百年的时间,通常人们处理固体废物的方法(如填埋、焚烧等)对废旧轮胎都不适用。

废旧轮胎总量大、翻新利用率低、回收利用网络的不完善和再生利用行业的低迷状态,造成了废旧轮胎的大量堆积,这不仅占用土地,还极易滋生蚊虫、传播疾病。除此之外,废旧轮胎还破坏植物生长,影响人类健康,是工业有害废弃物中危害最大的垃圾之一,因此对废旧轮胎的资源化利用已成为十分紧迫的环境问题和社会问题。

根据国家循环经济、可持续发展的产业政策,废旧轮胎处理要以实现节能降耗、污染减排、资源再生和高附加值生产为目标。热解技术是处理废旧轮胎的最佳途径之一。本研究试图采用技术上可行、经济上合理的废旧轮胎热解处理工艺,使废旧轮胎能得到有效处理与再利用,从而达到社会效益、经济效益和环境效益三者“共赢”,对废旧轮胎资源化技术提供有力支持。

目前,由于满足热解工艺要求的大型裂解与后处理系统设备关键技术未全面解决,废旧轮胎处理综合利用系统尚未形成。同时,由于目前热解工艺存在的处理过程会形成新的废弃物等问题,因此,根据废旧轮胎资源化技术的发展动态及对环境的危害,开展废旧轮胎热解资源化研究具有重要的意义。

2. 实验内容

实验取用废旧轮胎作为实验对象,要求在现有技术的基础上,优化废旧轮胎热解处理工艺,提升炭黑品质,精炼热解油,提升油品品质,使热解处理工艺技术上可行、经济上合理,具有可操作性。

3. 实验目的

通过本实验,要求达到下述目的。

(1) 学习和掌握文献资料的检索和应用。

(2) 巩固实验操作技能,学习并运用有关处理技术。熟练并灵活使用有关检测仪器。

(3) 经过对实验结果的分析评价和理论探讨,巩固所学的化学、物理等学科的基础知识和有关的专业知识,培养和提高科学研究能力。

(4) 通过整个实验过程,培养和锻炼发现问题、分析问题和解决问题的综合能力,主观能动性和创新思维得到启发和提高。

4. 实验步骤

可参考“城市污水深度处理及回用技术与研究”。

*7.3.4 矿化垃圾等固体废物资源化工艺与机理的实验与研究

1. 研究背景与方向

固体废物包括城市生活垃圾、有毒有害固体废物和无毒无害固体废物三大类。有毒有害废物又称为危险废物,包括医院垃圾、废树脂、药渣、含重金属污泥、酸和碱废物等。无毒无害废物指粉煤灰、建筑垃圾等。这里仅涉及城市生活垃圾和有毒有害固体废物两大类。

根据我国目前的经济和社会发展水平,在当前和今后相当长的时期内,城市生活垃圾仍然以填埋为主,辅之以焚烧、堆肥等其他处理方法。近年来,各个城市强调生活垃圾源头分类收集,但分类后各类垃圾的出路比较困难,处理技术不完善,使垃圾分类收集遇到了很大障碍。另外,在处理过程中,二次污染控制有待加强。

工业固体废物种类繁多,成分复杂,其污染控制与资源化方法包括去毒化、填埋、焚烧、回用和资源化等。有些工业固体废物中,有毒有害物质的含量并不高,如铬渣、汞渣、磷渣等,但处理难度相当大。另外,我国大多数金属资源贫矿较多,品位低,单位产品的固体废物产生量相当大。绝大部分大型企业建造了自己的固体废物堆放场,但由于未采取严格的环保措施,仍存在污染环境的情况;由于长期缺乏科学的管理体系和配套的处理处置技术,大部分废物未经处理而直接排入环境,造成严重的环境污染。每年还有2 000多万吨废物直接倾入江河湖海,全国每年都发生大量的固体废物污染事故,引起大量的环境纠纷案件。

长期以来,我国主要在水污染控制方面培养环境保护人才,在固体废物方面相对薄弱。随着各级政府对环境保护的日益重视,与水污染控制一样,对固体废物的污染控制与资源化研究和应用也日益受到重视,国家对固体废物方面的人才需求越来越大。目前,固体废物方面人才缺口很大,急需加速发展和投入,以满足社会的需求。

2. 实验的基础与内容

矿化垃圾是指填埋场埋入或堆放多年(一般为10年以上)的城市生活垃圾(原生垃圾中不含粉煤灰或其含量小于10%)。

我国现有几十座卫生城市和准卫生城市生活垃圾填埋场和一般堆场,已填入或堆放垃圾几千万吨。当中的一些垃圾经8~10年的降解后,基本上达到了稳定化状态,因而被称为矿化垃圾。这些矿化垃圾的资源非常充足,可以认为是取之不尽、用之不竭的。同时矿化垃圾还含有大量的具有很强生存和降解能力的微生物。在填埋场中,这些微生物可降解诸如纤维素、半纤维素、多糖和木质素等难降解有机物，因此是一种性能非常优越的生物介质，只要条件合适，完全可用来降解废水中的有机物。

矿化垃圾经过开采，可以得到50％～60％的有机细料、10％～15％的可回收利用的物品(塑料、玻璃、金属等)。有机细料可以用于处理有机废水(包括填埋场渗滤水)，也可以作为园林绿化的有机肥料。可回收物品经适当处理后(清洗等)，可以出售给有关厂家再生利用，经济效益与社会效益相当明显。

主要研究内容如下。

(1) 矿化垃圾表征。

研究矿化垃圾的物理与化学表征，如对矿化垃圾进行筛分以分选出细料、塑料、纤维、玻璃等，检测细料的浸出毒性、水溶性、物理与化学性质等，由此掌握矿化垃圾形成、矿化垃圾分选与分类的原理，垃圾预处理的基本概念和过程。采用的方法包括手选、机械分选、粉碎机和破碎机处理、水浸取和酸浸取等。

(2) 矿化垃圾生物吸附工艺与机理。

研究已经表明，矿化垃圾中的微生物具有极强的生物吸附与降解能力，可以吸附有机气体和废水中的污染物和重金属。

以分选、预处理后得到的矿化垃圾细料为介质，采用间歇性和连续性实验方法，吸附水中的磷(无机与有机形态)、氨氮、渗滤液和畜禽废水中的污染物等。通过摇床振荡实验，确定矿化垃圾吸附的等温线和吸附机理，由此认识到矿化垃圾是可以资源化利用的，并掌握资源化利用的基本方法。

(3) 有毒有害有机物在矿化垃圾中的生物降解过程。

在分选、预处理后的矿化垃圾细料中加入环境内分泌干扰物，采用间歇性和连续性实验方法，通过改变矿化垃圾的湿度、温度等，研究矿化垃圾中这些内分泌干扰物的生物降解过程和机理。由此可认识垃圾的复杂性和环境内分泌干扰物(如苯二酚等)的本质概念，掌握和应用生物降解的概念。

3. 实验目的

通过本实验要求达到下述目的。

(1) 学习和掌握文献资料的检索和应用。

(2) 巩固实验操作技能，学习运用固体废物浸出毒性、分选、分类、筛分、粉碎与破碎、振荡、吸附、比色分析、矿化垃圾、垃圾填埋等处理技术和概念。

(3) 经过对实验结果的分析评价和理论探讨，巩固所学的化学、物理、生物等学科的基础知识和有关的专业知识，培养和提高科学研究能力。

(4) 通过整个实验过程，培养和锻炼发现问题、分析问题和解决问题的综合能力，主观能动性和创新思维得到启发和提高。

4. 实验步骤

可参考“城市污水深度处理及回用技术与研究”。

第 8 章　环境噪声控制实验

8.1　概　　述

随着现代工业、交通运输和城市建设的发展，环境噪声污染已成为国内外最大的公害之一，为了适应环境保护事业发展的需要，许多高等学校开设了环境噪声控制工程课程，为了加深对环境声学及噪声控制的认识和理解，本章重点介绍有关声学基本实验知识，并介绍声环境评价，包括区域噪声评价、道路交通噪声评价以及企业噪声的评价，同时本章还介绍吸声材料吸声性能的测量。

8.2　环境噪声测量与控制实验

8.2.1　城市区域环境噪声测量

1. 实验目的

为了掌握城市某一类区域或整个城市的总体环境噪声水平以及环境噪声污染的时间与空间分布规律，从而给出城市的环境质量评价，指导城市噪声控制规划的制定，需要对城市区域噪声进行普查和测量。声环境质量标准(GB 3096—2008)中规定了具体的噪声测量方法，有两种测量方法可供选用：对于噪声普查，应采用普查监测法；对于常规监测，常采用定点测量法。本实验采用普查监测法进行。

通过本实验，希望达到以下目的。

(1) 通过实际参与城市区域环境噪声的测量，加深对环境噪声测量方法的理解。

(2) 掌握环境噪声的评价指标与评价方法。

2. 实验原理

城市区域环境噪声通常采用等效连续 A 声级来评价。等效连续 A 声级等效于在相同的时间 t 内与不稳定噪声能量相等的连续稳定噪声的 A 声级，用符号 L_{Aeq} 或 L_{eq} 表示，数学表达式为

$$L_{\mathrm{Aeq}} = 10\lg\left[\frac{1}{t_2 - t_1}\int_{t_1}^{t_2}\frac{p_{\mathrm{A}}^2(t)}{p_0^2}\mathrm{d}t\right] \tag{8-1}$$

或

$$L_{\mathrm{Aeq}} = 10\lg\left[\frac{1}{t_2 - t_1}\int_{t_1}^{t_2}10^{0.1L_{p\mathrm{A}}(t)}\mathrm{d}t\right] \tag{8-2}$$

式中：$p_{\mathrm{A}}(t)$为噪声信号瞬时 A 计权声压，Pa；p_0为基准声压，2×10^{-5} Pa；t_2-t_1为测量时间间隔，s；$L_{p\mathrm{A}}(t)$为噪声信号瞬时 A 计权声压级，dB。

如果在同样的采样时间间隔下，测试得到一系列 A 声级数据的序列，则测量时段内的等效连续 A 声级也可通过以下表达式计算：

$$L_{\mathrm{Aeq}} = 10\lg\left(\frac{1}{T}\sum_{i=1}^{N}10^{0.1L_{\mathrm{A}i}}\tau_i\right) \tag{8-3}$$

$$L_{\mathrm{Aeq}} = 10\lg\left(\frac{1}{N}\sum_{i=1}^{N}10^{0.1L_{\mathrm{A}i}}\right) \tag{8-4}$$

式中:T 为总的测量时段,s;$L_{\mathrm{A}i}$为第 i 个 A 计权声级,dB;τ_i为采样间隔时间,s;N 为测试数据个数。

由于等效连续 A 声级较为简单,易于理解,而且与人的主观反应有较好的相关性,已成为国内外标准推荐采用的评价指标。

同样的噪声在白天和夜间对人的影响是不一样的,而等效连续 A 声级并不能反映人对噪声的主观反应这一特点。考虑到噪声在夜间对人们烦扰的增加,规定在夜间测得的所有声级均加上 10 dB(A 计权)作为修正值,再计算昼夜噪声能量的加权平均,由此构成昼夜等效声级这一评价参量,用符号 L_{dn}表示。昼夜等效声级主要用来评价人们昼夜长期暴露在噪声环境中所受的影响。由上述规定,昼夜等效声级 L_{dn}(dB)可表示为

$$L_{\mathrm{dn}} = 10\lg\left[\frac{2}{3}\times10^{0.1L_{\mathrm{d}}}+\frac{1}{3}\times10^{0.1(L_{\mathrm{n}}+10)}\right] \tag{8-5}$$

式中:L_{d} 为昼间(06:00—22:00)测得的噪声能量平均 A 声级(L_{Aeqd}),dB;L_{n} 为夜间(22:00—06:00)测得的噪声能量平均 A 声级(L_{Aeqn}),dB。昼间和夜间的时段可以根据当地的情况或当地政府的规定作适当的调整。

《声环境质量标准》(GB 3096—2008)中,按区域的使用功能特点和环境质量要求,声环境功能区分为以下五种类型,并规定了环境噪声的最高限值(见表 8-1)。这五类声功能区域具体如下。

0 类声环境功能区:指康复疗养区等特别需要安静的区域。

1 类声环境功能区:指以居民住宅、医疗卫生、文化教育、科研设计、行政办公为主要功能,需要保持安静的区域。

2 类声环境功能区:指以商业金融、集市贸易为主要功能,或者居住、商业、工业混杂,需要维护住宅安静的区域。

3 类声环境功能区:指以工业生产、仓储物流为主要功能,需要防止工业噪声对周围环境产生严重影响的区域。

4 类声环境功能区:指交通干线两侧一定距离之内,需要防止交通噪声对周围环境产生严重影响的区域,包括 4 a 类和 4 b 类两种类型。4 a 类为高速公路、一级公路、二级公路、城市快速路、城市主干路、城市次干路、城市轨道交通(地面段)、内河航道两侧区域;4 b 类为铁路干线两侧区域。

表 8-1 城市各类区域环境噪声最高限值(单位:dB(A))

声环境功能区类别		时段	
		昼间	夜间
0 类		50	40
1 类		55	45
2 类		60	50
3 类		65	55
4 类	4a 类	70	55
	4b 类	70	60

3. 实验装置与设备

测量仪器为精度为 2 型以上的积分式声级计或环境噪声自动监测仪,测量前后使用声级

校准器校准测量仪器的示值，偏差应不大于 2 dB，否则测量无效。

4. 实验步骤

(1) 选取学校校园或附近住宅小区作为测量区域，将其分成等距离的网格。标准中规定网格划分的数目一般应多于 100 个。实验中根据实际选定区域的情况，按 10～20 m 划分网格，网格数控制在 25 个左右。

测量点应在每个网格的中心，若中心点的位置不宜测量(如水塘、禁区)，可移至临近便于测量的位置。应尽可能在离任何反射物(除地面外)至少 3.5 m，离地面的高度大于 1.2 m 的区域测量。根据网格划分，画出测量网格以及测点分布图。

测量应选在无雨、无雪的天气条件下进行，风速达到 5 m/s 以上时停止测量。测量时传声器应加风罩。

(2) 采用声级校准器对声级计进行校准。

(3) 按照测量标准中的要求，测量应分别在昼间和夜间进行。实验中可根据实际情况选定某一测量时段进行。在规定的测量时间内，每次每个测点测量 10 min 的等效声级。同时记录噪声的主要来源(如社会生活、交通、建筑施工、工业企业噪声等)。

5. 实验结果整理

(1) 记录实验基本参数。

实验日期________年________月________日

测量时段____________________

气象状态：温度________　相对湿度________

测量设备型号____________________

测量前校准值____________　测量后校准值____________

绘出测点示意图，测量数据参照表 8-2 记录。

表 8-2　城市区域环境噪声测量实验数据记录表

测点编号	L_{Aeq}	主要噪声源	测点编号	L_{Aeq}	主要噪声源

(2) 计算区域评价值。

将全部网格中心测点测得的 10 min 等效声级进行算术平均，所得到的平均值代表测量功能区域的环境噪声水平。计算式如下：

$$L=\frac{1}{n}\sum_{i=1}^{n}L_{\mathrm{Aeq}i} \tag{8-6}$$

$$\delta=\sqrt{\frac{1}{n-1}\sum_{i=1}^{n}(L-L_{\mathrm{Aeq}i})^2} \tag{8-7}$$

式中:L 为城市某一功能区域或整座城市的环境噪声平均值,dB;$L_{\mathrm{Aeq}i}$ 为第 i 个网格中心测得的昼间(或夜间)等效声级,dB;δ 为标准偏差;n 为网格总数。

(3) 噪声污染空间分布图。

将各网格中心测点测得的等效声级,按 5 dB 一档分级(如 51~55,56~60,61~65,等等),用不同的颜色或阴影线表示每一档等效声级,绘制在覆盖某一区域的网格上。也可以利用网格中心测量值,在点间用内插法作出等声级线,按 5 dB 分档绘图。等级的颜色和阴影线按表 8-3 的规定表示。

表 8-3　城市噪声污染图等级颜色和阴影线定义

噪声带/dB	颜　色	阴　影　线
35 以下	浅绿色	小点,低密度
36~40	绿色	中点,中密度
41~45	深绿色	大点,大密度
46~50	黄色	垂直线,低密度
51~55	褐色	垂直线,中密度
56~60	橙色	垂直线,高密度
61~65	朱红色	交叉线,低密度
66~70	洋红色	交叉线,中密度
71~75	紫红色	交叉线,高密度
76~80	蓝色	宽条垂直线
81~85	深蓝色	全黑

6. 问题与讨论

(1) 根据测量区域以及测量结果,判断测量区域是否符合声环境功能区环境噪声限值标准的要求。

(2) 对照不同实验组的测量结果,分析不同测量时段对测量结果的影响及其原因。

8.2.2　城市道路交通噪声测量

1. 实验目的

随着城市道路交通的飞速发展,交通噪声污染的问题也日益突出。在影响人居环境的各种噪声中,无论从噪声污染面还是从噪声强度来看,道路交通噪声都是最主要的噪声源。道路交通噪声对人居环境的影响特点是干扰时间长、污染面广、噪声级别较高。通过道路交通噪声测量,不仅可以掌握城市道路交通噪声的污染情况,还可以指导城市道路规划。道路交通噪声的测量可参照声环境质量标准(GB 3096—2008)中的相关要求进行。测量方法有普查监测法和定点监测法两种,本实验采用定点监测法测量某一路段的交通噪声。

通过本实验,希望达到以下目的。

(1) 通过城市道路交通噪声的测量,加深对道路交通噪声特征的理解。

(2) 掌握道路交通噪声的评价指标与评价方法。

2. 实验原理

道路交通噪声除了可采用“城市区域环境噪声测量”中介绍的等效连续 A 声级来评价外，还可采用累计百分声级来评价噪声的变化。在规定的测量时间内，有 $N\%$时间的 A 计权声级超过某一噪声级，该噪声级就称为累计百分声级，用 L_N表示，单位为 dB。

累计百分声级用来表示随时间起伏的无规则噪声的声级分布特性，最常用的是 L_{10}、L_{50}和 L_{90}。L_{10}表示在测量时间内，有 10%时间的噪声级超过此值，相当于峰值噪声级；L_{50}表示在测量时间内，有 50%时间的噪声级超过此值，相当于中值噪声级；L_{90}表示在测量时间内，有 90%时间的噪声级超过此值，相当于本底噪声级。

如果数据采集是按等时间间隔进行的，则 L_N也表示有 $N\%$的数据超过的噪声级。一般 L_N和 L_{Aeq}之间有如下近似关系：

$$L_{\mathrm{Aeq}} \approx L_{50} + \frac{(L_{10} - L_{90})^2}{60} \tag{8-8}$$

道路交通噪声的测点应选在两路口之间道路边的人行道上，离车行道的路沿 20 cm 处，此处与路口的距离应大于 50 m，这样该测点的噪声可以代表两路口间的该段道路交通噪声。

本实验要在规定的测量时间段内，在各测点取样测量 20 min 的等效连续 A 声级 L_{Aeq}以及累计百分声级 L_{10}、L_{50}、L_{90}，同时记录车流量(辆/h)。

3. 实验装置与设备

测量仪器为精度为 2 型以上的积分式声级计或环境噪声自动监测仪，其性能符合 GB 3785 的要求。测量前后使用声级校准器校准测量仪器的示值，偏差应不大于 0.5 dB，否则测量无效。

测量应选在无雨、无雪的天气条件下进行，风速达到 5 m/s 以上时停止测量。测量时传声器加风罩。

4. 实验步骤

(1) 选定某一交通干线作为测量路段，测点选在两路口之间道路边的人行道上，离车行道的路沿 20 cm 处，此处与路口的距离应大于 50 m。在测量路段上布置 5 个测点，画出测点布置图。

(2) 采用声级校准器对测量仪器进行校准，并记录校准值。

(3) 连续进行 20 min 的交通噪声测量，并采用 2 只计数器分别记录大型车和小型车的数量。

(4) 分别在同一路段的 5 个不同测点重复以上测量。

(5) 测量完成后对测量设备进行再次校准，记下校准值。

5. 实验结果整理

(1) 记录实验基本参数。

实验日期________年________月________日

测量时段________

气象状态：温度________　相对湿度________

测量设备型号________

测量前校准值________　测量后校准值________

绘出测点示意图，按表 8-4 记录实验数据。

表 8-4 城市道路交通噪声测量实验数据记录表

测 量 点	L_{Aeq}	L_{10}	L_{50}	L_{90}	车流量/(辆/h)	
					大型车	小型车

(2) 计算噪声平均值。

根据在 5 个不同测点测量的噪声值,按路段长度进行加权算术平均,得出某交通干线区域的环境噪声平均值,计算式如下:

$$L = \frac{1}{l}\sum_{i=1}^{n} l_i L_i \tag{8-9}$$

式中:L 为某交通干线两侧区域的环境噪声平均值,dB;l 为典型路段的加和长度,$l = \sum_{i=1}^{n} l_i$,km;l_i为第 i 段典型路段的长度,km;L_i为第 i 段典型路段测得的等效声级 L_{Aeq}或累计百分声级 L_{10}、L_{50}、L_{90},dB。

6. 问题与讨论

(1) 根据评价量及车流量随时间段的变化关系,分析评价量与车流量的变化趋势。

(2) 分析等效声级与累计百分声级之间的关系,说明 L_{10}、L_{50}、L_{90}分别代表的声级的意义。验证实验结果与式(8-8)的符合程度。

8.2.3 工业企业噪声排放测量

1. 实验目的

工厂和一些企事业单位存在的噪声源(如机器设备、空调机组等)有可能对周围环境产生噪声污染。为控制工业企业厂界噪声的危害,国家制定了《工业企业厂界环境噪声排放标准》(GB 12348—2008),用于进行工厂及有可能造成噪声污染的企事业单位的边界噪声测量。

通过本实验,希望达到以下目的。

(1) 通过参与工业企业噪声排放的测量,熟悉噪声排放的测量过程与方法。

(2) 掌握工业企业噪声排放的评价方法以及工业企业噪声排放的限值。

2. 实验原理

工业企业噪声排放的评价指标主要为 A 计权声级 L_A和等效连续 A 声级 L_{Aeq}。工业企业噪声常具有非稳态特征(在测量时间内,声级起伏不大于 3 dB(A)的噪声称为稳态噪声;在测量时间内,被测声源的声级起伏大于 3 dB(A)的噪声称为非稳态噪声)。

测量时要求在无雨、无雪的天气条件下进行,风速达到 5.5 m/s 以上时停止测量。测量时间为被测企事业单位的正常工作时间。

用声级计采样时,仪器动态特性为“慢”响应,采样时间间隔为 5 s。用环境噪声自动监测仪采样时,仪器动态特性为“快”响应,采样时间间隔不大于 1 s。

稳态噪声的测量值为 1 min 的等效声级。若被测声源是非稳态噪声，则应测量被测声源正常工作时段内的等效声级，夜间同时测量最大声级。

测点位置选在工业企业法定边界外 1 m，高度 1.2 m 以上，对应被测声源、距任一反射面不小于 1 m 的位置。当法定边界外有噪声敏感建筑物或被规划为噪声敏感建筑物用地时，测点应选在法定边界外 1 m、围墙 0.5 m 以上的位置。当法定边界无法测量到声源的实际排放时（如声源位于高空、法定边界为声屏障等），在受影响的噪声敏感建筑物户外 1 m 处测量。噪声排放单位与噪声敏感建筑物位于同一建筑或相邻建筑时，若空气传声，户外具备监测条件时应选择在室外测量，采用户外标准进行评价。当噪声排放单位与噪声敏感建筑物相距很近（如小于 2 m），在室外设点不能满足标准点位设置的一般要求时，点位应选择在室内距任一反射面不小于 1 m、距地面 1.2～1.5 m 噪声较高处。在固体传声时，考虑到固体传声主要是通过建筑物本身的结构沿着墙体、楼板将声音传至敏感建筑物的室内，因此将测点设在室内距任一反射面不小于 1 m、距地面 1.2～1.5 m 噪声较高处，同时关闭门窗。

厂界噪声测量中经常出现周围环境噪声的差异在 10 dB(A)以内的情况，因此必须进行背景噪声的测量。背景噪声是指被测量噪声源以外的声源发出的噪声的总和。

《工业企业厂界环境噪声排放标准》(GB 12348—2008)中规定了工业企业厂界噪声排放限值（见表 8-5）。

表 8-5　工业企业厂界噪声排放限值(单位：dB)

类　别	昼　间	夜　间
0	50	40
1	55	45
2	60	50
3	65	55
4	70	55

3. 实验装置与设备

测量仪器为精度为 2 型以上的积分声级计或环境噪声自动监测仪，应定期校验，并在测量前后进行校准，灵敏度相差不得大于 0.5 dB，否则测量无效。测量时传声器加风罩。

4. 实验步骤

(1) 选定测量区域，调查其边界周围可能存在的敏感点（如居民、教室等需要特别安静的区域），画出测量区域厂界以及测点布置图。

(2) 采用声级校准器对测量设备进行校准，记下校准值。

(3) 按要求设定测试设备以及测点位置。

(4) 在每一测点测量，计算正常工作时间内的等效声级。

(5) 测量各测点的背景噪声。

(6) 测量完成后对测量设备进行再一次校准，记下校准值。

5. 实验结果整理

(1) 记录实验基本参数。

实验日期________年________月________日

测量时段________

气象状态：温度________　相对湿度________

测量设备型号________________

测量前校准值________　测量后校准值________

(2) 背景值修正。

背景噪声的声级值应比待测噪声的声级值低 10 dB(A)以上，若测量值与背景值的差值小于 10 dB(A)，则按表 8-6 进行修正。

表 8-6　背景值的修正

测量值与背景值之差/dB	3	4～5	6～10
修正值/dB	－3	－2	－1

(3) 测量数据记录。

参照表 8-7 记录测量数据。

表 8-7　工业企业噪声排放测量数据记录表

工　厂　名　称	适用标准类型	测　量　仪　器	测量时间	测量人

测点编号	主要噪声源	测量值		测点示意图
		昼间	夜间	
				备注

6. 问题与讨论

根据测量结果，判断所测量厂界点是否符合噪声排放限值标准的要求。

8.2.4　设备辐射噪声频谱的现场测量

1. 实验目的

环境噪声控制中通常需要进行设备的噪声控制，以达到环境质量标准的要求。在进行设备噪声控制前，掌握设备辐射噪声的频谱特性，才能提出合理的噪声治理措施。

通过本实验，希望达到以下目的。

(1) 加强对噪声频谱概念的理解。

(2) 掌握机器设备噪声的现场测量方法，以近似估计或比较机器噪声的大小，为设备噪声控制提供依据。

2. 实验原理

对于机器设备产生的噪声，通常 A 声级、C 声级的测量不足以全面反映机器设备噪声的特征，这时就需要对噪声的频谱进行测量。通过频谱测量，可以得到噪声源在不同频带内的噪声辐射特性。环境噪声测量中最常用的噪声频谱测量的滤波器带宽为1/3倍频程和1/1倍频程。以1/1倍频程为例，常用的测量中心频率为31.5 Hz、63 Hz、125 Hz、250 Hz、500 Hz、1 000 Hz、2 000 Hz、4 000 Hz、8 000Hz。

在进行设备噪声频谱测量时，首先要正确选定测点的位置。测点的位置和数量可根据机器的外形尺寸来确定，一般按以下原则来确定。

(1) 外形尺寸长度小于30 cm的小型机器，测点距其表面30 cm。

(2) 外形尺寸长度为30～100 cm的中型机器，测点距其表面50 cm。

(3) 外形尺寸长度大于100 cm的大型机器，测点距其表面100 cm。

(4) 特大型机器或有危险性的设备，可根据具体情况选择较远位置为测点。

(5) 各类型机器噪声的测量，均须按规定距离在机器周围均匀选取测点，测点数目视机器的尺寸大小和发声部位的多少而定，可取4个、6个或8个。

(6) 测量各种类型的通风机、鼓风机、压缩机等空气动力机械的进、排风噪声和内燃机、燃气轮机的进、排风噪声时，进气噪声测点应在进风口轴向，与管口平面之间的距离不能小于管口直径，也可选在距离管口平面0.5 m或1 m的位置；排气噪声测点应取在与排风口轴线成45°角的方向上，或在管口平面上距离管口中心0.5 m、1 m或2 m处。

测点的高度以机器高度的一半为准，或者选择在机器水平轴的水平面上。测量时，传声器应对准机器表面，并在相应的测点上测量背景噪声。

必须设法避免或减少环境背景噪声的影响，为此，应使测点尽可能接近噪声源，除待测机器外，应关闭其他无关的机器设备。对于室外或高达车间的机器噪声，在没有其他声源影响的条件下，测点可以选在距离机器稍远的位置。需要减少测量环境的反射面时，可以通过增加吸声面积来实现。选择测点时，原则上应使被测机器的直达声大于背景噪声10 dB(A)，否则应对测量值进行修正。测量若在室外进行，传声器应加防风罩。当风速超过5 m/s时，应停止测量。

3. 实验装置与设备

准确度为2型以上(包括2型)的带宽为1/3倍频程和1/1倍频程滤波器的积分式声级计或噪声频谱分析仪，其性能符合GB 3785的要求。

声级校准器(应定期检定，测量前后使用声级校准器校准测量仪器的示值偏差不应大于2 dB，否则测量无效)。

4. 实验步骤

(1) 选定被测设备，根据实验原理部分给出的六条原则，确定测点位置和测点数量。

(2) 采用声级校准器对测量设备进行校准，记下校准值。

(3) 测量设备的1/1倍频程频谱(频率范围为63～8 000Hz)以及A计权声级。

(4) 测量设备停止运行时对应测点的背景噪声。

(5) 测量完成后对测量设备进行再一次校准，记下校准值。

5. 实验结果整理

(1) 记录实验基本参数。

实验日期________年________月________日

温度________　湿度________

测量设备名称、型号________

声级校准器名称、型号________________

测量前校准值________　测量后校准值________

被测设备参数(机器名称、型号、功率、转速、工况、安装条件以及生产厂家、出厂序号和时间等)____________________

测点位置(包括距离、测点高度等)____________________

(2) 将设备噪声频谱测量数据记录在表 8-8 中。

表 8-8　设备噪声频谱测量数据记录表

频率/Hz		63	125	250	500	1000	2000	4000	8000	A	背景
声压级/dB	测点 1										
	测点 2										
	测点 3										
	测点 4										
	测点 5										
	测点 6										
	测点 7										
	测点 8										

(3) 根据所测得的设备噪声频谱数据,绘制如图 8-1 所示的设备噪声频谱曲线。

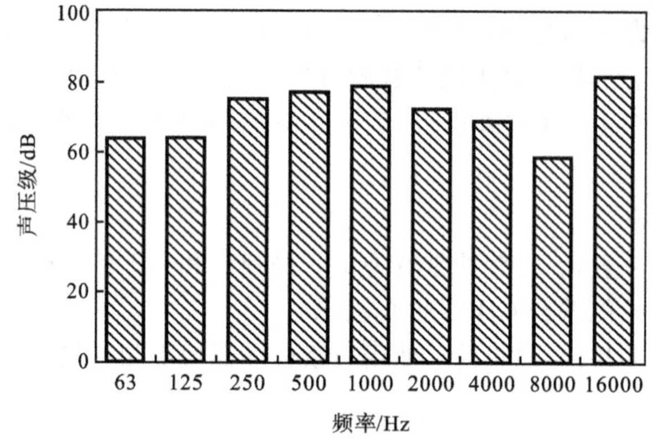

图 8-1　噪声频谱图示例

(4) 将各测量数据按规定对背景噪声进行修正,计算得到设备辐射噪声的平均值,公式如下:

$$\overline{L}_A = 10\lg \frac{1}{n}(10^{0.1L_1} + 10^{0.1L_2} + \cdots + 10^{0.1L_n}) \tag{8-10}$$

式中:$\overline{L}_A$ 为平均 A 声级,dB(A);$L_1, L_2, \cdots, L_n$ 为各个测点的声级或倍频带声压级的测量值,dB(A);n 为测点数。

6. 问题与讨论

(1) 根据所测得的设备噪声频谱数据,分析设备的噪声辐射特征。

(2) 将测得的噪声频谱数据按式(8-10)进行叠加,得到设备噪声的总线性辐射声级。通常现场测量时采用简单的声级计可以测量出 A 计权声级和 C 计权声级。C 计权声级的结果与线性声级的结果接近。将测试结果的线性声级和 A 计权声级进行比较，讨论在现场根据 A 计权声级和 C 计权声级所得的测试结果，粗略判断设备噪声频谱特征（噪声辐射是高频成分还是低频成分占主要部分）。

8.2.5 材料吸声性能的实验室测量

1. 实验目的

噪声控制工程中普遍采用吸声材料和吸声结构来降低噪声。吸声材料按其吸声机理，可以分为多孔性吸声材料和共振吸声结构两大类。材料的吸声特性采用吸声系数来描述。不同材料或结构的吸声特性不同，因此只有了解吸声材料或吸声结构的吸声特性，才能在噪声控制中选择恰当的材料，从而达到降低噪声的目的。

材料的吸声系数可由实验测出，常用的方法有混响室法和驻波管法两种。用混响室法所测得的吸声系数是材料的无规则入射吸声系数，而用驻波管法所测得的吸声系数是材料的垂直入射吸声系数。本实验采用的是驻波管法，有实验条件的也可以采用混响室法。

通过本实验，希望达到以下目的。

(1) 加深对吸声系数的理解，了解不同材料的吸声特性。

(2) 掌握材料吸声性能的影响因素。

2. 实验原理

在驻波管中传播平面波的频率范围内，声波入射到管中，再从试件表面反射回来，入射波和反射波叠加后在管中形成驻波。由此形成沿驻波管长度方向声压极大值与极小值的交替分布。用试件的反射系数来表示声压极大值与极小值，可写成

$$p_{\max} = p_0(1 + |r|) \tag{8-11}$$

$$p_{\min} = p_0(1 - |r|) \tag{8-12}$$

根据吸声系数的定义，吸声系数与反射系数的关系可写成

$$\alpha_0 = 1 - |r|^2 \tag{8-13}$$

定义驻波比 S 为

$$S = \frac{|p_{\min}|}{|p_{\max}|} \tag{8-14}$$

吸声系数可用驻波比表示为

$$\alpha_0 = \frac{4S}{(1+S)^2} \tag{8-15}$$

因此，只要确定声压极大值和极小值的比值，即可计算出吸声系数。如果实际测得的是声压级的极大值和极小值，设两者之差为 L，则根据声压和声压级之间的关系，可由下式计算吸声系数：

$$\alpha_0 = \frac{4 \times 10^{L/20}}{(1 + 10^{L/20})} \tag{8-16}$$

3. 实验装置与设备

驻波管中吸声系数的测量有驻波比法和传递函数法两种，分别见《声学阻抗管中吸声系数和声阻抗的测量第 1 部分：驻波比法》(GB/T 18696.1—2004)和《声学阻抗管中吸声系数和声阻抗的测量第 2 部分：传递函数法》(GB/T 18696.2—2002)。为了更直观地理解吸声系数以及驻波形成的角度，建议采用驻波比法。本实验介绍驻波比法的实验装置。

典型的测量材料吸声系数用的驻波管系统如图 8-2 所示。其主要部分是一根内壁坚硬光滑、截面均匀的管子(圆管或方管),管子的一端用以安装被测试的材料样品,管子的另一端为扬声器。当扬声器向管中辐射的声波频率与管子截面的几何尺寸满足式(8-17)或式(8-18)的关系时,在管中只有沿管轴方向传播的平面波。

$$f < \frac{1.84c_0}{\pi D} \quad (圆管) \tag{8-17}$$

$$f < \frac{c_0}{2L} \quad (方管) \tag{8-18}$$

式中:D 为圆管直径,m;L 为方管边长,m;c_0 为空气中的声速,m/s。

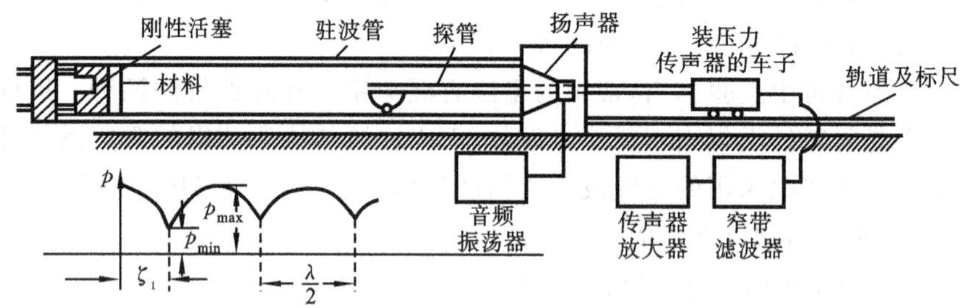

图 8-2　驻波管结构及测量装置示意图

平面声波传播到材料表面时被反射回来,这样入射声波与反射声波在管中叠加而形成驻波声场。从材料表面位置开始,管中出现了声压极大值和极小值的交替分布。利用可移动的探管传声器接收管中驻波声场的声压,可通过测试仪器测出声压极大值与极小值的差值 L,或声压极小值与极大值的比值(即驻波比 S),即可根据式(8-15)或式(8-16)计算垂直入射吸声系数。

为在管中获得平面波,驻波管测量所采用的声信号为单频信号,但扬声器辐射声波中包含高次谐波分量,因此在接收端必须进行滤波才能去掉不必要的高次谐波成分。由于要满足在管中传播的声波为平面波以及必要的声压极大值、极小值的数目,常设计有低、中、高频三种尺寸和长度的驻波管,分别适用于不同的频率范围。

4. 实验步骤

利用驻波管测试材料垂直入射吸声系数的步骤如下。

(1) 将被测吸声材料按实验要求安装于驻波管的末端。实验材料采用两种厚度(如 5 cm 和 10 cm)的阻性吸声材料(如玻璃棉或泡沫海绵)和抗性吸声材料(如微穿孔板)。

(2) 调整单频信号发生器的频率到指定的数值,并调节信号发生器的输出,以得到适宜的音量。

(3) 移动传声器小车到除极小值以外的任一位置,改变接收滤波器通带的中心频率,使测试仪器得到最大读数。这时接收滤波器通带的中心频率与管中实际声波频率准确一致。

(4) 将探管端部移至试件表面处,然后慢慢离开,找到一个声压极大值,并改变测量放大器的增益,使测试仪器指针正好满刻度,再小心地找出相邻的第一个极小值,这样就得到 S 或 L。根据式(8-15)或式(8-16)可计算出 α_0。

(5) 调整单频信号发生器到其他频率,重复以上步骤,就可得到各测试频率的垂直入射吸声系数。实验中测量频率采用 100～2 000 Hz 的 1/3 倍频程中心频率。

(6) 更换材料或在材料后留空气层(如在 5 cm 厚的材料后面加 5 cm 空气层),重复以上测量。

5. 实验结果整理

(1) 记录实验基本参数。

实验日期________年________月________日

温度________　湿度________

测量设备型号________

(2) 实验数据可参考表 8-9 记录。

表 8-9　材料吸声系数测量数据记录表

材料名称(阻性材料名)：						材料厚度：(5)cm					背留空腔：(0)cm			
频率/Hz	100	125	160	200	250	315	400	500	630	800	1 000	1 250	1 600	2 000
α_0														

注：表中括号内数字为建议的实验参数。

(3) 将表 8-9 中的实验数据绘成如图 8-3 所示的吸声系数曲线，其中横坐标为频率，纵坐标为吸声系数。

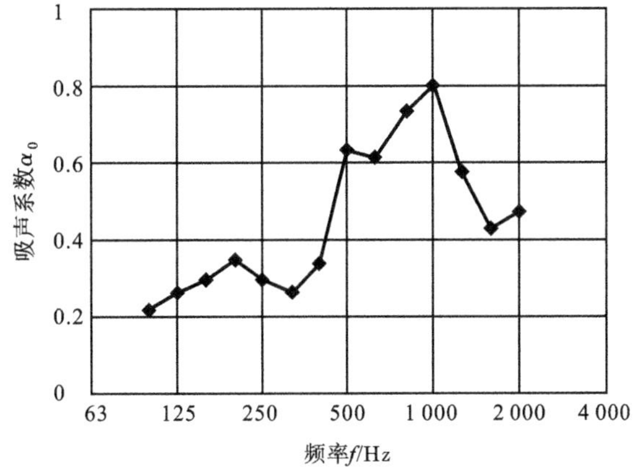

图 8-3　材料吸声系数曲线

6. 问题与讨论

(1) 根据实验结果，比较同种阻性材料在不同厚度下吸声性能的变化趋势，5 cm 材料背留 5 cm 空腔后的吸声性能和 10 cm 材料吸声性能的异同，并由此讨论材料厚度和空腔对材料吸声性能的影响。

(2) 根据实验结果，比较在不同空腔厚度下抗性吸声材料的吸声性能的变化，并由此讨论空腔对吸声材料的吸声性能的影响。

(3) 比较阻性吸声材料和抗性吸声材料的吸声特性的差异。

第 9 章　污染土壤修复实验

9.1　概　　述

土壤是指陆地表面具有肥力、能够生长植物的疏松表层，其厚度一般在 2 m 左右。土壤不但为植物生长提供机械支撑能力，而且能为植物生长发育提供所需要的水、肥、气、热等要素。近年来，由于人口急剧增长，工业迅猛发展，固体废物不断向土壤表面倾倒和堆放，有害废水不断向土壤中渗透，大气中的有害气体及飘尘也不断随雨水降落在土壤中，导致了土壤污染。凡是妨碍土壤正常功能，降低作物产量和质量，还通过粮食、蔬菜、水果等间接影响人体健康的物质，都称为土壤污染物。

土壤污染物大致可分为无机污染物和有机污染物两大类。无机污染物主要包括酸，碱，重金属(铜、汞、铬、镉、镍、铅等)盐类，放射性元素铯、锶的化合物，含砷、硒、氟的化合物等。有机污染物主要包括有机农药、酚类、氰化物、石油、合成洗涤剂、3,4-苯并芘以及由城市污水、污泥及厩肥带来的有害微生物等。当土壤中含有害物质过多，超过土壤的自净能力时，就会导致土壤的组成、结构和功能发生变化，微生物活动受到抑制，有害物质或其分解产物在土壤中逐渐积累，通过“土壤→植物→人体”或“土壤→水→人体”间接被人体吸收，达到危害人体健康的程度，这就是土壤污染。

不洁净的土壤是指遭受不良物质污染的土壤。土壤污染包括重金属污染、农药和持久性有机化合物污染、化肥施用污染等。

土壤污染和水体污染、大气污染等问题是系统性问题：地下水和地表水都会跟土壤产生接触，而空气中含有的各种污染物也会通过诸如降雨等形式渗入地表，最终形成土壤和地下水污染物的一部分。土壤和地下水污染虽然看不见、摸不着，但是对人们的日常生活产生着巨大的影响。不仅在污染的耕地上种植出来的蔬菜水果有可能吸收和富集了土壤中的污染物，被人食用后对人体造成危害，而且污染土壤对地下水影响极大，不及时修复，将波及久远。随着城市化的发展，越来越多的工厂进行了搬迁，留下了大片的污染土壤，它不仅影响对土地的再开发利用，而且直接污染地下饮用水水源。

修复技术是修复行业普遍关注的重点，然而一个全面、系统、切实可行的修复方案其实更为重要，如果不对污染场地进行认真细致的诊断，而盲目确定修复方法，甚至可能对环境造成二次污染。

为切实加强土壤污染防治，逐步改善土壤环境质量，国务院于 2016 年 5 月 28 日颁布了《土壤污染防治行动计划》。随着土壤污染修复治理的开展，对土壤中污染物的检测和污染土壤的修复技术的需求越来越急迫，因此着手土壤污染的修复技术研究，开展土壤修复技术的实验十分重要。

9.2 土壤中污染物检测及修复实验

9.2.1 土壤中总铬、水溶性六价铬提取及测定

1. 实验目的

通过本实验,希望达到以下目的。

(1) 了解土壤中总铬、水溶性六价铬的提取及测定方法。

(2) 通过对比,选择最优的测定土壤中六价铬的方法。

2. 实验原理

测定土壤和废水中六价铬的方法主要有二苯碳酰二肼分光光度法、液相色谱-质谱法、极谱法、荧光淬灭法和离子色谱法等。GB/T 7467—1987 中二苯碳酰二肼分光光度法为首选方法,但在实际操作中,需配制1+1硫酸溶液和1+1磷酸溶液以及显色剂3种溶液,分析时依次加入后进行显色测定,尚不够简便快速,不利于成批试样的监测分析,配制显色剂时需要用到丙酮,丙酮具有低毒性,长期接触会对分析人员造成一定伤害。为此,在配制二苯碳酰二肼显色剂时,以乙醇代替丙酮作为溶剂,同时加入适量硫酸和磷酸,配成含混合酸的显色剂,分析时一次加入,这样可以简化操作步骤。

3. 实验仪器、材料及试剂

(1) 材料。

污染土样采自下水管道排污口,装入无菌袋带回实验室,风干,研磨过筛,对污染土样的pH值、总铬、水溶性六价铬进行测定,剩余土样在−20 ℃冰箱中保存备用。

(2) 试剂。

① 浓盐酸、浓硝酸、重铬酸钾、丙酮、浓硫酸、浓磷酸、二苯碳酰二肼、乙醇等。全部为分析纯。

② 显色剂:准确称取0.2 g二苯碳酰二肼,溶于100 mL 95%的乙醇中,摇匀,置于棕色试剂瓶中;取20 mL浓磷酸和20 mL浓硫酸,加入400 mL蒸馏水(pH=7.0)中,混匀,待冷却后,缓慢加入上述配好的二苯碳酰二肼乙醇溶液中,边加入边搅拌,直至混匀后保存于冰箱内(该显色剂在冰箱内可以存放14 d,并且稳定性良好,可以在两周内使用)。

③ 铬标准贮备液(100 mg/L):准确称取重铬酸钾0.2829 g(120 ℃下烘2 h)于小烧杯中,加入少量蒸馏水溶解后,移入1 000 mL容量瓶中,加蒸馏水稀释至标线,摇匀。

④ 铬标准使用液(1 mg/L):吸取上述铬标准贮备液5 mL,移入500 mL容量瓶中,加蒸馏水稀释至标线,摇匀。

(3) 仪器。

电感耦合等离子体质谱仪、全自动微波消解仪、UV-2700型分光光度计、精密pH计、分析天平、恒温振荡器等。

4. 实验步骤

1) 土壤pH值的测定

称取10 g风干的土样,过2 mm筛后与50 mL蒸馏水(pH=7.0)混合于250 mL的锥形瓶中,并在锥形瓶内加入无菌的转子(为了使土壤颗粒更加分散),在恒温振荡器中以150 r/min振荡30 min,制成土壤悬浊液。静置半小时后,取上清液,用精密pH计测定土壤的pH值。

2）土壤中总铬的测定

将污染土壤过 2 mm 筛后，风干研磨，用分析天平准确称量 1 g，置于消解管中，加入 2 mL 浓硝酸和 6 mL 浓盐酸，放入全自动微波消解仪中进行离子化。将消解管中的溶液移入 50 mL 比色管中并进行定容，使用电感耦合等离子体质谱仪对样品进行分析。

3）土壤中水溶性六价铬的提取及测定

（1）土样中水溶性六价铬的提取。称取 10 g 风干的土样，过 2 mm 筛后与 50 mL 蒸馏水(pH＝7.0)混合于 250 mL 的锥形瓶中，在 30 ℃恒温振荡器中以 150 r/min 振荡 1 h，取土壤悬浊液以 8 000 r/m 离心 10 min，取上清液待测。

（2）校准曲线的绘制。取 9 支 50 mL 具塞比色管，分别向其中加入上述铬标准使用液(1 mg/L)0.00 mL、0.20 mL、0.50 mL、2.00 mL、4.00 mL、6.00 mL、8.00 mL、10.00 mL 和 20.00 mL，加水稀释至标线。加入 2.5 mL 显色剂，加塞摇匀，静置 10 min 后，在 540 nm 波长处，用 1 cm 比色皿，以蒸馏水作参比，测定吸光值并作空白校正。以吸光度为纵坐标，六价铬浓度为横坐标，绘制标准曲线。

（3）上清液的测定。取适量(含六价铬少于 50 μg)上清液于 50 mL 具塞比色管中，加水稀释至标线，以下步骤同标准溶液的测定。然后根据所测的吸光度在标准曲线上查得六价铬质量。

本实验有如下注意事项。

（1）操作过程中要戴好口罩和防护手套，避免直接接触实验过程中的一些有毒、腐蚀类药品，如重铬酸钾、浓盐酸、浓硫酸等。

（2）对于有挥发性的有毒药品(如丙酮等)，要在通风橱内操作。

5. 实验结果整理

（1）记录土壤 pH 值。

（2）记录土壤中总铬的量。

（3）计算土壤中水溶性六价铬的含量。

$$\rho(\text{六价铬},\mu g/g)=\frac{50m}{10V}$$

式中：m 为从标准曲线上查得的六价铬的质量，μg；V 为水样的体积，mL；50 为上清液的体积，mL；10 为土样的质量，g。

6. 问题与讨论

（1）土壤中的铬除了六价外，还有那些价态？它们的毒性如何？

（2）如何测定土壤中的三价铬？

9.2.2　土壤铬还原菌的分离、筛选和鉴定

1. 实验目的

通过本实验，希望达到如下目的。

（1）了解重金属污染土壤样品的采集和预处理方法。

（2）掌握重金属铬污染土壤的生物修复方法(土壤铬还原菌的分离、筛选和鉴定)。

2. 实验原理

铬是一种剧毒重金属，广泛应用于电镀、制革、纺织印染、金属等加工行业。在自然界中，发现铬存在＋3 和＋6 两种价态。Cr(Ⅲ)是良性的，并且容易吸附在土壤和水体中，而作为毒

性较强的 Cr(Ⅵ)不容易被吸附，并且是可溶的。工业废水含有的铬和盐离子对污水微生物菌群系统有毒害作用，通过还原或生物吸附能有效地去除 Cr(Ⅵ)并显著降低对人体健康的危害。

污染土壤中有各种各样的微生物，例如在工业废水和重金属污染的土壤中发现了细菌、藻类、原生动物和真菌等。这些微生物为保护自己免受重金属的毒害而产生了各种机制，如吸附、吸收、甲基化、氧化和还原等。据报道，许多微生物将毒性强的 Cr(Ⅵ)转化为毒性较小的 Cr(Ⅲ)，如硫酸盐还原菌、节杆菌、假单胞菌、苍白杆菌、芽孢杆菌属、脱硫弧菌、纤维单胞菌属等。

3. 实验仪器、材料和试剂

(1) 材料。

污染土样可以从电镀厂废水排放口或通过人工配制的方式获取，装入无菌袋带回实验室，风干，研磨过筛，对污染土样的 pH 值、铬、镍、铜等理化参数进行测定，剩余土样保存在 −20 ℃冰箱中备用。

(2) 试剂。

重铬酸钾、葡萄糖、蛋白胨、牛肉膏、琼脂、氯化钠、乳酸钠、氢氧化钠、浓盐酸等。全部为分析纯。

(3) 仪器。

UV-2700 型分光光度计、LRH-150B 生化培养箱、ZWY-2102C 恒温培养振荡箱、TGL16M 高速冷冻离心机、SW-CJ-1G 超净工作台、精密 pH 计、分析天平、全自动微波消解仪、电感耦合等离子体质谱仪等。

4. 实验步骤

1) 土壤 pH 值的测定

称取 10 g 风干的土样，过 2 mm 筛后与 50 mL 蒸馏水(pH=7.0)混合于 250 mL 锥形瓶中，并在锥形瓶内加入无菌的转子(为了使土壤颗粒更加分散)，在恒温振荡器中以 150 r/min 振荡 30 min，制成土壤悬浊液。静置半小时后，取上清液，用精密 pH 计测定土壤的 pH 值。

2) 土壤中重金属离子的测定

将污染土壤过 2 mm 筛后，风干研磨，用分析天平准确称量 1 g，置于消解管中，加入 2 mL 浓硝酸和 6 mL 浓盐酸，放入全自动微波消解仪中进行离子化；将消解管中的溶液移入 50 mL 比色管中并进行定容，使用电感耦合等离子体质谱仪对样品进行分析。

3) 土壤铬还原菌的分离、筛选和鉴定

(1) 培养基的制备。

① 细菌培养基(LB)：称取蛋白胨 10 g、牛肉膏 5 g、NaCl 5 g、少量乳酸钠，加入 1000 mL 蒸馏水中，用 NaOH 和 HCl 调节 pH 值至 7.9 左右，于 115 ℃灭菌 30 min，冷却后备用(固体培养基：加入 20 g/L 琼脂)。

② 含 Cr(Ⅵ)培养基：实验中以重铬酸钾($K_2Cr_2O_7$)作为 Cr(Ⅵ)源，在已灭菌的细菌培养基中加入相应浓度的重铬酸钾(将重铬酸钾溶液跟液体培养基分别灭菌，冷却后在超净工作台中将两溶液混合在一起)，调至所需浓度。

(2) 铬还原菌的分离、筛选和纯化。

铬还原菌从铬污染土壤中分离。称取 10 g 土壤样品于已灭菌的 250 mL 锥形瓶中，加入 50 mL 灭菌培养基，置于恒温培养振荡箱中，30 ℃、150 r/min 振荡培养 24 h 后，在 LB 液体培养基中逐步提高 Cr(Ⅵ)浓度,每提高一次 Cr(Ⅵ)浓度培养 24 h,驯化 Cr(Ⅵ)还原菌的耐受性,用 10 倍稀释法将其稀释后,涂布在含 Cr(Ⅵ)的固体培养基上进行菌株的分离筛选和培养。具体操作步骤如下。

① 用移液枪吸取 1 mL 驯化泥浆,置于装有 9 mL 无菌水的试管中,充分摇匀,此为 10^{-1}。

② 从 10^{-1}试管中吸取 1 mL,置于另一支装有 9 mL 无菌水的试管中,充分摇匀,为 10^{-2}。

③ 以此类推,将驯化土壤泥浆样品稀释成 10^{-3}、10^{-4}、10^{-5}、10^{-6}、10^{-7}和 10^{-8},从各试管中分别吸取 100 μL 液体,用玻璃棒涂布在 Cr(Ⅵ)浓度为 200 mg/L 的固体培养基上。

④ 将平板倒置于恒温培养箱中,30 ℃下培养 2~4 d,观察其菌落形态。

⑤ 挑取不同颜色和形态的单菌落,用平板划线法分离,培养 2~3 d,纯化菌种。

⑥ 挑取单菌落于分离细菌的平板上,用平板划线法进一步纯化菌种,得到具有耐 Cr(Ⅵ)能力的纯菌株,将其保存于 4 ℃冰箱中备用。

(3) 铬还原菌的保藏

① 斜管保藏法:取 5 mL 含 Cr(Ⅵ)液体培养基(加琼脂)于试管中,115 ℃灭菌 30 min,倾斜放置试管,直至培养基凝固成斜面。然后将在含 Cr(Ⅵ)培养基中培养一段时间的细菌接入含 Cr(Ⅵ)固体培养基上,塞上棉塞,置于 30 ℃恒温培养箱中培养 48 h,待斜面上沿划线痕迹长出大量菌落后,保存在 4 ℃冰箱中备用。一般情况下每周转接一次。

② 甘油保藏法:将菌体在含有一定浓度 Cr(Ⅵ)的液体培养基中培养至对数生长期,用移液枪给灭菌的 1.5 mL 离心管中加入 200 μL 灭菌甘油,然后吸取 800 μL 菌液加入离心管中,即菌液与灭菌甘油的体积比为 4∶1,混匀,保藏于−70 ℃的超低温冰箱中。甘油保藏的优点在于可以避免水结冰产生的冰晶损伤细胞。为了保持菌种活性,一般半个月或一个月转接一次。

(4) 铬还原菌还原 Cr(Ⅵ)的能力检测

分别向 4 个 250 mL 锥形瓶中加入 50 mL、含 Cr(Ⅵ)浓度依次为 50 mg/L、100 mg/L、150 mg/L、200 mg/L 的液体培养基,各锥形瓶中再接入 6%(体积分数)的种子液,置于 30 ℃、150 r/min 的恒温振荡培养箱培养,每隔 24 h 分别取 20 mL 反应液装入 100 mL 灭菌的离心管中,于 10 000 r/min 下离心 10 min,取上清液,用二苯碳酰二肼分光光度法测定剩余 Cr(Ⅵ)的浓度。

通过测定菌株在不同 Cr(Ⅵ)浓度下的吸光度,评估它的耐铬能力。抑制细菌生长的最低浓度称为 MIC(minimum inhibitory concentration)。

(5) 铬还原菌株鉴定

将菌株划线接种于固体培养基,培养 2~3 d,通过革兰氏染色法在显微镜下观察菌落形态,并进行生理生化检测。表 9-1 所示为革兰氏染色步骤。

表 9-1　革兰氏染色步骤

步　骤	试　剂	操　作
预处理		涂片固定细菌
初染	结晶紫	初染 1 min 后,用清水轻缓冲洗
媒染	碘液	覆盖涂面约 1 min 后,用清水轻缓冲洗
脱色	95%乙醇	轻轻摇动进行脱色,20 s 后水洗,吸去水分
复染	番红染色液	覆盖涂面 2 min 后,用清水冲洗,干燥、镜检

将菌株液体培养 24 h，离心收集菌体，利用细菌基因组 DNA 提取试剂盒抽提基因组总 DNA。使用 16S rDNA 通用引物 27F：5′-AGAGTTTGATCCTGGCTCAG-3′和 1492R：5′-GGTTACCTTGTTACGACGACTT-3′，直接扩增菌体的 16S rDNA 片段。

PCR 反应采用 25 μL 反应体系：E×Taq 酶 12.5 μL，正、反向引物各 1 μL，重蒸水 8.5 μL，样品 2 μL。PCR 反应条件：95 ℃预变性 5 min，95 ℃变性 1 min，56 ℃退火 1 min，72 ℃延伸 1.5 min，30 个循环，最后 72 ℃延伸 10 min，结束反应。PCR 扩增产物序列送检测公司进行测序。

本实验有如下注意事项。

（1）操作过程中要戴好口罩和防护手套，避免直接接触实验过程中的一些有毒、腐蚀类药品，如重铬酸钾，浓盐酸、浓硫酸等。

（2）在菌株的筛选、分离、纯化的过程中，要全程保证无菌操作，在超净台下进行。

（3）从高温高压灭菌锅内取出灭好菌的溶液或者药品时，要戴手套或者等温度降低后取出，防止烫伤。

5. 实验结果整理

1）污染土壤的物理化学特性

通过确定污染土壤的一些物理化学特性，并从污染土壤中筛选出还原 Cr(Ⅵ)的菌株。污染土样保存温度为 4 ℃，其温度范围为 20～35 ℃，pH 值范围为 7.8～8.2。Cr(μg/g)：4387.67。Ni(μg/g)：753.18。Cu(μg/g)：1117.14。

2）菌株的筛选

通过测定各菌株在不同 Cr(Ⅵ)浓度的生长情况，筛选出对 Cr(Ⅵ)耐受能力最强的菌株。

3）铬还原菌种属鉴定及系统发育学分析

经过反复筛选，选择出一株去除效果最好的菌株作为研究菌株，进行革兰氏染色实验，观察琼脂平板菌落特征，并进行文字描述。同时，对该菌株进行生理生化实验，根据测序结果，得到耐 Cr(Ⅵ)菌株的 16S rDNA 序列，将所得序列通过 Blast 程序与 Gen Bank 中核酸数据进行同源性比对分析，选取相似度较高菌株的 16S rDNA 序列用 MEGA7 中的邻接法(neighbor joining)绘制系统进化树。根据比选结果，确定与所研究菌株的 16S rDNA 序列具有最大同源性的菌株。

6. 问题与讨论

（1）生物方法处理重金属污染土壤有哪些弊端？

（2）在筛选铬还原菌的过程中，怎样才能在最短的时间筛选出高效的还原菌株？

9.2.3 有机磷农药污染土壤的热脱附

1. 实验目的

通过本实验，希望达到如下目的。

（1）了解有机磷污染土壤样品的采集和预处理方法。

（2）掌握有机磷污染土壤的修复方法。

2. 实验原理

热脱附是一种较为普通的热处理技术，是指通过加热将土壤中的污染物气化以气态的形式从土壤的孔隙中挥发出来，进而去除污染物的一种方法。热脱附效率的高低与热脱附设备的温度、停留时间和投加量直接相关。已有大量研究表明温度和停留时间对脱附效率的影响,但投加量决定了土壤的均匀受热情况,投加过多会使土壤明显受热不均,造成脱附效率降低。因此,对污染土壤的热脱附实验装置的运行要考虑以上三种运行参数。实验设定一定的投加量、加热温度和停留时间,通过测定热脱附前后的农药含量,研究土壤中农药的去除效率,判断是否达到国家或地方相关的环境质量标准。

不同组可以根据表 9-2 所示的实验参数,确定本组的实验条件。实验采用均匀设计表中的 $U_6^*(6^4)$ 设计实验,以温度、停留时间和投加量作为参考因素,每个因素取 6 个水平,具体因素及水平设计如表 9-2 所示。

表 9-2 热脱附实验设计因素与水平

水平	温度/℃	停留时间/min	投加量/g
1	200	20	20
2	260	40	35
3	320	60	15
4	380	10	30
5	440	30	10
6	500	50	25

3. 实验装置、材料与试剂

(1) 实验装置与仪器。

热脱附实验装置示意图如图 9-1 所示。

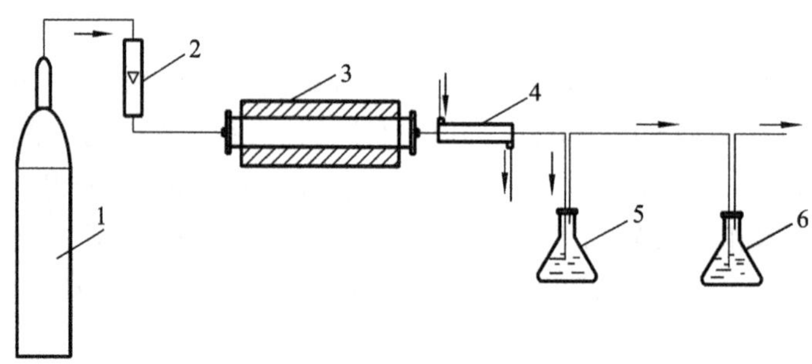

图 9-1 热脱附实验装置示意图

1—氮瓶;2—流量计;3—管式电炉;4—冷凝管;5—芬顿试剂;6—尾气吸收液(二氯甲烷)

主要实验仪器:旋转蒸发器、气相色谱-质谱联用仪、多工位管式高温炉、超声清洗机等。

(2) 材料。

采集经农药污染的土壤,实验前充分混匀,作为基础实验材料。

(3) 试剂。

二氯甲烷、丙酮、正己烷、乙酸乙酯、无水硫酸钠、甲拌磷标样、特丁磷标样、对硫磷标样、SPE 硅胶柱。

4. 实验步骤

(1) 采集表层(0～20 cm)土壤,去除碎石等杂物,冷冻干燥,过 20 目筛(0.83 mm)备用。称取三种污染物标样各 50 g,溶于 50 mL 二氯甲烷中,倒入 500 g 土壤混匀,置于 20 ℃恒温箱中培养 3 d,然后自然风干,待二氯甲烷挥发完全后,即为实验所需污染土壤。

（2）称取污染的土壤样品 50 g，将其均匀放入多工位管式高温炉的石英管中，按图 9-1 连接好装置，调节氮气进气流量为 200 mL/min，并设定实验温度为 400 ℃下的停留时间，开启加热程序进行热处理，恒温热处理 40 min 后停止加热，在氮气中冷却后待测。

（3）称取待测土样 10 g 于 50 mL 具塞三角瓶中，加入 3 g 氯化钠，加入 30 mL 二氯甲烷和丙酮的混合萃取剂（二氯甲烷与丙酮体积比为 1∶1），超声振荡提取 30 min。

（4）倒入布氏漏斗中经 0.45 μm 滤膜进行减压抽滤，同时用少量混合萃取剂清洗容器与残渣后，也倒入布氏漏斗过滤，将滤液合并后通过铺有 5 mm 厚无水硫酸钠的布氏漏斗滤入圆底烧瓶中。

（5）于 40 ℃下旋转蒸发至近干，定容到 10 mL（正己烷与丙酮体积比为 9∶1），吸取 1 mL 净化。活化 SPE 硅胶柱后，倒入 1 mL 提取液，用正己烷淋洗，去淋洗液后用乙酸乙酯洗脱，收集洗脱液，旋转蒸发浓缩洗脱液，用丙酮定容至 1 mL。

（6）有机磷农药含量测定。

① 色谱条件：初始柱温 60 ℃，保持 1 min，以 10 ℃/min 升到 120 ℃，保持 1 min，再以 10 ℃/min升到 220 ℃，保持 4 min，最后以 10 ℃/min 升到 280 ℃，保持 5 min；进样口温度为 280 ℃，不分流进样，进样量 1 μL；载气为高纯氦气（99.999%），柱流量为 1 mL/min。

② 质谱条件：电子轰击离子源为 EI 源，电离电压为 70 eV；离子源温度为 230 ℃，离子四极杆温度为 150 ℃，接口温度为 280 ℃；扫描方式为选择离子扫描；质谱调谐方式为自动调谐；溶剂延迟时间为 3 min。

（7）尾气处理。

由于热脱附技术是一项物理处理方法，如未经高温灼烧处理，有机磷污染物只能从土壤中挥发出来，并不会全部发生裂解反应彻底去除，因此设计的实验装置对热脱附后的有机磷农药进行了尾气吸收，用芬顿试剂吸收的方法虽然有一定的去除效果，但不能彻底降解，残留量较多。通过高温裂解处理尾气可以达到较好的处理效果，实验时利用酒精喷灯的高温火焰（温度为 1 000～1 200 ℃）在尾气出口处将尾气进行高温裂解，能较好地体现该实验的实用性和完整性。

本实验有如下注意事项。

（1）实验设备放置于通风橱中，实验人员佩戴有机气体过滤口罩进行操作，以保证实验人员的安全。

（2）由于实验中各瓶连接管路保持畅通，防止因误连造成安全隐患。

（3）请勿随意接触高温下的管式电炉，如发生意外，应及时切断电源，待石英管冷却后再行处理。

（4）实验人员接触化学药品及污染土壤时注意佩戴橡胶手套，防止对身体造成伤害。

5. 实验结果整理

记录实验前后土壤样品中的有机磷农药含量，计算热脱附方法去除有机磷农药的效率，并判断是否达到相关的土壤环境质量标准（甲拌磷，12 mg/kg；特丁硫磷，1.5 mg/kg；对硫磷，370 mg/kg）。

由于实验中热脱附前后土壤中有机磷农药的含量相差较多，常用的百分数去除率无法准确表示脱附效果，因此，引入对数去除率的概念：

$$\eta = \lg \frac{C_0}{C}$$

式中:η为对数去除率;C_0为处理前土壤中的有机磷污染物(甲拌磷、对硫磷、特丁硫磷)含量,mg/kg;C为处理后土壤中的有机磷污染物(甲拌磷、对硫磷、特丁硫磷)含量,mg/kg。

6. 问题与讨论

(1) 土壤热脱附方法的优缺点是什么?低浓度有机磷污染的土壤是否适合用热脱附方法处理?

(2) 如何提高热脱附方法的效率?

附　　录

附录 A　常用正交实验表

表 A-1　$L_4(2^3)$**正交实验表**

实验号	列号		
	1	2	3
1	1	1	1
2	1	2	2
3	2	1	2
4	2	2	1

表 A-2　$L_8(2^7)$**正交实验表**

实验号	列号						
	1	2	3	4	5	6	7
1	1	1	1	1	2	1	1
2	1	1	1	2	1	2	2
3	1	2	2	1	2	2	2
4	1	2	2	2	1	1	1
5	2	1	2	1	2	1	2
6	2	1	2	2	1	2	1
7	2	2	1	1	2	2	1
8	2	2	1	2	1	1	2

表 A-3　$L_{16}(2^{15})$**正交实验表**

实验号	列号														
	1	2	3	4	5	6	7	8	9	10	11	12	13	14	15
1	1	1	1	1	1	1	1	1	1	1	1	1	1	1	1
2	1	1	1	1	1	1	1	2	2	2	2	2	2	2	2
3	1	1	1	2	2	2	2	1	1	1	1	2	2	2	2
4	1	1	1	2	2	2	2	2	2	2	2	1	1	1	1
5	1	2	2	1	1	2	2	1	1	2	2	1	1	2	2
6	1	2	2	1	1	2	2	2	2	1	1	2	2	1	1
7	1	2	2	2	2	1	1	1	1	2	2	2	2	1	1
8	1	2	2	2	2	1	1	2	2	1	1	1	1	2	2
9	2	1	2	1	2	1	2	1	2	1	2	1	2	1	2
10	2	1	2	1	2	1	2	2	1	2	1	2	1	2	1
11	2	1	2	2	1	2	1	1	2	1	2	2	1	2	1
12	2	1	2	2	1	2	1	2	1	2	1	1	2	1	2
13	2	2	1	1	2	2	1	1	2	2	1	1	2	2	1
14	2	2	1	1	2	2	1	2	1	1	2	2	1	1	2
15	2	2	1	2	1	1	2	1	2	2	1	2	1	1	2
16	2	2	1	2	1	1	2	2	1	1	2	1	2	2	1

表 A-4　$L_{12}(2^{11})$正交实验表

实验号	列号										
	1	2	3	4	5	6	7	8	9	10	11
1	1	1	1	2	2	1	2	1	2	2	1
2	2	1	2	1	2	1	1	2	2	2	2
3	1	2	2	2	2	2	1	2	2	1	1
4	2	2	1	1	2	2	2	2	1	2	1
5	1	1	2	2	1	2	2	2	1	2	2
6	2	1	2	1	1	2	2	1	2	1	1
7	1	2	1	1	1	1	2	2	2	1	2
8	2	2	1	2	1	2	1	1	2	2	2
9	1	1	1	1	2	2	1	1	1	1	2
10	2	1	1	2	1	1	1	2	1	1	1
11	1	2	2	1	1	1	1	1	1	2	1
12	2	2	2	2	2	1	2	1	1	1	2

表 A-5　$L_9(3^4)$正交实验表

实验号	列号			
	1	2	3	4
1	1	1	1	1
2	1	2	2	2
3	1	3	3	3
4	2	1	2	3
5	2	2	3	1
6	2	3	1	2
7	3	1	3	2
8	3	2	1	3
9	3	3	2	1

表 A-6　$L_{27}(3^{13})$正交实验表

实验号	列号												
	1	2	3	4	5	6	7	8	9	10	11	12	13
1	1	1	1	1	1	1	1	1	1	1	1	1	1
2	1	1	1	1	2	2	2	2	2	2	2	2	2
3	1	1	1	1	3	3	3	3	3	3	3	3	3
4	1	2	2	2	1	1	1	2	2	2	3	3	3
5	1	2	2	2	2	2	2	3	3	3	1	1	1
6	1	2	2	2	3	3	3	1	1	1	2	2	2
7	1	3	3	3	1	1	1	3	3	3	2	2	2
8	1	3	3	3	2	2	2	1	1	1	3	3	3
9	1	3	3	3	3	3	3	2	2	2	1	1	1
10	2	1	2	3	1	2	3	1	2	3	1	2	3
11	2	1	2	3	2	3	1	2	3	1	2	3	1
12	2	1	2	3	3	1	2	3	1	2	3	1	2
13	2	2	3	1	1	2	3	2	3	1	3	1	2
14	2	2	3	1	2	3	1	3	1	2	1	2	3

续表

实验号	列号												
	1	2	3	4	5	6	7	8	9	10	11	12	13
15	2	2	3	1	3	1	2	1	2	3	2	3	1
16	2	3	1	2	1	2	3	3	1	2	2	3	1
17	2	3	1	2	2	3	1	1	2	3	3	1	2
18	2	3	1	2	3	1	2	2	3	1	1	2	3
19	3	1	3	2	1	3	2	1	3	2	1	3	2
20	3	1	3	2	2	1	3	2	1	3	2	1	3
21	3	1	3	2	3	2	1	3	2	1	3	2	1
22	3	2	1	3	1	3	2	2	1	3	3	2	1
23	3	2	1	3	2	1	3	3	2	1	1	3	2
24	3	2	1	3	3	2	1	1	3	2	2	1	3
25	3	3	2	1	1	3	2	3	2	1	2	1	3
26	3	3	2	1	2	1	3	1	3	2	3	2	1
27	3	3	2	1	3	2	1	2	1	3	1	3	2

表 A-7　$L_{18}(6\times3^6)$正交实验表

实验号	列号						
	1	2	3	4	5	6	7
1	1	1	1	1	1	1	1
2	1	2	2	2	2	2	2
3	1	3	3	3	3	3	3
4	2	1	1	2	2	3	3
5	2	2	2	3	3	1	1
6	2	3	3	1	1	2	2
7	3	1	2	1	3	2	3
8	3	2	3	2	1	3	1
9	3	3	1	3	2	1	2
10	4	1	3	3	2	2	1
11	4	2	1	1	3	3	2
12	4	3	2	2	1	1	3
13	5	1	2	3	1	3	2
14	5	2	3	1	2	1	3
15	5	3	1	2	3	2	1
16	6	1	3	2	3	1	2
17	6	2	1	3	1	2	3
18	6	3	2	1	2	3	1

表 A-8　$L_{18}(2\times3^7)$正交实验表

实验号	列号							
	1	2	3	4	5	6	7	8
1	1	1	1	1	1	1	1	1
2	1	1	2	2	2	2	2	2
3	1	1	3	3	3	3	3	3
4	1	2	1	1	2	2	3	3

续表

实验号	列号							
	1	2	3	4	5	6	7	8
5	1	2	2	2	3	3	1	1
6	1	2	3	3	1	1	2	2
7	1	3	1	2	1	3	2	3
8	1	3	2	3	2	1	3	1
9	1	3	3	1	3	2	1	2
10	2	1	1	3	3	2	2	1
11	2	1	2	1	1	3	3	2
12	2	1	3	2	2	1	1	3
13	2	2	1	2	3	1	3	2
14	2	2	2	3	1	2	1	3
15	2	2	3	1	2	3	2	1
16	2	3	1	3	2	3	1	2
17	2	3	2	1	3	1	2	3
18	2	3	3	2	1	2	3	1

表 A-9　$L_8(4\times2^4)$正交实验表

实验号	列号				
	1	2	3	4	5
1	1	1	1	1	1
2	1	2	2	2	2
3	2	1	1	2	2
4	2	2	2	1	1
5	3	1	2	1	2
6	3	2	1	2	1
7	4	1	2	2	1
8	4	2	1	1	2

表 A-10　$L_{16}(4^5)$正交实验表

实验号	列号				
	1	2	3	4	5
1	1	1	1	1	1
2	1	2	2	2	2
3	1	3	3	3	3
4	1	4	4	4	4
5	2	1	2	3	4
6	2	2	1	4	3
7	2	3	4	1	2
8	2	4	3	2	1
9	3	1	3	4	2
10	3	2	4	3	1
11	3	3	1	2	4
12	3	4	2	1	3
13	4	1	4	2	3
14	4	2	3	1	4

续表

实验号	列号				
	1	2	3	4	5
15	4	3	2	4	1
16	4	4	1	3	2

表 A-11　$L_{16}(4^3\times2^6)$正交实验表

实验号	列号								
	1	2	3	4	5	6	7	8	9
1	1	1	1	1	1	1	1	1	1
2	1	2	2	1	1	2	2	2	2
3	1	3	3	2	2	1	1	2	2
4	1	4	4	2	2	2	2	1	1
5	2	1	2	2	2	1	2	1	2
6	2	2	1	2	2	2	1	2	1
7	2	3	4	1	1	1	2	2	1
8	2	4	3	1	1	2	1	1	2
9	3	1	3	1	2	2	2	2	1
10	3	2	4	1	2	1	1	1	2
11	3	3	1	2	1	2	2	1	2
12	3	4	2	2	1	1	1	2	1
13	4	2	3	2	1	1	2	1	1
14	4	2	3	2	1	1	2	1	1
15	4	3	2	1	2	2	1	1	1
16	4	4	1	1	2	1	2	2	2

表 A-12　$L_{16}(4^4\times2^3)$正交实验表

实验号	列号						
	1	2	3	4	5	6	7
1	1	1	1	1	1	1	1
2	1	2	2	2	1	2	2
3	1	3	3	3	2	1	2
4	1	4	4	4	2	2	1
5	2	1	2	3	2	2	1
6	2	2	1	4	2	1	2
7	2	3	4	1	1	2	2
8	2	4	3	2	1	1	1
9	3	1	3	4	1	2	2
10	3	2	4	3	1	1	1
11	3	3	1	2	2	2	1
12	3	4	2	1	2	1	2
13	4	1	4	2	2	1	2
14	4	2	3	1	2	2	1
15	4	3	2	4	1	1	1
16	4	4	1	3	1	2	2

表 A-13　$L_{16}(4^2 \times 2^9)$正交实验表

实验号	列号										
	1	2	3	4	5	6	7	8	9	10	11
1	1	1	1	1	1	1	1	1	1	1	1
2	1	2	1	1	1	2	2	2	2	2	2
3	1	3	2	2	2	1	1	1	2	2	2
4	1	4	2	2	2	2	2	2	1	1	1
5	2	1	1	2	2	1	2	2	1	2	2
6	2	2	1	2	2	2	1	1	2	1	1
7	2	3	2	1	1	1	2	2	2	1	1
8	2	4	2	1	1	2	1	1	1	2	2
9	3	1	2	1	2	2	1	2	2	1	2
10	3	2	2	1	2	1	2	1	1	2	1
11	3	3	1	2	1	1	2	1	2	1	2
12	3	4	1	2	1	1	2	1	2	1	2
13	4	1	2	2	1	2	2	1	2	2	1
14	4	2	2	2	1	1	1	2	1	1	2
15	4	3	1	1	2	2	2	1	1	1	2
16	4	4	1	1	2	1	1	2	2	2	1

表 A-14　$L_{16}(4 \times 2^{12})$正交实验表

实验号	列号												
	1	2	3	4	5	6	7	8	9	10	11	12	13
1	1	1	1	1	1	1	1	1	1	1	1	1	1
2	1	1	1	1	1	2	2	2	2	2	2	2	2
3	1	2	2	2	2	1	1	1	1	2	2	2	2
4	1	2	2	2	2	2	2	2	2	1	1	1	1
5	2	1	1	2	2	1	1	2	2	1	1	2	2
6	2	1	1	2	2	2	2	1	1	2	2	1	1
7	2	2	2	1	1	1	1	2	2	2	2	1	1
8	2	2	2	1	1	2	2	1	1	1	1	2	2
9	3	1	2	1	2	1	2	1	2	1	2	1	2
10	3	1	2	1	2	2	1	2	1	2	1	2	1
11	3	2	1	2	1	1	2	1	2	2	1	2	1
12	3	2	1	2	1	2	1	2	1	1	2	1	2
13	4	1	2	2	1	1	2	2	1	1	2	2	1
14	4	1	2	2	1	2	1	1	2	2	1	1	2
15	4	2	1	1	2	1	2	2	1	2	1	1	2
16	4	2	1	1	2	2	1	1	2	1	2	2	1

表 A-15　$L_{25}(5^6)$正交实验表

实验号	列号					
	1	2	3	4	5	6
1	1	1	1	1	1	1
2	1	2	2	2	2	2
3	1	3	3	3	3	3
4	1	4	4	4	4	4

续表

实验号	列号					
	1	2	3	4	5	6
5	1	5	5	5	5	5
6	2	1	2	3	4	5
7	2	2	3	4	5	1
8	2	3	4	5	1	2
9	2	4	5	1	2	3
10	2	5	1	2	3	4
11	3	1	3	5	2	4
12	3	2	4	1	3	5
13	3	3	5	2	4	1
14	3	4	1	3	5	2
15	3	5	2	4	1	3
16	4	1	4	2	5	3
17	4	2	5	3	1	4
18	4	3	1	4	2	5
19	4	4	2	5	3	1
20	4	5	3	1	4	2
21	5	1	5	4	3	2
22	5	2	1	5	4	3
23	5	3	2	1	5	4
24	5	4	3	2	1	5
25	5	5	4	3	2	1

表 A-16　$L_{12}(3\times2^4)$正交实验表

实验号	列号				
	1	2	3	4	5
1	2	1	1	1	2
2	2	2	1	2	1
3	2	1	2	2	2
4	2	2	2	1	1
5	1	1	1	2	2
6	1	2	1	2	1
7	1	1	2	1	1
8	1	2	2	1	2
9	3	1	1	1	1
10	3	2	1	1	2
11	3	1	2	2	1
12	3	2	2	2	2

表 A-17　$L_{12}(6\times2^2)$正交实验表

实验号	列号		
	1	2	3
1	1	1	1
2	2	1	2

续表

实验号	列号		
	1	2	3
3	1	2	2
4	2	2	1
5	3	1	2
6	4	1	1
7	3	2	1
8	4	2	2
9	5	1	1
10	6	1	2
11	5	2	2
12	6	2	1

附录B　F分布表

表B-1　F分布表(α=0.05)

n_2	n_1														
	1	2	3	4	5	6	7	8	9	10	12	15	20	60	∞
1	161.4	199.5	215.7	224.6	230.2	234.0	236.8	238.9	240.5	241.9	243.9	245.9	248.0	252.2	254.3
2	18.51	19.00	19.16	19.25	19.30	19.33	19.35	19.37	19.38	19.40	19.41	19.43	19.45	19.48	19.50
3	10.13	9.55	9.28	9.12	9.01	8.94	8.89	8.85	8.81	8.79	8.74	8.70	8.66	8.57	8.53
4	7.71	6.94	6.59	6.39	6.26	6.16	6.09	6.04	6.00	5.96	5.91	5.86	5.80	5.69	5.63
5	6.61	5.79	5.41	5.19	5.05	4.95	4.88	4.82	4.77	4.74	4.68	4.62	4.56	4.43	4.36
6	5.99	5.14	4.76	4.53	4.39	4.28	4.21	4.15	4.10	4.06	4.00	3.94	3.87	3.74	3.67
7	5.59	4.74	4.35	4.12	3.97	3.87	3.79	3.37	3.68	3.64	3.57	3.51	3.44	3.30	3.23
8	5.32	4.46	4.07	3.84	3.69	3.58	3.50	3.44	3.39	3.35	3.28	3.22	3.15	3.01	2.93
9	5.12	4.26	3.86	3.63	3.48	3.37	3.29	3.23	3.18	3.14	3.07	3.01	2.94	2.79	2.71
10	4.96	4.10	3.71	3.48	3.33	3.22	3.14	3.07	3.02	2.98	2.91	2.85	2.77	2.62	2.54
11	4.84	3.98	3.59	3.36	3.20	3.09	3.01	2.95	2.90	2.85	2.79	2.72	2.65	2.49	2.40
12	4.75	3.89	3.49	3.26	3.11	3.00	2.91	2.85	2.80	2.75	2.69	2.62	2.54	2.38	2.30
13	4.67	3.81	3.41	3.18	3.03	2.92	2.83	2.77	2.71	2.67	2.60	2.53	2.46	2.30	2.21
14	4.60	3.74	3.34	3.11	2.96	2.85	2.76	2.70	2.65	2.60	2.53	2.46	2.39	2.22	2.13
15	4.54	3.68	3.29	3.06	2.90	2.79	2.71	2.64	2.59	2.54	2.43	2.40	2.33	2.16	2.07
16	4.49	3.63	3.24	3.01	2.85	2.74	2.66	2.59	2.54	2.49	2.42	2.35	2.28	2.11	2.01
17	4.45	3.59	3.20	2.96	2.81	2.70	2.61	2.55	2.49	2.45	2.38	2.31	2.23	2.03	1.96
18	4.41	3.55	3.16	2.93	2.77	2.66	2.58	2.51	2.46	2.41	2.34	2.27	2.19	2.02	1.92
19	4.38	3.52	3.13	2.90	2.74	2.63	2.54	2.48	2.41	2.38	2.31	2.23	2.16	1.98	1.88
20	4.35	3.49	3.10	2.87	2.71	2.60	2.51	2.45	2.39	2.35	2.28	2.20	2.12	1.95	1.84
21	4.32	3.47	3.07	2.84	2.68	2.57	2.49	2.42	2.37	2.32	2.25	2.18	2.10	1.92	1.81
22	4.30	3.44	3.05	2.82	2.66	2.55	2.46	2.40	2.34	2.30	2.23	2.15	2.07	1.89	1.78
23	4.28	3.42	3.03	2.80	2.64	2.53	2.44	2.37	2.32	2.27	2.20	2.13	2.05	1.86	1.76
24	4.26	3.40	3.01	2.45	2.62	2.51	2.42	2.36	2.30	2.25	2.18	2.11	2.03	1.84	1.73
25	4.24	3.39	2.99	2.76	2.60	2.49	2.40	2.34	2.28	2.24	2.16	2.09	2.01	1.82	1.71
30	4.17	3.32	2.92	2.69	2.53	2.42	2.33	2.27	2.21	2.16	2.09	2.01	1.93	1.74	1.62
40	4.08	3.23	2.84	2.61	2.45	2.34	2.25	2.18	2.12	2.08	2.00	1.92	1.84	1.64	1.51
60	4.00	3.15	2.43	2.53	2.37	2.25	2.17	2.10	2.04	1.99	1.92	1.84	1.75	1.53	1.39
120	3.92	3.07	2.68	2.45	2.29	2.17	2.09	2.02	1.96	1.91	1.83	1.75	1.66	1.43	1.25
∞	3.84	3.00	2.60	2.37	2.21	2.10	2.01	1.94	1.88	1.83	1.75	1.67	1.57	1.32	1.00

表 B-2　F 分布表(α=0.01)

n_2	n_1														
	1	2	3	4	5	6	7	8	9	10	12	15	20	60	∞
1	4052	4999.5	5403	5625	5764	5859	5928	5982	6022	6056	6106	6157	6209	6313	6366
2	98.50	99.00	99.17	99.25	99.30	99.33	99.36	99.37	99.39	99.40	99.42	99.43	99.45	99.48	99.50
3	34.12	30.82	29.46	23.71	28.24	27.91	27.67	27.49	27.35	27.23	27.05	26.37	26.69	26.32	26.13
4	21.20	18.00	16.69	15.98	15.52	15.21	14.98	14.80	14.66	14.55	14.37	14.20	14.02	13.65	13.46
5	16.26	13.27	12.06	11.39	10.97	10.67	10.46	10.29	10.16	10.05	9.89	9.72	9.55	9.20	9.02
6	13.75	10.92	9.78	9.15	8.75	8.47	8.26	8.10	7.98	7.87	7.72	7.56	7.40	7.06	6.88
7	12.25	9.55	8.45	7.85	7.46	7.19	6.99	6.84	6.72	6.62	6.47	6.31	6.16	5.82	5.65
8	11.26	8.65	7.59	7.01	6.65	6.37	6.18	6.03	5.97	5.81	5.67	5.52	5.36	5.03	4.86
9	10.56	8.02	6.99	6.42	6.06	5.80	5.61	5.47	5.35	5.26	5.11	4.96	4.81	4.48	4.31
10	10.04	7.56	9.55	5.99	5.64	5.39	5.20	5.06	4.94	4.85	4.71	4.56	4.41	4.08	3.91
11	9.65	7.21	6.22	5.67	6.32	5.07	4.89	4.74	4.63	4.54	4.40	4.25	4.10	3.78	3.60
12	9.33	6.93	5.95	5.41	5.06	4.82	4.64	4.50	4.39	4.30	4.16	4.01	3.86	3.54	3.36
13	9.07	6.70	5.74	5.21	4.86	4.62	4.44	4.30	4.19	4.10	3.96	3.82	3.66	3.34	3.17
14	8.86	6.51	5.56	5.04	4.69	4.46	4.28	4.14	4.03	3.94	3.80	3.66	3.51	3.18	3.00
15	8.68	6.36	5.42	4.89	4.56	4.32	4.14	4.00	3.89	3.80	3.67	3.52	3.37	3.05	2.87
16	8.53	6.23	5.29	4.77	4.44	4.20	4.03	3.89	3.78	3.69	3.55	3.41	3.26	2.93	2.75
17	8.40	6.11	5.18	4.67	4.43	4.10	3.93	3.79	3.68	3.59	3.46	3.31	3.16	2.83	2.65
18	8.29	6.01	5.09	4.58	4.25	4.01	3.84	3.71	3.60	3.51	3.37	3.23	3.08	2.75	2.57
19	8.18	5.93	5.01	4.50	4.17	3.94	3.77	3.63	3.52	3.43	3.30	3.15	3.00	2.67	2.49
20	8.10	5.85	4.94	4.43	4.10	3.87	3.70	3.56	3.46	3.37	3.23	3.09	2.94	2.61	2.45
21	8.02	5.78	4.87	4.37	4.04	3.81	3.64	3.51	3.40	3.31	3.17	3.03	2.88	2.55	2.36
22	7.95	5.72	4.82	4.31	3.99	3.76	3.59	3.45	3.35	3.26	3.12	2.98	2.83	2.50	2.31
23	7.88	5.66	4.76	4.26	3.94	3.71	3.54	3.41	3.30	3.21	3.07	2.93	2.78	2.45	2.26
24	7.82	5.61	4.72	4.22	3.90	3.67	3.50	3.36	3.26	3.17	3.03	2.89	2.74	2.40	2.21
25	7.77	5.57	4.68	4.18	3.85	3.63	3.46	3.32	3.22	3.13	2.99	2.85	2.70	2.36	2.17
30	7.56	5.39	4.51	4.02	3.70	3.47	3.30	3.17	3.07	2.98	2.84	2.70	2.55	2.21	2.01
40	7.31	5.18	4.31	4.83	3.51	3.29	3.12	2.99	2.89	2.80	2.66	2.52	2.37	2.02	1.80
60	7.08	4.98	4.13	3.65	3.34	3.12	2.95	2.82	2.72	2.63	2.50	2.35	2.20	1.84	1.60
120	6.85	4.79	3.95	3.48	3.17	2.96	2.79	2.66	2.56	2.47	2.34	2.19	2.03	1.66	1.38
∞	6.63	4.61	3.78	3.32	3.02	2.80	2.64	2.51	2.41	2.32	2.18	2.04	1.88	1.47	1.00

附录C　相关系数检验表

表C-1　相关系数检验表

$n-2$	5%	1%	$n-2$	5%	1%	$n-2$	5%	1%
1	0.997	1.000	16	0.468	0.590	35	0.325	0.418
2	0.950	0.990	17	0.456	0.575	40	0.304	0.393
3	0.878	0.959	18	0.444	0.561	45	0.288	0.372
4	0.811	0.917	19	0.433	0.549	50	0.273	0.354
5	0.754	0.874	20	0.423	0.537	60	0.25	0.325
6	0.707	0.834	21	0.413	0.526	70	0.232	0.302
7	0.666	0.798	22	0.404	0.515	80	0.217	0.283
8	0.632	0.765	23	0.396	0.505	90	0.205	0.267
9	0.602	0.735	24	0.388	0.496	100	0.195	0.254
10	0.576	0.708	25	0.381	0.487	125	0.174	0.228
11	0.553	0.684	26	0.374	0.478	150	0.159	0.208
12	0.532	0.661	27	0.367	0.47	200	0.138	0.181
13	0.514	0.641	28	0.361	0.463	300	0.113	0.148
14	0.497	0.623	29	0.355	0.456	400	0.098	0.128
15	0.482	0.606	30	0.349	0.449	1000	0.062	0.081

参考文献

[1] 章非娟,徐竞成.环境工程实验[M].北京:高等教育出版社,2006.

[2] 郝瑞霞,吕鉴.水质工程学实验与技术[M].北京:北京工业大学出版社,2006.

[3] 李燕城,吴俊奇.水处理实验技术[M].2版.北京:中国建筑工业出版社,2004.

[4] 尹奇德,马乐凡,夏畅斌,等.Fe^{2+} EDTA溶液络合-铁还原-脱除烟气中NO[J].生态环境,2006,15(02):257-260.

[5] 雷中方,刘翔.环境工程学实验[M].北京:化学工业出版社,2007.

[6] 尹奇德,廖闾彧,谭翠英.城市污泥中微量铜的催化光度法测定[J].生态环境,2005,14(03):319-320.

[7] 彭党聪.水污染控制工程实践教程[M].北京:化学工业出版社,2004.

[8] 黄学敏,张承中.大气污染控制工程实践教程[M].北京:化学工业出版社,2003.

[9] 尹奇德,夏畅斌,何湘柱.污泥灰对Cd(Ⅱ)和Ni(Ⅱ)离子的吸附作用研究[J].材料保护,2008,41(06):80-82.

[10] 陈泽堂.水污染控制工程实验[M].北京:化学工业出版社,2003.

[11] 尹奇德,廖闾彧,谭翠英.催化光度法测定城市污泥中的痕量镍[M].分析科学学报,2006,22(03):363-364.

[12] 王琼,胡将军,邹鹏.三维电极电化学烟气脱硫[J].化工进展,2005,24(11):1292-1295.

[13] 邹鹏,宋碧玉,王琼.壳聚糖絮凝剂的投加量对污泥脱水性能的影响[J].工业水处理,2005,25(05):35-37.

[14] 董德明,朱利中.环境化学实验[M].北京:高等教育出版社,2002.

[15] 戴树贵.环境化学[M].2版.北京:高等教育出版社,2006.

[16] 邹鹏,王琼,胡将军.活性炭颗粒填充三维电极电化学烟气脱硫的研究[J].环境污染与防治,2006,28(03):191-193.

[17] 童志权.大气污染控制工程[M].北京:机械工业出版社,2006.

[18] 奚旦立.环境监测[M].北京:高等教育出版社,2000.

[19] 奚旦立,孙裕生,刘秀英.环境监测[M].3版.北京:高等教育出版社,2004.

[20] 奚旦立.环境监测实验[M].北京:高等教育出版社,2011.

[21] 王琼,付宏渊,何忠明,等.FeCl3改性柚子皮吸附去除水中的砷[J].环境工程学报,2017,11(4):2137-2144.

[22] 王琼,付宏渊,何忠明,等.FeCl3改性柚子皮对水中Cr6+的吸附[J].环境工程学报,2016,10(12):6928-6934.

[23] 高廷耀,顾国维,周琪.水污染控制工程[M].3版.北京:高等教育出版社,2007.

[24] 王琼,王平,付宏渊,等.粉煤灰掺杂硫铁矿渣改性物吸附处理含铬废水[J].环境工程,2015,10:1-4.

[25] 钟文辉.环境科学与工程实验教程[M].北京:高等教育出版社,2013.

[26] 付宏渊,邱祥,王琼,等. 铁盐改性柚子皮对含铬废水的吸附性能[J]. 中南大学学报(自然科学版),2017,48(9):2271-2278.

[27] 王琼,胡健,黄亚许,等. 粉煤灰及其改性材料对废水中砷离子的吸附研究[J]. 矿冶,2015,24(1):74-76.

[28] 何忠明,王琼,付宏渊,等. 柚子皮吸附去除水中的六价铬和砷[J]. 环境工程,2016,34:299-302.

[29] 王琼,胡将军,邹鹏. $NaClO_2$湿法烟气脱硫脱硝技术研究[J]. 电力环境保护,2005,(02):4-6 .

[30] 王琼,邹鹏. 污水污泥的热解处理[J]. 再生资源研究,2004,(04):38-41.